Was die Geschichte verschweigt

Geheim gehaltene Kriegsereignisse aus dem Zweiten Weltkrieg

von

Klaus-Peter Rothkugel

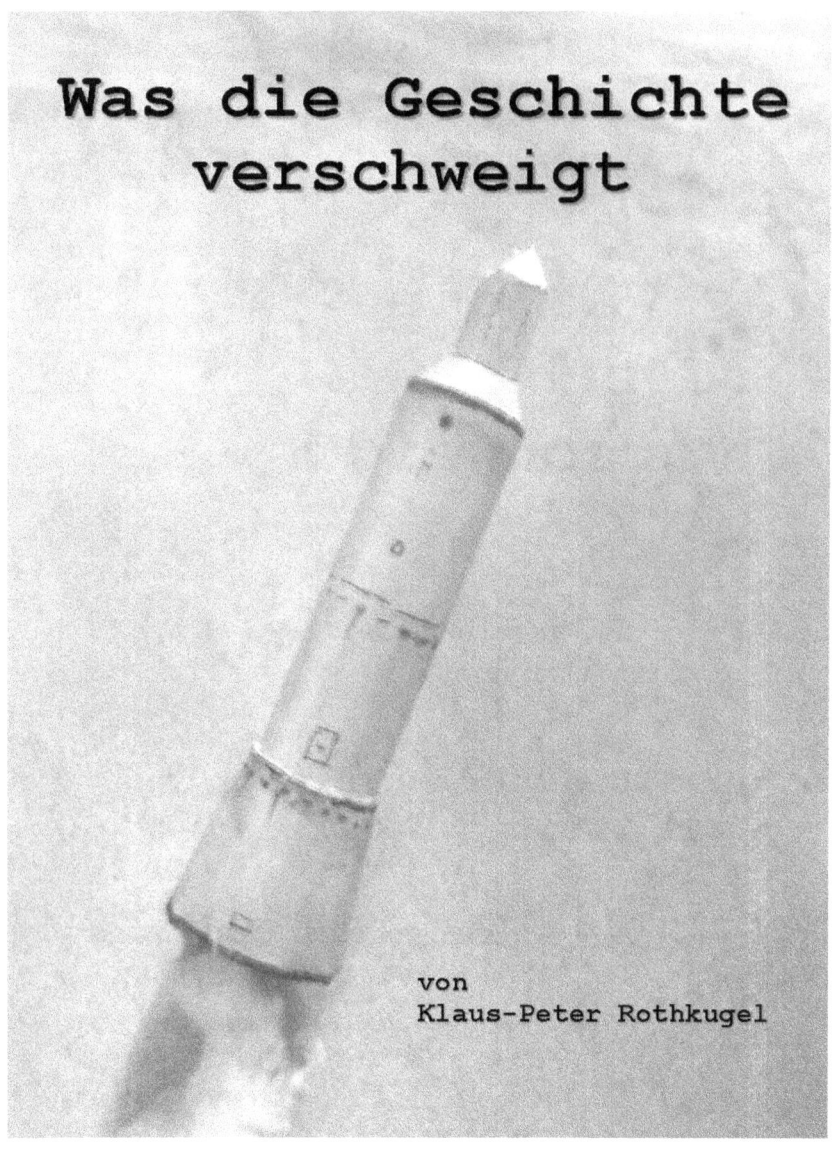

Was die Geschichte verschweigt

von
Klaus-Peter Rothkugel

**März 1945 Jonastal
keglige
Langstreckenrakete
auf
Testflug
nach Norden
Richtung
Schweden?**

Was die Geschichte verschweigt

von
Klaus-Peter Rothkugel

**Neue Leichtbau V-2/A-8 mit
abtrennbarem
Sprengkopf**

Kegelrakete
Schürze
Langsame Spitze

**Auf dieser Briefmarke aus der Mongolei,
wo das Ereignis des „Leika-Fluges"
vom 3.11.1957
dargestellt ist,
erkennt man <u>nicht</u> eine typische
russische Rakete,
sondern eine
unbekannte
mehrstufige Rakete
mit eindeutigen
Hinweisen auf
<u>Peenemünder</u>
Konstruktionsmerkmalen**

Langsame Spitze auf einem modifizierten Aggregat-4?

Beachte auf dieser Briefmarke aus Paraguay, die dem Raumfahrtpionier Professor Hermann Oberth gewidmet ist, dass nicht eine „klassische" V-2/A-4 abgebildet wurde!

Es könnte auf der Marke eine verbesserte Leichtbau – Rakete, die nicht den üblichen durchgehenden Torpedorumpf aufweist, sondern eine oben mit einer „Langsamen Spitze" ausgestattet neue A-4 dargestellt sein.

„Wir entwickelten eine **neue Form**, und zwar ein **Kreiszylinder**, an den sich als Stabilisierungsmantel der Kegelstumpf anschließt."

Dieser **Wiedereintrittskörper in Form eines Kreiszylinders** beinhaltet auch eine entsprechende Nutzlast, die separat von der Rakete abgetrennt werden kann und in langsamer Fallgeschwindigkeit, evtl. in Verbindung mit elektrostatischen Kräften in der Raumladung, aus großer Höhe zu Boden sich dem Ziel nähert („Langsame Spitze", siehe weiter unten im Buch).

Verbesserte A-4

mit langsamer Spitze

Lagerten im Kohnstein im Harz solche verbesserte Aggregat 4 Raketen,
evtl. auf Basis der A-8 mit Gasöl ,
die eine neue Leichtbauweise aufwiesen und,
als separat abtrennbarer Sprengkopf, eine
langsam auf den Boden fallende Raketenspitze hatten?

Liegen solche Raketen heute noch tief unterirdisch
in geheimen Stollenanlagen,
weil man sie nach Abbruch des Dritten Weltkrieges
nie an die Oberfläche geholt hatte?

Leichtbau A-4 mit Langsamer Spitze

Abb.:

Könnte so ein verbessertes „Aggregat-4", eine neue V-2 mit abtrennbarem Sprengkopf ausgesehen haben, die im Juli 1945 in einem Dritten Weltkrieg aus dem Harz heraus auf russische Truppenansammlungen in Mittel- und Ostdeutschland abgefeuert worden wäre?

Die Bleche der neuen Rakete sind dünner und die Innenwände dienen gleichzeitig als Tanks, um Gewicht zu sparen. Wurden diese V-2 Version, evtl. eine A-8 auch im Kohnstein, in geheimen Tunnel-Sektion gebaut?

"The Abramovich/Isaev team's foray into Peenemünde allowed NKAP Commissar Shakhurin to report to the highest levels of the Soviet government **by 8 June 1945**. Although impressed by the scale of German wartime work on aeronautics, Shakhurin displayed a **marked coolness towards missiles**. He noted, almost with a tone of disappointment, that in spite of the great (production) power and the large workforce, (the Peenemünde Institute) was only occupied with rocket artillery—rocket projectiles operating only on liquid fuel. The Germans organisation of work on rockets seemed only to confirm Shakhurin's **suspicion** that there was a fundamental difference **between rockets with and without wings**. He noted that (this difference) is underlined even more by the circumstances that… the testing station for the (V-1 winged projectile) located near the institute had no relation to the (Peenemünde) institute system, and in contrast to (the institute) was subordinated directly to the control of the air force. Shakhurin concluded that it is evident that work on the creation of the (V-2) and other types of rocket projectiles **has an artillery profile**, and therefore it is advisable to entrust (their development) to the People's Commissariat of Ammunitions ….

Auszug aus:

EUROPE-ASIA STUDIES, Vol. 56, No. 8, December 2004, 1131–1156,
Russians in Germany:
"*Founding the Post-war Missile Programme*",
ASIF A. SIDDIQI
Anmerkung:

Bevorzugten bestimme Kreise in der Roten Armee, bzw. in der Roten Luftflotte, lieber Raketen mit Flügeln, gegenüber „großen Artillerie-Granaten"?

Wurden am Ostseestrand im Jahre 1946, z.B. bei Leba, A-8 Raketen mit einer „Zweiten Stufe" in Form von „Raketen-Gleiter mit Flügeln" bestückt und gen Ostsee, bzw. über die Skandinavischen Ländern nach Norden verschossen?

Waren Peenemünder Techniker und Ingenieure in den Entwurf einer stark verkleinerten A-9 mit eingebunden, um oben abgebildetes Projekt zu verwirklichen?

Wurde das Projekt von den Amerikanern unterstützt und übernahm auch Wernher von Braun später in den USA die geflügelte Rakete als „Re-usable Re-Entry Rocket"?

A-8
mit
geflügelter Rakete

Abb..

Wurden vorhandene, bis heute geheim gehaltene, neue A-8 reichweitengesteigerte Träger-Raketen mit einer kleinen Flügelrakete, einem Überschallflugzeug mit Sprengkopf, als Gleiter ausgerüstet?

Segelten solche Gleiter mit Überschall über Schweden im Jahre 1946?

Peenemünder Flügelraketen als Überschall-Gleiter?

Albert Püllenberg, another German rocket pioneer, with a model of his proposed postal rocket.

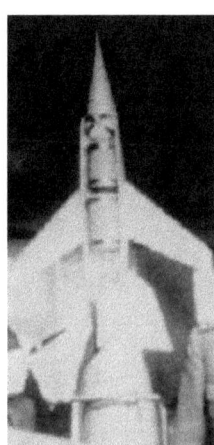

Gab es in Peenemünde neben der großen A-9 mit Flügeln noch Projekte kleinerer Flügelraketen, die überschallschnell als Gleiter auf A-4 oder A-8 montiert werden konnten?

Wurden solche Raketen von den Russen in Peenemünde im Jahre 1946 gen Norden, Richtung Schweden verschossen?

Warum sind diese Flügelraketen als Waffenträger bis heute geheim gehalten worden?

Merry X-mas 1944, Germany!

The First Reports Of German Foo Fighters

SUPREME HEADQUAR-
TERS, Dec. 13 (Reuter)—The
Germans have produced a
"secret" weapon in keeping with
the Christmas season.

The new device, apparently an
air defense weapon, resembles
the huge glass balls that adorn
Christmas trees.

There was no information
available as to what holds them
up like stars in the sky, what is
in them, or what their purpose
is supposed to be.

Floating Mystery Ball Is New Nazi Air Weapon

SUPREME HEADQUARTERS,
Allied Expeditionary Force, Dec.
13—A new German weapon has
made its appearance on the
western air front. It was disclosed today.

Airmen of the American Air
Force report that they are encountering silver colored spheres
in the air over German territory.
The spheres are encountered
either singly or in clusters.
Sometimes they are semi-translucent.

Top: A Reuters report from December 13, 1944
Bottom: The New York Times, December 14, 1944

Supreme Headquarters, Dec. 13 1944, Reuters

„The Germans have produced a „secret" weapon in keeping with the **Christmas season**. The new device, apparently an air defence weapon, resembles the **huge glass balls that adorn Christmas trees.** There was no information available as to what hold them up like stars in the sky, what is in them, or what their purpose is supposed to be."

Was müssen sich einige Leute in amerikanischen und deutschen Wissenschaftskreisen zu Weihnachten 1944 gefreut und dabei laut gelacht haben. Die meisten werden bis heute - 2018 - diesen „Gag", den speziellen Weihnachtsgruß von unserer amerikanischen Freunde, mit tausenden von Weihnachtskugel über Nazi-Deutschland, überhaupt nicht verstanden haben!

Weiterführende Informationen in diesem Buch!

Ghost Rockets over Sweden in 1946

Electrostatic Air Vehicles

Sollten solche geflügelten elektrostatischen Flugkörper,
die teilweise aus Holz und mit Blechen
bestimmter Elektronendichte beplankt waren,
und in Massen über dem neutralen Luftraum
der Skandinavischen Länder auftauchten,
von bestimmten Versuchsschüssen ablenken,
die zeitgleich von Peenemünde aus Richtung Norden,
wie Schweden, Norwegen und Finnland reichten?

Demonstrierten solche Flugkörper die Machbarkeit
von elektrostatisch aufgeladenen Wiedereintrittskörpern?

Einem Überschallflugkörper,
der als Waffenträger im Gleitflug,
losgelöst von einer Trägerrakete,
auf sein Ziel zusteuern konnte?

Super Sonic Re-Entry Vehicle

Fired from the Baltic coast

Peenemünde 1946

Verfolgte man nach dem Krieg, neben dem Bau einer zwei- und mehrstufigen Großrakete, unter anderem das Konzept eines „Gleiters", ähnlich der geflügelten A-9, um als überschallschneller Waffenträger eine Nutzlast auf ein Ziel zu stürzen?

Wurden solche Versuche in Peenemünde im Jahre 1946 durchgeführt?

Verschoss man einen „Gleiter", der wesentlich kleiner und leichter war,
als die geflügelte A-4b,
eventuell auf die Spitze einer A-4/A-8 Rakete montiert und ließ dieses
„Überschallflugzeug" Richtung Norden über Schweden bis hoch nach Finnland in großen
Höhen über 10, 20 oder mehr Kilometer gleiten?

Hatte ggfs. ein solcher, auf die Spitze einer Rakete montierte Gleiter
ebenfalls elektrostatische Eigenschaften,
die ihn u.a. vor dem Verglühen bei Überschallflügen in großen Höhen bewahrte?

Sind solche Versuche hinter den „Ghost Rockets" über
Schweden im Jahre 1946 versteckt worden?

Wollten die Sowjets und die Amerikaner möglichst schnell nach Kriegsende im Jahre 1945,
weitreichende, interkontinentale Waffenträger,
um einen gemeinsamen Feind unter anderem an den
Polen der Erde zu bekämpfen?

Vertuschte Historie

Was die Geschichte verschweigt

von

Klaus-Peter Rothkugel

Geheim gehaltene Kriegsereignisse aus dem Zweiten Weltkrieg

Die Nachträge
Aktualisierungen
Verschwörungsgeschichten

Vorsicht! Dieses Buch ist Verschwörung pur!

Wer dieses Buch gelesen hat, bekommt mehr als nur einen Hauch einer Ahnung, dass der Zweite Weltkrieg in Teilen ganz anders ablief, als ihn die geschönte, die zensierte Geschichtsschreibung einem ahnungslosen Publikum weiß machen möchte.

Der Autor legt eine Indizienkette vor, die zu dem Schluss führt, dass es weit mehr an technischen Neuerungen, neuen Waffensystemen gab, die alle nur einem Zweck dienten: für den Einsatz in einen Dritten Weltkrieg gleich nach Ende des zweiten Weltkriegs!

Einem Vernichtungskrieg, der abgeschwächt bis vor kurzem noch als „Kalter Krieg" in den Geschichtsbüchern wieder zu finden war.

Aber der Dritte Weltkrieg, er erfand im Juli 1945 nicht statt!

Wenn dieser Krieg lange vor Ende des Zweiten Weltkrieges, sogar Jahrzehnte zuvor geplant und vorbereitet wurde, dann hatte dieser gewollte Krieg Spuren hinterlassen.

Spuren, die die Zensur, die weltweit agierende Propaganda nicht alle tilgen konnte.

Diese Spuren gilt es aufzuspüren und auszuwerten!

Einige Hinweise solcher Spuren werden in diesem Buch besprochen!

Wenn es noch mehr geben sollte, lasst sie uns aufdecken und der Welt zeigen, das es eine gigantische Verschwörung gibt, die Ost, wie West seit Jahrzehnten in gemeinsamer Eintracht vor dem interessieren Publikum unbedingt, unter allen Umständen und bis in alle Ewigkeit geheim halten will.

Die Aussagen über deutsche Geheimforschungen und der geplante Einsatz von bis heute unbekannt gebliebenen und vertuschten Massenvernichtungswaffen für einem weiteren Krieg, sie können verstörend wirken und das gewohnte Weltbild manchen Lesers verändern und negativ beeinflussen. Bitte beachten!

Also Vorsicht!

In diesem Band werden weitere Hinweise, Indizien und Fakten aufgezählt, die die Thesen des Autors untermauern, dass es gewisse angelsächsische Kreise gab, die bereits lange vor dem Zweiten Weltkrieg einen Dritten Weltkrieg planten, um die Sowjetunion anzugreifen.

Nicht etwa wegen eines Eroberungsfeldzuges, um die Sowjetunion zu besiegen, sondern in Wahrheit sollte es ein Vernichtungskrieg werden, der die ganze Welt in Tod und Verderben gestürzt hätte!

Einige spärliche Hinweise über diesen Krieg, eher desinformatorischer Natur, wurden unter dem Stichwort „Operation Unthinkable" in die Öffentlichkeit lanciert.

Klaus-Peter Rothkugel

Aus dem Inhalt:

Foo Fighter Teil II – Plasma-Dynamik.

Zündorkanbombe/Feuerball – verheerende Druckluftwaffen für Luft- und Bodenziele?

Keglige Großraketen, Konkurrenzentwurf einer deutschen Langstreckenrakete? Start von Kegelrakete im „AWO"-Gebiet März 1945, Überflug über Schweden?

Neue Leichtbau V-2 mit neuartigem Sprengkopf.

A-8 mit Raketengleiter als Langstreckenrakete in Peenemünde 1946?

Geheime Vorversuche in Peenemünde 1946 für russisch/amerikanische Großraketen auf Basis der A/9/10 sowie A-11 und A-12?

Wurde Wernher von Brauns Konzept einer Großrakete von beiden Großmächten favorisiert? Vollendete und baute Peenemünde 1946 in der SBZ die A9/10, mit Wissen der Amerikaner?

„Ghost Rockets", „Geflügelte A-4" über Schweden 1946? Weitere „Ghost Rockets", Missiles über Schweden, als Ablenkung für Langsteckenraketentests der beiden Großmächte UdSSR und USA?

Atom-Antriebe für Staustrahljäger und E-Flugkörper.

Ghost Rockets und ICBMs und andere deutsche Wunderwaffen in Massen für WWIII gefertigt und eingelagert?

West-Alliierte „Atombombenabwürfe", von Massenvernichtungswaffen auf deutsche Städte kurz vor Kriegsende?

Prof. Ronald Richter, Argentinien, Chile, Orte geheimer Forschungen und Machenschaften.

Verunglimpfungen als Teil der Geheimhaltung.

Hazienda, Colonia Dignidad, Villa Baviera.

Neuschwabenland, Soldaten Erholungsheim, Versorgungsstützpunkt

Was sagt „Oscha" Landig in seinen Publikationen?

Über 1000 deutsche „Beuteflugzeuge"?

Leon Degrelle und sein Fluchtversuch nach Spanien

He 277 Langstreckenbomber, Geheimer Flugplatz in Telemark, Norwegen

Geheimer Einsatz über Manchester, UK?

Neue U-Boot Antriebe

1. Kapitel

Foo Fighters

Teil II

Heinis over Strasbourg

„We have reached the final altitude for our interception mission tonight . . . !", gab der Flugzeugführer der P-61 "Black Widow", Lieutenant Jack Schooler, U.S.A.A.F Pilot der 415. Night Fighter Squadron, stationiert in Dijon, Südfrankreich, seinen Crew Mitgliedern durch.

„Haltet Ausschau nach den verdammten „Krauts" und meldet jede verdächtige Flugbewegung! Uhrenvergleich: 22.30 hours."

Die Nachtjäger Crew der P-61 war auf einem Routineflug westlich des Rheins, zwischen Straßburg und Mannheim. Ihr Patrouillenflug führte sie östlich über die Vogesen. Vor sich sahen die Flieger den Rhein, und die Bischofsstadt Mainz tauchte im Hintergrund auf.

Intelligence Officer, Lieutnant Greenwald und Radar-Beobachter Lieutnant Meyer schauten angestrengt nach draußen in die dunkle Nacht, auf der Suche nach einem lohnenden Luftziel. Eventuell eine deutsche Nachtjagdmaschine, die einsam ihre Kreise zog, um auf englische Bomber zu warten, die von England aus auf das Reichsgebiet zuhielten.

Es blieb aber alles ruhig. Kein einziges Feindflugzeug war in der Luft in ihren zugeteilten Sektor!

Die Nacht erschien klar, mit vereinzelten Wolken. Die „Visibility" war ausreichend bis gut und es war Viertelmond.

Die einzelnen U.S. Radarstationen, die alle Flüge amerikanischer und englischer Nachtjagdmaschinen überwachten, hatten bis jetzt keine Warnung vor deutschen „Enemy Aircraft" gemeldet.

Als die „Black Widow" ungefähr 30 Kilometer nördlich von Straßburg kreiste, bemerkte Lieut. Greenwald, der als Nachrichtenoffizier den Flug heute (nicht ganz zufällig) begleitete, in westlicher Richtung acht oder zehn rote Feuerbälle, die mit erstaunlicher Geschwindigkeit dahin rasten. Die Feuerbälle schienen in Formation zu fliegen, und man konnte sie einwandfrei aus dem dunklen Cockpit der P-61 heraus beobachten.

Zu seinem Piloten Schooler meinte Greenwald:

„Sehen sie die blinkenden Lichter dort drüben?"

„Wohlmöglich Sterne, die besonders hell aufleuchten!", gab der Pilot zur Antwort.

„Sterne? Dafür fliegen sie aber sehr schnell durch den Himmel!"

Schooler schaute angestrengt in die dunkle Nacht.

„Vielleicht sind diese "Sterne" nur Reflektionen auf der Plexiglaskanzel unserer Maschine!", überlegte er.

„Ich bin mir ganz sicher, das sind keine Sterne und auch keine Lichtreflexe!" Greenwald kontaktierte GCI, „Ground Control Intercept" und fragte an, ob die Boys etwas auf dem Radar hätten:

„There are about ten Heinie night fighters round here in the sky. Looks as if they are chasing us and their speed is high. I´ll say it is!"

GCI antwortete nur mit einem Lachen:

"You guys must be nuts! Nobody is up there but your own plane. Ain' t seein' things, are you?"

Der Radarbeobachter Lt. Meyer starrte auf seinen grün schimmernden Radarschirm vor sich, der auf einer Konsole an der linken Bordwand der P-61 montiert war. Nach jedem 360 Grad Umlauf des Cursors war nichts, absolut nichts auf dem Screen zu erkennen.

„No Enemy Planes around!"

Der Pilot Schooler hatte inzwischen die „Black Widow" in Richtung der vermeidlichen Sichtung eingedreht und flog darauf zu.

Dann sahen alle vor sich flammende, rote Kugeln aufleuchten!

Aber im nächsten Moment waren sie alle wieder weg. Wie ausgeknipst! Als wären sie ins Nichts verschwunden.

Zwei Minuten später erschienen sie wieder, wenn auch viel weiter entfernt, als zuvor.

Die Night Fighter Crew glaubte, dass die leuchtenden Dinger irgendwie intelligent gesteuert sein müssten. Nach weiteren sechs Minuten glitten die brennend wirkenden Objekte nach unten, fingen ab und waren danach endgültig verschwunden.

Keiner der Crew Mitglieder konnte sich erklären, was sie da gerade gesehen hatten.

Gegen Ende November 1944 flog eine andere U.S. Nachtjägerbesatzung in der Gegend von Elsass-Lothringen, südlich von Mannheim. Als sie Richtung Speyer flogen, schoss oberhalb ihre P-61 ein riesiges, feuriges orangenes Licht mit circa 400 km/h über sie hinweg. Wieder hatte GCI kein einziges Flugzeug auf dem Radarschirm.

Viele amerikanischen Nachjäger Piloten hatten beschlossen, diese unbekannten Phänomene nicht ihren vorgesetzten Stellen zu berichten.

The Strange Mystery of
the Foo Fighters

FATE Magazine - August-September 1951 - Vol. 4, No. 6:

During the closing months of the war our fighters chased **weird colored balls of fire** that **suddenly disappeared**.

By Harold T. Wilkins

One of the most baffling mysteries of the second World War were strange aerial apparitions in the shape of **blazing balls** which were encountered over Truk Lagoon, in the skies of Japan, the West Rhine area of Alsace Lorraine and over the Bavarian Palatinate. They were met by U.S. night fighter pilots at night, by U.S. day bomber squadrons and, I am informed, by some British air pilots.

These weird balls were of **fantastic and variable speeds, glowed** from orange to red and white and back to orange, and appear to have been sighted first at 10 p.m. on **November** 23, 1944, by a U.S. pilot in the area **north of Strasbourg in Alsace Lorraine**. Three nights later they were again seen by a U.S. pilot flying in the same area. They were seen for a third time on the night of December 22-23, 1944, by a U.S. pilot flying a mission over the same area.

Just before the Allies overran and captured the **secret German experimental stations east of the Rhine** these balls **vanished**. But in no such station was the slightest clue discovered even hinting that the Nazi technicians had invented and flown these mysterious **blazing balls**.

Over Japan, Nipponese air pilots met the blazing balls and took them to be secret and mystifying aerial devices of the Americans or the Russians. On the other hand, equally mystified U.S. pilots supposed that the balls were a curious device thought up by Japan as a last-ditch expedient to stave off mass-bombing raids.
...

Testflug von Feuerball

„Die Anlage läuft. Wir besprühen gerade die Flugkörper, fünf Stück an der Zahl!"

Die sphärenförmigen Fluggeräte lagen unterhalb eines großen, hoch aufragenden Van de Graaff Generators. Dieser wurde von einem extra eingerichteten kleinen Kraftwerk gespeist, das außerhalb von Straßburg, auf einem abgeschiedenen und bewaldeten Gelände, das zur dortigen Universität gehörte, aufgebaut war. Innerhalb einiger unauffällig wirkender Holzbaracken war eine Sondereinheit untergebracht, die heute einen besonderen Nachteinsatz vorbereitete.

Das Dach der Holzbaracke, wo sich seitlich ein kleiner Turm mit Lüftungsschlitzen für den elektrostatischen Generator befand, war aufklappbar, sodass die gerade bearbeiteten Sphären direkt in den Nachthimmel aufsteigen konnten.

Alle fünf ruhten auf so genannten Karussells, auf Drehtellern.

Nachdem bei jedem, der circa ein Meter im Durchmesser großen Flugkörpern durch den elektrischen Generator eine entsprechende Ladungstrennung herbeigeführt worden war, aktivierte man per Funkfernsteuerung die internen elektrischen Geräte, die dafür sorgten, das oberhalb des Apparates durch mehrere Öffnungen Luft eingesaugt wurde.

Die Flugkörper konnten leider nicht mehr aus so genannten „Luftschwamm Blechen" hergestellt werden, weil die Produktion dieser Spezialbleche im kriegsgeschüttelten Deutschland keine Aussicht hatte, ordnungsgemäß und qualitätsmäßig zufrieden stellend durchgeführt zu werden.

Die eingesaugte Luft verdichtete ein speziell geformter Kompressor, und ein Edelgas, wie Argon oder Cäsium wurde der, unter hohem Druck stehenden Luft, beigemischt. Das Luft/Gasgemisch wurde dann durch eine aufgeheizte Teslaspule stark ionisiert und gezündet.

Durch vier kleine, regelmäßig um den Äquator der Sphäre angeordnete Austrittsdüsen strömte der ionisierte aufgeladene heiße Abgasstrahl nun unter großem Druck ins Freie und drallstabilisierte die vier Flugkörper, die durch den Austritt des Abgasstrahl zu rotieren anfingen und dabei immer noch auf den Karussells lagen.

Durch einen weiteren Funkbefehl löste man die zischenden und fauchenden, sowie sich schnell drehenden feurigen Kugeln von ihren Gestellen und, angezogen durch die natürliche Raumladung, die an dem heutigen, kalten Novembertag im Jahre 1944 besonders gut elektrostatisch aufgeladen war, sausten alle vier Flugkörper senkrecht in die Höhe und verschwanden schnell im dunklen, kalten, sternenklaren Nachthimmel über Straßburg.

Alle Sphären besaßen unter anderem Magnetsensoren, Abstandsmesser und eine Abschaltvorrichtung für den Antrieb. Aber nur die erste Kugel, die als Führungsflugzeug an erster Stelle flog, besaß eine Funkfernsteuerung, um den ganzen Verband steuern zu können. Alle anderen Sphären vollzogen, wie auf einer Perlenkette aufgeschnürt, die Flugmanöver der Führungssphäre nach.

Da man von Radarbeobachtern einer nahe gelegenen, mobilen Radarstation wusste, dass feindliche P-61 „Black Widow" Nachtjäger im Raum Elsass-Lothringen unterwegs waren, hatte man beschlossen, heute, bei dieser klaren, kalten Nacht, die beste Bedingungen für ein elektrostatisches Fliegen erbrachte, einen Sondereinsatz durchzuführen.

Angezogen durch die Raumladung ließ man die vier Sphären bis auf die Einsatzhöhe der feindlichen Nachtjäger aufsteigen. Der Antrieb wurde danach wieder abgeschaltet. Trotzdem rotierten die Kugel wegen des enormen Dralls und des reibungslosen Luftstromes noch weiter um die eigene Achse, und waren kurzfristig in der Luft über einem Punkt der unter ihnen liegenden Landschaft des Elsass suspendiert.

Die erste Kugel konnte durch einen Leitstrahl der Radarbesatzung am Boden in die Richtung gesteuert werden, wo man heute Nacht einen U.S. Nachtjäger vermutete.

„Nachtjäger in Planquadrat 3, in Planquadrat drei!", rief einer der Radarbeobachter ganz aufgeregt. Der Chef der Einheit begann augenblicklich, den Leitstrahl entsprechend der Koordinaten auszurichten.

Die Bedienmannschaft der Sphären ließ den Antrieb der Flugkörper wieder durch einen Funkbefehl einschalten und augenblicklich fingen alle vier Kugel wegen des, sie umgebenden Plasmas, der heißen, ionisierten Luft, rotglühend an zu leuchten.

Denn die stark ionisierten, austretenden heißen Plasma-Abgase legten sich wie ein wirbelnder Ring um die Sphären und ließen diese wesentlich größer erscheinen, als die ein Meter Durchmesser.

Die rot glühenden Plasmagase konnten der aus besonders ionisiertem Metall bestehenden Oberfläche der Sphäre nichts anhaben, da die elektrostatische Aufladung eine dünne Grenzschicht um den gesamten Mantel der Maschine legte, der man den Tarnnamen „Feuerball" gab.

Natürlich sorgte der rotierenden Plasmawirbel um die Sphäre auch dafür, das keine, wie auch immer gearteten Radarstrahlen den eigentlichen Flugkörper aus Metall treffen konnten.

Durch verschließen der Einsaugöffnungen und durch einen asymmetrischen Schubaustritt konnten die Flugkörper eine abrupte Richtungsänderung erfahren, was sie näher an die „Black Widow" heran führten.

Mit hoher Geschwindigkeit, aufgrund des kaum vorhandenen Luftwiderstandes, hervorgerufen durch die elektrostatische Aufladung, da sich die Außenluft aufgrund einer Grenzschicht nicht an der Außenhaut der Kugel reiben konnte, sausten die rotierenden Sphären in Richtung der Feindmaschine.

„Jetzt müssten die Amis unsere „Kraut Balls" ganz gut im Blickfeld haben!", amüsierte sich einer der Ingenieure, der zu der Bedienmannschaft am Boden gehörte.

„Nachdem wir an dem Nachjäger vorbeigezogen sind, schalten wir wieder den Antrieb ab und lassen die Kugeln elektrostatisch suspendiert aufgrund des noch vorhandenen Dralls und des Momentum, also aufgrund des Geschwindigkeitsüberschusses, einfach weiter durch die Luft gleiten! Die Amis werden sich fragen, wo unsere „Kugelblitze" abgeblieben sind. Nach ein paar Minuten lassen wir die Dinger dann, zu ihrer Überraschung, wieder an einem anderen Ort erneut aufleuchten!"

„Die werden blöd drein schauen, unsere amerikanischen Freunde und rätseln, was sie da für merkwürdige und unheimliche Objekte in der Luft gesehen haben wollen!", freute sich ein anderer.

Einer der Anwesenden stellte sich gerade vor, wie einer der „Kugelblitze" oder besser, „Feuerbälle", sich dem amerikanischen Nachtjäger näherte und der passive Annäherungszünder anschlug. In diesem Falle bei Nachteinsätzen und nur wenigen Feindflugzeugen am Himmel, reagierte ein sensibler Sensor auf die Ultrarot-Strahlung der glühenden Auspuffrohre, bzw. deren aufgeheizten Flammendämpfer von den zwei Pratt and Whitney Sternmotoren.

Andere passive Geräte zum Auslösen einer Detonation beinhalteten eine interne Glimmröhre, die einen Zündimpuls betätigte, wenn ein großes elektromagnetisches Feld aufgespürt wurde.

Auch die Propellergeräusche von einzelnen, durch die Nacht streifenden Nachtjägern kann durch eine Mikrophonanlage und einer speziellen Frequenzbandabstimmung genutzt werden, um eine Detonation in einer bestimmten Entfernung zum Feindflugzeug auszulösen.

Am Tag eignen sich eher aktive Systeme zur Detonationsauslösung, die Infrarot- oder Funkwellen aussenden.

Ein passiver Ultrarotsensor reagierte nun auf die Abstrahlung der heißen Auspuffgase der P-61 und löste unmittelbar den Zündmechanismus aus.

Es machte einen großen Knall, dabei entstand aber kein Feuer und eine heftige Druckluftwelle breitete sich wellenförmig aus.

Die P-61 geriet daraufhin unverzüglich ins Schlingern. Die metallene Struktur des Nachtjägers ächzte und krachte, bis sie schließlich an einigen neuralgischen Schwachpunkten, darunter stark beanspruchten Bolzen und Nieten an den Flügelholmen, nachgab.

Eine Tragfläche riss wenige Sekunden nach der Detonation des unheimlichen Fluggerätes ab, und der Rumpf mit dem restlichen Flügel und der aufschreienden und hin und her gewirbelten Besatzung, stürzte spiralförmig zu Boden. Die beiden Pratt und Whitney Doppelsternmotoren heulten auf und beschleunigten noch den Sturzflug nach unten in die Tiefe.

Augenblicke später sah man einen großen Feuerschein aufleuchten, als die Reste der „Black Widow" sich mit hoher Geschwindigkeit in die Erde bohrten. Aufschlagbrand. Alle Besatzungsmitglieder waren sofort tot! Falls einige von ihnen nicht schon zuvor durch die Druckwelle der Explosion von „Feuerball" in der Maschine ums Leben kamen.

Der Ingenieur der Versuchgruppe, die diese Fluggeräte über Straßburg versuchsweise einsetzte, stellte sich weiterhin vor, statt einer einzelnen Nachtjagdmaschine würden mehrere „Feuerbälle" eine ganze U.S. Bomberformation von über 500 oder 1.000 Maschinen angreifen.

Überall am ganzen Himmel, überall auf der Flugroute der U.S. Bomber konnte man laute Detonationen wahrnehmen. Reihenweise segelten B-17 und B-24 Bomber, auseinander gerissen, entweder mit abgerissenen Tragflächen oder entzwei geteilten Rümpfen, in die Tiefe.

Fallschirme sah man kaum. Die meisten Besatzungsmitglieder hatte es nicht nur das Trommelfell, sondern die Lunge und andere wichtige, innere Organe zerrissen und waren schon im Flugzeug auf der Stelle tot. Ausgesandte und reflektierte Funkwellen von den Flugkörpern ließen in einem vorher festgelegten Abstand die Feuerbälle explodieren. Diese Annäherungsmethode bewährte sich am besten bei den vielen, dicht an dicht nebeneinander fliegenden Bomberverbänden.

Bei einzelnen Flugzeugen in der Luft war auch die akustische Aufspürung von Propellerflugzeugen – wie später geschehen über den USA nach dem Krieg – eine probate Methode. Bei den aufkommenden Strahlflugzeugen war dann das Ausfindigmachen des heißen Abgasstrahl die bessere Lösung.

Nach diesem misslungenen und tödlichen Einsatz über Deutschland, wo tausende U.S. Bomberbesatzungen ihr Leben verloren, weigerten sich die Crews in England, weiter über „Enemy Teritory", über Nazi-Deutschland ihre stundenlangen Bombermissionen fliegen zu müssen.

Sie hatten Angst, dass diese komischen „Krautballs" wieder auftauchen und ihre schweren, großen Bomber erneut in der Luft wie ein Blatt Papier zerreißen würden und in Einzelteilen zu Boden krachen. Zudem hatten die U.S. Flieger die Befürchtung, durch den hohen Luftdruck entweder schon in ihren Flugzeugen getötet zu werden und damit keine Möglichkeit mehr hatten, mit dem Fallschirm auszusteigen, um ihr Leben zu retten, oder am Fallschirm hängend durch Wellen weitere heftige Detonationen ihr Leben lassen zu müssen.

Denn viele Überlebende des Einsatzes die es schafften, ihren Einsatzhafen in England wieder zu erreichen, mussten mit Entsetzen feststellen, dass nicht jedes Mal die Bombercrews aus den abstürzenden Maschinen sich mit dem Fallschirm retten konnten. Sie mussten bereits im Flugzeug tot gewesen sein. Der Luftdruck schien zu stark zu sein, um noch lebend zu entkommen.

Keiner der zurückgekehrten U.S. Besatzungen konnten sich erklären, welch komisch aufleuchtenden Sphären mit großer Geschwindigkeit da durch die Luft zwischen ihren Maschinen rauschten und wie diese Dinger es schafften, immer wieder so riesige, Tod bringende Druckwellen zu erzeugen.

Die USAAF musste daraufhin erst einmal alle weiteren „Bomb Runs" über dem Feindgebiet einstellen, was Deutschland eine dringend benötige Atempause verschaffte . . .

Der Ingenieur grinste. „So machen wir es auch am Boden. Wenn die Amis weiter auf das Reich zumarschieren, zerschmettern wir ihre Bodentruppen mit unseren Bomben, sodass die Amis horrende Verluste an Mannschaften und Ausrüstung erleiden! Die Reichsgrenze werden die nie mehr überschreiten und sich voller Angst wieder über den Kanal nach England zurückziehen.

Dem deutschen Ingenieur kam außerdem der gestrige Tag wieder in guter Erinnerung, wo er mit anderen Kollegen am späten Vormittag angestrengt nach hoch oben in den blauen Winterhimmel starrte. Denn die Amis hatten für eingeweihte deutsche Kreise eine vorzeitige Weihnachtsüberraschung aufzubieten!

„Jetzt müssten im Hintergrund, aus Norden von England anfliegend, die Vorhut eines großen B-17 Bomberverbandes in unser Planquadrat eindringen."

Und tatsächlich! Augenblicke später erkannte man erste Kondensstreifen von vielleicht 20 „Flying Fortress", die auf Straßburg zuhielten.

„Gleich werden sie bündelweise „Düppel Streifen" abwerfen. „Windows", Staniolstreifen bestimmter Länge, die das deutsche Radar stören sollen! Die Streifen bewirkten, dass ein Radarbeobachter nur noch „Schnee" auf seinem Bildschirm sieht und somit nicht mehr weiß, welche exakte Route der kommende Bomberverband nehmen wird, und welche Ziele in Deutschland angegriffen werden sollen."

Der Ingenieur nickte und meinte:

„Achtet auf die letzten vier Maschinen der Vorhut!"

„Da sind sie!", rief einer ganz aufgeregt und der Ingenieur schaute durch seinen Kinotheodoliten, um besser erkennen zu können, was sich nun in etwa 10.000 Meter Flughöhe für ein sonderbares Schauspiel vor ihren Augen abspielen würde.

Er konnte die geöffneten Bombenschächte der vier Spezialmaschinen erkennen, dessen unbemalte Rümpfe in der Sonne silbern glänzten.

Die vier B-17, auf die alle am Boden achten sollten, flogen ganz zum Schluss des Verbandes und waren etwas abgesetzt vom Rest der anderen Maschinen. Sie drosselten jetzt die Geschwindigkeit, und der Deutsche am Boden schaute nun ganz genau hin, was aus den vier Bombenschächten in die Atmosphäre ausgebracht wurde.

„Hey Folks! Now these four crates over there. And be careful! Handle with care, you know!"

„Was ist denn in diesen scheiß Holzkisten drin, dass wir so vorsichtig sein sollen!", brüllte einer der „Air Gunner", der in einem dick gefütterten Overall steckte, worüber er seine schwarze Fliegerjacke aus Leder gezogen hatte. Seine Sauerstoffmaske baumelte vor seinem Gesicht, damit er besser sprechen konnte. Es war eiskalt in der B-17, da der Bombenschacht bereits geöffnet war. Draußen wehte eine winterliche, nordatlantische Luftströmung, jetzt, Mitte Dezember 1944. Der Himmel war strahlendblau, und man konnte tief ins Innere des Dritten Reiches schauen, das in den letzten Zügen lag und bald die Waffen strecken würde.

„Glass Balls! Some ten thousand of glass balls . . . !", brüllte sein Kamerad zurück, denn es rauschte und pfiff nur so im Rumpfheck.

"What! Glass Balls? Warum werfen wir tausende Glaskugeln über Deutschland ab?"

„Do you know what Season we have?", fragte der eine und kam näher an das Ohr seines Kameraden.

"X-mas!"

Die Airmen, die im Heck des Bombers standen, staunten nicht schlecht, als sie die erste große Holzkiste aufhebelten und zwei große Säcke vorfanden. Neugierig, zuerst die dicken Handschuhe von den Händen abstreifend, schnürte einer der „Gunner" einen der Jutesäcke auf und fand darin . . . Weihnachtskugeln aus Glas! Einige waren durchsichtig, andere leicht milchig und wieder andere waren Silber angemalt.

Der Pilot vorne gab gerade das „Go" zum Abwurf der Säcke mit den Glaskugeln durch:

„Folks, macht die Säcke auf, reißt den Schlitz an der Seite auseinander und schmeißt das ganze Zeug aus dem Bombenschacht! O.K., Folks?"

Die beiden Bordschützen taten, wie befohlen.

Aus den anderen drei Bombern fielen ebenfalls mehrere große Säcke, die beim Fall durch die Luft auseinander gerissen wurden. Dabei gaben die Säcke die tausende von Glaskugeln frei, die nun durch die Luft, wie Sterne segelten.

„Die Dinger sind kaum zu erkennen . . . !", rief einer der Beobachter aus der Gruppe am Boden.

Eine kleine Gruppe von Technikern und Wissenschaftlern hatte sich auf ihrem Versuchsgelände, das etwa außerhalb von Straßburg lag, ins Freie begeben und schauten neugierig in den Himmel. Überall lagen Schneereste herum. Es war knapp über null.

„Verdammt kalt heute. Passt irgendwie in die vorweihnachtliche Stimmung dieses sechsten Kriegswinters!"

Einer deutete an den Himmel und konnte mit bloßem Auge die Kugeln erkennen:

„Ja, weil die Glaskugeln teilweise transparent sind. Die silbernen sieht man am besten . . . !"

„Die Sonne spiegelt sich darin . . .!"

„Die Glaskugeln sind teilweise mit Gas befüllt, damit sie besser schweben!"

„Und damit sie in der gewünschten Flughöhe automatisch zerplatzen . . ."

„Vielleicht fliegen ja irgendwelche alliierte Flugzeuge durch die Glaswolken und beschleunigen das Zerplatzen der Dinger."

„Haben die Amis dann überhaupt noch genug Weihnachtskugel für ihre Tannenbäume übrig?", frage einer im Scherz, und die anderen lächelten oder kicherten leise.

„Derjenige, der die Bestellung bekam, tausende von Weihnachtskugeln herzustellen, der hatte bereits ein vorzeitiges Weihnachtsgeschenk bekommen!", meinte einer aus der Gruppe.

„Sind die Amerikaner nicht besonders nett zu uns?"

„Bestimmt sind sie das! Besonders, wenn sie wissen wollen, wie unser nächtlicher Einsatz und unsere „Feuerbälle" sich im Kampf mit einem Nachtjäger schlagen werden!"

Alle lachten und freuten sich, dass die Amis Wort hielten und die Weihnachtskugeln in ihrem Operationsgebiet ausgebracht hatten.

„Frohe Weihnacht, Kollegen! Auf die Deutsche Weihnacht 1944!"

Die Gruppe hatte ihren karg geschmückten Weihnachtsbaum vor die Tür gestellt und alle prosteten sich mit einem Glas Sekt zu, den einer irgendwie auf verschlungenen Wegen „organisiert" hatte.

Dann holt einer aus der Gruppe aus seinem Wintermantel eine Weihnachtskugel aus durchsichtigem Glas und hängte sie ehrfürchtig an den Tannenbaum.

Alle mussten herzlich lachen und freuten sich wegen des gelungenen „Gags" ihrer amerikanischen Kollegen.

„Frohe Weihnacht! Das letzte Kriegsweihnachten hoffentlich!"

„Merry Christmas to our American friends . . . !"

Auf der anderen Seite der Frontlinie, bei der anderen Feldpostnummer, westlich von Straßburg, irgendwo in den Ardennen:

„Da sind unsere B-17. Die werfen jetzt unseren Weihnachtsgruß über Straßburg ab. For our German friends!"

Maj. Sam Trumpeter, ein Experte, der zu einem „Advanced Field Laboratory" abkommandiert war, starrte durch seinen Feldstecher und versuchte den Bomberverband über Strasbourg auszumachen.

"Thank God, the visibility is perfect! No clouds. So, the Germans can watch our Christmas Balls hovering through the sky. Merry X-mas, you German whizzards!"

Da wurde der vor sich hin träumende Entwicklungsingenieur unsanft aus seinen Gedanken gerissen.

„Glück für die Ami-Besatzung der P-61, dass wir keine Sondersprengladung in unseren Fluggeräten haben, sonst wären alle scheiß Amerikaner an Bord ihrer verdammten Kiste schon längst hinüber . . . !"

„Die Amerikaner . . . Die werden diesen Sondersprengstoff selbst nutzen, bei uns ausprobieren und dann die Russen, deren riesige Rote Armee reihenweise damit platt machen. Aber das ist eine andere Geschichte!", dachte der Ingenieur im Stillen und freute sich zusammen mit dem Rest der Mannschaft über den gelungenen, nächtlichen Versuchseinsatz. ...

(Erklärung für tausende von Weihnachtskugeln am deutschen Weihnachtshimmel 1944, siehe weiter unten im Buch!)

Post-War Sightings

I myself (Autor des „Fate Magazin Berichts, Harold T. Wilkens, Anm.d.A.) have seen what may have been a **foo fighter**. I quote from my diary of **November 2, 1950**:

"At 6:20 p.m. I went into the garden of this house at Bexleyheath, Kent, which stands on a low hill and has a commanding view of a region of Kent just 12 miles from Charing Cross in central London. I merely sought a breath of fresh air and was looking for nothing. Glancing up casually into the starry sky, I suddenly saw a **yellow luminous ball** appear in the southern quadrant of the sky. It flew **silently**, with **no gas or spark-emission**, on a level trajectory and at no great velocity (elektrostatisch aufgeladen, schwebend in der Raumladung, Anm.d.A.).

It vanished into a belt of cumulus cloud near the zenith. **It did not reappear**. Was no sort of balloon, weather or cosmic. Was no meteor, and no sort of pyrotechnic. Its **altitude was about 2,500 feet up and it shone with lunar brilliancy.**"

Next morning I read in the "London Daily Telegraph" a report that on the same night but one hour 40 minutes later than the time of my own observation, people on the Herts-Bucks border, some 25 miles west, were mystified by a strange orange light flashing across the sky and visible for some seconds.

Some 30 miles west of the Herts-Bucks border is the British Ministry of Supply's atomic station of Harwell, Berks.

...

Anmerkung des Autors K-P Rothkugel:

„Ungefähr 50 Kilometer westlich steht die **Atomanlage Harwell, Berkshire** des British Ministry of Supply."

Betonung auf Atomanlage, wo man u.a. hohe Energieströme erzeugen kann, um elektrostatische Generatoren zu betreiben. Wie übrigens ehemals mit Sicherheit auch im Eulengebirge, Schlesien, Jonastal, Thüringen oder in „B-8 Bergkristall" im Mühlviertel in Nieder Österreich!

...

Weiter im Text aus dem o.g. „Fate"-Artikel, wo der Autor Wilkins richtig bemerkt:

„What I saw was, I believe, a **foo fighter of the same type** as that encountered six years before by U.S. pilots . . .

Object Camouflage Method And Apparatus

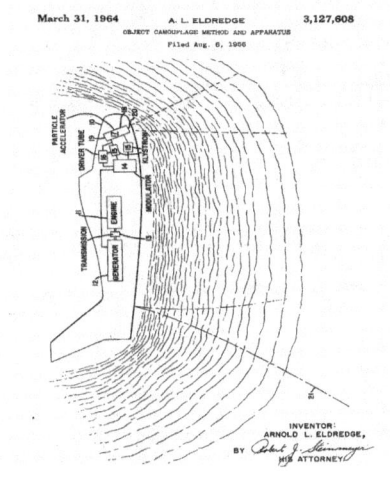

U.S.-Patent 3,127,608

Arnold L. Eldredge, Woodside, California, USA
Assignor to General Electric Company
Filed Aug. 6, 1956

Diese Erfindung beinhaltet eine Methode zur Tarnung eines Objektes oder speziell, eine Methode, ein Flugzeug oder andere Fahrzeuge auf dem Radar unsichtbar zu machen.

„It is old to disguise the location of aircraft by scattering tinfoil in order to enlarge the area on the radar screen to which the signal is returned. This method of camouflage has the obvious disadvantage of still allowing the radar to detect presence of an object.

In order to completely disguise the presence of an aircraft it is desirable to completely eliminate or substantially minimize or attenuate the response on the radar screen due to the presence of aircraft **by substantially eliminating any return signal**. In order to do this it is necessary to either <u>**refract the radar beam**</u> in a direction **away from the object** or the receiver or <u>**to absorb**</u> the beam **in order to prevent its return to the receiver**.

These ends cannot be achieved by means of existing techniques and it is therefore an object of my invention to refract or absorb the radar signal impinging upon an object.

Another object of my invention is **to insert a media between an aircraft and a radar detection** set which will refract or absorb incident radar beams.

A more specific object of my invention is to obscure aircraft to radar **with a** <u>**cloud of ionization**</u> which will both refract and absorb incident radiation.

Another specific object of my invention is to provide an aircraft with a **particle accelerator** capable of providing a sufficiently **dense cloud of ionization adjacent to the aircraft** in order to refract or absorb substantially all radiation due to incident radar beams utilizing energies presently obtainable by current radar detection sets.
...
In carrying out my invention in one form thereof a <u>**linear electron accelerator**</u> or other particle accelerator is positioned in the **forward part of the aircraft** in a manner such as will allow it **to emit radiation forward and downward from the aircraft in order to** <u>**ionize the air**</u> beneath the aircraft.
...
The <u>amount of ionization produced</u> must be **sufficient to substantially** <u>**absorb or refract**</u> **an** <u>**incident radar beam**</u> regardless of the effects of the life of the thermal electrons, or recombination rate, and the rate of electron attachment to neutral oxygen molecules. Electron attachment occurs when an electron strikes an oxygen molecule with sufficient energy to form minus.
...
Modified forms of my invention may include **particle accelerators for accelerating any suitable high energy particle** other than the linear electron accelerators <u>that are currently well known in the art.</u>
...

Anmerkung:

Diese oder eine ähnliche Technik zur Ionisation der umgebenden Luft nahe „Feuerball" machte auch dieses Gerät bereits im Zweiten Weltkrieg auf dem Radar unsichtbar.

Da <u>Partikelbeschleuniger</u> auch in normale Flugzeuge eingebaut werden können, hätten die U.S. Verschwörer die ungeahnte Möglichkeit gehabt, auf russischen Radarbildschirmen bei Angriffsflügen über dem Sowjetreich unsichtbar, „stealthy" zu sein und somit unentdeckt wichtige Ziele, Städte und Militäreinrichtungen ungehindert zerstören zu können.

Die Russen hätten dem nichts entgegenzusetzen gehabt und standen beim Einsatz dieser und anderer Wunderwaffen auf verlorenem Posten. Für die Amerikaner wäre der Angriff auf die damalige, militärisch unterentwickelte Sowjetunion das reinste „Schlachtfest" geworden. Warum hatte man auf diese totale militärische Überlegenheit verzichtet und lieber das langweilige Spiel mit dem Kalten Krieg durchgezogen?

Warum hatte man den Russen geradezu diese „Wunderwaffen" nach Kriegsende durch Verrat, Verkauf (brit. Nene-Triebwerk), aus „Dummheit", auf Befehl, im Austausch usw. aufgedrängt, damit sie halbwegs mit dem Westen gleichziehen konnten (siehe weitere Erklärungen weiter unten in diesem Buch)? Zu allem Überfluss sind diese „Wunderwaffen" größtenteils bis heute auch noch alle erfolgreich geheim gehalten und vehement vertuscht worden, sodass sie einer interessierten Öffentlichkeit bis dato weitestgehend unbekannt sind.

Die russische Nachrichtenagentur ITA-TASS veröffentlichte im Jahre 1999 einen Bericht über spezielle Plasmageneratoren, die die „Radar Cross Section", RCS eines Flugzeuges vermindern helfen kann:

„Nikolay Novichkov: Russischer Wissenschaftler erstellt revolutionäre Technologien zur Verringerung der Radar Sichtbarkeit des Flugzeugs, „ITAR-TASS", 20. Januar 1999:

„Trotz der anscheinend technischen Schwierigkeit zur Herstellung einer Plasma-Stealth Vorrichtung für Kampfflugzeuge, gibt es Gerüchte, dass **ein solches System für den Export im Jahr 1999 angeboten** wurde.

Im **Januar 1999** veröffentlichte die russische „ITAR-TASS" Nachrichtenagentur ein Interview mit Dr. Anatoliy Koroteyev, dem Direktor des Keldysh Research Center, der über das, von seiner Organisation entwickelte Plasma-Stealth-Gerät sprach. …
Das „Journal of Electronic Defense" berichtete außerdem, dass eine neue **"Plasma-Cloud-Technologie"** für Stealth-Anwendungen in Russland entwickelt wurde, die die „Radar Cross Signatur", RCS eines Flugzeugs um den Faktor 100 reduzieren kann.

Gemäß diesem, im Juni 2002 veröffentlichen Artikels, wurde ein solches russisches Plasma Stealth Gerät an Bord eines Sukhoi Su -27 Jagdbombers getestet.

Die Zeitschrift berichtete außerdem, dass ähnliche Forschung zur Anwendungen des Plasmas für eine RCS Verminderung durch die „Automation Corporation" der „Old Dominion University" in den USA durchgeführt wird, sowie von „Dassault Aviation" und „Thales"."

Feuerball
für
Luft- und Bodenziele

Die Zündorkanbombe

Auszug aus der Schilderung des Zeitzeugen „Ambrosi" aus dem Jahre 1944, der in der Nähe von Krakau, Polen, SS-Truppenübungsplatz „Heidelager" und ausgelagerte V-2 Fertigung, eine besondere Bombenexplosion miterleben konnte. Berichtet von Renato Vesco in seinem Buch "*Operazione Plenilunio*", 1972:

„Nachdem die Vorbereitungen zum Start einer speziell umgebauten V-2 Rakete abgeschlossen wurden, und die Mannschaft sowie einige Beobachter, darunter auch der Augenzeuge "Ambrosi", in einen Bunker gegangen waren, startete die V-2.

Als das Geschoß eine **vorbestimmte Höhe erreichte**, wurde es mit Absicht zur Explosion gebracht. Es gab einen **ohrenbetäubenden Lärm**, darauf folgte eine große Staubwolke, aber kein Feuer.

Nach ungefähr einer Stunde wurde das Testgebiet untersucht. Ambrosie sah einen **riesigen Krater, und rundherum in einem Radius von etwa einem Kilometer waren alle Bäume wie Streichhölzer geknickt.**"

Anmerkung:

War die Rakete, eine A-4 auch zusätzlich elektrostatisch an gewissen Bereichen des Torpedorumpfes aufgeladen worden, sodass nicht nur der, von der Rakete trennbare Sprengkopf, sondern die gesamte Rakete leichter in der Luft zerplatzen konnte?

Dies soll der einer der ersten Tests mit einer aus Uran bestehender "Kernspaltungs-Bombe" gewesen sein, einer so genannten „*Zündorkanbombe*".

Wing Commander A.G. Pither, RAAF "*Here and There*", Flight, London v. 26. Juli 1945:

"..., a further disclosure on what might have happened to us had the war gone on for another six month. Had they been given this extra period in which to perfect it, the Germans would have used a **Uranium Desintegration Bomb** many times more destructive than the V-2. A 24 lb. U-Bomb has a destructive force equal that of one ton explosive charge of the V-2."

So heißt es bei Romersa, der im Herbst 1944 Deutschland besuchte:

Ein Mitarbeiter des Heereswaffenamtes (HVA Peenemünde?) berichtete:

„Seit Jahren forschen wir. Nach langen und mühsamen Experimenten und Arbeiten haben wir endlich diese Erfindung vollendet. Wir haben Anlagen überall. Einige wurden getroffen und beschädigt, besonders in **Norwegen**; aber **in Peenemünde ist alles intakt** (Karlshagen,

Stettin?, Anm.d.A.), obwohl die **Alliierten versucht haben, diese Anlage zu zerstören.**

In sechs oder sieben Monaten wird die serienmäßige Herstellung der Bombe beginnen."

...

Weiter in dem Bericht von des Italieners Luigi Romersa, dem im Auftrag Mussolinis in Deutschland die neuesten Waffenentwicklungen vorgeführt wurden:

Bei einem Gespräch mit Reichsminister Göbbels:

„Das **schwere Wasser** - sagte er - ist ein wichtiger Stoff für die Herstellung der Zerlegungsbombe. Schon vor dem Krieg haben wir Fortschritte in diese Richtung gemacht, aber die Forschungen wurden unterbrochen, da die Kriegsoperationen sich günstig entwickelten." ...

Siehe auch Aussage von Josef Göbbels in seinen Tagebüchern über einen weiteren Krieg, nach Ende des Zweiten Weltkriegs, der mit Atomwaffen geführt werden sollte.

Zu Schwerem Wasser heißt es:

„Der **Schwerwasserreaktor** („Heavy Water Reactor", **HWR**) ist ein Kernreaktortyp, bei dem schweres Wasser (D2O) als Moderator- und meist auch als Kühlmittel - verwendet wird.

Schweres Wasser ist Wasser, das anstatt des gewöhnlichen Wasserstoffs (1H) mit der Massenzahl 1 das schwerere Wasserstoffisotop Deuterium (D öder 2H) mit der Massenzahl 2 enthält. Schweres Wasser absorbiert Neutronen weniger stark als gewöhnliches Wasser.

Daher kann dieser Reaktortyp im Gegensatz zu Leichtwasserreaktoren als **Natur-Uranreaktor** betrieben werden, so dass **keine** Urananreicherung nötig ist.

In Schwerwasserreaktoren entsteht aus dem **Deuterium des schweren Wassers durch Neutroneneinfang das Wasserstoffisotop Tritium**, das wiederum für die Herstellung bestimmter **Kernwaffen** verwendet werden kann. "

Anmerkung:

Peenemünde wird nicht unbedingt als *der* Standort für eine deutsche Atomforschung aufgeführt

Aber in Peenemünde wurden u.a. elektrostatische Flugkörper entwickelt, gebaut und erprobt. Auch Flugkörper und Raketen, die einen nuklearen Zusatzstoff zur elektrostatischen Aufladung, bzw. Ladungstrennung nutzten, oder nuklear bedampfte Bleche. Siehe Teil II der Bücher von K-P Rothkugel über die Funktionsweisen elektrostatischer Flugkörper, die als „Foo-Fighters" in die Geschichte eingegangen sind.

So könnte u.a. in Peenemünde, wie auch bei WNF in Wiener Neustadt, oder an anderen geeigneten Orten, wo man nukleares Material zum Aufladen von elektrostatischen Fluggeräten benötigte, ein kleiner Schwerwasser-Atommeiler betrieben worden sein, um u.a. Bleche für den Flugzeugbau radioaktiv zu bedampfen, wie z.B. für das „Elektro-Aggregat A-4".

Nutzte man die Erfahrung und das Prinzip bestimmter elektrischer Flugkörper, die Plasmagase entwickelten und zur Zerstörung von Bomberpulks vorgesehen waren, wandelte diese Methode dementsprechend ab und montierte einen neuartigen Sprengkopf für Raketen für Testzwecke auf ein A-4, wie z.B. in Krakau oder auf Rügen?

Entwickelten und verbesserten Fachleute aus diversen deutschen Atomforschungsgruppen später dieses Konzept einer „Zerlegungsbombe" weiter?

Wohlgemerkt, diese „Zerlegungsbombe" ist keine „klassische", große Atombombe, wie sie über Japan abgeworfen wurde. Die Bomben sind wesentlich kleiner und die Wirkungsweise ist anders, aber mit demselben verheerenden Ergebnis, mehrere 100.000 Menschen schnell und effektiv auf einen Schlag töten zu können!

Insert

Göbbels Tagebuch Einträge

Reichspropagandaminister Joseph Göbbels machte am 21. März 1942, drei Wochen nach der Tagung, in sein Tagebuch folgende Eintragung:

„Mir wird Vortrag gehalten über die neuesten Ergebnisse der deutschen Wissenschaft. Die Forschungen auf dem Gebiet der **Atomzertrümmerung** sind so weit gediehen, daß ihre Ergebnisse unter Umständen noch für die Führung dieses Krieges in Anspruch genommen werden können.

Es ergäben sich hier bei <u>kleinstem Einsatz</u> derart immense Zerstörungswirkungen, daß man **mit einigem Grauen dem Verlauf des Krieges, wenn er noch länger dauert,** <u>**und einem späteren Kriege**</u> entgegenschauen kann.

Die moderne Technik gibt dem Menschen Mittel der Zerstörung an die Hand, <u>die unvorstellbar sind.</u> Die deutsche Wissenschaft ist hier auf der Höhe, und es ist auch notwendig, daß wir auf diesem Gebiet die Ersten sind; denn wer eine revolutionäre Neuerung in diesen Krieg hineinbringt, der hat eine umso größere Chance, ihn zu gewinnen." (...)

Anmerkung:

Was meinte Josef Göbbels mit „und einem späteren Kriege"?

Den Dritten Weltkrieg, der hauptsächlich atomar geführt werden sollte?

Mit Waffen, die zumindest schon vor dem Ersten Weltkrieg theoretisch bekannt waren, siehe
Aussage von Prof. Lachner?

Ion Plasma Vortex (Torodial)

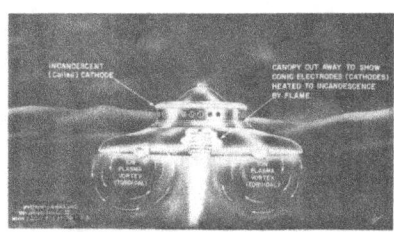

Abb.: Edelgas-Niederdruckentladung, ein auf
elektrischem Weg erzeugtes
Edelgas-Plasma mit niedrigem Plasmadruck.

Erzeugen die elektrostatischen Flugkörper, wie
„Kugelblitz" und "Feuerball" einen ionisierten
Plasmawirbel um das sphärenförmige Fluggerät
herum, ähnlich, wie in der Zeichnung oben
angedeutet?

Hier einige wichtige Auszüge aus den Schriften des amerikanischen Forschers Thomas
Townsend Brown zum Verständnis von EHD-Fluggeräten, wie sein „Aero-Marine-Vehicle",
wohlmöglich schon in den 1920er Jahren entwickelt, sodass das in den USA entwickelte
Prinzip auch Insidern in Deutschland schon vor dem Krieg bekannt gewesen sein könnte:

„Im Falle einer großen halbrunden Elektrode mit kleinen axialen
Elektroden, die um die Mitte angeordnet sind, **ist das
Strömungsmuster ein ringförmiger Wirbel**, vergleichbar **einem
verwirbeltem Ring aus Rauch**.
...
Kürzlich gemachte Fortschritte im Bereich „**Plasma Dynamics**" haben
eine Reihe von Methoden **zur Beschleunigung von Bereichen hoch
ionisierten Gases** ergeben. Gewöhnlich beinhalten solche Methoden
elektrische und magnetische Wechselwirkungen in extrem kurzen
Zeitabständen. **Plasma-Pulse oder -Schübe, erzeugt durch elektrische
Entladungen, laufen durch ein Beschleunigungsfeld und werden mit
hohen Geschwindigkeiten nach Außen gestoßen.**
...
Es zeigte sich, daß **ionisiertes Gas, oder Plasma**, sich
wie ein dielektrisches Medium verhielt und **hydrostatischen Druck
entwickelte.**
...
Dann wird der Flammenstrahl elektrisch durch eine Nadel-Kathode
angeregt. **Dies erzeugt ein sehr starkes elektrostatisches Feld** und
veranlasst einen **Plasma-Wirbel**. Die Bewegung des Plasmas ergibt
zusätzlich Überdruck für weiteren Auftrieb.
...
Die Flamme (eines "Flame-Jets", Anm.d.A.) kann auf verschiedene Art
und Weise erzeugt werden, entweder durch Kerosin, oder andere
Flüssigtreibstoffe, Raketen-Feststoff, aber ultimativ durch
thermonukleares Plasma (siehe hierzu die vielerorts radioaktive
Verseuchung des Bodens bei gelandeten „Ufos", Anm.d.A.). Die
erzeugte Flamme passiert, nachdem sie die Austrittsdüse verlassen
hat, mehrere „Collector Electroden", die jeweils voneinander
isoliert sind.
...
Um die **Plasma-Dichte** noch weiter zu erhöhen, kann der Treibstoff mit
Cäsium-Pulver, oder Alkali-Dampf angereichert werden, der in die
Verbrennungskammer zugeführt wird. Außerdem durch Schlitze, die
innerhalb der Anoden-Canopy auf der konkaven Flugzeug-Unterseite
angebracht sind.
-Ends-

...

Anmerkung:

Waren Insidern in Deutschland, die, wohlmöglich schon in den 1920er Jahren gemachten Experimente und praktische Flugversuche von Thomas Townsend Brown, bekannt? Und vollzog man die amerikanischen Versuche in Deutschland nach?

War „Kugelblitz" und „Feuerball" ein „Off-Spring" der „Plasma-Dynamics" von TT Brown, und war die „Zündorkanbombe" wiederum ein „Off-Spring" dieser beiden Plasma-Flugkörper?

So heißt es in den Offenlegungsschriften zu elektromagnetischen Flugkörpern, Ende der 1960er Jahre durch das deutsche Patentamt veröffentlicht:

„Als Elektrodenquelle ist ein **erhitztes** und auf ein hohes negatives Potential gebrachtes **Metall**, oder eine **ultraviolette** Strahlung, oder die Emission von **radioaktiven Teilchen** vorgesehen.
...
. . . . kann der Flugkörper auch mit Generatoren versehen werden, die die künstlichen elektrischen Felder und Raumladungen durch Elektronenstrahlung, z.B. durch **Erhitzen** von einer **hohen Elektronendichte ausweisenden Metallen**, wie **Thorium, Wolfram, Barium, Rhenium** oder deren Legierungen, oder durch den Zerfall von radioaktiven Stoffen, wie Strontium 90, ..."

Eine Version einer deutschen Atombombe soll nur mehrere Dezimeter, also mehrere 10 cm groß gewesen sein und um die 8 Kilogramm gewogen haben.

Treffen die Maße, ca. 80 cm Durchmesser und 8 Kilogramm (Gesamt-) Gewicht auch auf das Fluggerät „Feuerball" und „Kugelblitz" zu?

Sollte der Einsatzflugkörper „Feuerball", nachdem ein oder mehrere solche rotierenden Sphären mit einem <u>wirbelnden Plasma Ring um die Sphäre,</u> sich einem Bomberverband genähert hatten, durch eine kleine, interne Sprengladung zur Explosion gebracht werden?

So schreibt Prof. Lachner (komplettes Schreiben, siehe fortfolgende Seiten) vollkommen richtig:

„Ein (oder mehrere) **unbemannter, ferngesteuerter Kreisel-Flugkörper** dieser Art wurden in <u>Würzburg</u> (F. u. S. -Werke für Kugellager) dem damals dicht beieinander fliegenden Bomberpulk zum Verhängnis

(**400 Bomber an einem Tag erledigt**).
..."

Die in Wellen anfliegenden U.S. Bomberpulks mit ihren B-17 „Flying Fortress, die in mehrere „Boxes" unterteilt waren - in der Ebene und Höhe gestaffelt, mit zwanzig, bis zu fünfzig Maschinen pro „Box" - und sich auf mehrere Kilometer Länge erstreckten, könnten mit etlichen „Feuerbällen" angegriffen worden sein, die sich den einzelnen Formationen näherten, oder sich zwischen den Bomber platzierten.

Dann explodierten ein oder zwei dieser elektrostatischen Flugkörper innerhalb einer „Box", die durch die Druckwelle die B-17 dieser Staffel einfach durch den entstandenen Luftdruck am Himmel auseinander rissen.

Wenn es dieses, von Prof. Lachner erwähnte Ereignis gab, dann ist auch dieser Einsatz mit unkonventionellen deutschen Waffen nachträglich, oder schon während des Krieges zensiert worden!

Interessant wäre es zu wissen, ob an einem bestimmten Tag nicht nur Maschinen von der deutschen Flak oder von Jagdmaschinen abgeschossen wurden (falls man sich bei diesem Sondereinsatz mit Sonderflugkörper nicht von Seiten der Flak und der Jägerei bewusst zurückhielt, wie später über Würzburg im März 1945), sondern hunderte „Flying Fortress" entlang der An- und Abflugrouten brennend und in Einzelteilen vom Himmel fielen.

Bomber, die nicht durchlöchert von Flakgranaten oder deren Splitter, nicht durchsiebt von Bordwaffen der einzelnen Jagdmaschinen, wie Bf 109 oder FW 190, sondern in Einzelteile auseinander gerissen, durch einen starken Luftdruck, den die U.S. Bomber nicht standhielten, reihenweise vom Himmel fielen.

Ob Prof. Lachner bei den angegebenen 400 abgeschossenen U.S. Bombern übertrieben hatte, oder nicht, ist unklar. Wären doch dann an einem einzigen Tag, bei einem einzigen „Air Raid" der USAAF, an die 4.000 Flieger, Piloten, Bombenschützen, Gunners usw. umgekommen oder mussten notgedrungen über Deutschland abspringen. Falls die Besatzungen dazu noch in der Lage waren und nicht innere Organe durch den starken Luftdruck zerrissen wurden und den Tod zufolge hätte.

Ein großer Verlust für die U.S. Luftwaffe, der sich auch negativ auf die Moral der U.S. Bomberbesatzungen ausgewirkt haben müsste.

Vielleicht waren es 400 Bomber, oder nur die Hälfte, die man als Demonstration der Leistungsfähigkeit von „Feuerball" opferte, wie schon zuvor mit Wissen der Amerikaner „Live-Tests" mit dem Flugkreisel über Leuna, der Bachem Natter über Nord Deutschland, Versuchsabschüsse der „Wasserfall", Versuchsabschuss einer Atombomben tragenden Großrakete usw., durchgeführt wurden, um die Tauglich- und Einsatzfähigkeit spezieller Sonderwaffen für einen weiteren Krieg der Amerikaner, diesmal gegen die Sowjetunion, auszuloten.

Einen oder zwei „Live-Tests" mit einer Luftdruckbombe für großflächige Bodenziele – im Gegensatz zu „Feuerball", eine Luftdruckwaffe für einzelne oder mehrere Luftziele – könnten im Februar und März 1945 über, bis dato unzerstörten deutschen Städten, stattgefunden haben, die außerdem noch eine große und unregistrierte Anzahl an Flüchtlingen aufwies, die es galt, einzuäschern!

In der Literatur findet man zum Thema „Schweinfurt Raid" im Grunde nur „Fake News", wie den Bericht von Martin Caidin, der wahrscheinlich komplett erfunden ist, bzw. auf ein anderes Ereignis basiert, das nicht mit dem, von Prof. Lachner erwähnten Vorfall im Einklang steht.

Man verbreitet Desinformation, um eben von einem verheerenden Ereignis, der Zerstörung unzähliger B-17 Bomber, abzulenken. Abzulenken davon, das den Amerikanern diese Waffe bekannt war, dass sie diese selbst bauen konnten, also wussten, wie sie funktionierte und dass man solche Luftdruckbomben in einem „totalen" Dritten Weltkrieg selbst einsetzen wollte.

Der entsprechende Tag, wo die Kugellagerwerke in Schweinfurt von amerikanischen Bombern angegriffen wurden und wo unzählige B-17 mit einer neuen, geheimen Waffe vernichtet wurden, dieser Tag wurde mit Sicherheit nicht in irgendeinem Kriegstagebuch verzeichnet. Oder Hinweise darüber wurden schon während des Kriegs, oder kurz danach zensiert.

Denn bis heute ist die wahre Natur der „Foo Fighters" und auch der „Zündorkanbombe", sowie „Feuerball" in der offiziellen Geschichtsschreibung unerwähnt geblieben! Und diese Waffen werden auch lange Zeit weiterhin unerwähnt bleiben, ja weiter unter strengstem Verschluss gehalten!

Wetten, dass die Freigabe gewisser Dokumente zu diesem Thema nach Ablauf von 100 Jahren, also nach 2045 um weitere 100 Jahre verlängert wird? Es sei denn, im Jahre 2045 sähe unsere Welt ganz anders aus, als die, die wir heute kennen.

Geschah zudem Anfang der 1950er Jahre ein Testlauf, nämlich dem brutalen Zerreisen eines Flugzeuges in der Luft durch eine starke Druckwelle, als ein Versuchskörper von Argentinien oder von einer Teststation in der Nähe von Parral, Chile, nach Norden, Richtung USA geschickt wurde?

Schickte man einen elektrostatischen aufgeladenen, sphärenförmigen Flugkörper zuerst in die Obere Atmosphäre, wo eine besonders günstige Raumladung vorherrschte, damit das Gerät mit mehreren Mach 10 in nördlicher Richtung davon rauschte

(Siehe hier u.a. Aussage von Prof. Hermann Oberth: *„Ihre Geschwindigkeit (der „UFOs") ist sehr hoch, 19 km/sec, circa 69.000 km/h wurden mit drahtlosen Messinstrumenten gemessen (Radar)."* Siehe die Aussagen von H. Dudley zu diversen atmosphärischen Bedingungen für elektrische Flugkörper.)

Somit hätte ein elektrostatisch aufgeladenes Fluggerät in wenigen Minuten über den USA auftauchen können!

Wenn die elektrostatische Aufladung des Mantels nachgelassen hatte, sank die Sphäre kontinuierlich zu Boden oder wurde in einer vorbestimmten Flughöhe suspendiert, in dem man die Sphäre mit Hilfe eines internen Motors - Strahlturbine, kleines Raketentriebwerk - wieder elektrostatisch durch die verbrannten Abgase, die sich an den Düsenaustrittsöffnungen/Rauch Gasgeneratoren, rieben und eine Ladungstrennung herbeiführten, wieder auflud.

Näherte sich nun, z.B. ein normales Verkehrs- oder Militärflugzeug der Kugel, und wurde das Vorhandensein eines metallenen Flugzeuges durch einen Annäherungszünder registriert, hätte eine Automatik das Fluggerät zur Explosion bringen können. Das sich nähernde Flugzeug wurde nun durch den Explosionsdruck und herumfliegende Trümmerteile getroffen und zum Absturz gebracht, quasi in der Luft durch einen starken Luftdruck auseinander gerissen.

So heißt es, betreffen Flugkörper großer Reichweite vollkommen richtig in dem Artikel:

„North American Newspaper Alliance Inc.", 1947, „*Spies Bid for Franco´s Weapons*", von Lionel Shapiro:

```
„Die erste Waffe ist eine elektromagnetische Rakete, von der
behauptet wird, daß sie für die Sichtungen von "fliegenden
Untertassen", die letzen Sommer über Nord Amerika gesichtet wurden,
verantwortlich ist.

„Die "Rakete" (Missile, kann auch ein sphärenförmiger Flugkörper
sein, Anm.d.A.) wird mit einer Reichweite von 16.000 Kilometern
angegeben. Sie kann zumindest auf den ersten 5.000 Kilometern
ferngesteuert werden und wenn die Fernsteuerung aussetzt, wird die
"Rakete" von elektrischen Anlagen eines Flugzeuges oder eine in der
Nähe befindliche Masse aus Metall angezogen. Sie explodiert wenn sie
auf das anziehende Objekt trifft.

Ein Agent, der die Blaupausen aus Spanien herausschmuggelte,
erklärte, daß die "Rakete" nach Nord-Amerika dirigiert wurde,
wo sie zumindest für den Absturz von einem, möglicherweise zwei
Transportflugzeugen verantwortlich war. Die Abstürze wurden als
Unfall aufgrund struktureller Schwächen der Flugzeuge dargestellt. "
```

War Prof. Ronald Richter mit an solchen Tests in Argentinien oder Chile beteiligt?

Flog man in den USA gezielt einen bestimmten Ort an, eventuell eine U.S. Air Force Militärbasis, auf der z.B. große Transportflugzeuge oder Bomber stationiert waren, um dort durch Explosion der „Rakete", nämlich von „Feuerball", einen starken Luftdruck zu erzeugen, sodass eines oder zwei Flugzeuge in der Luft auseinanderbrachen (Abreißen der Tragflächen, Brechen des Rumpfes)? Testete man gleichzeitig einen Annäherungszünder, der auch auf jetzt mittlerweile im Einsatz befindliche Strahlflugzeuge – Abgasstrahl – ansprach?

Dieses Auseinanderbrechen in der Luft kann man desinformatorisch in der Öffentlichkeit als „strukturelle Schwächen" der Flugzeugzelle oder der Tragflächenholme, z.B. aus Gründen von „Fatigue", Ermüdungserscheinungen darstellen, um den wahren Absturzgrund dahinter zu verschleiern.

Nutze man diese verheerende Explosionswirkung auch zum Bau einer Luftdruckbombe, „Zündorkanbombe" genannt, die für Bodenziele, wie Truppenansammlungen, Flugplätze, Kasernen und ganzen Innenstädte geeignet war?

Nur, dass anstelle interner Instrumente und einer kleinen, speziellen Sprengsatzmischung, wie bei „Feuerball", man nun radioaktives Material verwendete (wenn nicht auch „Feuerball" einen solchen Sondersprengstoff besaß), dass durch eine Plasmabildung – durch Erhitzen bestimmter Stoffe zur Explosion gebracht wurde (Pinch-Effekt zum Aufheizen von Gasen für ein Plasma, das man zusätzlich durch eine Sprengladung weiter verdichtet und unter hohem Druck in der Umgebung expandieren lässt).

Ein ähnliches Konzept verfolgte Mario Zippermayr in Lofer, Österreich, dessen Kohlenstaub-Wirbelwindbombe einen Feuersturm in der Luft erzeugte, während die Zündorkanbombe ihre Zerstörungskraft durch den Luftdruck in Kombination mit einer speziellen Atomexplosion entwickelte, aber ohne Feuer.

Hier einige Auszüge von der „Grey Falcon" Web-Site, die außer Desinformation und Spielmaterial auch einige richtige, oder annähernd richtige Hinweise enthalten könnte. Denn die Desinformation denkt sich nicht immer etwas grundsätzlich Neues aus, sondern basiert ihre Berichte auf vorhandene Fakten:

„The four items of literature appearing to relate to the explosive tested at Ohrdruf in March 1945 are as follows:

a. British Security Coordination (BSC) was the largest integrated intelligence network enterprise in history. Its Director was Sir William Stevenson, a Canadian industrialist. His code-name was "Intrepid". In his autobiography, "A Man Called Intrepid", Sphere Books, 1977, Stevenson relates: "One of the BSC agents submitted a report, sealed and stamped: THIS IS OF PARTICULAR SECRECY, which told of

"...**liquid air bombs** being developed in Germany... **of terrific destructive effect**".

…Stevenson noted that they were "**as powerful as rockets with atomic warheads**".

b. The book "German Secret Weapons", Ballantyne Press, UK, also Libr. Edit. San Martin, Madrid, 1975, was authored by Brian Ford (military scientist), Barrie Pitt (academic historian) and Captain Sir Basil Liddell Hart (military historian). At page 28, the text states:

"The **Whirlwind Bomb** produced an **artificial hurricane** of **fire** and is absolutely authentic even though it may seem improbable. The explosive was developed and tested by Dr. Zippermayr at Lofer, an experimental Luftwaffe institute in the Tyrol. The explosive was **pulverized coal dust and liquid air**. Its effect was sufficient to create an artificial typhoon and was intended initially as an **anti-aircraft weapon able to destroy aircraft by excessive turbulence**.

The effective radius of action was 914 meters..."

c. This is a 4-page declassified US Intelligence document of the Salzburg Detachment of the US Forces Austria Counter-Intelligence Corps, describing Dr. Zippermayr interrogated at Lofer on 3 August 1945. His laboratories were established at Lofer with head office at Weimarer Straße 87, Vienna. Staff was financed by RLM and under direction of Chef der Technischen Luftrüstung (Oberst Geist, Anm.d.A.).

--US Forces Austria Counter-Intelligence Corps, Salzburg Detachment, Zell am See report 4 August 1945, Case No C/Z/55 Dr Mario Zippermayr; NARA RG 319 Entry 82a Reports and messages, ALSOS Mission.

Zippermayr worked on three projects of which one was the Enzian/Schmetterling anti-aircraft rockets "charged with a coal dust explosive so strong that the concussion **could break the wings of a bomber**". This item "was proved successful by August 1943, but orders for its production were not issued until March 9, 1945..."

d. This item is an extract from BIOS (British Intelligence Objectives Sub-Committee) Final Report 142(g) "Information Obtained from Targets of Opportunity in the Sonthofen Area, (HMSO London).

The report states that during 1944, an explosive **mixture of 60%
liquid air** and 40% finely powdered coal dust invented by Dr. Mario
Zippermayr was tested at Döberitz explosives ground near Berlin, and
was found to be very destructive over a radius of up to 600 metres.

Waffen-SS scientists then became involved and added some kind of
waxy substance to the explosive. The bombs had to be filled
immediately prior to the aircraft taking off. Bombs of 25 and 50 kgs
were dropped on Starnberger See and photos taken. Standartenführer
Klemm showed these to Brandt (Himmler's scientific adviser). The
intensive explosion covered an area up to 4.5 kms radius.

**This waxy substance was a Reagent of some kind which was said to
interact with air during the development of the explosion**, causing
**it to change its composition and so create meteorological change in
the atmosphere.**

A lightning storm at ground level consumes all the available oxygen.

Göring's statement upon his arrest in May 1945 is significant:

He claimed to have led a revolt against Luftwaffe use of a bomb
"which could have destroyed all civilisation." The bomb was **not** a
nuclear weapon, and it appears to have been a conventional explosive
which used a reagent or catalyst produced by Tesla methodology
(Ionisation, Anm.d.A.) or similar for its inexplicable effect.

Anmerkung:

Was wusste Göring über die Zerstörung der menschlichen Zivilisation, zumindest hier auf
dem „Mutterplanet"?

Die Merkmale der Kohlenstoffbombe von Mario Zippermayr sind dieselben, wie beim
Detonieren von "Feuerball" und der „Zündorkanbombe", nur mit anderen Mitteln.

Wohlmöglich war eine Kohlenstoffexplosion, dessen Wirkungsgrad u.a. von den jeweils
vorherrschen atmosphärischen Bedingungen abhängig sein könnte, zu unzuverlässig und
daher auf lange Sicht nicht einsatztauglich genug.

Die deutschen Luftdruckbomben entwickelten in der Hauptsache einen starken Luftdruck aber
kein Feuer, weder in der Luft, noch am Boden:

„Es gab einen ohrenbetäubenden Lärm, darauf folgte eine große
Staubwolke, **aber kein Feuer.**"
...
„Die Abstürze (über den USA) wurden als Unfall aufgrund
struktureller Schwächen der Flugzeuge dargestellt . . ."

Also eine reine Luftdruckbombe ohne einen schrecklichen Feuersturm. Im Gegensatz dazu
wurden über Nazi-Deutschland aber brutalere Versionen einer Luftdruckbombe,
versuchsweise – für einen weiteren Krieg – eingesetzt:

Spezielle Luftminen

Zitat aus dem Buch „Die Anfänge der Wahren Raumfahrt, Die militärische Nutzung der „UFOs" von K-P Rothkugel:

„So soll Strauß **im Oktober 1944 mit einer Gruppe von Offizieren der Luftverteidigung** heimlich in den Schweizer Grenzort St. Margarethen gereist sein, um geheime Materialien zur Luftverteidigung,

unter anderem "einen **Luftverteidigungsplan von Würzburg**"

… **an Agenten des OSS zu übergeben.**"

Es gibt einen Hinweis, dass „fünf Luftdruckbomben" in Würzburg eingeschlagen sein sollen.

Zitate von der Webseite: "www.wuerzburg-fotos.de:

16. März 1945 - Würzburgs schwärzester Tag

Der 16. März 1945 soll ein sehr schöner, milder und wolkenloser Frühlingstag gewesen sein. Es war so warm, dass man bereits Kleider und kurze Hosen tragen konnte. Dass an diesem Abend die totale Zerstörung über Würzburg kommen würde, konnte keiner wirklich ahnen. Die Würzburger glaubten sogar, „das Schlimmste" hinter sich zu haben. Denn der Status als „Lazarettstadt" nicht nicht verstummen wollenden Gerüchte, der britische Premierminister Winston Churchill habe selbst an der traditionsreichen Universität in Würzburg studiert, verbreiteten die Hoffnung, die Stadt werde bewusst verschont. Würzburg hatte außerdem keine kriegswichtige Industrie.

Trotzdem wurden von der Stadt damals intensive Vorbereitungen für einen eventuellen Luftangriff getroffen. So wurden z. B. in Richtung Main Durchbrüche angelegt, um der Bevölkerung im Falle eines Falles eine schnelle Flucht aus der engen Innenstadt zu erlauben.

Tatsächlich wurde Würzburg am 4. und am 5. Februar 1945 Ziel einiger „Independent Night Operations" vereinzelter Bomber, die allerdings verhältnismäßig wenig Schaden anrichteten. Drei Tage später, am 8. Februar, tauchte die Stadt erstmals als „industrielles Ausweichziel" auf einer angloamerikanischen Zielliste auf. So wurden die Stadt und ihre Bahnanlagen am 23. Februar bzw. 3. März 1945 Ziele größerer alliierter Angriffe). Insgesamt gab es vor dem 16. März 334 Bombenalarme, die bereits über 400 Würzburgern das Leben gekostet hatten.

Für diesen Abend hatten die Generäle der alliierten Streitkräfte aber anders entschieden. Zwischen 17 und 18 Uhr starteten unter dem Kommando von Sir Ralph Cochranean in England 236 Flugzeuge der „Royal Air Force"- darunter elf „Mosquito-Jagdbomber" und 225 schwere „Lancaster-Bomber" – zu ihrem vernichtenden Auftrag in Richtung Würzburg.

Die **No. 5 Bomber Group**, dazu die Bomber Groups No. 1 und No. 8 sammelten sich bei Reading, nordöstlich von London: insgesamt mehr als 500 todbringende Flugzeuge waren es. Die No. 5 Bomber Group galt als das erfahrenste und präziseste Geschwader im Luftkrieg gegen Deutschland – eine Elitestaffel. Sie bombardierte Heilbronn, Darmstadt, Königsberg, Braunschweig, München und Kassel. Am 13. Februar 1945 führten sie den fürchterlichen ersten Schlag gegen **Dresden**.

Für Würzburg hatten sie Bomben mit einem Gesamtgewicht von rund 1000 Tonnen an Bord – bestehend aus Markierungs-, Spreng- und Brandbomben. Gegen 19 Uhr wurde bereits öffentliche Luftwarnung und gegen 20 Uhr Vollalarm für die Stadt ausgelöst. Aufgrund einer Meldung des Funk-Horchdienstes in Limburg an der Lahn an die Befehlsstelle des Mainfränkischen Gauleiters wurde die Würzburger Bevölkerung um 21:07 Uhr über Radio zur äußersten Vorsicht aufgefordert und von dem höchstwahrscheinlich bevorstehenden Angriff in Kenntnis gesetzt. Mit dem Abwurf der ersten Markierungsbomben um 21:25 Uhr begann der Angriff auf die Stadt. Anschließend wurden 256 schwere Sprengbomben mit einem Gesamtgewicht von 395,5 Tonnen abgeworfen, um die Dächer, Fenster und Türen der Häuser zu zerstören. Das war sozusagen die „Vorbereitung" für die genau 307.650 nachfolgenden so genannten „Stabbrandbomben".

Damit wurde Würzburg dann endgültig zum „Grab am Main".

Nahezu **unbehelligt von deutscher Flugabwehr und Jägern** der Luftwaffe erreichte der Flugzeugverband Würzburg. Zwischen 21.25 Uhr und 21.42 Uhr – also **in nicht einmal 20 Minuten** – tötete diese „Fracht" rund 5000 Menschen und **machte die Stadt zu Staub und Asche**.

Zerstört wurden 68% der äußeren Stadtgebiete und 90% der Würzburger Innenstadt. Nur sieben Häuser in der Juliuspromenade und ein Haus in der Büttnergasse überstanden den Angriff unversehrt.

Die Flammen entwickelten in den damals engen Gassen eine Hitze von bis zu **2.000° C**. Es entstanden **orkanartige, glühend heiße Stürme**, die **den Sauerstoff zum Atmen nahmen**. Viele Menschen wurden in den meist provisorisch eingerichteten Luftschutzräumen (es gab nur wenige richtige Bunker in der Stadt) verschüttet, von Trümmern erschlagen oder **verbrannten bei lebendigem Leib in der Flammenhölle**.

Laut Augenzeugen, die in einer Sendung des Bayerischen Rundfunks zu Wort kamen, konnte man in jener Nacht in ganz Unterfranken, im nahen Baden Württemberg und sogar im entfernten Thüringen das brennende Würzburg am Horizont sehen. Der rote Feuerschein am Himmel, die Rauchsäulen am Tag danach oder Papierfetzen, die bis nach Gemünden flogen.

Gerüchte um die Zerstörung Würzburgs

Schon während des Krieges gab es allerhand Gerüchte, die besagten, dass Würzburg aus verschiedenen Gründen nicht angegriffen werden

würde (siehe oben). <u>Bis in den Januar 1945 war Würzburg zudem eine völlig intakte Stadt</u>.
...

Zwei weitere Legenden, die sich nach dem Krieg lange hartnäckig halten, wollen davon wissen, **Würzburg sei vom Britischen Rundfunk vor dem Angriff am 16. März 1945 gewarnt worden**, und der damalige Nazi-Gauleiter Otto Hellmuth habe es unmittelbar vor der Bombardierung im betrunkenen Zustand **abgelehnt**, Würzburg durch eine Erklärung zur „offenen Stadt" **im letzten Augenblick noch zu retten**.

Doch es gibt keinen Beweis dafür, dass der Londoner Sender <u>einige Tage vor dem Angriff</u> gemeldet haben soll: „Mozartfreunde, wir bringen am 16. eine Sinfonie von Mozart!".
...

-Ends-

Anmerkung:

Hatte man auch bei Arnstadt in Thüringen noch den Feuerschein von Würzburg gesehen und wusste warum?

„Mozartfreunde, wir bringen am 16. eine Sinfonie von Mozart!" Ein verschlüsselter Code, das zeitgleich noch ein anderer „Test-Run" in Deutschland in der Nacht vorgenommen werden sollte?

Bezüglich Dresden hatte eine extra eingerichtete (Desinformation-) Untersuchungskommission (2007) festgestellt, dass der Feuersturm in der Innenstadt von Dresden „nur" um die 800 Grad heiß gewesen wäre, was zu keinerlei kompletten, rückstandslosen Einäscherungen von Menschen geführt haben konnte. Noch nicht einmal Straßenschilder aus Emaile wären durch die entstandene Hitze geschmolzen oder verbogen worden.

Während derselbe Angriff mit derselben brit. 5th Group, mit denselben Bomben-Mix auf Würzburg, jedoch einen Feuersturm 1.500-2.000 Grad ergab.

Werkwürdig!

Übrigens: Eine Sendung im öffentlich rechtlichen Fernsehen erwähnte den Feuersturm in Würzbug im März 1945 nicht, der genauso verheerend, wie in Dresden wütete. Warum wohl?

Weitere Informationen zum 16. April 1945, betreffend „Würzburg Air Raid":

„Beauftragt mit diesem Angriff wurde die <u>No. 5 Bomb Group, die auch beim schwersten Angriff auf **Dresden** am 13./14. Februar 1945</u> entscheidend beteiligt war. **Das kleine Würzburg wurde zu einem noch höheren Anteil** zerstört, als Dresden.
...

Am **16. März 1945** starteten ab 17.00 Uhr ca. 500 Bomber des viermotorigen Typs Avro Lancaster der No. 1, 5 und 8 Bomb Group von ihren Stützpunkten zu einem Sammelpunkt westlich von London, um sich zum Flug auf die Angriffsziele Würzburg und Nürnberg zu formieren. Der Bomberstrom bewegte <u>sich zur Täuschung der deutschen Luftabwehr</u> auf einer gewundenen Route über die Mündung der Somme, Reims und die Vogesen auf seine Ziele zu. Der Rhein wurde südlich von Rastatt überquert. Gegen 21.00 Uhr passierten die für Würzburg bestimmten 225 Lancaster-Bomber der No. 5 Bomb Group und elf Mosquito des 627th Squadrons der Pathfinder Force (PFF) den Raum Lauffen am Neckar, um von Süden kommend ihr Ziel anzusteuern.

...

Der Bombenhagel traf Würzburg in drei Wellen in der Zeit von 21.25 bis 21.42 Uhr. **Zuerst** wurden die Dächer und Fenster in der Altstadt mit 256 schweren Sprengbomben und Luftminen (396 t) zerstört, um so die Brand entfachende Wirkung der 300.000 Stabbrandbomben (582 t) sicherzustellen. Innerhalb kürzester Zeit entstand aus vereinzelten Brandnestern **ein einziger flächendeckender Brandherd**, der sich zu **einem Feuersturm mit Temperaturen von 1500 bis 2000** C entwickelte.

Der durchschnittliche Zerstörungsgrad für Würzburg wurde somit mit 82 Prozent festgestellt. Konkret bedeutete dies 21.062 zerstörte Wohnungen und 35 eingeäscherte Kirchen in Würzburg.

...

. Die Menge von 2,7 Millionen Kubikmeter Trümmerschutt konnten erst bis 1964 vollständig geräumt werden.

...

„... Offenbar entwickelte sich eine so entsetzlich große Hitze mit Rauchentwicklung, dass sämtliche Insassen des Luftschutzkellers, nur Frauen und Kinder, **schließlich erstickten und verschmorten"**
-Ends-

(Aus: Bombenangriff auf Würzburg am 16. März 1945, „Aus Würzburg Wiki")

Anmerkung:

Könnte es eben doch die Warnung gegeben haben, da man ja schon zuvor Kontakt zu deutschen (Geheimdienst-) Stellen via die Schweiz über den OSS aufnahm, weil man ggfs. wusste, was und von wem, über Würzburg erprobt werden sollte?

Denn das Datum 16. März 1945 könnte noch im Zusammenhang mit einem anderen „Live-Test" für die „Abtrünnigen" der U.S. Army von Bedeutung gewesen sein!

Testete man also über der süddeutschen Stadt Würzburg im März 1945 eine alliierte, ggfs. britische Version der deutschen „Zündorkanbombe"?

Sollten aus England anfliegende „Lancaster" Bomber die Verteidigungsgürtel der deutschen Flak und eventuell kreisende Nachjäger im Gebiet um Würzburg, aufgrund verratener Luftverteidigungspläne, meiden können, die eine solche zu testende Luftdruckbombe an Bord hatten? Oder arrangierte man von deutscher Seite aus, dass erst gar keine wirksame Luftverteidigung, geschweige denn Nachtjäger zur Verfügung standen? Weil man wusste, was über Würzburg zum Abwurf kam?

Wusste Franz-Josef Strauß, um was für einen furchtbaren, Tod bringenden Versuch es sich über Würzburg handelte?

Wie viele (oder nur eine) solcher „Plasmawirbel-Bomben" wurden abgeworfen, in welcher Höhe zur Explosion gebracht und was hatten diese am Boden an Häusern, usw. „platt" gemacht, welche Zerstörungskraft wurde entwickelt (als Alternative zu schwereren „Hiroshima" und „Nagasaki" Bomben)?

Starben in Würzburg genauso Flüchtlinge, wie in Dresden, die total verbrannten und von denen man keinen Nachweis mehr hatte, dass sie sich je in Würzburg aufgehalten hatten? War dies mit ein Grund, diese Städte eventuell mit einer Spezialwaffe anzugreifen, sodass man die Opferzahlen gezielt „niedrig" halten konnte, da der große Zustrom von Flüchtlingen nicht offiziell registriert wurde?

Hatten deutsche Stellen nichts dagegen, wenn Flüchtlinge verbrannten, da man sich somit deren weitere Unterbringung und Versorgen sparen konnte?

Wurden deshalb u.a. Dresden und Würzburg ausgewählt, um unauffällig, mit Sonderwaffen, unliebsame Flüchtlinge einzuäschern?

Musste Japan die „Hämmer" ertragen, wogegen über Deutschland im Zweiten Weltkrieg nur die „harmlosere" Variante einer A-Bombe getestet wurde? Wo, außer Würzburg könnten noch solche Luftdruckbomben nach dem deutschen Prinzip der „Zündorkanbombe" abgeworfen worden sein, deren Einsätze bis heute entweder im allgemeinen Kriegsgeschehen untergegangen sind, oder bewusst, sowohl von deutscher, als auch von Alliierter Seite aus bis heute vehement vertuscht werden?

Vertuscht, da es sich ja eindeutig um entsetzliche Massenvernichtungswaffen handelte, und der Angriff auf unzerstörte, unverteidigte deutsche Städte ein Verbrechen gegen die Menschlichkeit ist. Es ist geplanter, und von deutscher Seite aus geduldeter Massenmord an der unschuldigen Zivilbevölkerung!

Ein Massenmord geschah auch über Dresden, der vor Würzburg, am 14. Februar 1945 stattfand. Wurde hier ebenfalls nach dem (deutschen, oder nach den Vorgaben der „Verschwörer" entwickelten Prinzip der „Zündorkanbombe") eine spezielle Version einer A-Bomben erprobt, die einen enormen Feuersturm erzeugen konnte, der so heiß wurde, dass Menschen rückstandslos verbrannten?

Verspritzten diese Spezialbomben auch spezielle Substanzen, ein wachsähnliches „Reagent", wie bei der Kohlenstaubbombe, um entsprechende meteorologische Bedingungen zu schaffen, dass ein Feuersturm über einen längeren Zeitraum mit enormen Hitzegraden am Brennen gehalten werden konnte, bzw. in einer bestimmten Region der komplette Sauerstoff entzogen wurde?

Flogen am darauf folgenden Tag B-17 Bomber der USAAF einen „Vertuschungsangriff", in dem sie Bomben im Reihenabwurf über Dresden auslösten, um Spuren der Sonderbomben zu verwischen?

Sollten dieses US- Bombardement am darauf folgenden Tag großflächig Zerstörungen im Zusammenhang mit Luftdruck/Plasmawirbelbomben verschleiern helfen, damit man die Spuren der Nacht, was manche Augenzeugen als Napalm identifizierten, nicht mehr erkennen konnte?

Dazu sagt ein amerikanischer Bomberpilot in einer „ZDF-Historie" Sendung über Dresden;

„Der Royal Air Force zu folgen war eine **ungewöhnliche Mission**. Uns wurde das Ziel genannt und wir bekamen den Auftrag, Gleise und solche Dinge zu bombardieren. Aber unsere Bomben landeten 250 Fuß von einander entfernt, sie wurden **gestreut**. Wenn man normalerweise ein bestimmtes Ziel anfliegt, werden alle Bomben auf einmal entladen. In diesem Fall wurden sie Stück für Stück abgeworfen. Mir war von Anfang an klar, dass Dresden kein militärisches Ziel war.″

Ein deutscher Zeitzeuge meinte:

„… da kam der Tagesangriff. Erstens kamen sie sehr tief … die Straße war voll mit Flüchtlingen (Anwohner, die aus der Stadt fliehen wollten) … Da kamen schon die Bomben … es war ein Reihenwurf … „

Warum flog die USAAF diese ungewöhnliche Mission tags darauf, als Dresden in der Nacht bereits total abgefackelt wurde?

Wollte man am darauf folgenden Tag die Opferzahlen durch gezielte Reihenabwürfe aus niedriger Höhe noch weiter erhöhen, um andere Opfer, die aufgrund ungewöhnlicher Umstände in der Nacht zuvor ums Leben kamen, dahinter zu verstecken?

So liest man über den Angriff auf Dresden im Februar 1945:

„1. Es heißt schon in der bereits genannten Schlussmeldung vom 15. März 1945: „Bei allen Angriffen war Bordwaffenbeschuss festzustellen.″
2. Mir haben viele Freunde, denen ich unbedingt vertraue, bestätigt, dass zumindest beim Tagangriff am 14. Februar 1945 **Bordwaffen eingesetzt waren.**
3. Ich habe Ende 1945 an Baumstämmen im Großen Garten reihenweise Einschüsse von Infanteriegeschossen (Maschinengewehre) feststellen können. Das waren keine Einschlagstellen von Splittern. Der Schusskanal ging immer von oben schräg abwärts. Als Soldat des ersten Weltkrieges konnte ich das sehr wohl beurteilen."
…
Immerhin behauptete aber der Brite David Irving, dass in Dresden eine **viertel Million Menschen umgebracht worden sein sollen**, wie aus dem Tagesbefehl Nr. 47 des Obersten der Schutzpolizei, Grosse, vom 22. März 1945 hervorzugehen scheint, die Witwe dieses „Chef des Stabes beim Befehlshaber der Ordnungspolizei", Frau Eva Grosse, hat angeblich gegenüber Irving **noch am 10. Juni 1965 in München auf die Echtheit dieser Bilanz ihres Mannes bestanden.**
-Ends-

Würde die Behauptung, dass 250.000 Menschen, darunter viele Flüchtlinge, in Dresden umkamen, unter normalen Umständen keinen Sinn machen? Macht es aber einen Sinn, wenn man den Umstand berücksichtigt, dass eine neue Waffe getestet wurde und durch einen gewaltigen Feuersturm, wie ein paar Wochen später in Würzburg, tausende Menschen um Leben kamen, indem sie einfach eingeäschert wurden?

Zu Dresden gibt es noch folgende Aussagen:

„Nachdem 772 Bomber nachts in Wellen über die Stadt geflogen waren und Phosphorbomben abgeworfen hatten (jeweils eine für zwei Einwohner), kamen am folgenden Morgen Tiefflieger, die

Überlebende jagten und nieder mähten. Wie nicht anders zu erwarten, **beschossen sowohl amerikanische als auch britische Jäger die Flüchtlingskolonnen.** "

„Es wird berichtet, diese (aus dem Zoo geflohene) Tiere und schreckerfüllte Gruppen von Flüchtlingen seien beim Versuch, über den Grossen Garten zu entkommen, **von Tieffliegern mit Maschinengewehren beschossen worden, und später seien in diesem Park viele von Kugeln durchsiebte Leichen gefunden worden.** " (Axel Rodenberger, Der Tod von Dresden, Ullstein 1995).

In Dresden „wurden sogar die aneinander geschmiegten Reste eines Kinderchors in einer Strasse neben einem Park mit Maschinengewehren beschossen". (David Irving, The Destruction of Dresden, Ballantine Books, 1963)

1955 erklärte der damalige westdeutsche Bundeskanzler Konrad Adenauer:

„Am 13. Februar 1945 forderte der Angriff auf die mit Flüchtlingen überfüllte Stadt Dresden **ungefähr 250.000 Opfer.** " (Deutschland heute, Organ des Presse- und Informationsdienstes der Bundesregierung, Wiesbaden 1955, S. 154).

„In der Tat waren 600.000 Flüchtlinge aus dem Osten zu den 600.000 Einwohnern der Stadt gestoßen, so dass man mit einiger Sicherheit **von bis zu 500.000 Ermordeten ausgehen kann.** (In der gleichgeschalteten Mainstream-Presse wurde diese Zahl nach und nach auf ca. 25.000) herabgesetzt.) **Die von den Bränden ausgehende Temperatur erreichte ungefähr 1.600 Grad.** Die Massen fliehender Menschen beim Hauptbahnhof hatten keinen Zufluchtsort mehr; sie wurden alle von den Flammen verzehrt und ihre Überreste später zwecks Verhütung von Epidemien auf riesigen Scheiterhaufen verbrannt.

Der Romanautor Kurt Vonnegut befand sich während des Bombardements in Dresden: Ja, das habt ihr (die Briten) getan. Ihr habt die Stadt niedergebrannt, in eine einzige Flammensäule verwandelt. In dem Feuersturm, **in jener einen großen Flamme, sind mehr Menschen gestorben als in Hiroshima und Nagasaki zusammen.** (The Independent, London, 20. Dezember 2001, S. 19)."

In einer der „ZDF-Historie" Sendung über den Bombenangriff in Dresden im Februar 1945 wurde krampfhaft versucht, nachzuweisen, dass es keinen Tieffliegerbeschuss am darauf folgenden Tag von USAAF Piloten mit P-51 Maschinen gab. Man zerrte sogar einen ehemaligen U.S. Jagdflieger vor die Kamera, der beteuerte, dass U.S. Kampfpiloten niemals deutsche Zivilpersonen am Boden und auch keine Flüchtlinge beschossen hätten.

Auch wurde versucht, krampfhaft (eventuell mit gefälschten „Beweisen", wie ein nicht geschmolzenes Straßenschild?) nachzuweisen, dass der Feuersturm nicht die enorme Wirkung entfacht hatte, Menschen rückstandslos zu verbrennen. Eine reine Rechtfertigungssendung, an denen nicht nur angelsächsische Untersuchungsmitglieder bei der, viele Jahrzehnte später stattgefundenen nachträglichen Untersuchung des Bombardements in Dresden im Jahre 1945, beteiligt waren, sondern auch Mitglieder aus Deutschland und Dresden.

Wobei man hier wieder fragen muss, wer sind diese Leute und welche Interessen vertreten sie tatsächlich?

Warum wird immer wieder versucht, das schlimme Verbrechen an der Dresdner Zivilbevölkerung und den unzähligen Flüchtlingen mit so unsäglichen „Beweisen" zu vertuschen? Weil man „Dreck am Stecken" hat, und weil Waffen zu Einsatz kamen, die bis dato unbekannt sind und es auch bleiben sollen?

Eine Zeugin in Dresden beschrieb eine helle, flüssige Substanz, die von Häuserwänden und einem großen Zirkuszelt heruntertropfte:

„Und dahinter sahen wir auf das „Belvedere" und haben Zirkus „Sarasani" brennen sehen . . . , **da lief der „Phosphor" richtig runter** . . . und das alles sah aus <u>wie Gold</u>. Es war ein faszinierender, teuflisch schöner Anblick. Es war so, als hätte man **die ganze Stadt** mit Gold **übergossen**."

War es weißer Phosphor? Oder Flüssigkeitsbrandbomben?

Hier ein kleiner Überblick, welche Brandbomben, welche Vernichtungswaffen unsere West-Alliierten, unsere angelsächsischen „Freunde" auf unschuldige Zivilisten und deutsche Städte abwarfen:

Die Entwicklung der Brandbombe

„Die Entwicklung dieses Bombentyps basierte hauptsächlich auf Erfahrung und Erprobung. Es kam bei ihrer Entwicklung auch zu mehreren Fehlschlägen.

So war es auch bei der Entwicklung von **winzigen Brandplättchen**, "Razzle" und "Decker". Diese Plättchen bestanden aus einem Zelluloidstreifen mit einer Gewebsschicht, an die ein Stück <u>weißer Phosphor</u> geklammert war. Die Royal Air Force warf davon <u>Unmengen auf</u> **Wald und Flur, um deutsches Land zu vernichten**. Als Beispiel sind hier der <u>Thüringer Wald</u> und der <u>Harz</u> anzuführen.

Anmerkung:

Beachte heute die trockenen Wälder weltweit, auch in Teilen von Deutschland.

Heute kann man ganze Waldgebiete aus der Luft, aus dem Weltraum durch (angelsächsische) HPM „Killer-Satelliten" mit Hilfe von gerichteten Mikrowellenstrahlen abfackeln lassen.

Ein zweiter Versuch wurde im Sommer mit dem „**Fünfzigpfundkanister**" gestartet. Er beinhaltete ein **Gummi-Phosphor-Gemisch**, das beim Aufprall des Kanisters auf die Erde <u>herausgeschleudert</u> wurde. Diese **gelbgraue Flüssigkeit** entflammte sich beim Hinzukommen von Luftsauerstoff. Erste Tests in England verliefen sehr aussichtsreich. In Deutschland aber misslang diese Methode, <u>da die deutschen Wälder dafür zu feucht waren</u>. Um die Bomben nicht verschrotten zu müssen, <u>kippte man die Vorräte auf die Städte</u>, wie zum Beispiel am 8. September 1941 auf die Berliner Bezirke Lichtenberg und Pankow. Zudem warf man auch noch 30 000 Stück auf Wuppertal.

Den ersten großen Erfolg stellte aber die „**30-Pfund-Flüssigkeitsbombe**" dar. Diese hatte einen zigarrenförmigen Aufbau, war dunkelrot und 83 Zentimeter lang. Zudem war sie mit einem Leitwerk ausgerüstet. Sie wurde 1940 konstruiert und ab 1941 schließlich produziert. Bis 1944 wurden von diesem Typ **drei Millionen Stück abgeworfen**. Sie besaß die Fähigkeit, drei Stockwerke zu durchbrechen. Durch eine kleine Sprengladung wurden sieben Pfund **zähflüssiges Material über eine Fläche von 50 x 40 Metern herausgeschleudert**. Sie sorgte für ein dreißigminütiges Feuer. Ein Vorteil dieser Bombe war, dass sie nicht mit normalen Hausmitteln gelöscht werden konnte. Als Ziele für ihre Anwendung dienten die Städte Rostock und Lübeck. Sie wurde vom "Incendiary Panel", dem Brandstiftungsausschuss des Luftfahrtsministeriums Ende 1944 aus dem Programm genommen. Der Grund: Die nun entwickelte Stabbrandbombe erzielte eine bis zu viermal größere Brandwirkung als die 30-Pfund-Flüssigkeitsbombe. "

Anmerkung

Bei der „30-Pfund-Flüssigkeitsbombe", wie auch bei dem „Fünfzigpfundkanister" wird der Inhalt, eine zähflüssige, gelb-braune Masse herausgeschleudert.

Auch eine Augenzeugin in Dresden sah eine „goldene" Flüssigkeit von den Dächern und Wänden tropfen. Wobei sie annahm, die ganze Stadt sei in einen goldenen Schimmer durch diese Flüssigkeit getaucht.

Einer der o.g. Bomben oder Kanister, die in Massen auf Dresden verschüttet wurden?

Wurden Altbestände „entsorgt"? Warum aber wiederholte man die „Entsorgung" einige Woche später in Würzburg nochmals?

„Ein weiterer Versuch in der Entwicklung der Brandbombe stellte die „**30-Pfund-Flammenstrahlbombe**" dar. Sie hatte die Funktion, beim Abwurf eine 5 Meter lange, 1 Meter hohe Feuerfontäne, die eine Wirkungsdauer von circa 60 Sekunden hatte, zu entfachen. Sie wurde auf Grund dieser Funktion von vielen Kommandeuren als Feuerwerkskörper gehalten. Sie konnte aber nur in Labortest überzeugen, weil der Methangasanzünder in der Realität versagte. Besonders bei den Löschkräften waren diese Bomben beliebt. Aus einem Blindgänger konnten sie 6 Liter Benzin für ihre Tanks gewinnen. Man wollte diese Bombe im Jahr 1944 an einer unzerstörten Stadt erproben. Das Problem war, man fand keine. Als nächst bestes Ziel wurde deshalb Braunschweig ausgewählt. Trotz 32.000 Bomben blieb das Ergebnis dieser Operation unklar. Ähnlich verlief es auch in Kiel (24.7.1944), Stuttgart (24.- 29.7.), Stettin (17.8.) und in Königsberg (30.8.44). Lediglich in Karlsruhe konnte diese Bombe erfolgreich eingesetzt werden. In der Nacht zum 28. September 1944 wurden 36% der Bebauungsfläche zerstört. 144 Zivilisten, nur Frauen und Kinder, wurden am lebendigen Leibe verbrannt. Allerdings wurden bei diesem Angriff auch Stabbrandbomben beigemischt. Somit wurde auch das Flammenstrahlmodell vom britischen Bomber Command **ausgemustert**.

Ein **Vierpfünder** sollte die perfekte Bombe des Krieges werden. Er wurde es auch, denn er machte das Deutsche Reich mit 80 Millionen abgeworfenen Exemplaren zu einem Ort der Brandruinen. Der „**Elektron-Thermitstab**" war ein schmaler, achteckiger, 55 Zentimeter langer Stab mit einer Elektronhülle, bestehend aus einer Legierung aus Magnesium und Aluminium. Nach dem Abwurf der Stäbe trennten sich diese leicht voneinander. Durch ihre schlanke Form erreichten sie eine besonders hohe Geschwindigkeit. Gerieten diese Stäbe ins trudeln, so wurde die bombardierte Fläche des Zielgebiets effektiv vergrößert. Erste Tests mit den Stäben gab es schon 1936. Seit Mitte 1942 wurden auch kleine Sprengladungen eingebaut, um Löschkräften mit Hilfe von Splittern am Löschen der Brandherde zu hindern. „Ein einfacher Schlagbolzenzünder setzte über Zündhütchen, Zündpapier, Anfeuerungssatz siebzehn Thermitpillen in Brand" (Friedrich: "Der Brand" S. 27). Die daraus hervortretende Stichflamme lässt die Elektronenkörper zu einer **weiß glühenden Masse** zerschmelzen. Sie verursachten in Verbindung mit brennbaren Stoffen der Häuser ganze "**Feuersbrünste**" (siehe Abrennen einer Stadt). Der Thermitstab war also vielseitig einsetzbar. Sein großer Vorteil war, dass er aus allen Höhen abgeworfen werden konnte. Er zündete immer und zerbrach nie. Schon beim Ausbruch des Krieges waren 5 Millionen Stück vorrätig. Um die Effektivität noch etwas zu steigern, wurden die Stäbe zu Clusterbomben gebündelt. Die Stäbe fanden über Städten wie Darmstadt, Heilbronn, Pforzheim, Würzburg und Dresden ihre Anwendung. Damit war der Entwicklungsprozess im 2. Weltkrieg vorerst beendet. Man glaubte, ein Mittel gefunden zu haben, um den Gegner effektiv bekämpfen zu können."
-Ends-
aus: https://www.nikoklausnitzer.de/luftkrieg/techentw.html

Auf Anfrage in England hieß es, dass keine Phosphorbomben über Dresden abgeworfen wurden. Stimmt das? Möglicherweise, weil es keine solchen Bomben mehr, wie oben beschrieben, im Jahre 1945 im Bestand gab? Oder etwa Restbestände? Oder wurde doch neue produziert?

Zu Phosphor heißt es:

Eine **Phosphorbombe, auch Brandbombe**, besteht aus einem Gemisch aus weißem Phosphor und Kautschuk.

Weißer Phosphor entzündet sich selbst allein schon durch den Kontakt mit dem in der Luft enthaltenen Sauerstoff und brennt dann mit einer 1.300 Grad C heißen Flamme unter **starker Entwicklung von weißem Rauch**, der in größeren Mengen gesundheitsschädlich ist.

Neben der Brandwirkung sind weißer Phosphor und seine Dämpfe hochgiftig. Für einen Erwachsenen sind bei direkter Aufnahme schon 50 mg tödlich. Der Tod tritt erst nach 5 bis 10 Tagen ein.

Bei großflächigen Angriffen sterben Betroffene, die die **dickflüssige, klebrige Masse** des Phosphors abbekommen haben, langsam an ihren Verbrennungen, sofern sie nicht durch Inhalation der **giftigen Dämpfe**, Verbrennung der Atemwege zu Tode kommen.

Anmerkung:

Sah die Augenzeugin diese, in Massen abgeworfenen Phosphorbomben, bzw. deren weißen, klebrigen Phosphor und den entwickelnden weißen, giftigen Rauch überall in der Stadt?

„...da lief der „Phosphor" richtig runter . . . und das alles aus wie Gold. "

War es o.g. Phosphor? Oder eine ähnliche Substanz einer gänzlich neuen Brandbombe, die die Augenzeugin in Dresden wahrgenommen hatte?

War diese „fließende, Gold schimmernde Masse" eine wachsähnliche Substanz, genauso herausgeschleudert aus einer großen, dünnwandigen Brandbombe, als chemischer Zusatzstoff, der entweder Sauerstoff abgibt, oder aus der Umgebung Sauerstoff ansaugt (Endotherme Reaktion?), um den Feuersturm und den Sauerstoffverbrauch weiter zu entfachen? Zehntausende von Menschen sollen im „Elb Florenz" Dresden „zu Nichts" verbrannt sein, rückstandslos!

Das Verbrennen, Einäschern von Personen, die rückstandslos verschwinden, dazu heißt es:

„At the Nuremberg War Crimes Tribunals after the war, an amazing exchange occurred between former architect, Reichs Minister of armaments, Albert Speer, and Mr. Robert H. Jackson, the chief American prosecutor.

JACKSON: Now, I have certain information, which was placed in my hands, of an experiment which was carried out near Auschwitz and I would like to ask you if you heard about it or knew about it. The purpose of the experiment was to find a quick and complete way of destroying people without the delay and trouble of shooting and gassing and burning, as it had been carried out, and this is the experiment, as I am advised.

A village, a small village was provisionally erected, with temporary structures, and in it approximately 20,000 Jews were put. By means of this newly invented weapon of destruction, these 20,000 people were eradicated almost instantaneously, and in such a way that there was no trace left of them; that is developed, the explosive developed, temperatures of from 400 degrees to 500 (eher 1.400-1500 Grad Celsius, Anm.d.A.) degrees Centigrade and destroyed them without leaving any trace at all.

Do you know about that experiment?

SPEER: No, and I consider it utterly improbable . . ."

War der oben geschilderte Vorfall ein aufwendiger Vorversuch, nämlich das Errichten eines Scheindorfes mit 20.000 „Einwohnern", um die Wirkungsweise einer modifizierten „Zündorkanbombe", eine Druckluftbombe mit enormer Hitzeentwicklung zu erproben, wie sie in ähnlicher, oder gleicher Machart von den West-Alliierten auf Dresden und Würzburg abgeworfen wurde?

Wurde gar der Versuch (unter „Laborbedingungen) bei Auschwitz im Auftrag der „Verschwörer" durchgeführt, die wissen wollten, ob diese Bombe unter Kriegsbedingungen (dem späteren „Einäschern" von Sowjetischen Großstädten) auch funktionierte?

Nicht, dass in England oder den USA ein solcher Versuchsaufbau durchgeführt wurde und dafür 20.000 Personen „geopfert" wurden. Nein, in Nazi-Deutschland, wo eh eine Vernichtung der Juden stattfand, dafür waren die Nazis gut genug, einen solchen „Einäscherungstest" durchzuführen. Mit Billigung und Wissen der Alliierten?

Wurde bei Auschwitz eventuell eine solche, mit nuklearem Treibstoff ausgestatte „Thermobarische Bombe" aus einem Flugzeug abgeworfen und oberhalb einer bestimmten Höhe des Scheindorfes gezündet, damit der starke Luftdruck in Verbindung mit bestimmten atmosphärischen Bedingungen eine ungemein heiße Feuerwalze, die Hitzegrade, wie bei einer Atombombenexplosion erzeugte, auslöste, die die armen Versuchspersonen am Boden augenblicklich rückstandslos einäscherten, wie später geschehen über zumindest zwei deutschen Städten?

Entging also das Nazi-Reich genauso wenig, wie Japan einem Angriff mit Atombomben? Wenn auch über deutschen Städten eine andere, „second grade" A-Bombe eingesetzt wurde?

Wenn auch mit Duldung und Wissen deutscher Behörden und Militärs, die wissen wollten, wie ein „Live-Test" sich auf Dresden und Würzburg auswirkte und welche Schäden und Tote man zu beklagen hatte. Wurden deshalb auch schon von deutscher Seite die Opferzahlen als zu niedrig angesetzt, um das Ausmaß dieses schrecklichen „Menschenversuchs" zu verschleiern?

Wurde Dresden, wie Würzbug, von Deutschen verraten, die Informationen, wie z.B. Einwohner/-Flüchtlingszahlen, Verteidigungspläne ect. an geheime Alliierte Stellen weiterleiteten?

Was wusste Franz-Josef Strauß davon, der ja die Verteidigungspläne von Würzburg verriet? Kannte er eine solche Bombe und deren Auswirkungen, zumindest, hatte er später nach dem Kriegs davon gewusst haben können?

In beiden Städten waren große Massen an Kriegsflüchtlingen, die vor den herannahenden Armeen der Alliierten ins Innere des Reichs geflüchtet waren. Waren sie einkalkuliert in die „Einäscherungsmaßnamen"? Weil die meisten unregistriert waren und somit nicht in Namenslisten verstorbener Bombenopfer aufgenommen werden konnten oder sollten? Ein Umstand, der bis heute der Vertuschung und Geheimhaltung in die Hände spielt?

In Dresden war es in jener Februar Nacht kalt. Hatte man Flüchtlinge, die außerhalb der Stadt lagerten, in die Innenstadt gelockt, um sich im Warmen in Hallen und dergleichen aufwärmen zu können. Wurden dann diese Personen zu tausenden Opfer einer neuen Waffe, die alle zu Nichts verbrannten?

Wenn die Vorgaben zu dieser, in Auschwitz getesteten nuklearen „Thermobarischen Bombe" evtl. aus England oder USA kamen, vollzog man 1945 diesen Test auf dem Truppenübungsplatz in Ohrdruf/Jonastal im kleinen Maßstab, wiederum an Häftlingen, im März 1945 nach? Diesmal als zukünftiger Sprengkopf für eine Langstreckenrakete? Wurden solche Sprengköpfe, inklusive der Raketen bereits vorproduziert im Jonastal bei der „Sonderinspektion-III" für den nächsten Krieg eingelagert?

Verschwörungsmäßig könnte man sich jetzt fragen, ob tatsächlich mehrere hundert Tonnen an Stabbrandbomben über Dresden und Würzburg abgeworfen wurden, oder - als Alibi - wesentlich weniger, wobei auch einige Blindgänger darunter waren, die man am Boden hätte finden können oder sollen. Denn man hatte ja eine oder mehrere große Luftdruckminen in der Größe etwa einer „Tall Boy" (5,4 to), die dieselben Feuerstürme entfachten, wie hunderttausende, gebündelte Stabbrandbomben. Die Stabbrandbomben ebneten den Weg für den großen, alles verzehrenden Feuersturm, entfacht von einer einzelnen, großen Bombe.

Die britische 5th Bomb Group, die sowohl den Angriff auf Dresden, als auch auf Würzburg flog, wurde im September 1939 von Air Commodore Arthur Harris befohlen, dessen Kommando er im Jahr 1942 wieder abgab, als er Oberbefehlshaber des RAF Bomber Command wurde.

„Bomber Harris", war ein sehr umstrittener Mann, dessen Wirken man heute, auch in England, in einem anderen, differenziertem Licht betrachtet.

Die 5. Bombergruppe führte auch die „Dam-Buster" Angriffe auf die Talsperren der Möhne und Eder durch und äscherten, neben Dresden und Würzburg, noch andere deutsche Städte, wie Königsberg, Darmstadt, Braunschweig oder Heilbronn ein.

Also sicherlich das richtige, skrupellose Geschwader - einzelner - Kriegsverbrecher, die auch in der Lage gewesen sein könnten, „verschwörerisch" hochgeheime Angriffe mit einer neuartigen Massenvernichtungswaffe zu fliegen und dies bis in alle Ewigkeit zu vertuschen. Die meisten Besatzungsmitglieder der 5th Bomb Group aber waren so um die 20 Jahre alt (die RAF dulteten Piloten und Besatzungsmitglieder bereits ab einem Alter von 16 Jahren!) und hatten sicherlich keinen blassen Dunst, was im Hintergrund des Zweiten Weltkrieges wirklich vor sich ging.

Mit Sicherheit waren nur sehr wenige Personen eingeweiht gewesen, die wussten, dass sie eine oder zwei Spezialbomben auf Dresden abwerfen würden. Ob in einer „Lancaster" oder einer „Mosquito". Inmitten des „normalen" Bomberstroms von hunderten Maschinen, die routinemäßig und mitleidslos ihren nächtlichen Angriff auf eine deutsche Stadt flogen, wie sie es schon zigmal zuvor taten.

Keiner, den man heute noch befragen würde, hätte gewusst, dass dieser Angriff auch einen Test einer neuartigen Waffe beinhalten könnte.

Dass selbstverständlich in keiner „Ladeliste" Geheimwaffen auftauchten, gehört zum „Ein mal Eins" der Vertuschung und Geheimhaltung.

Für einen weiteren Krieg wären die neuartigen „Thermobarischen Bomben" auf Basis von Nuklearsprengstoff sicherlich hoch interessant gewesen. Benötigte man doch nicht mehr hunderte von Bomber, die Bündelweise tausende Stabbandbomben abwerfen mussten und dabei verwundbar gegen moderne Flugabwehr, wie Raketen waren.

Zwei oder drei schnell fliegende Strahlflugzeuge, wie die Messerschmitt Me 262 oder die Horten Nurflügler könnten genauso gut solche Bomben abwerfen, im Verbund mit dem Abwurf von Stabbrandbomben, wenn man sie überhaupt noch benötigte, die dann die gleiche Wirkung entfaltet hätten, wie zuvor unzählige, langsam fliegende und leicht zu treffende Viermot-Bomber, die stundenlang Kanister mit Stabbrandbomben abwarfen.

Auch wäre es ja aufgefallen, wären über Dresden und Würzburg in der Nacht nicht hunderte von Lancaster Bomber aufgetaucht, sondern z.B. am helllichten Tag einige wenige, schnell fliegende „Wooden Wonder", D.H. „Mosquito" Bomber der RAF, die eine oder zwei

Drucklufbomben großen Kalibers abgeworfen hätten, die die gleiche Wirkung entfachten, wie der tonnenweise Abwurf von Stabbrandbomben und Luftminen in der Nacht.

Jeder hätte sich gefragt, was die Alliierten für eine furchtbare Waffe über diesen deutschen Städten eingesetzt hätten.

Wollte man diese Bombe geheim halten und einen „Überraschungsmoment" nach Beginn von „Operation Unthinkable" gegen russische Truppenansammlungen in Mittel- und Ostdeutschland ausnutzen, um möglichst schnell die Russen aus Europa, wieder Richtung Russland zu drängen?

Unklar ist, ob die Russen von dieser Bombe und ihrer Wirkungsweise, z.B. durch Spionage und Verrat, wussten? Oder bereits damals <u>Spielmaterial</u> zugespielt bekamen, wie aufgetauchte und <u>veröffentlichte Dokumente aus Russland heute zeigen könnten</u>. Oder ob die Russen in der Lage waren, diesen besonderen Sprengstoff auf nuklearer Basis überhaupt herstellen zu können, da in Russland keine Atomkraftwerke vorhanden waren, oder die benötigte chemische Zusammensetzung, die Formel zur Mischung des Sprengstoffes unbekannt war. Wenn dieser nicht auch durch Verrat oder Spionage, spätestens nach Kriegsende und dem vorzeitigen „Aus" von „Operation Unthinkable" an die Russen gelangte.

So hätte man einen heimlichen Einsatz dieser Luftdruckbombe über Dresden und Würzburg dadurch vertuschen können, nämlich dass wie üblich, die großen Bomberströme mit ihren tausenden Phosphor Stabbrandbomben über deutschen Städte auftauchten, anstelle ein oder zwei Maschinen, die eine Bombe nach Art einer Luftmine abwarfen.

Dass die USAAF am darauf folgenden Tag des nächtlichen Angriffes der Engländer auf Dresden, durch Reihenabwurf die Brandspuren des enormen, durch Spezialsprengstoff entfachten Feuersturms verwischen sollten, macht noch irgendwie einen - wenn auch makaberen - Sinn. Aber warum feuerten zudem noch britische und amerikanische Tiefflieger auf die bereits so elend geschunden Einwohner der Stadt, um sie im Nachhinein noch umzubringen?

Wollte man die restlichen Augenzeugen des nächtlichen Kriegsverbrechens beseitigen, musste aber feststellen, dass es zu viele überlebende Einwohner aus Dresden und zugeströmte Flüchtlinge gab, die man nicht alle mitleidslos stundenlang aus der Luft abknallen konnte?

Hatte man Angst, es würde irgendwelche Augenzeugen geben, die erkannten, dass dieser Angriff sich von anderen Einäscherungs-Missionen deutscher Städte unterschied und jemand redeen würde, den Skandal aufdecken könnte?

Stoppte man daraufhin weitere Tieffliegerangriffe, die somit sinnlos und auch nicht mehr zu rechtfertigen waren?

Muss die Desinformation und Propaganda bis heutige diese Vertuschungs- und Mordaktion, mit an Haaren herbeigeführten Argumenten abbiegen und hoffen, dass, je länger die Zeit nach Kriegsende 1945 vergeht, desto weniger Interesse besteht noch an dem Thema, nämlich einem brutalen alliierten Kriegsverbrechen?

Sind diese Tieffliegerangriffe, der Bordwaffenbeschuss auf unschuldige, gerade noch einem Inferno entkommener Zivilsten (die durch Rechtfertigungssendungen im TV aufwendig verneint werden müssen) der Knackpunkt, ein wichtiges Indiz dafür, dass etwas Schreckliches vertuscht, für immer geheim gehalten werden muss?

Zusammenfassung:

Vorsicht! Auch hier wieder nur „reine Verschwörungstheorie" des Autors:

Lockte man vor dem schweren Angriff auf Dresden im Februar 1945 massenweise schlesische Flüchtlinge, die aus den östlichen, schwer umkämpften Gebieten des Reiches vor den erbarmungslos mordeten und vergewaltigenden Russen flüchtend, weiter westwärts wanderten und nun außerhalb von Dresden lagerten, unter bestimmten Vorwänden (Kino, Musikkonzert, Zerstreuung, netten Abend, warme Verpflegung ect.) in die Innenstadt, oder an einen anderen geeigneten Ort innerhalb von Dresden, nämlich zu dem späteren, vorher festgelegten Abwurfpunkt einer Spezialbombe?

Wurde Dresden eben deshalb ausgewählt, weil einerseits bis Kriegsende unzerstört, andererseits wegen den hunderttausenden Flüchtlingen, die in der Umgebung lagerten?

Folgten diesem Aufruf deutscher Behörden einige zehntausende Flüchtlinge, die sich nun an dem Punkt konzentrierten, wo sie in der Nacht, zumeist augenblicklich ums Leben kommen würden? Andere Flüchtlinge dagegen folgten den Einladungen nicht und blieben aus diversen Gründen zurück, weil sie z.B. keine Lust hatten, nach Dresden hinein zu gehen.

Der RAF Bombeneinsatz über Dresden am 25. Februar lief wie gehabt, wie zuvor über zig anderen deutschen Städten auch, nach dem üblichen, schrecklichen Prozedere eines erbarmungslos geführten Luftkrieges der Angelsachsen ab.

Bis auf die Ausnahme, dass eins oder zwei Flugzeuge, wie die schnell fliegende „Mosquito" „Wooden Wonder" als Trägerflugzeug, neue Brandbomben, evtl. auf nuklearer Basis mit sich führten:

„...newly invented weapon of (mass) destruction, these 20,000 people were eradicated almost instantaneously. . . destroyed them without leaving any trace at all.",

wie es bei der Gerichtsverhandlung des Nürnberger Tribunals 1946 richtig hieß.

Waren es schnell fliegende Maschinen, einzelne oder in Rotten, die in der Lage waren, anstelle von Tonnen an üblichen Brandbomben, anstelle von stundenlangen Bombenangriffen, in nur wenigen Minuten 100.000 Menschen nach Art einer großen Atombombe, rückstandslos und sofort zu vernichten?

Versteckte man diesen „Live-Test" hinter der üblichen Angriffsweise der Royal Air Force zum Einäschern deutscher Städte auf herkömmliche Art, sodass dieser gesonderte Angriff mit Spezialbomben niemand weiter auffiel? Zumindest nicht in den offiziellen Berichten würde solch ein Versuch mit einer neuen Bombe je vermerkt werden.

Auch die Propaganda kann sich bis zum heutigen Tag darauf berufen, dass in Dresden alles so ablief, wie über vielen anderen Städten auch.

Hatte man aber nun von Seiten irgendeiner alliierten Stelle Bedenken, dass es zumindest unter den überlebenden Flüchtlingen, die sich nicht im Zentrum der Testzone, der „Drop Zone" der neuen Bombe befanden, weil sie eben nicht nach Dresden hineingegangen sind, es unliebsame Zeugen und Mitwisser geben könnte, die ggfs. redeten und unangenehme Fragen stellen könnten?

„Wo ist unsere Tochter geblieben? Sie wollte mit den Kindern unseres Nachbarn in die Innenstadt von Dresden zu einem kostenlosen Kinobesuch, zu dem man uns Flüchtlinge eingeladen hatte?"

Auch viele andere tausende Flüchtlinge, die außerhalb der Stadt den schweren Nachtnagriff überlebt hatten, suchten nach Freunden, Angehörigen usw. in dem nun total zerbombten, vernichteten „Elb-Florenz".

„Erst locken sie meine Tochter in die Stadt und jetzt gilt sie als vermisst! Ist sie in dem Feuersturm umgekommen?"

Sollten solche Leute, die sich wunderten, warum 100.000 ihrer Flüchtlings-Kameraden nicht wieder auftauchten, als unliebsame Zeugen per Bordwaffenbeschuss, per Reihenabwurf aus B-17 Bombern, die in niedriger Höhe flogen, nachträglich liquidiert werden?

Spielten deutsche Stellen mit, die eventuell gesonderte Listen, Dokumente, Registrierungen von ankommenden Flüchtigen aus den Ostgebieten aussonderten, vernichteten, damit kein Nachweis mehr vorhanden war, dass es diese Personen je gegeben hatte?

Hatte man sich auch von deutscher Seite aus darauf geeinigt, eine zu bombardierende Stadt auszuwählen, die eben diesen hohen Anteil an (unregistrierten) Flüchtlingen hatte?

War Dresden dann geradezu der „ideale" Versuchsort zum Test einer neuen Waffe, weil einerseits unzerstört, andererseits wegen der hohen Flüchtlingszahlen? Genauso wie danach Würzburg?

Außerdem geradezu ideal, weil man alles so schön vertuschen und geheim halten konnte, bis heute, Stand 2018 und darüber hinaus. Denn es gibt ja nun den offiziellen „Abschlussbericht der Historikerkommission 1945", den man auch im Internet finden kann.

Wer fragte da nach dem Test einer neuen Waffe, wer fragte, ob sich in dieser Nacht außergewöhnlich viele Flüchtlinge in der Innenstadt aufhielten!

Wer kommt auf die Idee, dass wie zuvor in Auschwitz, wo 20.000 Versuchspersonen augenblicklich ausgelöscht wurden, nun in Dresden hunderttausende das gleiche Schicksal durch den Test einer neuen Massenvernichtungswaffe erlitten hatten?

Wer kommt auf die Idee, dass die Angelsachsen genauso menschenverachtend in Bezug auf Menschenversuche waren, wie die Nazis?

Niemand!

Dieser Abschlussbericht, er hat sie rein gewaschen, unsere angelsächsischen Freunde, und die Nazis, die damals mitgemacht hatten, gleich mit!

Aber, alles nur Verschwörungstheorie, lieber Leser. Also keine Sorge, dass es auf unserer Welt irgendwelche Machenschaften geben sollte. Alles wird gut!

Aber da haben wir ja noch Würzburg, das „zweite Dresden". Da haben wir den Hinweis aus „Stasi-Akten" über einen, später, in der Nachkriegszeit berühmt gewordenen CSU-Politiker, der die Luftverteidigungspläne von Würzburg an den OSS verriet. Da haben wir eine eventuelle - gewollte- Koinzidenz von zwei geheim gehaltenen Ereignissen am 16. März 1945 in Würzburg als auch in Thüringen.

Und da haben wir Massenvernichtungswaffen in den heutigen Arsenalen der Großmächte, die die gleiche Wirkungsweise wie Atombombern haben.

...

Zu dieser besonderen Massenvernichtungswaffe heißt es bei „Grey Falcon" betreffend der Ladeliste von U-Boot U 234 von Kapitän Fehler - falls die Story so zutrifft – wie folgt:

„Germany had **1,200 tonnes of uranium oxide** on hand at Oolen in Belgium throughout the war, but made no strides towards making an atom bomb.

Nevertheless, many commentators fantasize **an embryonic atom bomb** … in the 560 kilos of "uranium oxide" aboard (submarine) U-234. It is a fantasy, for such evidence as exists points to this being a cover word for something else."

Anmerkung:

„Something else":

Diese *„embryonic bomb"*, könnten dies die **„Zündorkanbombe"** und die **„fliegende Bombe"**, das Fluggerät "Feuerball", beide kugelförmig, circa 1m im Durchmesser und circa 5-10 Kilogramm schwer sein?, Anm.d.A.

"The second document was found by researcher Joseph Mark Scalia, a former 12-year US Navy man, during a rummage through old boxes at the Portsmouth Navy Yard. It is a secret cable from CNO to NYPORT on the subject "MINE TUBES, UNLOADING OF" and states:

"Interrogation Lt. Pfaff, II WO (Unterseeboot) U-234 discloses he was in charge of cargo and personally supervised loading all mine tubes. Pfaff prepared Manifest List and knows kind of Cargo in each tube. **Uranium Oxide loaded in gold-lined cylinders** and as long as cylinders not opened can be handled like crude TNT. These containers **should not be opened as substance will become sensitive and dangerous**..."

Siehe auch die Beschreibung folgenden Zylinders:

„Das **Fissionstriebwerk** besteht aus einem kompakten Behälter aus nicht rostendem Stahl, eingefasst, ummantelt in Beryllium und Graphit (Moderator und Hitzeschild). Im Inneren dieses circa **35 cm langen Zylinders** befindet sich der **„Reaktor" oder Miniatur-Atommeiler**, dazu ein Beryllium Reflektor und zwei Kadmium Kontrollstäbe, die als „Gashebel" dienen. **Spaltbares Uran oder Plutonium in kleinen Bruchstücken sind dem Reaktor in dem Zylinder beigemischt.**"

Sind diese Zylinder, die man in dem deutschen U-Boot, befehligt von Kapitän Fehler gefunden haben will, entweder spezielle Antriebseinheiten für unbekannte Flugkörper, oder Sprengmittel auf nuklearer Basis für große Luftdruckbomben?

Insert

Mini-Atomantriebe

British Intelligence Objectives Sub-Committee Report # 142
...
Verhört wurde eine unseriös wirkende Person mit Namen Josef Ernst, dem die englischen Befrager nicht trauten, da er unehrlich und unzuverlässig wirkte.

„Ernst was not at all reliable, and though there **may in some cases be a factual basis for some of his claims . . .**"

Dieser Zeuge, ein Zivilist und ehemaliger Lehrer, soll im April 1945 ins Allgäu, nach Hinterstein, nahe Hindelang vermittelt worden sein. Wohl unter Anraten eines gewissen Herrn Kreutzfeld, wahrscheinlich SS-Mitarbeiter des Reichssicherheitshauptamtes, RSHA in Berlin, bei dessen „Amt III" Herr Ernst ggfs. vorgesprochen haben könnte, weil er seine Erfindung anbieten wollte (ähnliche Geschichte, wie in dem Buch „Foo Fighter Attacking" v. K-P Rothkugel).

„... He (Ernst) was eventually charged with obtaining money by false pretences and imprisoned at Mannheim in 1944."

Herr Ernst brauchte dringend Geld für seine unterschiedlichen Erfindungen und bekam Schwierigkeiten beim Geldauftreiben. Dafür ging er in Mannheim in den Knast.

„Here he claimed that he had a process of obtaining petrol from oil and was brought to Berlin by SS Hauptamt under the charge of Kreutzfeld. After spendig some time in hospital, he was ready to begin work, and in **April 1945** was brought **to Hinterstein, near Sonthofen**, again under charge of Kreutzfeld.

High Speed Fighter Aircraft

Ernst said that while he was in "Camp Mecklenburg" (ggfs. ein gewisser Herr Meckelburg, z.B. SS-Mann, Leiter einer Sondergruppe?, Anm.d.A.), he found out that there were **three new types of high speed fighter aircraft**.

One of these was the **P 1073 (??) made by Messerschmitt** with a **BMW 003** Strahlturbine using **petrol as fuel**;

and the second was a similar aircraft using **crude oil** as fuel.

The third was alleged to be powered with an **atomic engine**.

The fuselage, which was the same as the P 1073, was of wooden construction and was fitted with skid landing gear.

The engine was 60 Zentimeter long and 20cm in diameter and produced **2.000 PS** (Staustrahl-/Lorinröhren, Anm.d.A.).

This (atomic aircraft) was supposed to have a **speed of 2.000 km/h and a ceiling of 18.000 m.**

The engines were made by the prisoners of "Camp Mecklenburg".

Only one model was ever in existence; and that was completely destroyed as was the whole camp, by the SS during the allied advance."

Hier zum Vergleich Auszüge betreffend des „Soft-Fission-Antriebes":

„. . . Sogar bei den hohen Hitzegraden, bei denen die Ladungen ihren Dienst verrichten müssen, beträgt die Leistungsausbeute mehr als 20 Stunden Brenndauer. Nämlich bei circa **2.000 km/h Höchstgeschwindigkeit.**

Die Zylinder waren circa 35cm lang."

Anmerkung:

Lagerte man in dem kleinen, malerischen bayerischen Ort Hinterstein eine Entwicklungsmannschaft der Messerschmitt Werke aus, eventuell unter Führung eines SS-Ingenieurs Meckelburg, zuvor Standort Oberammergau, der in Verbindung zu „B-8" und Kammler in Sankt Georgen, Nieder-Österreich stand?

Schickte SS-Mitarbeiter Kreutzfeld vom RSHA, Berlin, den Erfinder Josef Ernst nach Hinterstein, weil Ernst selbst eine neue Methode zur Treibstoffgewinnung entwickelt hatte und weil dort im Allgäu an neuartigen, futuristischen Flugzeugprototypen gearbeitet wurde, die entweder mit normalen Treibstoff, Schwer-/Dieselöl/Kerosin oder mit einem Atomantrieb betrieben werden sollten?

Mussten Insassen eines KLs die gefährlichen Arbeiten mit strahlendem Material (Torium, Uran) ausführen und Metallzylinder mit spaltbarem Material befüllen? Kamen diese Insassen von einem der vielen Außenlagern des KL-Dachau, wie Kempten, Sonthofen, Kottern oder anderen Lagern in der Umgebung? Dachau hatte ein umfangreiches Netz an Außenlagern und stellte auch Arbeitskräfte für, u.a. die Messerschmittwerke.

War es reiner Zufall, dass Erfinder Josef Ernst dort in Hinterstein nun Kenntnis von einem Fluggerät mit Staustrahl-/Atomantrieb erlangte, weil die SS in Berlin in dorthin schickte?

Denn ein spezieller Atomantrieb für ein SS/Messerschmitt-Projekt ist in der Luftfahrthistorie unbekannt. Wobei Messerschmitt der ausführende Betrieb gewesen sein könnte, der den Flugzeugentwurf und die Zelle stellte und ggfs. die neue Triebwerkstechnologie von einem Forschungsbetrieb (der SS) zur weiteren Erprobung erhielt.

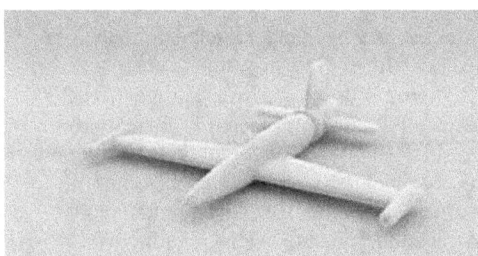

Abb.:

Könnte so ein „Schnellstflugzeug" vom Projektbüro, „Probü" der Messerschmitt AG ausgesehen haben, das zusätzlich für einen atomaren Kleinstantrieb vorgesehen war?

Beachte „Lorin-Rohre" an den Tragflächenspitzen und Ringlufteinlauf am Heck für Strahl- und/oder Straustrahltriebwerk. Könnten innerhalb der Triebwerke an den Tragflächenspitzen die Zylinder-Einheiten oder eine Umhüllung mit dem atomaren Treibstoff integriert gewesen sein, die die eingerammte Luft stark aufheizten und schlagartig expandierend am Düsenaustritt mit hohem Druck ausgestoßen konnten?

Der Ringlufteinlass am Heck verdeutlicht im Übrigen sehr schön, wie schwach und qualitätsmäßig schlecht die deutschen Strahltriebwerke noch waren.

Alle heutigen Düsenjäger saugen am Bug durch eine große Einsaugöffnung und einen langen Einsaugkanal die benötigte Luft für das Triebwerk am Heck ein. Da deutsche Düsentriebwerke keine hohe Leistungen aufweisen konnten, hätte ein langer Lufteinlass zu viel Leistungs-/Schubverlust erbracht, das TL-Triebwerk bekäme zuwenig Luft für den Verbrennungsvorgang.

Deshalb mussten immer kurze Wege zum Einsaugen der Luft gefunden werden.

Somit waren die Rümpfe vieler deutscher TL-Projekte gerade so lang, wie die Länge eines Jumo 004 oder BMW 003! Aus diesem Grund hatten auch viele Projekte deutscher Strahlmaschinen ein weit nach hinten herausragendes Seitenruder. Aus Stabilitätsgründen, weil der Rumpf zu kurz war!

Der Ringeinlass und der dazugehörende Ansaugkanal am Heck des oben abgebildeten Messerschmitt-Projektes waren gerade so lang, wie das einzubauende Strahltriebwerk. Wie gut ein Ringeinlass in der Praxis funktioniert hätte, bleibt unklar.

Normale Staustrahlrohre verbrauchen viel Treibstoff und sind unwirtschaftlich, wie auch das Sänger-Projekt eines großen Lorin-Rohres, das auf eine Do 217 montiert wurde, nur allzu deutlich zeigte.

Die „Soft-Fission" Zylinder dagegen heizen durch den nuklearen Kernzerfall, moderiert, „gebremst" durch Kadmiumstäbe, den, unter hohem Druck ab ca. 400 km/h aufwärts eingerammten Staustrahl mit Hilfe eines Wärmetauschers so stark auf, das der komprimierte Luftstrom durch die atomare Hitze zur Expansion, zur Ausdehnung gebracht, unter hohem Druck (ohne Einspritzen von Treibstoff, der gezündet werden muss), aus der Austrittsdüse nach hinten ausgeblasen wird.

Bei dieser nuklearen Methode wird kein Benzin, Kerosin, Diesel- oder Schweröl verwendet, wie bei den zwei anderen Messerschmitt Staustrahlprojekten, die Josef Ernst in Hinterstein gesehen haben will. Wahrscheinlich wurden die zwei alternativen Messerschmitt Projekte, die hautsächlich aus nicht strategischen Materialien, wie Holz, gefertigt werden sollten, als „Rückversicherung" entwickelt, sollte der atomare Mini-Antrieb Probleme bereiten.

Wurden auch bei anderen deutschen Flugzeugbauern solche Projekte aufgelegt, die als Strahljäger mit nuklearem Staustrahltrieb im Zuge des „Jäger-Notprogramms" noch kurz vor Kriegsende (oder für danach) entwickelt werden sollten? Wurden die Mini-Atomantriebe aber nur bei Hindelang im Allgäu gefertigt, oder führte man dort ausschließlich Probeläufe, für z.B. die Schubermittlung durch? Stand dort in Hinterstein deshalb eventuell ein kleiner Prüfstand, der diese (kleinen, an den Enden der Tragflächen angebrachten) Staustrahltriebwerke (mit Zusatz Atomantrieb) im Standlauf erprobte? Bekamen Anwohner aus der Gegend davon etwas mit? Genauso, wie z.B. über Strahlen- und gesundheitliche Schäden, die die Zwangsarbeiter davontrugen, als sie mit dem nuklearen Material, entweder in Bruchstücken oder in gemahlener (Staub-) Form hantieren mussten?

Alleine die große Hitze des Kernzerfalls bringt den unter Druck stehenden, am vorderen Düseneinlass eingerammten Staustrahl zur Expansion. Der daraus resultierender Abgasstrahl hat dieselbe, wenn nicht gar eine höhere Schubkraft, als hätte man einen hydrokarbonen Treibstoff zur Zündung des einströmenden Staustrahls gebracht.

Solche kleinen nuklearen Antriebseinheiten, wo nukleares Material, wohlmöglich in Bruchstücken in den Zylinder verfüllt wurde, haben ungefähr eine <u>Brenndauer von 10 bis 20 Stunden</u>, bis sie verschleißen, das nukleare Material also keine Hitze mehr generieren kann.

Solche atomaren Zusatzeinheiten für Staustahltriebwerke erzeugen somit <u>wesentlich länger</u> einen hohen, gleichmäßigen Schub, als Staustrahltriebwerke mit herkömmlicher Treibstoffeinspritzung. Das macht die Reichweite <u>interkontinental</u>, sodass solch ausgestattete Flugzeuge den Atlantik, den Pazifik oder den Nord- oder Südpol mit Leichtigkeit überqueren, also von Kontinent zu Kontinent <u>Non-Stop</u> fliegen können!

Abb.:

NAA P-51 „Mustang" mit „Ram-Jet"- Einheiten an den Wing-Tips. Diese Technologie wurde in den USA von Roy Marquardt nach dem Zweiten Weltkrieg entwickelt und erprobt (aufgrund deutscher Vorarbeiten, auch in Hinterstein?).

Mit einem reinen Staustrahltriebwerk ausgestattet, hätte die „Mustang" in etwa eine ähnliche Höchstgeschwindigkeit, wie die ersten Jets, etwa die deutsche Messerschmitt Me 262 aufweisen können. Aber nur für eine bestimmte Zeit, etwa 10-15 Minuten. Eben nur solange, bis der eingespritzte Treibstoff in den Tanks für die Ram-Jets verbraucht war. Und der Verbrauch ist hoch, sodass die Tip-Jets nur für eine Notleistung verwendbar waren, wie eventuell auch bei den deutschen Gegenentwürfen. Interessant wäre solch eine „Staustrahl-Mustang" noch für den pazifischen Kampfraum gewesen, hätten die Japaner Strahljäger nach Vorbild der Me 262 eingesetzt.

Ramjet-Einheiten des amerikanischen Entwicklers und Ingenieurs Roy Marquardt trieben u.a. die erste U.S Raketensysteme, wie die „Gordon IV" oder die „BOMARC" an.

Es wurden auch U.S. NAA Mustang mit Pulso-Schubrohren wie bei V-1 ausgerüstet. Diese waren aber zu schwer und hatten einen zu hohen Treibstoffverbrauch.

Mal angenommen, auch bei der unten abgebildeten Mustang hätte man Anstelle von Pulso-Strahltriebwerken, Lorinrohre mit atomaren Zylinder-Antriebseinheiten an den Tragflächenspitzen angebracht, die Mustang auf über 400 km/h im Sturzflug beschleunig, damit der Staustrahl zu wirken beginnt, dann hätte eine solche Jagdmaschine, sowie vergleichbare deutsche Flugzeuge und Projekte von Messerschmitt, Lippisch, Arado, Junkers oder Focke-Wulf, eine Flugdauer von bis zu 20 Stunden bei hoher Reisegeschwindigkeit aufweisen können. Die Maschinen wären länger in der Luft gewesen, als die mitgeführte Munition ausreichte, oder der Pilot das lange, unbequeme Sitzen in einem engen, stickigen Cockpit ausgehalten hätte.

Längere Flugzeiten, ohne dafür Unmengen an Treibstoff mitführen zu müssen! Ein Einsatzkonzept, das eventuell die SS aufgegriffen hatte, um es noch vor Kriegsende umsetzen zu können. Nur, die dafür benötigten Flugzeuge waren noch gar nicht vorhanden und hätten im Rahmen des „Jägernotprogramms" kurzfristig entwickelt, gebaut und erprobt werden müssen, so wie der Heinkel He 162 „Volksjäger" (oder auch die Ho IX/Go 229, oder deren kleineren, leichter zu fertigen Abwandlungen, die wohlmöglich von den U.S. Verschwörern favorisiert worden sein könnten).

Zudem wäre ein solcher Zusatzantrieb für Bombenflugzeuge mit Lorin-Antrieb interessant gewesen, die damit weit in die USA, oder die Sowjetunion hätten eindringen können.

P-51D MUSTANG w/RAM JET

P-51 Mustang High speed

Like any WWII fighter, the Mustang was slowly but steadily eclipsed by the faster post war planes which followed it. A popular lore is that a P-51 could break the sound barrier in a steep dive. Chuck Yeager (obviously an export in both the P-51 and the sound barrier) has repeatedly said this was impossible and would likely end in a pilot fatality. The Mustang did, however, encounter high (Mach 0.9+) compressibility in high-speed dives (the Me-262 and Spitfire did as well) and it's theoretically possible that Mustangs maybe briefly exceeded the mathematical figure for Mach 1, but certainly not in any controllable or useful way.

In April 1945, a P-51D was modified while under production for a liquid-fueled auxiliary rocket behind the radiator scoop. This was intended to help the Mustang close the nearly 100 kts speed gap between a standard P-51D and the Me-262. With Germany's defeat a few weeks later, the idea was dropped as Japan had no operational jets.

In late 1945, a P-51D was modified with two Ford PJ-31-1 pulsejets.

This engine was a near-copy of the Argus model used on Germany's V-1 buzz bomb, and intended for the Loon missile. The problem with this set-up was the same as with every mixed-propulsion fighter ever tried; in that when the jets were shut off, they were just dead weight for the plane to lug around. The modified Mustang was grossly uncompetitive on it's piston engine alone.

…

There was one last attempt to mate **the P-51 with jets**. In **1946 a P-51D was modified with Marquardt XRJ-30-MA ramjets** on each wingtip in streamlined, low-drag nacelles. A ramjet differs from normal jets in that there is <u>no compressor at all</u>; <u>air compression being achieved by the engine's forward motion</u>. The basic limitation of ramjets is that <u>they can not "start from zero"</u>; to start the engine the plane has to already be moving very fast.

It was planned that the Mustang would enter a **high-speed dive** to **start the auxiliary engines** for combat use only. After they were started, the process was self-sustaining until the jets were shut off.

During an August 1948 test flight, one **of the ramjets exploded**. The pilot successfully bailed out, but the plane was destroyed and so was any further chance of Mustangs being retrofitted with jets."

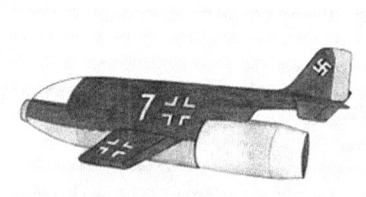

Skoda-Kauba SK 14

Hätte man in das bauchige Lorin Rohr links und rechts je ein Zylinder für einen nuklearen „Soft-Fission" Antrieb platzieren können?

Deutet die massive Größe des Staustrahltriebwerkes, 1,5 m im Durchmesser, 9,5 m Länge darauf hin, dass man auf der Innenseite zusätzliche Antriebseinheiten hätte einbauen können?

Ob Eugen Sänger, der den Staustrahlantrieb für die SK 14 entwickelte, von den atomaren, zylindrischen Kleinstantrieben gewusst hatte? Machte er eventuell mit einer Do 217 und aufmontiertem Lorinrohr Vorversuche damit? Woher stammte die Idee, durch eine simple Vorrichtung - Spaltbares Material in einem Zylinder, dazu Moderatorstäbe und Wärmetauscher - große Hitze durch Kernzerfall zu erzeugen, die direkt zum Expandieren von eingerammter Stauluft genutzt werden konnte? Aus der atomaren Kraftwerkstechnologie, wie die „Fuel-Rods", Brennelemente in Stabform? Nazi-Deutschland hatte kein funktionierendes Atomkraftwerk mit Brennstäben. Woher kam die Technologie, die in den USA – du Pont – bereits im Krieg ab 1943 für ein LWR bekannt war.

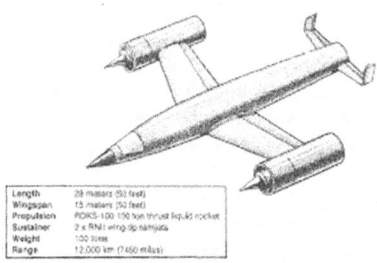

Length	28 meters (93 feet)
Wingspan	15 meters (50 feet)
Propulsion	RORS-100 100 ton thrust liquid rocket
Sustainer	2 x RNII wing-tip ramjets
Weight	100 tons
Range	12,000 km (7450 miles)

Abb.:

Eugen Sängers „Silbervogel" mit je einem Staustrahltriebwerk an den Flügelenden. Russisches Nachkriegs-Projekt, „Keldych-Bomber" nach dem Konstrukteur Keldych genannt.

Hätte eine luftatmende verkleinerte Staustrahlvariante, wie in obiger Zeichnung bereits im Krieg, oder kurz danach realisiert werden können, und hätte so eine Maschine in Frankreich, Normandie, auf der von General Patton erwähnten langen Betonbahn landen können?

Haben die Sowjets eventuell diese Variante von Sänger, oder einer anderen deutschen Projektgruppe (Kammler, Pilsen) nach Kriegsende erbeutet und wollten dieses Fluggerät nachbauen?

Wenn es Versuche mit Mini-Atomantrieben in Deutschland während des Krieges gegeben haben sollte, dann werden solche Versuche bis heute geheim gehalten. Solche Maschinen wären auch für ein Dritte Weltkrieg Szenario interessant gewesen, hätte man z.b. die Lippisch Hyperschallmaschinen damit ausstatten können, oder schon die Lippisch P-13, die damit eine Reichweite bis weit hinter den Ural gehabt hätte.

Wenn solche atomaren Antriebe in kleiner Zylinderform so interessant sind, was Geschwindigkeit, Reichweite, kein Treibstoffverbrauch usw. betrifft, warum kennt man sie heute offiziell nicht?

Welche Nachteile gibt es?

Probleme wegen Überhitzung des Wärmetauschers, speziell dafür benötigte warmfeste Materialien oder Probleme mit der Kühlung des Zylinders ect.? Probleme beim „Zünden" des nuklearen Kernzerfalls mit Hilfe von Moderatorstäben? Unreines nukleares Material, falsche Dosierung, zu fest in Zylinder verdichtetes Material, Fehlfunktionen der Kadmiumstäbe? Umweltprobleme durch nuklearen Feinstaub (wäre im Krieg weniger problematisch), Explosion des Triebwerkes (siehe Mustang nach dem Krieg), da Schubstrahl nicht immer regulierbar war? Versagen, Brechen der Moderatorstäbe, Ausfall des Wärmetauschers, Risse in den Zylindern, fehlerhafte Materialien usw., usw.

Zumindest schien diese Technologie bei scheibenförmigen Flugkörpern für große, interkontinentale Reichweiten und Flügen in die Oberen Atmosphäre oder dem erdnahen Weltraum, nach dem Krieg in den USA (und anderswo) eine gewisse Anwendung gefunden zu haben.

…

Zu Hinterstein in Allgäu gibt es folgende Informationen aus dem Internet:

Konrad Zuse, der „Vater des Computers" flüchtete mit seinen, in viele Teile zerlegten Computer Z4 im April 1945 von Berlin bis **Hinterstein**, um ihn dort dem Zugriff der Alliierten und der Wehrmacht zu entziehen. Hier entwickelte er in seinem Büro den „Plankalkül", die erste anwendbare Computersprache.

Zu Hinterstein im Krieg heißt es unter anderem:

„Während der letzten Kriegstage kamen noch etwa **2.000 Angehörige von Gruppen der Wehrmacht und der SS** in das Ostrachtal über die kleinen Dörfer nach **Hindelang, Oberstdorf und Hinterstein** sowie in die hochgelegenen Weidetäler und Almhütten der Ostrachtaler Berge. Sie **bildeten einen Teil der „Alpenfestung"**, die bis zum tragischen Ende gehalten werden sollte, — eine sehr gefährliche Situation für die kleine Ortschaft Hinterstein mit etwa 75 Häusern, die sich auf drei Ortsteile im engen Tal verteilten.

Anmerkung:

Ein Grund, warum auch diese Sondergruppe der SS sich im Allgäu ansiedelte? Weil dieses Gebiet als „Alpenfestung" später unter der Kontrolle der „U.S. Verschwörer" und General Patton stehen könnte?

Die Konzentration von deutscher Hochtechnologie im südlichen Bayern, davon profitiert der Technologie-Standort Bayern und eine bayerische Volkspartei heute noch.

...
Dahinter, am Eingang eines **10 km langen Hochtals**, befand sich auf einem **großen Weidegelände ein riesiges Arbeitslager**, in welchem schließlich auch Flüchtlinge und Kinder untergebracht wurden. Dazu noch Flakgeschütze und Feldkanonen, ein „Wallenstein Lager erster Güte".

Die Schwarzenberghütte war einst ein Militär-Stützpunkt

„Die damalige Wehrmacht wollte auf dem Schwarzenberg einen **militärischen Stützpunkt für Hochgebirgsübungen** errichten. Nachdem dieses Vorhaben, kaum begonnen, vom Kriegsende überrollt wurde, blieben die Tal- und Bergstation einer Seilbahn für den Materialtransport, Seilstützen sowie einige **Wohn- und Arbeitsbaracken** übrig", heißt es in der Chronik der DAV-Sektion Illertissen zur Entstehungsgeschichte ihrer Hütte am „Paradies", wie der Hüttenplatz im Hintersteiner Tal genannt wird."

Anmerkung:

Eine Teileproduktion für die Messerschmitt Me 109 wurde u.a. nach Hindelang und Hinterstein im Allgäu ausgelagert.

Arbeitete eine gesonderte Gruppe, ein „Probü" von Messerschmitt Konstrukteuren und Ingenieuren eventuell in einer der Baracken auf dem Schwarzenberg, wo auch Josef Ernst zugegen war? Wie kam es zu der „Tarnbezeichnung" „Lager Mecklenburg" oder „Meckelburg"?

War Mecklenburg, oder Meckelburg der Name eines der Mitarbeiter von Messerschmitt oder eines leitenden SS-Ingenieurs dieser geheimen SS-Forschergruppe?

Ob Messerschmitt selbst an einem atomaren Zusatzantrieb gearbeitet hatte, oder ob diese spezielle Antriebsweise z.B. von der SS, vom „Kammlerstab" aus Pilsen, Skoda kam und an verschiedene deutsche Flugzeugfirmen zur weiteren Verwendung für das Jägernotprogramm abgegeben wurde, ist unklar und wird aufgrund der allgemeinen Vertuschung und Geheimhaltung wohl so schnell nicht aufgeklärt werden können.

Kann man nach diesem Prinzip auch eine einfache „Atombombe" bauen, die als Luftdruckbombe Verwendung finden kann?

Unbekannte Gleiter in Zerbst

Im Jahre 2003 setzte sich der Autor dieses Buches mit einem Zeitzeugen aus <u>Schönebeck</u>, Sachsen-Anhalt in Verbindung, der u.a. folgendes schrieb:

„Meine Mutter ist der festen Überzeugung, die abgestellten **Raketengleiter waren Huckepackflugzeuge für den Transport der deutschen Atombombe** konstruiert worden. Die Steuerung der Transporter (Gleiter) sollte über eine **Funkleitzentrale** erfolgen. Hierzu war geplant, die in der Nähe liegenden Gebäude der Reichspost zu nutzen. Hierin befand sich bis zum Kriegsende eine Telefonvermittlungsanlage. Die ganze Geschichte blieb bis zum heutigen Tag (18. März 2003) als Gerücht übrig, sodaß ich mich entschloß, im hiesigen „Zerbster Heimatkalender" meine Überlegungen zu veröffentlichen.

Allerdings ist mir die **Sprengung der Mistelflugzeuge und Raketengleiter** von mehreren Bekannten bestätigt worden. Leider können sich die daran beteiligten Personen nur noch an sogenannte Junkersflugzeuge erinnern
...
-Ends-

Zu der Stadt Schönebeck im Salzkreisland heißt u.a. es im Internet:

„Vom 19. März 1943 bis zur Befreiung Schönebecks durch amerikanische Truppen am 11. April 1945 bestand das **KL Julius oder Schönebeck I** an der Barbyer Straße. Das Lager war ein **Außenlager des KL Buchenwald**. Die etwa 1500 bis 1800 Häftlinge mussten im **Junkers-Werk** in der **Rüstungsproduktion** arbeiten. Unter anderem wurden hier die Federbeine für die Junkersflugzeuge gefertigt.
...
In Schönebeck gab es außerdem ein nur mehrere Wochen im Frühjahr 1945 bei der <u>NARAG</u> bestehendes Außenlager des KL Buchenwald für 400 Häftlinge, die **elektronische Bauteile für die V-2 Waffen** fertigen mussten.

Die Stadt Schönebeck wurde im Zweiten Weltkrieg von Kriegsschäden weitgehend verschont. Erst kurz vor dem Einmarsch amerikanischer Truppen im April 1945 wurde im Breitenweg ein Haus durch eine verirrte Artilleriegranate zerstört. Die Bogenbrücke über die Elbe wurde Ende April 1945 von deutschen Truppen gesprengt. Die Hallen der Junkerswerke überstanden den Krieg unversehrt und wurden gemäß dem Potsdamer Abkommen demontiert und gesprengt. Auf den Fundamenten dieser Hallen wurden in den 1960er Jahren die Hallen der IFA-Traktorenwerke neu errichtet.
...
-Ends-

Zu „NARAG" heißt es:

„Die „Ideal Standard Deutschland GmbH ist das deutsche Tochterunternehmen von „Ideal Standard International". Es wurde am 30. April 1901 unter der Firmierung „Nationale Radiator Gesellschaft

mbH" in Berlin als ein Tochterunternehmen der „American Radioator Corporation New York gegründet. Die Produktion von Radiatoren und Heizkesseln aus Gusseisen für den Wohnungsbau begann 1902 in **Schönebeck** an der Elbe. Bereits 1903 ging die Verwaltung von Schönebeck nach Berlin, wo das Unternehmen seitdem unter der Kurzbezeichnung NARAG firmierte."
-Ends-

Anmerkung:

Interessant ist, dass eine Firma zum Bau von Heizanlagen für den Wohnungsbau nun für die V-Waffenproduktion (Armaturen) herangezogen wurde und weiterhin in Schönebeck produzierte.

Zu dem Flugplatz Zerbst/Anhalt heißt es:

„Der Fliegerhorst der Luftwaffe bei Zerbst war seit 1937 **Standort** verschiedener Jagdgeschwader, im Krieg besonders für den Objektschutz der Leunawerke und der Sprengstofffabrik **WASAG Reinsdorf**. Ab Ende 1944 bot er Stellplätze für die neuen Strahljäger Messerschmitt Me 262.
...
-Ends-

Anmerkung:

Ab Juni 1944 war der Standort Zerbst Einflugplatz für die AGO-Flugzeugwerke Oschersleben, sowie ab Februar 1945 für die REIMAHG, Kahla, Thüringen, Bau der Me 262, die dezentralisiert in Zerbst abgestellt wurden.

War Zerbst auch Standort bestimmter Forschungen?

Professor Hermann Obert arbeitete und forschte ab Dezember 1943 bei der „Westfälisch-Anhaltische Sprengstoff Actien-Gesellschaft" in Reinsdorf bei Wittenberg.

Es wurden **Feststoffraketen** mit schwenkbaren Düsen zur Steuerung entwickelt. Auch soll bei der WASAG eine, mit Feststoff betriebene Interkontinentalrakete von 11.000 km Reichweite in Reinsdorf projektiert worden sein.

Übrigens:

Hermann Oberth ging bei Kriegsende nach Süd-Bayern und wird dort von den Amerikanern interniert.

Als „Eintrittskarte" in die USA hatte Prof. Oberth eine interkontinentale „Postrakete" - siehe auch Albert Püllenberg mit seiner Postrakete in den 1950er Jahren – mit Flügeln und zwei seitlichen Feststoffraketen als „Booster" entwickelt. Den Entwurf behielt Oberth aber erst einmal für sich.

Professor Oberth stellt 1944 während der Arbeit bei der WASAG auch sein neues grundlegendes Buch über die **Raumfahrt** fertig. Das 1300 Seiten starke Tiposkript geht jedoch in den Wirren des Krieges verloren. Oder ist das Schreiben anderweitig „untergegangen"? Siehe „Wahre Raumfahrt"!

Abb.:

Albert Püllenberg, der in Peenemünde
während des Krieges an der Entwicklung
der Flak-Rakete „Wasserfall"
maßgeblichen Anteil hatte, entwickelte
diese **„geflügelte Postrakete"**.

Siehe auch die geflügelten
„Überschallflugzeuge", A-4b und deren
Weiterentwicklungen bei Wernher von
Braun nach dem Krieg in den USA.

Beachte auch das Modell bei den Russen, die ggfs. solche Flügel-Raketen 1945/46 in dem
wieder aufgebauten Peenemünde entwickelten und im Sommer1946 gen Schweden als
Probeschüsse abfeuerten!

Was hatte Püllenberg während seiner Zeit bei Wernher von Brauns Gruppe in Peenemünde
über die Entwicklung geflügelter Raketen und Überschallflugzeuge für Bombenträger oder
„Re-Entry" Fluggeräte für die Raumfahrt mitbekommen, sodass er nach dem Krieg dieses
Konzept, zivil abgewandelt, wieder aufgegriffen hatte?

Hatte Ing. Püllenberg seine Rakete auch als Überschall-Gleiter ausgelegt und kannte er die
russischen Versuchs-Schüsse Richtung Schweden im Jahre 1946?

Beachte lange, schmale, gepfeilte Tragflächen wie auch bei dem russischen Projekt! Gab es
also kleinere Flügelraketen, neben der A-4b
bereits während des Krieges?

Abb.:

U.S. Nachkriegs-Projekt von Wernher von
Braun.

Beachte Kegel-Rakete und Raketengleiter
auf der Spitze.

Woher kannte von Braun die Kegelrakete?

Geklaut von Helmut Gröttrup, der diese
angeblich erst 1948 in der Sowjetunion
konzipiert haben will?

Oder griffen sowohl Gröttrup, als auch
v. Braun auf eine Entwicklung zurück, die
bereits während des Zweiten Weltkrieges in

Peenemünde für eine Rakete mit Gleiter und nuklearem Sprengkopf durchgeführt wurde?

Wurde dieses Konzept von den Russen nach Kriegsende, 1946 in Peenemünde, mit Billigung und Wissen der USA umgesetzt und wurden Versuchsschüsse mit einem Raketengleiter über Schweden durchgeführt, damit englische und amerikanische Spezialisten diesen Überschallgleiter vermessen konnten?

…

Warum behielt Prof. Oberth das Projekt seiner Rakete mit Flügeln und interkontinentaler Reichweite für sich und übergab den Amerikanern nicht seinen Entwurf? War Oberths Entwuf ähnlich dessen von Wernher v. Braun?

Was hätte Hermann Oberth über Peenemünde nach Kriegsende 1945 wissen können, wo Helmut Gröttrup für die Russen an der Ostsee wieder Raketen baute?

Was machte ggfs. Hermann Oberth bei der WASAG bezüglich der Versuche mit „Raketengleitern" in Zerbst, die per Mistelschlepp auf Höhe gebracht wurden?

Vorversuche für „geflügelte Raketen"?

Wie verhält es sich mit dem Stichwort „Atombombe", für die angeblich diese, von dem Zeugen aus Schönebeck erwähnten Raketengleiter als Trägerflugzeug gedient hätten? Siehe dazu den Angriff auf Manchester in England zu Weihnachten 1944, der von Norwegen aus geflogen sein könnte!

Sollte eine interkontinentale „Flügelrakete" eine Atombombe tragen können?

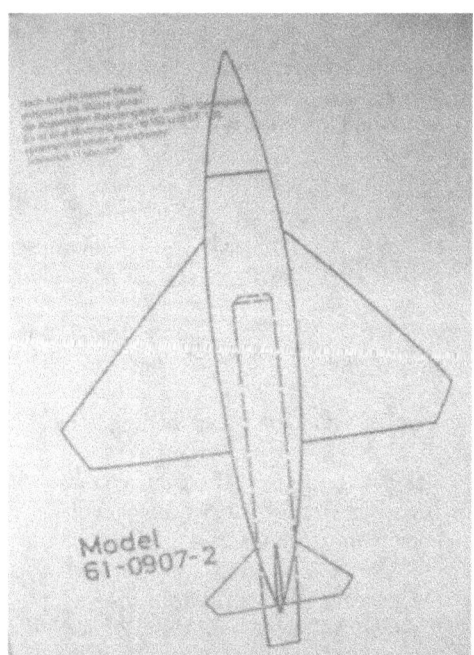

Model 61-0907-2

Oder war Hermann Obert ggfs. auch als eine maßgebliche Figur in die Entwicklung von „Mini-Atomantrieben" verwickelt?

Abb.:

So soll nach Augenzeugenbericht der „Raketengleiter" in Zerbst, montiert als Mistelschlepp auf einer Junker Ju 88, ausgesehen haben.

Beachte Rumpf als (Vollholz) Spindel, einfache Tragflächen und ein großes Antriebsrohr auf der Oberseite des (Holz) Rumpfes.

War es ein „Pulso-Schubrohr", ein Antrieb wie bei der V-1, dem „FZG-76"?
Oder war es ein Staustrahl/Lorin-Rohr, dass eventuell mit einem kleinen Mini-Atomtriebwerk (Brennstäbe), anstelle von Treibstoff, betrieben wurde?

Sah so eine „Ghost-Rocket" aus, die über Schweden beobachtet wurde?

Hätte der Gleiter ein Pulso-Schubrohr, wäre die Maschine vom Boden aus von einem Katapult, wie die V-1 gestartet?

Bei einem Lorin-Staustrahlrohr ist eine Anfangsgeschwindigkeit von Nöten und ein Start aus eigener Kraft nicht möglich.

Brachte ein Junkers Ju 88 „Mistelflugzeug" einen solchen Gleiter, der evl. einen zigarrenförmigen Rumpf mit Staustrahlantrieb am Heck oder auf der Rumpfoberseite besaß (siehe auch „Ghost-Rockets" in Schweden), auf Höhe, sodass der Gleiter im Sturzflug, funkferngesteuert auf Leitstrahl, an die 400 km/h erreichte, damit der Staustrahl zu wirken beginnen konnte?

Nahm man einen „zigarrenförmigen" (Holz) Rumpf, ggfs. von den elektrostatischen Flugkörpern in die auch Prof. Oberth verwickelt sein könnte, und montierte auf den Rumpfrücken ein Lorin-Rohr mit „Mini-Atomantrieb? Die „Holzspindel" hatte evtl. keine internen Treibstofftanks, sondern nur Instrumente für eine Fernsteuerung.

Wurden solche Versuche auf dem Flugplatz in Zerbst in Zusammenarbeit mit der WASAG durchgeführt?

Sollten später solche Gleiter per Flugzeugschleuder und „Feststoff-Booster", bzw. sich total verbrennende Raketenantriebe (Total Combustion Rockets) in die Luft geschleudert werden, damit sie die Anfangsgeschwindigkeit von 400 km/h erreichten?

Machten die Russen 1946 an der Ostsee genau dasselbe? Verschossen sie solche „Gleiter" mit oben aufmontierten Staustrahltriebwerken, die durch Feststoffraketen von einem Startgestell auf Höhe und Geschwindigkeit gebracht wurden?

Wurden dafür auch die „Booster/Total Combustion Rockets", die Hermann Oberth zuvor im Krieg bei der WASAG entwickelt hatte, verwendet?

Gab es in Zerbst keine Schleuder und mussten deshalb die Gleiter per Huckepack-Schlepp in die Luft gebracht werden?

Der Flugplatz Zerbst wurde mehrmals von der USAAF mit Bomben belegt und schwer zerstört.

Zu Zerbst noch folgende interessante Informationen:

Auch Zerbst selbst wurde intensiv bombardiert. Dazu heißt es bei „Wikipedia":

„Der Einsatzbefehl für die angreifenden Bomberbesatzungen lautete: **„Ziel ist die Stadt Zerbst im Planquadrat D-988830.** Diese Stadt ist ein verteidigter Verkehrsknotenpunkt, laut taktischen Aufklärungsberichten sehr kampfstark hinsichtlich ihrer Einrichtungen, ihrer Vorräte und ihres Personals …".

Der Angriff vom **16. April** 1945 auf Zerbst als „Communication Center" wurde von der in Belgien stationierten taktischen 9. U.S.- Luftflotte mit ihren zweimotorigen Bombern der 9. Bomberdivision (99.

Bombergeschwader) in fünf Wellen ausgeführt, nach Funken des Code-Worts „Young Girl".

...

Als dann noch in großer Zahl die **Brand- und Phosphorbomben** fielen, fanden die Flammen in den abgedeckten, fensterlosen und teilzerstörten (Fachwerk-)Häusern reichlich Nahrung, **die Hitze wurde unerträglich**. Die Feuer vereinigten sich zu **Flächenbränden**, aus denen es oft kein Entrinnen gab. Menschen erstickten und verbrannten in den Kellern. **Tiefflieger kreisten über ihnen** und **schossen,** wenn sie ins Freie flüchteten und sich in die Bombentrichter kauerten.

Durch die **ausgedehnten Brände** war die Stadt auch in der Nacht ein **qualmendes Flammenmeer** und leuchtete wie eine **gigantische Fackel** in die weite Umgebung. Es entwickelte sich ein **Feuersturm**. Auf den Straßen, selbst der **Asphalt brannte**, lagen verkohlte Leichen. Die begleitenden **Mustangs** machten nach dem Angriff der Bomber Jagd auf **flüchtende Menschen** und die **Rettungskräfte**.

Anmerkung:

Kommt das einem nicht aus Dresden (Februar) und Würzburg (März) bekannt vor.

Schon wieder sollen „**Phosphorbomben**" – die doch in gar keinen Ladelisten der Briten verzeichnet sind, und angeblich 1945 nicht mehr produziert wurden, eingesetzt worden sein.

Schon wieder schießen U.S. **Tiefflieger** auf unliebsame Zeugen, unschuldige Zivilisten und Rettungskräfte, obwohl doch einer der damaligen Piloten nach dem Krieg in der ZDF-Sendung „History" versichert hatte, das die USAAF dies nicht machte.

Merkwürdig, oder?

...

Und weiter zu Luftdruckbomben:

The so-called "Uranium Oxide" would become sensitive and dangerous **if exposed to air**. The so-called "Uranium Oxide" was perfectly safe in its cylinders provided one respected it as one would dynamite. The so-called "Uranium Oxide" was sealed in a cylinder lined with gold.

In nuclear physics **gold is used to absorb fission fragments plus gamma rays in containers, and is particularly efficient at capturing neutron radiation as well.** From this it is evident that the material in the ten cylinders **was not just highly radioactive** - it was **extraordinarily dangerous** and behaving as **if it were itself a nuclear reactor**. No atomic physicist who has examined the evidence about these ten cases has been able to deliver an opinion as to what substance kept within a lead case might have required these extraordinary precautions.

That would make no sense unless the "uranium" from U-234 was the **waxy substance which, when mixed with conventional explosives, turned the material into the miracle weapon.**

The miracle explosive known nowadays as R-Waffe was not based on uranium, **although uranium was used in the creation of the plasmoid**. The plasmoid worked as a catalyst on a conventional coal-dust/liquid air mixture **to vastly expand the explosion.**

Anmerkung:

Gemäß dem Genfer Protokoll III über Brandwaffen von 1980 ist der Einsatz solcher Waffen (Druckluftbomben) in der Nähe von ziviler Infrastruktur oder gar Zivilisten verboten.

Hier folgender Hinweis zu der Entwicklung von Plasma-Bomben aus der Neuzeit:

The U.S. Air Force wants to detonate Plasma Bombs in the sky

One team, comprised of researchers from Drexel University and General Sciences, is developing a controlled bomb that uses a **chemical reaction** to **heat a piece of metal beyond its boiling point.**

Once vaporized, the metal **will react with atmospheric oxygen** to create the **ionized plasma.** Another proposal under development by researchers from the University of Maryland and Enig Associates also **uses vaporized metals to supercharge the atmosphere**. This proposal **is much more explosive**, though, using mini-detonations to heat pieces of metal rapidly, causing them to vaporize. **The amount of plasma produced** in this latter reaction can be controlled by changing the intensity and form of the explosion. "

Anmerkung:

Diese neu zu entwickelnden U.S. Plasma Bomben dienen zur Unterbrechung von Funk- und Kommunikationslinien durch Ionisierung der oberen Atmosphäre. Aber das Grundprinzip, das Erhitzen von Metallen durch besondere chemische Reaktionen ist wohl ein Grundstein der Druckluftbomben aus dem Zweiten Weltkrieg. Wobei nukleare Treibstoffe heißer brennen, als andere chemische Substanzen.

Insert

Hinweis von einem Beitrag auf der Webseite „GTGJ.de":

Versuchsanstalt Grossendorf

Das Heranrücken der Front zwang „Dr. Butcher" im Jahr 1944, mit seinem Team nach Deutschland zurückzukehren, ohne dass er seine **kryo-nuklearen Forschungen** abschließen konnte. Ein Teil seiner wissenschaftlichen Instrumente wurde ins Institut Z. H. F. in **Ulm-Dornstadt** geschickt, das im Auftrag der Luftwaffe nach neuartigen Antriebsformen forschte. Was genau in Ulm ablief, blieb bis heute unbekannt. Die Amerikaner konnten sich lediglich auf die Aussage des Kriegsgefangenen Hans J. Käppeler berufen, der im Camp Perry in Fort Clinton, Ohio, freigiebig sein Wissen offen legte.

Käppeler berichtete über neuartige **Luftfahrtprojekte, Hybridantriebe aus Raketen, Düsen- und Staustrahltriebwerken**, und er beschrieb einen **ungewöhnlichen Treibstoff**, bei dem es sich um eine **milchig- weiße Flüssigkeit** mit einem starken Säuregeruch gehandelt hätte, **die schnell verdampft** sei. Der Verdampfungsprozess der Flüssigkeit von unbekannter Zusammensetzung sei mit einem plötzlichen Temperaturrückgang (ein Gas wird verflüssigt und entzieht der Luft Wärme?, Anm.d.A.) verbunden gewesen."

Anmerkung:

Stichwort „Endotherme Bomben":

Hier sei an die Arbeiten von Karl Nowak erinnert, der einen Prozess zur Stärkung von Metallen durch Kühlen und Pressen entwickelte. Siehe dazu auch die Forschungen von Friedrich Junghans, weiter unten in diesem Buch.

Außerdem entwickelte Nowak eine neuartige Antriebsmethode zum Generieren von hohem Schub, wobei ein stark unterkühltes Flüssiggas (Helium-Stickstoff Mix?) in ein (Staustrahl-) Triebwerk eingespritzt wurde, das daraufhin verdampfte und stark expandierte.

Also die umgekehrte Methode eines Mini-Atomantriebes, wo sich durch den Kernzerfall (Brennelemente) stark aufgeheizte Luft explosionsartig ausdehnt und den Schub liefert.

Dazu heißt es in Nowaks Patent:

For the manufacture of strongly expansive-capable explosives, it can be practical to multiply the effect of common chemical expansion material through super-compression.
...
The deeply cooled expansive material can also be used for **rocket propulsion** whereby the thrust-speed by means of temperature of the cooling means can be regulated."

Wohlmöglich also alles **Zusatzantriebe** für bestehende Strahl und/oder Staustrahltriebwerke zur kurzfristigen Leistungssteigerung (**Notleistung**).

„Käppeler berichtete, dass die Ergebnisse des Forschungsinstitutes als extrem wichtig angesehen und bei Kriegsende nach **Japan evakuiert wurden.**

Die meisten der deutschen Originalunterlagen seien zerstört worden, um sie nicht in die Hände der Alliierten fallen zu lassen. **Ingenieur (Rolf) Engel** (der auch in Ägypten war, Anmd.A., siehe weiter unten im Buch), der während des Krieges im **Rang eines SS- Obersturmbannführers das Forschungsinstitut der SS in Grossendorf für Raketen leitete** (in Verbindung mit dem Ernst-Lechner-Institut in Reichenau an der Rax? Siehe „Feuerball", Duodioden, Autonomes Fliegen, Anm.d.A.), teilte seinem italienischen Gesprächspartner leider nicht mit, was aus „Dr. Butcher" (Böttcher?) geworden ist. Es muss davon ausgegangen werden, dass er, wie viele andere im Dienst der SS stehende Wissenschaftler, bei Kriegsende verschollen ist- was auch immer das heißt! (Arbeitete er für die U.S. Verschwörer in WWIII?, Anmd.A.)

Bis heute hängt ein Mantel des Schweigens über dem „Treibstoff", der aus der Kälte kommt". Mehrere Arbeiten aus Russland zeigen jedoch, dass sich Wissenschaftler immer noch mit dem Heliumantrieb als revolutionärer Antriebsmöglichkeit beschäftigen."

Und weiter:

„Wer kann mir etwas zu Grossendorf - Großendorf bei Danzig sagen? Dort leitete **Hauptsturmführer Rolf Engel eine SS- Raketenforschungsstelle im Auftrag von Kammler**. In der Nähe wurden auch Radarbeobachtungstürme zur Bahnverfolgung der Raketen bei Testflügen über der Ostsee erbaut - ev. auch zum Lenken der Raketen? Großendorf ist der nördlichste Punkt Polens."

Anmerkung:

Grossendorf, oder heute das polnische Wielka, Wieś liegt in Hinterpommern, etwa 23 Kilometer nordöstlich von Stolp, zehn Kilometer südlich des **Leba** Sees und 80 Kilometer westlich der regionalen Metropole Danzig.

Die private Versuchsanstalt Grossendorf wurde von SS-Hauptsturmführer Rolf Engel geleitet, der sie auch gegründet hatte und deshalb von der SS freigestellt wurde.

Es wurden allerlei neue Waffensysteme, darunter kleine und größere Raketensysteme, u.a. für die Flugabwehr im Auftrage der SS und Kammler entwickelt. Es soll angeblich auch in Grossendorf an der V-101 Feststoffrakete, mit den Daten: 30 m lang, 2,80 m Durchmesser, 140 t schwer, 100 t Treibstoff, Geschwindigkeit 2.000 km/h, Gipfelhöhe 200 km und maximale Reichweite 1.800 km, gearbeitet worden sein. Diese Rakete sollte von einem Katapult gestartet werden, der auch wiederum raketengetrieben war.

Welche Querverbindung von VA Grossendorf zu Peenemünde gab es? Den SS-Mann Engel wird ja auch im Zusammenhang mit elektrostatischen Flugkörpern, aka „Foo Fighters" und neuen, autonomen Lenksystemen genannt. Hatte er diesbezüglich auch Experimente an der Ostsee gemacht?

Interessant ist immer, dass viele „normale" Waffenentwicklungen mittlerweile bekannt sind, die darin Verwickelten später darüber in Berichten und Büchern usw. schrieben, Akten freigegeben wurden, aber alles, was das elektromagnetische Spektrum betrifft, weiter geheim gehalten wird.

Später musste die VA Grossendorf kriegsbedingt nach Pibram, das 60 Kilometer südwestlich von Prag gelegen war, umziehen.

Nach dem Krieg, 1946 flogen die „Ghost Rockets" – u.a. elektrostatische Flugkörper von der russisch besetzten Ostseeküste über das neutrale Schweden. Hauptsturmführer Rolf Engel war in Ägypten und baute eine kleinere „Rakete" (Flugabwehrraketen, wie schon zuvor für die SS entwickelt, evtl. auch Feuerball, also auch elektrostatische Flugkörper?).

Hatte der Treibstoff etwas mit diesen neuartigen Flugkörpern zu tun, auch in Verbindung mit Sprengstoffen, hier aber eher „Kältebomben", „endotherme Bomben". Siehe dazu Hinweise in Teil II über „Eis-Bomben".

Konnte "Feuerball" und die "Zündorkanbombe" eine spezielle Mixtur von Uran-Oxyd durch eine zusätzliche Ionisation/Detonation erhitzen? Nach der Detonation reagierte die Substanz, das expandierende Plasma mit der Außenluft, der Atmosphäre und entwickelte eine verheerende Explosion, die am Boden und in der Luft zu gewaltigen Druckluftwellen führte.

Zumindest „Feuerball" wurde ja zusätzlich elektrostatisch aufgeladen, sodass diese Aufladung bei der anschießenden Explosion zur schnellen Expansion einer Druckwelle in der Atmosphäre mit beitragen haben könnte.

Bei der angelsächsischen Version, die als Atombomben spezieller Machart über Dresden und Würzburg zum Abwurf gekommen sein könnten, wurde wohl das Hauptaugenmerk auf einen gigantischen Feuersturm gelegt, eventuell in Kombination mit zeitgleich abgeworfenen Phosphor- und Stabbrandbomben zur großflächigen, sehr heißen Brandbildung, die in der Lage war, Menschen abzufackeln, ohne dass irgendwelche Rückstände übrig blieben.

Dazu heißt es über die:

„Aviation Thermobaric Bomb of Increased Power, ATBIP"

„Im Jahre 2007 zündeten die Russen einen der stärksten konventionellen Bomben der Welt, die "Aviation Thermobaric Bomb of Increased Power" (ATBIP). Dabei handelt es sich um eine **Vakuumbombe**, die eine besonders **langanhaltende Hitze- und Druckwelle** auslöst. Die Stärke der Explosion ist mit der einer Atombombe vergleichbar, jedoch **ohne** dabei **radioaktive Materialien** zu verwenden. Die Sprengkraft entspricht der von 44 Tonnen TNT."

Siehe kleinere Version von „Feuerball"?

Molekular-, Eis- und Flüssigkeitsbomben

„BIOS Report 142:

Other work at Camp Meckelenburg

„Josef Ernst stated that work was carried out at this camp of a new **liquid air gun**(?), while trials on **some kind of atomic bomb** were made at or near the camp.

Anmerkung:

Die „Flüssiggas-Kanone" war im britischen Geheimdienstbericht bereits mit Fragezeichen versehen.

Siehe dazu endothermes Zusatztreibmittel (mit Hilfe einer Einspritzdüse/"Kanone") für Staustrahltriebwerke, das wohl auch bei dem Messerschmitt-Staustrahljäger-Projekt als

Alternative zum exothermen Atomantrieb zum Einsatz kommen sollte, weiter oben unter dem Stichwort „Karl Nowak"!

In beiden Fällen, ob atomare Hitze, ob eisige Kälte, wird eingerammte Luft in einem Staustrahltriebwerk zum explosionsartigen Expandieren gebracht, um einen starken Schubstrahl zu generieren, der durch eine Auslassdüse am Heck des Triebwerkes ausgeblasen wird!

Über Josef Ernst stand im BIOS-Report 142 noch folgendes über das Nitrieren von Aluminium Legierungen (siehe auch Absatz über Siegfried Junghans in Schramberg, weiter unten im Buch):

„Nitriding of Aluminium Alloys

Ernst claimed that experiments on the nitriding of aluminium alloys were carried out at **Camp Mecklenburg.**
...
A product of **very high strength** was obtained by the use of which **the weight of aircraft structures** could be **decreased by 50 percent** . . ."
-Ends-

Anmerkung:

Für die heißen Abgase eines Staustrahltriebwerkes wären bestimmt im Bereich des Heck seines solchen Flugzeuges sowohl leichtgewichtige Bleche, als auch extreme Hitze beständige, warmfeste Alu-Bleche, von großem Interesse, um z.B. Graphitruder („Druckstücke", wie bei der V-2) ersetzen zu können.

Wohlmöglich wurden solche nitrierten Legierungen auf einem Prüfstand mit samt eines Staustrahlrohres bei einem Probelauf für ein neues Staustrahlflugzeug, entwickelt von Messerschmitt, in Hinterstein gegen Kriegsende getestet.

OSS, SZ-6585, C-o, d/inf. Sept. 44:

Germany, Nordhausen, Oxygen Bomb Factory, Secret Weapons

Oxygen bomb, V-2

"Production of the "**oxygen bomb**", which is capable **of killing all organic life in a circle of several kilometers**, is limited to to one factory in the **Nordhausen area.** Construction of the plants started 3 years ago, 7 Sept. 1941 in a hill.

Dimension of the bomb are given in **Length -17 metres, Diameter 2 m.**

(Maße der V-2/A-4 als Träger der "Oxygen Bomb" inklusive der „Langsamen Spitze" mit Sprengkopf als Wiedereintrittskörper?

14 m lager Raketenkörper plus ca. **3 m** lange aerodynamisch verkleidete Nutzlastspitze, gleich **17** m? Eine neue A-8 Rakete?

Siehe auch Augenzeugenbeschreibung eines Mitarbeiters in Peenemünde, der ähnlich Maße für eine solche Rakete angibt, in diesem Buch, Anm.d.A.)

Hier zur Erinnerung die Augenzeugenbeschreibung des Sprengkopfes, eventuell mit aerodynamischer Verkleidung der langsamen Spitze oder Schutzmantel für Transport – neu konstruierten Nutzlastspritze/Wiedereintrittskörper, gesichtet kurz nach Kriegsende im Harz auf U.S. LKW:

```
Er sagte, er habe die drei Lastwagen gesehen, die je eine Bombe,
"Eier" wie er sagte, offen geladen hatten. Die Dinger
waren etwa 1 m hoch und 3 m lang.
```

War dies der vorproduzierte Sprengkopf, der in eine 3 m Langsame Spitze eingebettet war?

Weil der Sprengkopf mit der Spitze über einem Angriffsziel abgesprengt wurde und langsam aus einer gewissen Flughöhe, ohne zu verglühen, auf das Ziel niederging, um als „Zündorkanbombe" in einer gewissen Höhe über Grund gezündet zu werden? Siehe auch Beschreibung des Zeugen „Ambrosi" in Krakau, Polen auf dem Truppenübungsplatz „Heidelager" im Jahre 1944.
...
```
P/X heard from a guard at the Buchenwald Kl, 9.000 lonely guarded
prisoners were working at a plant at Salza (Bad Langensalza,
Anm.d.A.) which was 500 m underground (Salza is about 3 km west of
Nordhausen.) (KL Bad Langensalza ist ein Außenlager von KL
Buchenwald) V-2 plants are at Nordhausen".
```

Wie gelangt auf eine Briefmarke zu Ehren von Prof. Hermann Oberth das Abbild einer modifizierten, gewichtsmäßig verbesserten V-2 mit „Langsamer Spitze"?

Wo sind die Fotos und Dokumente über eine neue A-4 Version, sowie die „Langsame Spitze", die auch als Sprengkopf, aerodynamisch verkleidet, Verwendung fand?

Zensiert?

In Paraguay leben viele Deutsche. Darunter auch ehemalige Peenemünder, die diese Rakete mit Sprengkopf, gedacht für den Dritten Weltkrieg, kannten?

Anmerkung:

Im KL Bad Langensalza wurden Häftlinge für eine Teilefertigung von Tragflächen für Junkers Ju 88 und FW 190 für einen dortigen Zweigbetrieb von Junkers abgestellt. Da die Häftlinge spezialisiert waren und eine längere Anlernzeit benötigten, war die Todesrate geringer.

Ob hier neben dem oberirdischen Werk es noch eine geheime U-Anlage, die 500 m unterirdisch liegt, in oder um Bad Langensalza gab, ist unklar.

Das Reichsbankgold in dem Kali-Bergwerk „Merkers" lagerte mehr als 400 m unter der Erde.

Also könnten mehrere tausend Kz-ler in unterirdischen Stollenanlagen in Rothenberg, an die 500 m tief, durchaus über eine längere Zeit hinweg, ohne je wieder an die Oberfläche zurückzukehren, eine geheime Rüstungsproduktion durchgeführt haben, die bis heute vertuscht wird.

Weil es sich um spezielle Bomben handelte, die annähernd die gleiche Wirkung, wie A-Bomben hatten, die zudem noch in einen besonders geformten Sprengkopf für V-2- (und andere Langstreckenraketen, wie die A-8) verbaut wurden?

Es gibt Hinweise über unterirdische Anlagen in dem Gebiet um Nordhausen:

„Das **KL Oberndorf** befand sich im **Saale-Holzland Kreis** zwischen den Orten Bad Klosterlausnitz, Tautenhain, Rüdersdorf und Oberndorf. Es war ein **Außenlager des KL Buchenwald**. Zwischen dem 19. November 1944 und dem 18. Februar 1945 wurden KZ-Häftlinge aus diesem Lager zur Zwangsarbeit in der **Luftmunitionsanstalt Oberndorf** eingesetzt.

Die Luftmunitionsanstalt Oberndorf hatte in den Nachbardörfern den Ruf, eine Schokoladen- oder Marmeladenfabrik zu sein. Das dort arbeitende Personal wurde verpflichtet, kein Wort über seine Arbeit zu verlieren. Die Häftlinge durften keinerlei Kontakt zur Außenwelt unterhalten. Da die Arbeiter tagtäglich mit dem süßlich riechenden Sprengstoff in Kontakt kamen und ihre Kleidung den Geruch aufnahm, entstand in der Umgebung des Werkes das Gerücht, die Muna produziere Schokolade oder Marmelade.

Weiter gibt es einen Hinweis über die riesige **Anlage Rothenstein**, das nach dem Krieg bei der NVA das größte unterirdische Waffendepot in Mitteleuropa mit mehreren Lagerstollen und einer Gesamtfläche von 21.000 Quadratmetern war:

„Während des Zweiten Weltkrieges mussten Kriegsgefangene und Zwangsarbeiter aus Polen und anderen Ländern in den rüstungswichtigen Stollen unter dem „Trompeterfelsen" nahe dem Ort arbeiten. Der Optikkonzern Carl Zeiss hatte dort ein militärisches Verlagerungsprojekt mit dem Codenamen „Albit" mit Fertigungsanlagen und Materiallager realisiert, weil es günstige Transportanschlüsse gab.
..
Die unterirdischen Fertigungsanlagen wurden von den Besatzungsmächten **1945 demontiert und abtransportiert**. Danach nutzte die rote Armee von 1945 bis 1950 **die riesigen unterirdischen Räume** als Lager für Waffen und Munition, ab den 1970er Jahren die NVA als größtes militärisches Depot in Mitteleuropa, auch wegen der günstigen Autobahnanbindung.

Sein Stollensystem ist deutlich kleiner als das im **Walpersberg**

(Großeutersdorf, REIMAG, Kahla, Me 262, Abstellplatz Zerbst, Atombombe auf Gleiter in Zerbst, Zerbst, Feuersturm, Tieflieger, April 1945, Anm.d.A.)

Verbesserte A-4
mit neuem, abtrennbaren Sprengkopf

Wurde also eventuell in „riesigen unterirdischen Räumen", z. B. bei Rothenberg von bis zu 9.000 KZ-Häftlingen in einem unterirdischen KL eine neuartige (Atom/Luftdruckbombe (vor-) produziert (und einlagert)?

Die neuen Sprengköpfe wurden dann in, oder um Nordhausen auf speziell konstruierten und modifizierten V-2 montiert, und sollten in einem nächsten Krieg zum Einsatz kommen?

Moderne, langsam fliegende, konische „Wiedereintritts-Sprengköpfe"

Shahab missiles RV variants

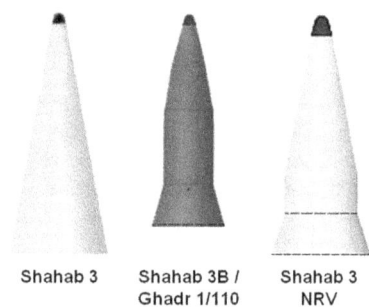

Shahab 3   Shahab 3B / Ghadr 1/110   Shahab 3 NRV

Abb.: Heutige Iranische Re-Entry-Warheads.
„Sind dies die „Eier", die man auf U.S. LKW im Harz im Juli 1945 gesehen hatte?

Vergleiche "Langsamen Spitze" bei Peenemünder Trägerraketen!

Dazu heißt es in „IRANIAN WARHEAD EVOLUTION", by Geoff Forden, June 9, 2010, Internet:

"As expected, both **triconic** designs have **larger drag coefficients** than the simple conical design. This is because of the **shock waves generated** at the "**breaks**" in the aeroshell - where there is a discontinuity of the aeroshell´s form.
...
Note that the first "triconic" design flown by Iran has **the highest coefficient of drag**, the new reentry vehicle (NRV) drag coefficient is slightly lower but **still greater than the simple conic warhead**.
...
When I take the same design and simply increase the flaring at the rear to fit the Shahab-3 rocket body (i.e. increase it to 1.25 m), then the **triconic warhead slows down considerably**. In fact, it nearly reaches terminal velocity and "**gently floats" down to Earth**. Well, if you consider **310 m/s** floating."

Es gibt einen gemeinsamen Austausch mit dem Iranischen und Nord-Koreanischen Raketenprogramm, sodass auch in Nord Korea „Slowed Down Reentry Vehicles" bekannt sein dürften, was auch Fotos von iranischen Raketen beweisen!

Übrigens: Auf Nachfrage des Autors bei einem ostdeutschen Buchautor über die „Langsame Spitze" wurde ihm keine neuen Erkenntnisse diesbezüglich genannt!

Die iranische Raketentechnologie wird aus Russland kommen. Und die Russen werden Drittländern, wie Iran nicht die modernste und beste Ausrüstung verkaufen, sondern eine zum Export freigegebene, veraltete Technik.

Dies beinhaltet wohl mittlerweile auch die „Langsame Spitze", die von Peenemünde aus den Jahren des Zweiten Weltkrieges auch ihren Weg nach Russland fand und dort weiterentwickelt wurde.

Abb.:

Tri-Konischer Sprengkopf auf iranischer Rakete. Weiterentwickelte langsame Spitze, dessen Technologie aus Russland stammt?

Die iranisch/Nord Koreanische Raketenentwicklung basiert auf die russische „Scud", die wiederum auf die deutsche C-2 „Wasserfall basiert.

Der „Tri-Konische Sprengkopf" wiederum basiert auf Peenemünder Entwicklungen der „Langsamen Spitze" im Zweiten Weltkrieg. Der wiederum wäre in einem Dritten Weltkrieg als nuklearer Sprengkopf im Juli 1945 zum Einsatz gekommen.

Und alles muss bis heute irgendwie vertuscht werden, da alles weiterhin militärische Geheimnisse sind!

Unklar ist, ob bei den zylindrischen und kegligen Formen des Sprengkopfes, elektrostatische Kräfte auftreten, insbesondere, wenn der Sprengkopf noch zusätzlich durch äußere, aerodynamische Hilfsmittel in Rotation versetzt wird.

Solche elektrostatische Aufladungen könnten den Sprengkopf in der Atmosphäre zusätzlich abbremsen oder beschleunigen. Und elektrostatische Besonderheiten, gerade auch in Bezug auf bestimmte Flugkörper, werden bis heute vehement geheim gehalten und von der Propaganda gerne als „UFOs" verkauft, damit niemand weiß, wie solche Fluggeräte funktionieren.

Da solche kegligen Wiedereintrittskörper langsam, etwa 10-20 Minuten zu Boden fallen, können sie anscheinend ohne Probleme auf iranische und Nord-Koreanische Raketen montiert werden.

Denn, in Gegensatz zu einer „Schnellen Spitze", können „Langsame Spitzen" heute mit Flugabwehrraketen bei ihrem Minuten langen Fall bekämpft, und bereits weit oben in der Luft vernichtet werden.

Deshalb dürfen solche Länder diese „Trikonischen Spitzen" besitzen. Sie stellen für die Großmächte mit ihren ABM, „Anti-Ballsitic-Missiles" keine all zu große Gefahr dar!

Auszug aus: A Revised Assessment of the **North Korean KN-08 ICBM**, John Schilling University of Southern California, Los Angeles, California, USA, 2013:

"The KN-08 uses a **triconic reentry vehicle** (RV) of slightly greater than **3 meters overall length**. Modern U.S., Russian, British, and French warheads use slender single-cone RVs which offer better terminal performance – reduced drag translates to greater accuracy and higher terminal velocity (i.e. less exposure to terminal-phase missile defenses). However, the tip of a slender RV reentering the Earth's atmosphere at ICBM velocities is subject to an **extremely challenging thermal environment**. Also, the single-cone design makes it difficult to package a large-diameter nuclear device while preserving balance and aerodynamic stability. The triconic warhead is a reasonable compromise between terminal performance, thermal design, and payload packaging. It is important to note that in a triconic warhead, the **rear conical region is primarily a drag device** to moderate **terminal velocity** and ensure **aerodynamic stability**. Weight and balance considerations demand that **the bulk of the payload mass be in the central cylindrical region or, if possible, the forward tip.**"
-Ends-
...

Die Besatzungsmächte demontierten diese - geheime und bis heute vertuschte - unterirdische A-Bomben Montageanlage und transportierten alles ab, weil es in der Geschichtsschreibung keinen Dritten Weltkrieg geben darf. Gesichtet wurden die separat gefertigten A-Bomben als vormontierte „Langsame Spitze" u.a. von einem SS-Wachmann in Wernigerode kurz nach Kriegsende.

Könnte dies der Fall sein?

Welche Produktion könnten die 9.000 Arbeiter noch durchgeführt haben? Könnten die Zwangsarbeiter eventuell die Spitze der V-2 in Einzelkomponenten vorgefertigt haben, dazu zylinderförmige Wiedereintrittskörper, die auf die Spitze einer neuen A-4 Rakete gesetzt werden konnten, damit ein - nuklearer - Sprengkopf schon in großer Höhe in der Atmosphäre auf ein Ziel separat abgeworfen und gezündet werden konnte?

Wurde also gleichzeitig in, oder bei Nordhausen dezentralisiert und unabhängig voneinander die Waffe/Sprengkopf (Zündorkanbombe) entwickelt und gebaut, die auf einer Mittel-/Langstrecke-A4/A8 montiert, in einem „Dritte Weltkrieg Szenario", z.B. russische Ziele (Truppenansammlungen, Kasernen, Flugplätze usw.) in Mittel-, Ostdeutschland vernichten sollten?

Brauchte General Patton das Gebiet um den Harz nur noch zu besetzten und fand dann alles Nötige vor, um schnell einen Luftkrieg mit einem Hagel von Raketen gegen russische Stellungen anzufachen?

Was lag noch alles im Harz auf Lager für einen nächsten großen Krieg? Siehe dazu die Aussage eines SS-Wachmannes in Wernigerode/Harz, der sechs A-Bomben auf U.S. Lastwagen sah! Wie viele Transporte mit wie vielen, 3 m langen „Eiern" gab es? Drei, fünf, zehn, oder mehr? Wie viele solcher Spezial-Luftdruckbomben lagerten im Harz oder auch im Jonastal und „Riese" wirklich? Mehr als die sechs, die der SS-Mann in Wernigerode gesehen haben will? Mit Sicherheit!

Siehe dazu auch die versteckten Unterlagen der „Zukunfts-Projektgruppe" in Rübeland, die möglicherweise genauso die Seiten zu General Patton wechseln sollte, damit bei einem Krieg bis weit in die 1950er Jahre hinein, neue Waffen entwickelt und gebaut werden konnten.

Source: OSS SL-4, December 29, 1943:

German Secret Weapon

It is reported from France that according to information obtained from industrial circles, Germany´s new secret weapon is a **long range heavy gun** witch fires **projectiles containing phosphorus and other chemical substances** which absorb oxygen from the air within a radius of a few hundred meters from the spot of the explosion and thus render organic life impossible."

Anmerkung:

Diese unbekannte Phosphor-Mischung könnten auch die Briten bei ihren nächtlichen Einäscherungen diverser deutscher Städte ab 1945 vermehrt in unterschiedlich großen Mengen und Größen der jeweiligen Bomben – heimlich – eingesetzt haben, sodass möglicherweise weit mehr Städte, neben Dresden, Würzbug und auch Zerbst (siehe Hinweis in diesem Buch) ein Opfer von 1.500 -2.000 Grad heißen Flammenhöllen und –stürmen wurden!

Wobei der Sauerstoff nicht nur absorbiert, sondern im Zentrum des Explosionsortes angesaugt wurde, um den Feuersturm erst richtig kräftig anfachen zu können!

Icing Gas

Source: Med. Allied Strategic Air Force, Weekly Intelligence Summary No. 2, date 15 January 1945, abstracted 12 March 1945, Secret:

"In the efforts to cope with Allied bombing attacks, it is reported the Germans have introduced their newest weapon - "**Icing Gas**".

The new weapon … operates on the principles of accelerated icing induced by an extremely **low temperature zone**, including **crystallisation and condensation** through **a temporary cloud** causing the **immediate icing of objects** passing through it.

The equipment is said to consist of a **cylindrical reservoir tube** secured under each wing of a fighter aircraft. These tubes are filled with "Azote", **liquefied nitrogen** with temperatures of **minus**

250⁰ Celsius combined with **liquid air**, and a gas outlet (nozzle) is affixed.

...

According the German sources, extremely satisfying tests have been made on robot target planes at **altitudes of 7-8.000 m**. It is alleged that these targets were brought down at once and that on reaching the earth they found to have a coating of ice about two inches thick.

It is further alleged that German fighters **have brought down some isolated heavy bombers** by employing this method. Are also being built on this weapon as a good defensive measure against pursuing planes.

Anmerkung:

So könnten Messerschmitt Me 109 oder Focke-Wulf 190 je einen Zylinder unter jeder Tragfläche gehabt haben, an dessen Enden der Austrittsdüse eine Mixtur aus kaltem Flüssigstickstoff in Kombination mit flüssiger Luft vor einem Bomberverband amerikanischer B-17 oder B-24 in 7-8.000 m ausbracht wurde.

Die Wirkung eisiger Wasserdampfwolken wurde sicherlich in großer Höhe bis zu 10.000 m am besten entfaltet, sodass bestimmte Maschinen, wie deutsche Höhenjäger oder z.B. Ju 88 das Eisgas, z.B. oberhalb eines herannahenden U.S. Bomberverbandes großflächig ausbrachten.

Dieses „Vereisungs-Gas" bildete eine unterkühlte, Eis bildende Wolke (wie bei Gewitterstürmen) und wenn die Bomber diese Wolke durchflogen, bildete sich eine dicke Eisschicht an den Tragflächen, die die Bombenflugzeuge schwerer machten, den Auftrieb verminderten, die Motoren unrund laufen ließen und letztendlich die Maschine zum Absturz brachten.

Vorversuche wurden in Deutschland (oder einem der besetzten Gebiete, wo?) mit Hilfe von ferngesteuerten Flugzeugen durchgeführt, die vereist werden sollten. Es schienen brauchbare Ergebnisse erlangt worden zu sein.

Wo und wann wurden U.S. Bomber, wie die „Flying Fortress", oder die „Liberator" durch die Methode des künstlichen Vereisens zum Absturz gebracht?

Wann begannen die Forschungen in welcher Gegend für diese „Abschussmethode"?

Welche Personen und Firmen (Linde?) waren daran beteiligt, welche Flugzeuge wurden verwendet und wann sollte diese Methode der Bekämpfung von Feindflugzeugen beginnen?

Scheiterte die Vereisungsmethode am Mangel der benötigten Rohstoffen, der Produktionskapazitäten, der Lagerhaltung und Kühlung der Flüssigstoffe, der fehlenden Infrastruktur an bestimmten Flugplätzen, dem raschen Kriegsende?

Wer weiß mehr?

Insert

Presse Mitteilungen

Supreme Headquarters, Dec. 13 1944, Reuters

„The Germans have produced a „**secret**" **weapon** in keeping with the Christmas season.

The new device, apparently an air defence weapon, resembles the **huge glass balls** that adorn Christmas trees.

There was no information available as to what hold them up like stars in the sky, what is in them, or what in are their purpose is supposed to be."

Floating Mystery Ball is New Nazi Air Weapon

Supreme Headquarters Allied Expeditionary Forces. Dec. 13

"A new German weapon has made its appearance on the **western air front**, it was disclosed today.

Airmen of the American Air Force report that they are encountering **silver colored spheres in the air** over German territory. The spheres are encountered either **singly or in clusters**. Sometimes they are **semi-translucent**."

Anmerkung:

Stimmt! Vollkommen richtig!

Die „Airmen" sahen in der Tat einzelne oder in Massen in der Luft schwebende Gaskugeln, die entweder transparent, halbtransparent oder milchig erschienen!

Man beachte das Datum: Dezember 1944, wenn es draußen schon kalt ist.

Damit – mit Absicht lanciert? – schafften es diese Glaskugeln, die wohl tatsächlich aus der "Christmas Tree" und „Christmas Season" Produktion eines amerikanischen Herstellers für Weihnachtszubehör stammen könnten, in die Schlagzeilen amerikanischer Tageszeitungen.

Denn es waren tatsächlich nichts anderes, als Glaskugeln, die in etwa so groß gewesen sein könnten, wie die Kugeln, die man an Christbäume zu Weihnachten hängt!

"Secret, Letter from G. Trump, Director, BBRL Advanced Service Base Laboratory, APO-887 - U.S. Army to Dr. A. DuBridge, Director, Radiation Laboratory, Massachusetts Institute of Technology, MIT, Cambridge, Mass

New Weapons, Thousands of Glas Bubbles in the Air

"Probably inspired by the German development of V-1, V-2 and other military devices such as jet aircraft and rockets, there appear to have developed a very strong "new weapons" psychosis which leads to reports of new and amazing phenomena every week.

I have recently been looking into the evidence for a reported
radiation capably of interfering with aircraft ignition up to 3.000m
and operating in certain high-priority areas.

There is also the reported German pro-knock <u>gas</u> capable of minute
concentrations of <u>removing aircraft engine heads</u>.

Not so long ago (nach Weihnachten 1944, Anm.d.A.) several pilots
reported flying through **thousands of transparent glasslike bubbles**
which, although they had <u>no adverse effect</u>, were thought to be a new
weapon.

A considerable number of ground and air observers saw new weapon
possibilities in an <u>unusual pink cloud phenomenon</u> which <u>persisted
for about an hour</u> over the front line, but without a noticeable
adverse effect.

The explanations for the latter two items seem to be bundles of
window dropped by a preceding high-altitude bomber formation and an
actual pink-colored cloud respectively.

There is the report of a "freezing gas" for icing up aircraft, and a
host of others . . ."

Anmerkung:

"Motorstop"-Versuche und Tests mit einem "Klopf-Gas", das die Zylinder der Motoren dazu
bringt, aus den Verankerungen, aus den Pleuels explosionsartig nach außen/oben zu springen,
das sogar die Zylinderkopfabdeckungen weggesprengt werden.

Interessant ist der Hinweis, das „High-Altitude", Höhenbomber bündelweise „Windows" –
Staniolstreifen gegen feindliches Radar – abgeworfen haben. Man wollte das deutsche Radar
stören.

Künstliche Raumladung zu Weihnachten 1944

Wurden im Dezember 1944 von <u>Spezialeinheiten der U.S. Army Luftwaffe</u> bestimmte
Substanzen, oder besondere Materialien in die Atmosphäre ausgebracht?

Materialien, wie evtl. dünnwandige, zerbrechliche Glas-, oder Weihnachtskugeln, die
eigentlich was bewirken sollten? Die durchfliegenden U.S. Bombern und Jagdmaschinen
schienen die „Glass-like Bubbles" nichts ausgemacht zu haben.

Auszug aus dem Buch „*Deutsche Flugscheiben in der Erprobung und Entwicklung*" v. K-P
Rothkugel:

Zitat aus der „Auslegungsschrift 1 226 227" vom 6. Oktober 1966, „Verfahren zur
Herstellung eines Trägers für **künstliche elektrische Raumladungen** in der Atmosphäre",
Anmelder: Hans Werner von Engel, Erfinder: Erich Halik:

„Als besonders brauchbare Materialien kommen z.B. **Naturseide** als
natürliche organische und **Basalte** als natürliche anorganische

Stoffe, **Kunststoffe** als künstliche organische und **Gläser** als künstliche anorganische Stoffe in Frage.
...

... die **Ausbreitung von Radarstrahlen** oder durch **Wolken** und **Nebelbildung** das **Wetter zu beeinflussen**."

Hatten diese, in dem geheimen Brief erwähnten „Bubbles", die **Gläser** ein spezielles Gas enthalten, damit wohlmöglich zerbrechlichen und äußerst dünnwandigen runden Glasgebilde nicht gleich nach Abwurf zerplatzten und ihre Form behielten, sondern erst nach langsamen Abstieg (aufgrund des Gases im Inneren, das Auftrieb erzeugte) in tiefere Luftschichten in den Höhen, wo eine künstliche Raumladung aufgebaut werden sollte, auseinanderbrachen?

Wurden diese „**thousands of transparent glasslike bubbles**" von „**preceeding high-altitude bomber formation**" einerseits als zusätzliche Aufladung der Raumladung über einem bestimmten Gebiet ausgebracht und andererseits als „Gag", da Weihnachten 1944 vor der Tür stand?

"There was no information available as to what hold them up like stars in the sky, what is in them, or what in are their purpose is supposed to be."

Anmerkung:

Der tatsächliche Verfasser o.g. Zeitungsmeldung wusste wahrscheinlich sehr genau, wie die Glaskugeln durch die Luftreibung und daraus resultierender elektrostatischen Aufladung in der Raumladung suspendiert wurden - siehe auch „Elektrophor", ein Glasstab zum elektrischen Aufladen als Spielzeug – und derjenige wusste sehr genau, ob die Kugel aus Glass mit einem Gas befüllt waren und was sie, normalerweise als gemahlenes Glas-Pulver, in der Atmosphäre bewirken sollten: eine künstliche Raumladung zu erzeugen!

Normalerweise müsste Glas in Form eines sehr fein gemahlenen Granulates (ähnlich der heutigen „Chemtrails"), kleinster Glaskügelchen, an deren Oberflächen sich die Luft reibt, in die Atmosphäre verstreut worden sein, um eine bestimmten Abschnitt, ein Operationsgebiet für elektrostatische Flugkörper künstlich leitfähig zu machen.

Wer hatte festgestellt, gemessen, wie es sich mit der elektrostatischen Raumladung in einem bestimmten Gebiet über Nazi-Deutschland verhält?

Eine Sondergruppe des Reichswetterdienstes, oder amerikanische Spezialflugzeuge, die die Elektronendichte in bestimmten Luftschichten und Höhen im Fluge messen konnten?

Flog eventuell eine „Special Unit" der USAAF einen Einsatz zusammen mit normalen U.S. Bomberstaffel über Deutschland und warfen, den Verbänden in großen Höhen voraus fliegend, Substanzen und Materialien ab, die bewirkten, das über gesonderten, vorbestimmten Einsatzgebieten elektrostatische Flugkörper Idealbedingungen zum Fliegen in einer – künstlich aufgeladenen – Raumladung vorfanden? Ein „Service" der USAAF, da deutsche Maschinen aufgrund der Luftüberlegenheit der Alliierten solche Höheneinsätze mit langsam fliegenden Ju 88, Do 217 ect., nicht mehr durchführen konnten?

Unter diesen Bombern, die „Window-Bundles" ausbrachten, könnten sich eine oder mehrere U.S. Maschinen versteckt haben, die nicht „Windows" abwarfen, sondern Spezialmaterial zur künstlichen elektrostatischen Aufladung der Raumladung in einem bestimmten Planquadrat, das dann zum Operationsgebiet von „Foo Fighters", elektrostatischen Flugkörpern (s. dazu „Teil III der Bücher von K-P Rothkugel) werden konnte.

Für die „Weihnachtsüberraschung" hatte sich bestimmt ein amerikanischer Hersteller, der Christbaumschmuck in den USA produzierte, über einen zusätzlichen Großauftrag von tausenden Weihnachtskugeln gefreut! Ob es diese Firma heute noch gibt? Könnte man im Firmenarchiv eine Rechung von diesen Massen an Kugeln finden, die über eine Strohfirma bei einer Spielzeugfabrik in den USA für die U.S. Army bestellt wurden? Möglicherweise wurde die Weihnachtskugeln von einem großen Einzelhändler, wie „Macys" oder über den Großhandel bestellt, sodass es nicht weiter auffiel, dass die U.S. Luftwaffe einen extra Weihnachtsgruß für die Nazis orderte.

Es wurden also, statt fein gemahlener Glassplitter, diesmal Christbaumschmuck in Form von Weihnachtskugeln in die Atmosphäre ausgebracht. Eine Ausnahme-Aktion, die wohl einmalig in der - geheimen - Geschichte des Zweiten Weltkrieges war!

Konnte man, die in der Sonne reflektierende „Glaswolke" vom Boden aus beobachten? Gab es Augenzeugenberichte, die so etwas während des Krieges wahrnahmen? Fanden Leute, die in diesen künstlich elektrostatisch aufgeladenen Gebieten wohnten, massenweise Glassplitter am Boden verteilt, als die Kugeln irgendwann in tiefere Luftschichten gerieten und auf den Boden fielen?

Wenn die Amerikaner halfen, dass, von Deutschen gesteuerte elektrostatische Flugkörper, auch mit Hilfe von Glas (Wahrscheinlich wurden noch viele andere, geeignete Substanzen, wie in dem oben aufgeführten Patent, über bestimmten Planquadraten während des Krieges zu Testzwecken abgeworfen, um die optimale elektrostatische Aufladung herauszufinden), die die Atmosphäre künstlich leitfähig machte, dann ist das im Krieg „Hochverrat"! Dann wird klar, warum man die Existenz der „Foo Fighters" für alle Zeiten vertuschen muss.

War auch damals bereits angedacht, die Atmosphäre mit Hilfe von anderen „Welsbachmaterialien", wie u. a. Barium-Salzen, die eine Foto-Ionisation hervorrufen, leitfähig zu machen, so wie man es heute noch tut? Oder gab es damals noch Schwierigkeiten, sehr fein gemahlene Partikel in Massen herzustellen?

Der Leser mag diese Vorgehensweise kennen, die Atmosphäre zu „impfen", da man ja auch heute den Passagiermaschinen (Stand 2018) nachsagt, dass sie mit dem Ausstoß ihrer Abgase zusätzlich feine Beimischungen von Welsbachmaterialien, „Chemtrails", entweder verteilt über den gesamten Flugweg oder partiell, über bestimmten Planquadrate eines zu besprühenden Gebietes, ausstoßen Also im Grund nichts neues, da man es schon während des Krieges so gehandhabt haben könnte!

Also war alles schon während des Zweiten Weltkriegs durchaus denkbar.

Waren eventuell sogar nicht alle „Foo Fighters", die über Deutschland gesichtet wurden, deutscher Herkunft? Mischten sich darunter, z.B. auch amerikanische Modelle, U.S. elektrostatische Flugkörper, die heimlich, auf der anderen Seite der Frontlinie von geheimen Sondertrupps der U.S. Army eingesetzt, sich in das Kampfgeschehen über den Himmel von Nazi-Deutschland einmischten? Um ihre eigenen Kameraden (die „Regulären) zu bekämpfen, wie es dann für den beginnenden Dritten Weltkrieg der Fall sein würde?

Ist die „Pink-cloud", die rosa Wolke, die über eine Stunde über irgendeiner Frontlinie stand, ebenfalls eine künstlich ausgebrachte Substanz (Weather Mod.), die ggfs. die atmosphärischen Bedingungen über einem Kampfgebiet in irgendeiner Weise (Regen, Gewitter, Schnee, Hagel. Starke Bewölkung, usw.) beeinflussen sollte, um das Kampfgeschehen am Boden zu beeinflussen (Morast, schlechte Sicht durch Starkregen, Gewitterstürme, keine Flugzeuge in der Luft, ect.)?

Woher kam die Entwicklung von Wetterwaffen? Ausschließlich aus Deutschland, oder besaß die U.S. Army bereits solche Waffen, die mit Hilfe von „Spinngut" die Wetterkonditionen über einem Schlachtfeld zu Gunsten der einen, oder anderen Partei verändern konnten?

Wie vom Autor vermutet, könnte während der Ardennen-Offensive das Wetter zuerst zu Gunsten der Deutschen manipuliert worden sein.

Wer führte diese Maßnahme durch? Wiederum U.S. Flugzeuge, die spezielle Substanzen in der Luft ausbrachten, die das Ardennengebiet in Nebel und eine dichte Wolkendecke hüllte, sodass die USAAF keine Tiefflieger und Bombereinsätze wegen schlechten Wetters fliegen konnten?

Es mussten viele Personen, Militärs, Wissenschaftler, Soldaten, die die Maßnahmen ausführten, von solchen geheimen Operationen über Nazi-Deutschland gewusst haben. Mit ein Grund, alles bis auf ewig und alle Zeiten zu vertuschen? Denn wenn die Amerikaner (die „Verschwörer") den Deutschen geholfen haben, dann ist das Hochverrat und würde die demokratische USA heute in einem sehr, sehr schlechten Licht darstehen lassen!

Oder war die „Pink-Cloud" nur ein ungewöhnliches Naturphänomen?

Sicherlich könnte das MIT in Cambridge, Mass., USA weitaus mehr wissen, da dort wohlmöglich auch an solchen Versuchen gearbeitet und geforscht worden sein könnte.

Auch könnte der Verfasser, Director John G. Trump, „Vorgeschobenes Labor eines U.S. Army Versorgungsstützpunktes", gewusst haben, was Sache ist. Er verklausuliert dies aber in dem Schreiben an einen Dr. DuBridge beim MIT in Massachusetts, USA, bzw. sein Originalschreiben wurde nachträglich aufgrund Geheimhaltung zensiert, damit es überhaupt gemäß FOIA veröffentlicht werden durfte.

Denn es war ja ein einmaliger Scherz, das mit den Weihnachtskugeln, ein Gag, den auch Director Trump unbedingt seinem Kollegen beim „MIT" mitteilen musste.

Sehr merkwürdig, die ganze Geschichte, die nur bestimmte Personen damals wirklich verstanden und dabei herzhaft gelacht haben mussten!

Oder ist alles nur mal wieder pure Verschwörung?

(Alle Information entnommen aus den Original-Abdrucken o.g. U.S. Intelligence Dokumente, abgedruckt in dem Buch "Hitler´s Suppressed and Still-Secret Weapons, Science and Technology", AUP, 2007, USA.)

Und weiter:

Polish Intelligence, Confidential, Mo 0171/44

Information concerning new German bombs

„The following information has been received:

German chemical experts are now finishing 3 new models of very powerful bombs.

a) the contents of the first bomb "**neige carbonique**", which by <u>evaporation of some chemical component</u>, is to cause a sudden **drop in temperatures** which is maintained so long that it can cause the death of every living creature as well as causing … damage such as the breaking of water-pipes, the destruction of cables etc.

b) The second bomb has a **chemical filling made up of phophorus compounds** but of a <u>highly improved type</u>. It is said that the radius of action of this type of bomb is much larger than that of the present incendiaries.

c) The third bomb is a **M.B. bomb** of great power. It is to be used together with the other two types by waves of aircraft. Thus, the highest efficiency of all three types is to be ensured."

Anmerkung:

Zu a) Die "Kohlenstoff-Schnee-Bombe" …

Neige Carbonique", Information aus französischen Industriekreisen, weil Versuche in Frankreich unternommen wurden? Weil es dort Möglichkeiten zur Erzeugung von eisigen Flüssigkeiten bei einer Fabrik/Hersteller gab, die die Deutschen übernahmen? Stammt die Idee dieser Bombe gar aus Frankreich und wurde sie nach dem Frankreichfeldzug erbeutet?

War das Vereisen von Flugzeugen in der Luft eine Abwandlung dieser – französischen – Versuche?

Fanden die Tests der Vereisung gewisser Landstriche auch in Frankreich in einsamen Gegenden statt, und wurden französische Personen, Gefangene, Zwangsarbeiter, Zwangsverschleppte für diese Vereisungs-Experimenten geopfert? Wo und wann könnten in Frankreich geheimnisvolle und ungewöhnliche Versuche dieser Art stattgefunden haben?

Bestimmt nicht in Paris oder Marseille. Also müsste es ein Ort und eine Gegend sein, die einsam und verlassen, und wo die Einwohnerzahl möglichst gering ist, um ein wirklichkeitsgetreues Experiment mit „Eisbomben" durchzuführen.

Wurden solche eventuellen Versuche an einem tatsächlich bestehenden Ort mit wirklich dort lebenden Menschen „live" durchgeführt?

Und nicht in einer nachgestellten Szenerie, wie in Auschwitz mit 20.000 Häftlingen geschehen?

Wurde dann später alles vertuscht, in dem man z.B. das Dorf, den Ort des schrecklichen Versuches durch, z.B. eine konstruierte Geschichte, wie eine „Strafaktion" aufgrund Sabotagemaßnahmen von franz. Partisanen und Widerstandsbewegungen gegen deutsche Soldaten, von z.B. SS-Sondereinsatzgruppen nachträglich weiter zerstört, abgebrannt, angesteckt, um Spuren der Experimente zu verschleiern? Könnte es in Frankreich tatsächlich einen solchen Ort geben, der sogar heute noch als Mahnmal im damaligen Zustand belassen wurde?

Kann man die Außentemperatur in einem gewissen Angriffsgebiet (durch endotherme Reaktionen, Entzug von Wärme aus der Atmosphäre) soweit absinken lassen, dass <u>Wasserrohre und Kabel einfrieren oder brechen</u>. Kann man Personen, die sich in dieser Kampfzone aufhalten, jämmerlich erfrieren lassen?

Wo, an welchem Versuchsort brachen Kabel und Wasserrohre durch Einfrieren, hervorgerufen durch eine oder mehrere Kohlenstoff-Eisbomben, die aus der Luft abgeworfen wurden? In einem französischen Ort? Wer weiß, wo, und ob es den Ort heute noch gibt?

Diese Vereisung, sie scheint zu funktionieren, siehe auch russische Versuche im Aralsee nach dem Krieg, die der Zeuge Tellmann in dem „Spiegel-Artikel" beschrieb.

Zu b) Wieder eine „Sonder-Phosphorbombe" unbekannter chemischen Zusammensetzung, die in einem bestimmten Umkreis alles abfackeln kann!

Zu c) Die „M.B. - Bombe". Der Geheimdienstbericht spricht die genaue Bezeichnung nicht aus. Weil man die Bombe bei den Alliierten kannte?

Diese Sonderbombe wird mit den zwei anderen Bomben gemeinsam abgeworfen, um eine maximale Zerstörungskraft in einem feindlichen Abwurfgebiet zu erzielen.

Hierzu schreibt der U.S. Autor und Forscher des „*German Research Projects*" in seinem oben erwähnten Buch, aus dem Englischen:

„Meine einzige Quelle sagt, die M-Bombe wurde in einer Schule in <u>Stadtilm</u> entwickelt, aber <u>nicht</u> in Thüringen getestet.

Diese Bombe ist im weitesten Sinne eine nukleare Waffe, aber unterscheidet sich von den klassischen Atom- und Wasserstoffbomben.

Diese Bombe ist auch als <u>Super Luftdruckbombe</u>" bekannt, weil sie sich aus einer bestimmten, verdichteten, „gepressten" Substanz zusammensetzt, im Vergleich zu normalen Materialien zum Bau von Bomben.

Diese Bombe generierte <u>Druck und Hitze</u>, vergleichbar mit einer üblichen Atombombenexplosion, aber erzeugte <u>keine</u> radioaktive Strahlung. "

-Ends-

Anmerkung:

Ist so eine „Super-Compression-Bomb" über deutschen Städten, wie Dresden, Würzburg usw. durch die Briten „live" getestet worden?

Zensur

Hier zur Erklärung und zum allgemeinen Verständnis:

Die „Originaldokumente" die in dem Buch: *"Hitler´s Suppressed and Still-Secret Weapons, Science and Technology"*, AUP, 2007, USA, abgedruckt sind,

sind **nicht** die Dokumente, in denen irgendwelche Augenzeugen, ob aus Deutschland oder dem Ausland wortwörtlich ihre 1:1 Beobachtungen originalgetreu wiedergegeben haben.

Alle die oben erwähnten, durch „Freedom of Information Act", FOIA freigegebenen „Dokumente" sind **zensiert**!

Sonst wären sie nicht in das o.g. Buch aufgenommen worden, ist doch der Verleger, ein gewisser David Hatcher-Childress selbst ein Rädchen in dem großen Propaganda-Getriebe! Denn er tritt in einer angelsächsischen Desinformationssendung über „Ancient/Alien-Astronauts" auf.

Die wirklichen Originale sind – mikroverfilmt und für die nächsten ca. 500 Jahre sicher und unzugänglich – weggeschlossen und nicht für den interessieren Forscher zugänglich.

Die Dokumente in dem genannten Buch und einige, die auch dem Autor aus den USA zur Verfügung gestellt wurden, sind von einem Zensor mehr oder minder stark abgeändert worden.

Geradezu unglaublich, wenn man sich vorstellt, welche Heerscharen an Zensoren mehr oder minder gut oder schlecht ein Original ein zweites Mal haben abtippen lassen, um darin gewisse sensible Information wegzulassen, abzuändern, zu verklausulieren oder wie auch immer im Nachhinein zu zensieren.

Wenn man Glück hat, ist noch soviel Information in dem „Spielmaterial" vorhanden, um damit tatsächlich etwas anfangen zu können.

Man macht sich auf dieser Welt sehr viel Mühe, die Wahrheit zu verschleiern!

Interessant auch, wie viel Bücher weltweit auf **Spielmaterial** aufgebaut sind!

Wie viel Bücher davon sind im guten Glauben, aufgrund von freigegebenen Informationen ernsthaft geschrieben worden, weil man nicht erkannt hat, dass man Fehlinformationen aufgesessen ist?

Andere wissen, dass sie Spielmaterial benutzen und dieses dem Leser als „echt" verkaufen. Wie bestimmte „Stasi-Akten" über Ereignisse aus Ost- und Mitteldeutschland. Man muss sich auch immer fragen, wer für wen, was warum schreibt, oder sagt.

Auch der Autor dieses Buches erhebt nicht den Anspruch, gegen jede Desinformation gefeit, und keinen Fehlinformationen aufgesessen zu sein.

Es gibt zu viele davon!

Jeden Tag, jede Stunde unterbreitet einem eine weltweit eingespielte Propaganda ein mehr oder minder großes Potpourri an „Nachrichten", die mehr oder minder gut oder schlecht zensiert sind.

Wie hoch ist der Anteil an Zensur und der Propagandalügen jeden einzelnen der 365 Tage im Jahr?

20, 50, 75 Prozent und mehr?

Auch Länder, die einen „demokratischen" Anspruch erheben, informieren ihre Bürger nur unzureichend und nur über das, was sie wollen, das der Bürger davon erfährt. Die Wahrheit ist nicht immer zwingend darunter.

Über sensible Bereiche, wie Waffen, Hochtechnologie usw., wird sowieso nur das preisgegeben, was nicht den Interessen, den Machtansprüchen und den Zielen einer jeweiligen Großmacht zuwiderhandelt.

Die Desinformation zu verkaufen, dafür geben sich unzählige Personen aus allen Bereichen des Lebens her, denen Geld verdienen wichtiger ist, als die Wahrheit!

Diese Welt ist unehrlich!

Unehrlich bis aufs Mark!

Übrigens:

Mitten in der Wüste in Kalifornien, liegt ein See: „Salton Sea" genannt. Die U.S. Navy errichtete im Jahre 1939 dort am Ufer einen Stützpunkt für Trainingsflüge mit Wasserflugzeugen. Im Oktober 1944 bis Frühjahr 1945 wurden im „Salton Sea" Testabwürfe mit „Shapes" vorgenommen. Mit Übungsbomben, die die Form der zukünftigen Atombomben hatten, die auf Japan abgeworfen werden sollten. Über 150 „Inerts Bombs", ohne Sprengstoff, aber mit demselben Gesamtgewicht der späteren Atombomben, wurden auf Ziele im See aus großer Höhe abgeworfen, um die optimale Form der Bombe für den Abwurf aus hoch fliegenden B-29 „Superfortress" Bombern herauszufinden.

Hier sieht man sehr schön die Desinformation in diversen Publikationen, auch aus Deutschland, die behaupten, das die Amerikaner ihre Atombomben erst aufgrund deutscher Technologie, vorgefundener Dokumente und erbeuteten deutschen A-Bomben nachbauten konnten, mit samt des nuklearen Materials, ebenfalls vorgefunden in Nazi-Deutschland, um diese auf Hiroshima und Nagasaki abwerfen zu können. Dabei steht in Hanford, W.A., USA eines der größten Anlagen der Welt zur Erzeugung von waffenfähigem, spaltbarem Material zur Produktion div. Atombomben.

Die Propaganda dreht hier die Fakten absichtlich um, um davon Abzulenken, das in Wirklichkeit die U.S amerikanische Atomtechnologie, ob Atommeiler, die Herstellung von nuklearem Material für Bomben und die Bomben selbst, über verschlungene Pfade ihren Weg nach Nazi-Deutschland fanden, um hier in - amerikanische - Festungsbauten für einen Dritten Weltkrieg gegen die Sowjetunion Anwendung zu finden.

Was bestimmte, auch und insbesondere was militärische Belange betrifft, wird in unserer Welt gelogen, dass die Wände wackeln! Und alle, alle machen sie mit, belügen und betrügen ihre eigenen Mitbürger und keiner wagt es, die Wahrheit zu sagen.

Spielmaterial und zensierte Berichte, Dokumente, technisch frisierte Ausarbeitungen wird schon Peenemünde und u.a. Wernher von Braun haben anfertigen lassen.

Siehe dazu das sehr schöne Beispiel der „Amerika Rakete", die die USA an den Außengrenzen von Europa, in Nordafrika stationiert haben wollen. Alles Spielmaterial, eine in großen Teilen erfundene Geschichte, die aber mit echten Informationen gespickt ist, die es galt, herauszufiltern.

Einen Originalbericht für die Geheimakten und einen geschönten, zensierten Akt für das Archiv. Frisiertes Aktenmaterial, das man heute in Archiven und Museen wieder finden kann.

Man sollte sich auf solche Akten nicht hundertprozentig verlassen! Ein Desinformant, der für Geheimhaltung zu sorgen hat, kann aber damit leicht „nachweisen", dass es bestimmte Projekte, Entwicklungen, wie Fernraketen, „Foo Fighters" und vieles andere mehr, einfach nie gegeben hat und alles in den Bereich der „Verschwörung" verweisen.

Eine gut funktionierende Praxis, um gewisse Dinge aus dem Zweiten Weltkrieg für die interessierte Öffentlichkeit herauszuhalten. Dies gilt natürlich und insbesondere auch für alle heutigen Nachkriegsentwicklungen, und das nicht nur im militärischen Bereich.

Man kann natürlich auf dem Standpunkt beharren, dass alles, was irgendwo in den Akten und frei verfügbaren Papieren aus dem Zweiten Weltkrieg zu finden ist, nie wirklich gegeben hat, technisch unmöglich war und wie auch immer.

Und, dass man warten will, bis man etwas Beweisbares irgendwann in weiteren, frei gegebenen Akten, die der Öffentlichkeit in Zukunft zugänglich gemacht werden, finden würde.

Bei manchen Dingen wird man bis in alle Ewigkeit warten müssen, oder bis zu dem Zeitpunkt in hundert und mehr Jahren, wo eine verdummte Menschheit gar kein Interesse mehr an irgendwelchen Entwicklungen aus Peenemünde und dergleichen an den Tag legt.

Manche taktischen und strategischen Entscheidungen, Geheimentwicklungen und geheime Machenschaften werden nie zugegeben, so wie die Beispiele, die hier in diesem Buch und in den anderen Publikationen des Autors besprochen werden.

Wer hier alles als pure Verschwörungsgeschichten abtut, spielt gewollt oder ungewollt der Propaganda in die Hände, die am liebsten alles für immer vertuschen möchte und muss.

Denn die Hinweise des Autors über bestimmte luftfahrttechnische Entwicklungen und in welchen Zusammenhang sie stehen, sollten als Grundlage, als Denkanstoß durchaus in der Öffentlichkeit diskutiert werden können, damit man es der Propaganda und allen denjenigen, die meinen, den Normalbürger belügen und betrügen zu müssen, wie es gerade passt, nicht zu leicht zu machen und ihr, der Propagandalüge, einen gehörigen Strich durch die Rechnung zu machen!

Neuartiges Geschoss?

Hier noch einige Hinweise, entnommen aus dem Buch: „*Hitler´s suppressed and secret Weapons . . .*",Henry Stevens, AUP, 2007, der sich auf ein U.S. Dokument v. 27. Jan. 1945 bezieht, worin ein Joseph Koch, tschechischer Staatsbürger, Ingenieur und zwangsverpflichteter Arbeiter in der deutschen Rüstungsindustrie, am 26. November 1944 verhört wurde:

Koch wurde im Mai 1944 zu den <u>Flottmannwerken nach Breslau</u> beordert.

Anmerkung: Die Flottmannwerke gibt es heute noch! Sie sind jetzt, wie damals im Ruhrgebiet, Herne angesiedelt und sind ein Zulieferbetrieb für den Bergbau. Familienmitglieder in den 1930er Jahren waren überzeugte Nazis.

Ob man im Zuge der Rüstungsanstrengungen ein Werk nach Breslau verlagerte, eventuell im Zusammenhang mit den Linke-Hoffmann-Busch Werken AG, ist unklar. Es könnten u.a. Öfen, Raketenmotoren für A-4, sowie Zulieferteile und Halbschalen/Rümpfe für Raketen produziert worden sein.

Aber der Hauptgrund, warum ein Zulieferer für Bergbauausrüstung nach Schlesien geht, wird der Umstand gewesen sein, dass man für die – geheimen – Bauarbeiten der U-Anlage „<u>Riese</u>", an angebliches „Führerhauptquartier" – in Wirklichkeit wohlmöglich eines von mehreren, weltweit verteilten U.S. Festungsanlagen – eben die nötige <u>bergmännische Ausrüstung an Bohrhämmern, Förderanlagen</u> usw. herstellte und ins Eulengebirge lieferte.

Übrigens:

Gab es, wie in der Rüstung, auch bei Werkzeugmaschinen, Tunnelbohranlage usw. einen Technologieschub in Deutschland, sodass man sich bei dem Vortrieb von Stollenanlagen nicht nur alleine auf „Manpower", Sklavenarbeiter aus den KLs verlassen musste, sondern auch innovative, neue Gerätschaften bereits zur Verfügung hatte?

Der damalige U.S. Verhörbericht jedenfalls erwähnte nicht, dass die Firma Flottmann Ausrüster für den Bergbau war und auch die heutige Firmengeschichte blendet aus, im Krieg im Eulengebirge dort tätige Baufirmen mit Bergbaugerätschaften beliefert zu haben.

Warum?

Weil heute noch viel zu vertuschen ist? Weil etwas mit „Riese" nicht stimmt, das unter keinen Umständen bestimmte Geheimnisse je an die Öffentlichkeit gelangen sollen?

Der Zulieferbetrieb „Flottmannwerke", irgendwo im Großraum Breslau angesiedelt, soll aus dreizehn, 13 Gebäuden bestanden haben, mit einer Arbeiterschaft von rund 2.000 Personen, die in drei Schichten pro Tag schufteten. Es sollen Schraubengewinde für Panzer und Kettenfahrzeuge hergestellt worden sein. Höchste Priorität soll aber die Produktion von Instrumenten für V-Waffen genossen haben. Es wurden zudem im Mai 1944 aufgrund fehlender Rohstoffe nur fünf oder sechs V-1 und drei oder vier V-2 Rümpfe hergestellt.

Der Tscheche Joseph Koch hielt sich circa drei Wochen bei Flottmann auf, als man erkannte, dass er als Ingenieur ungeeignet für eine weitere Verwendung im Werk war.

Koch hatte während seiner Zeit in Breslau an die zehn Mal Gelegenheit des Zutritts in das Büro des Direktors. An einer der Wände des Büros will Koch eine Zeichnung einer neuartigen „Rakete" gesehen haben. An einige Details konnte er sich erinnern:

Auf der Zeichnung wurde eine große „Rakete" dargestellt, die nach dem Prinzip einer Gewehrgranate funktionierte, also eine ballistische Waffe.

Koch schilderte, dass das (Wucht-) Geschoß in acht Kammern unterteilt war, wo unter anderem Nitroglyzerin (Dynamit), Azetylen (Gas zum Schweißen) und Druckluft enthalten war.

Koch konnte nicht erkennen, wie man die „Rakete" startete und wie sie angetrieben werden sollte. Angeblich sollte diese neue Waffe von einem langen Kanonenrohr wie Granaten verschossen werden.

Die Angaben auf einer rekonstruierten Zeichnung, die dem „Interrogation Report" angefügt waren, lauteten wie folgt:

1. Magnetic Fuse. A small electrical current is generated, which passes down the wire (2) and detonates the acetylene-nitroglycerine chambers.
2. Wire
3. Acetylene-Nitroglycerine chambers
4. Compressed Air. Pressures in atmospheres as noted
5. Asbestos-covered Steel Plate
6. Copper-Steel Plate
7. Steel
8. Magnesium Steel

Die Gesamtlänge mit „33160" angegeben. Inch oder mm? Also entweder 8,50 m oder 0,85 m, 85 Zentimeter, oder gar stolze 33m? Wie verschießt man aber ein 33 m langes, tonnenschweres Geschoß aus einem Kanonenrohr, wenn die „Rakete" nicht einen eigenen Antrieb haben müsste, den Koch nicht erkennen konnte?

Haben wir hier auch eine Art von Druckluftbombe? Sollte eine Dynamitladung gezündet werden, dass das Azetylen-Gas entzündet und das ganze Gemisch durch Druckluft aus der Umhüllung der Bombe ins Freie drückte, um dort breitflächig als heiße Luftdruckwelle zu detonieren?

War es ein Projekt aus Peenemünde, das eventuell auf eine Rakete als Sprengkopf montiert werden sollte? Oder wurde das Geschoß nach Art einer Granate aus einer speziellen Kanone verschossen?

Sollten die Flottman Werke dieses Geschoss, oder eben die metallene Umhüllung (die dünnwandig sein könnte, um schnell nach der internen Explosion in der Luft auseinander platzen zu können?) der Granate bauen?

Yellowcake

Yellowcake ist eine pulverförmiges Gemisch von Uranverbindungen, das aufgrund seiner Farbe so benannt wurde.

Aus zwei Tonnen abgebautem Erz wird in Uranmühlen ungefähr ein Kilogramm Yellowcake gewonnen . . . Yellowcake dient als Grundlage für die Weiterverarbeitung des Urans zu Brennelementen. Die weiteren Verarbeitungsschritte hängen davon ab, in welchem Reaktortyp das Uran eingesetzt werden soll. Ist eine Anreicherung erforderlich, so wird das Yellowcake in einem **chemischen Prozess** in das unter Normalbedingungen kristalline, ab 56° Celsius gasförmige Uranhexafluorid (UF6) umgewandelt. Andernfalls wird es zu Urandioxid oder Uranmetall weiterverarbeitet.

Bei der Diskussion um die vor dem dritten Golfkrieg nie gefundenen irakischen ABC-Waffen argumentierte die Regierung der USA mit dem angeblichen Versuch des Irak, sich Lieferungen von Yellowcake aus dem Niger zu beschaffen.

Anmerkung:

Gibt es andere chemische Prozesse zur Umwandlung von Yellowcake zu einer „wachsartigen Masse", die als Brandbeschleuniger extrem hohe Hitzegrade für eine dementsprechende Bombe ergeben?

Erzeugt der elektrostatisch angetriebene Flugkörper "Feuerball" doch auch ein heißes Gas bei eingeschaltetem Antrieb und könnte eine gewaltige, vernichtende Druckwelle, die bei der gewollten Explosion bei Annäherung an ein Feinflugzeug, durch eine Sprengladung, vermischt mit einer Substanz, wie „etwas wie Uranoxid", generiert worden sein?

Zu Lieferungen von Kriegsgerät an den Verbündeten Japan, siehe den Bericht von zwei „Foo Fighter" in Japan im ersten Buch:

„**Im Juli 1945**, nachdem der Krieg in Europa bereits zweieinhalb Monate zu Ende war, brachte ein **großes deutsches Transport U-Boot** noch die neuesten Entwicklungen aus Deutschland nach Japan: zwei kugelförmige Fluggeräte ohne Tragflächen.

Auch Hans Göbel schreibt in seinem Bericht:

„Die Flugscheiben bekamen den Spitznamen „Foo-Fighters" und auf Anfrage unserer japanischen Verbündeten und unter Zustimmung unserer obersten Führung, lieferten wir eine Anzahl dieser Geräte in den Fernen Osten.

Lieferte man auch die Abwandlung von „Feuerball", die Zündorkanbombe an Japan? Die Bombe könnte in etwa genauso sphärenförmig ausgesehen haben, wie das Fluggerät und als ein Teil der Ladung in dem U-Boot U-234 enthalten gewesen sein.

Setzten die Japaner solche „Foo Bombs" auch zur Vernichtung einer größeren Anzahl von, z.B. B-29 „Superfortress" Bombern der USAAF zu Testzwecken ein, und machten sich die Japaner zudem mit dem neuartigen Sprengstoff vertraut?

Ist diese Luftdruckbombe eine weitere Massenvernichtungswaffe, vergleichbar den großen U.S. Uran- und Plutoniumbomben, die später Japan in die Knie zwangen?

**Kamen in Dresden im März 1945
250.000 Menschen oder mehr ums Leben,
weil die Alliierten eine neue Massenvernichtungswaffe
ähnlich der deutschen Zündorkanbombe getestet hatten,
die den Hiroshima und Nagasaki A-Bomben annähernd gleich kamen,
nur mit einer etwas anderen Funktionsweise?**

Wer weiß mehr?

Was haben die Versuche im Jonastahl, S-III, am 4. und 12. März 1945 mit der deutschen Zündorkanbombe zu tun?

Ein Funktionstest bereits vorproduzierter Bomben, die für den Dritten Weltkrieg bestimmt waren?

Versuchsflug Richtung Schweden und dem Nordkap?

Der lange Flachbett Eisenbahnwaggon mit der aufgebockten Großrakete unter Abdeckplanen wurde mit einer kleinen Diesellok langsam aus einem gut getarnten Tunnelausgang an die Oberfläche und zum Startplatz rangiert.

Es war draußen bereits dunkel geworden, jetzt, im Vorfrühling 1945, hier in Thüringen. Die Nacht war sternenklar, trocken und nicht all zu kalt. Was vorteilhaft zum Arbeiten draußen, im Freien an der Rakete war, um letzte Startvorbereitungen zu treffen.

„Heute ist bestes Flugwetter, um einen weiteren Testflug veranstalten zu können!", freute sich Paul Henkel.

Werkmeister Henkel stand vorne beim Lokführer und schaute in Richtung des Startplatzes.

Im Hintergrund des weitläufigen Werksgelände der Metall verarbeiten Firma Polte konnte man noch schemenhaft im Widerschein des Neumondes die, aus Tarngründen aufgestellte Scheinattrappe eines Startturmes aus Holz erkennen, die weitab vom eigentlichen Startplatz, in den mondhellen Nachthimmel ragte.

„Da haben wir ein paar große Metallröhren, die uns die Arbeiter von Polte zusammengeschweißt hatten, hineingestellt und eine runde Abdeckung ganz oben auf die Röhren gelegt, sodass es den Anschein ergab, innerhalb der 30 m hohen, fünfeckigen Holzverschalung stünde eine neuartige Rakete! Und prompt kam auch tagsüber ein alliierter Aufklärungsflieger und umkreiste in nicht all zu großer Höhe den Holzturm, um Luftbildaufnahmen zu schießen. Der wird sich gefreut haben, ein lohnendes Ziel gefunden zu haben, was seine Rumkurverei hier über dem Reich rechtfertigte!", überlegte Henkel und stieg von der immer noch langsam dahin kriechenden, kleinen schwarzen Lok ab.

Anmerkung:

Noch Jahrzehnte später werden die einzelnen Bilder dieses „Decoys", dieser Attrappen ihren Dienst als Ablenkung und Desinformation in der interessierten Öffentlichkeit versehen. Aber spätestens bei erfahrenden Luftbildauswertern, damals in England wird man schnell erkannt haben, dass die Luftbilder niemals ein echtes Objekt, eine startklare Rakete zeigten. Zumal das Umfeld zu diesem angeblichen Startplatz keinerlei Infrastruktur aufweist, und das Schleppen einer Rakete zu diesem ungeeigneten, unwegsamen Startgelände viel zu mühsam und gefährlich gewesen wäre.
…
„Es riecht nach Gas!", kam es Henkel gerade in den Sinn, der neben dem großen Rungenwagen her trottete.

„Die müssen den extrem dünnwandigen Raketenkörper innen mit Gas aufpumpen, damit er nicht zusammenklappt! Dünn heißt gewichtssparend und spart Rohstoffe, die wir eh nicht mehr genug haben", überlegte Henkel, der zuvor mit dabei war, als man aus Gasflaschen an bestimmten Einfüllstutzen die Rakete befüllte, bevor sie auf den Eisenbahnwaggon gehoben und zum Startplatz gezogen werden konnte.

In der unterirdischen Halle, die schön groß dimensioniert war, „Wie eine Kathedrale, nur nicht zum beten, sondern für todbringende Waffen!", wie Henkel immer meinte, hatte man schon Tage zuvor die zwei Raketenstufen zusammengefügt und alle internen Gerätschaften angeschlossen und funktionsbereit gemacht. Besonders die Funkübertragung für den Leitstrahl und Kommandoobefehle sollten einwandfrei funktionieren.

„Wir haben doch Analogrechner und Lochstreifen . . . Warum die manuelle Steuerung?", maulte einer der jüngeren Techniker dieser Sondergruppe, die sich einzig und allein nur mit der Entwicklung und dem Bau, sowie der Flugerprobung dieser neuen Raketen beschäftigte. Wernher von Braun sah man selten hier in Arnstadt. Er war meistens in Dora Mittelbau und Bleicherode, sowie in Österreich bei „seiner" V-2, dem ollen Aggregat 4 und deren Weiterentwicklungen.

„Warum ist unser oberster Boss nie hier? Der war nur einmal an der Baltischen Küste bei Krakau, als wir die ersten Versuchsmuster Richtung Ostsee verschossen hatten", meinte einer der Leute aus der Sondergruppe zu Werkmeister Henkel.

„Es gibt Gerüchte, viele Gerüchte. Von Braun soll lieber seinen eigenen Entwurf der A9/A10 favorisieren, oder gar seine neue A-11. Meiner Meinung nach wird er absichtlich fern gehalten, da irgendetwas mit unserer Rakete und den zukünftigen Einsätzen nicht stimmt. Von Braun ist entweder im Harz, in Bleicherode oder im Süden, wo Anlagen für seine A-10/11 errichtet werden oder die A-4b erprobt wird. Es wird was von Angriffszielen in den Weiten von Russland unter vorgehaltener Hand gemunkelt, und dass da angelsächsische Spezialtrupps die Finger mit drin hätten. Aber alles nur Latrinenparolen . . . !", überlegte Paul Henkel.

Insert

Auszug aus: © Thomas Kliebenschedel, Die „geflügelte" Rakete (A7, A9, A4b), Internet:

„In der Publikation von Florian Freund, KZ Ebensee. Außenlager von Mauthausen, hrsg. von „Dokumentationsarchiv des österreichischen Widerstandes", Wien 1990, ist folgender Textabschnitt zu finden: ....

Nach längeren Verhandlungen zwischen Rüstungsminister Speer, Hitler und Himmler wurde Ende August 1943 beschlossen, die bestehenden Serienwerke aufzulösen und die Raketenfertigung in einem einzigen unterirdischen Werk zu zentralisieren.

Am 26. August 1943 beschlossen Speer, Hans Kammler …, die Einrichtung des Serienwerkes in Stollen bei Nordhausen. Gleichzeitig wurde entschieden, die Serienfertigung und Entwicklung völlig zu trennen und ein neues unterirdisches Werk für die Forschung und Entwicklung zu errichten, in dem die „**Amerikarakete**", so die Bezeichnung der geplanten Interkontinentalrakete, und die **Flakrakete** „**Wasserfall**" unter der Leitung von Wernher v. Braun entwickelt werden sollten.
…
Ein geeigneter Standort wurde Mitte September 1943 bei Ebensee in Oberösterreich gefunden. Dieses Projekt, das die Tarnbezeichnung „**Zement**" erhielt, war neben den Stollen bei Nordhausen („Dora/Mittelbau") das zweite große unterirdische Bauvorhaben für Raketen und der erste Neubau einer unterirdischen Anlage, den die SS im Auftrag des Ministeriums Speer und des Heeres durchführen sollte.[.....

-Ends-

Der junge, etwas naiv erscheinende Techniker, der Maschinenbau in Darmstadt und Dresden studiert hatte und erst kürzlich zu dieser Sondergruppe stieß, bohrte weiter:

„Henkel . . . ! In ein paar Wochen stehen die Amis oder die Russen hier in Arnstadt. Für wen oder was schießen wir heute Nacht eine unserer Raketen ab? Wir können doch den ganzen Kram hier freiwillig den Amis übergeben und mit denen in die USA fahren. Die haben doch sicherlich genug Platz in ihrem großen Land, wo wir unsere Kegelrakete testen können? Den Endsieg, den führen wir doch auch nicht mehr in aller letzter Sekunde herbei, wenn wir heute die Rakete abfeuern!"

„Sag das nicht! Wir haben doch schon einige Komponenten für zehn neue zweistufige Raketen vorproduziert. Auch die entsprechenden Sprengköpfe liegen bereit. Aber du hast recht! Wir warten auf die Amis und General Patton. Der wird sich freuen, wenn er unseren „Kram" hier sieht. Apropos, Sprengköpfe. Während wir hier die letzten Starvorbereitungen für ein interkontinentales Trägersystem vornehmen, bombardieren zeitgleich die Briten gerade Würzburg mit der Waffe, die auf unseren Wiedereintrittskörper montiert wird!", grinste Henkel im Stillen. „Ein toller Budenzauber für unsere Auftraggeber. Beide Waffen getestet am gleichen Tag!"

„Du meinst, Henkel, die Amis greifen unsere Raketen hier ab?"

„Die haben wir für die gebaut!", flüsterte Paul Henkel leise und der junge Mann schaute dumm aus der Wäsche.

Als tatsächlich die Amis ins Jonastal einmarschierten, und alles ganz anders gekommen ist, als erwartet, da war Werkmeister Paul Henkel tief enttäuscht. Dann bekam er Angst, als er und alle seine vielen Kollegen der Sondergruppe plötzlich von einem amerikanischen Offizier gebeten wurden, sich tief in den Untergrundanlagen von „SIII" zu begeben.

Henkel und all die anderen Peenemünder Geheimnisträger dieser geheimen Sondergruppe kehrten nie wieder an die Erdoberfläche zurück!

Auch deutsche Atomforscher, die die Anlagen, kopiert aus Hanford, USA bedienten, verschwanden auf nimmer Wiedersehen.

Aber noch war es nicht soweit.

Paul Henkel schickte sich gerade an, mit einigen anderen Mechanikern, die 25m lange Kegelrakete vom Waggon mit einem Portalkran auf einen modifizierten Meilerwagen zu hieven, damit sie für den Start aufgerichtet und betankt werden konnte. Die entsprechenden Tankfahrzeuge für Salpetersäure und Gasöl waren schon herangefahren, und die Tankwarte waren bereit, loszulegen.

„Erst Salbei unten am Heck in den Tank und dann darüber das Visol. Neue Treibstoff, wie bei der Wasserfall, die von Braun neben seiner „Amerikarakete" unten in „Kalk" in Ebensee testete!", überlegte Henkel, der das Betanken eines üblichen A-4 noch gut kannte. „Die neuen Treibstoffe mit dem verbesserten Antrieb steigern die Reichweite, sodass wir auch schnell auf über 120 km Flughöhe kommen. Von Braun will ja einen abgespeckten, kleineren und leichteren Gleiter auf die Spitze einer Reichweite gesteigerte Großrakete setzen, um als kleines Überschallflugzeug die Nutzlast mit samt dem Gleiter auf ein Ziel zu stürzen. Wir dagegen sprengen die Nutzlastspitze vor dem Verglühen der zweiten Raketestufe ab und lassen sie aus großer Höhe auf das Ziel fallen.
…
Anmerkung: Die Russen und Amerikaner könnten von Brauns Konzept eines kleinen Überschallfluggerätes als Atomwaffenträger favorisiert und diese Tests über Schweden durchgeführt haben, die sie hinter den Abschüssen mit geflügelten „Foo Fighters" versteckten!
…
Die Warte machten sich an die Arbeit.

Henkel schaute sich derweil die drei Öfen der unteren, ersten Stufe an, die in 90, 180 und 270 Grad angeordnet waren. Er kontrollierte auch deren Zufuhr- und Kühlleitungen. Zuvor, bevor die zweite Stufe noch in der Halle montiert wurde, hatte er auch deren einzigen Ofen kontrolliert. Die Absprengvorrichtung für zwei der drei Öfen in der unteren Stufe, die nach dem Abbrennen eines bestimmten Teils der Treibstoffe aus Gewichtsgründen abgesprengt werden konnten, diese Sprengladungen war heute nicht eingebaut worden.

„Aber jetzt geht es erst einmal im Geradeausflug gen Norden in nicht allzu großer Flughöhe! Später wenn die zweite Stufe ihre höchste Gipfelhöhe erreicht hat, von da ab geht es bergab. Ein ballistischer Flug zum Ziel, bis der am Kegelstumpf der zweiten Stufe montierte Sprengkopf abgetrennt wird und ins Zielgebiet einschlägt, um in einer vorbestimmten Höhe zu explodieren!"

Nachdem der Tankvorgang und die letzten Wartungsarbeiten abgeschlossen waren, fuhren die Tankwagen davon.

Henkel verschraubte eine Wartungsklappe am Heck. Er brauchte nicht mehr ganz bis oben auf einer langen Leiter zu balancieren, denn alle wichtigen Gerätschaften waren im Kegel ganz unten am Heck angeordnet und somit jetzt leichter zu erreichen.

Dann war die Langstreckenrakete startklar.

Einige verantwortlichen Techniker und Ingenieure kamen nun aus dem Bunker und wollten sich den Start des heutigen Testfluges aus der näheren Umgebung anschauen.

„Es ist nicht der erste Jungfernflug heute . . .", dachte Henkel, der schon von Anfang an bei der neu aufgestellten Peenemünder Sonder- und Entwicklungsgruppe freiwillig mitarbeitete.

„Dass die Rakete einwandfrei funktioniert, das wissen wir! Heute zeigen wir bestimmten Leuten, was wir zu leisten vermögen. Ein Langstreckenflug, wie bei einem zukünftigen Einsatz. Nur nicht ins Feindesland, sondern zu unseren Freunden, die extra aus Übersee zu uns, nach Europa gereist sind, um eine Demonstration der Rakete mitzuerleben."

Ein Warnsignal ertönte und der Zündvorgang wurde eingeleitet.

Wie üblich stand die Kegelrakete auf einem Starttisch, dessen Abgasstrahl in den Boden, in ein extra einbetoniertes Ableitungssystem strömte und als heißer, dröhnender Abgasstrahl seitlich aus Lüftungsgittern in die Luft entwich.

So konnten am Boden keine verräterischen Brandspuren (Scorch Marks) von Luftaufklärern ausgemacht werden.

Einwandfrei, unter dem Jubel der Zuschauer, die in einem extra errichteten, kleinen Beobachtungsbunker den Startverlauf beobachten konnten, hob die zweistufige, circa 25 m lange Kegelrakete ab und schoss in den dunklen Nachthimmel. Wie bei dem A-4, schoss ein großer weißer Abgasstrahl aus dem Heck, der weithin sichtbar war.

„Jetzt müssen wir eine kleine Kurskorrektur vornehmen, damit die Kollegen in Schweden unsere Rakete übernehmen können", meinte einer der Techniker, der an einem Telefon den Kollegen im Radarraum den Befehl erteilte, einen Leitstrahl so auszurichten, dass die Rakete den festgelegten Kurs einschlagen konnte.

…

„The Rocket is approaching! 100 miles away, coming-in rapidly!"

„Piep . . . , piep . . . , piep . . .", ertönte es schwach aus dem Funkempfänger.

Alle standen sie in dem Funkraum und lauschten gespannt dem Piepton.

Andere hatten sich in der nächtlichen Kälte draußen vor den Gebäuden der getarnten Forschungsstation versammelt und schauten mit Ferngläsern, Infrarot-Nachtsichtgeräten und Teleskopen in südwestliche Richtung am sternenklaren Nachthimmel, um die anfliegende Rakete ausfindig zu machen, die von einem Thüringischen Geheimstützpunkt in Mitten des untergehenden Nazi Reiches in ihre Richtung zugerast kam.

„The Rocket will approach in appr. 30.000ft . . . ETA in 10 Minutes!", meldete ein Radarbeobachter der USAAF, der an einem Radargerät in einem abgedunkelten Nebenraum hockte und angestrengt auf den grünlich leuchtenden Radarbildschirm starrte.

„Circa 15.000 Meter!", dachte der deutsche Ingenieur, der von General Dornberger schon im Jahre 1944 hier her, ins neutrale Schweden beordert wurde, um die geheime britische Mess- und Funkstation zu beaufsichtigen und mit seinen englischen Kollegen und Mitstreitern einsatzbereit zu halten.

Außerdem war man auch hier in Schweden fleißig bei der Arbeit. Denn erste Versuchsschüsse mit der neuartigen Langstreckenraketen, beziehungsweise deren kleineren Vorläufern, den kegligen Kurz- und Mittelstreckenraketen wurde auch von Peenemünde, von Stettin, „Heidelager", gar von Böhmen aus auf die Ostsee verschossen und Irrläufer gelangten bis hier her nach Schweden.

Der deutsche Ingenieur, der als Beobachter heute Abend anwesend war, hatte schon lange zuvor bei einer solchen Station, die versteckt an der Küste der Ostseeküste lag, seinen Dienst verrichtet und vorüber fliegende A-4 Prototyp Raketen vermessen, bzw. diesen entsprechende Funkbefehle für z.B. Richtungsänderungen übermittelt.

„Da flogen noch ganz andere Flugkörper die Pommersche Küste entlang. Wie die aussahen und durch die Gegend torkelten . . . , das kann man niemanden erzählen. Das glaubt einem sowieso niemand. Genauso, wie dieses heutige Geheimunternehmung, wo Amis, Briten, Schweden und Deutsche einträchtig nebeneinander stehen, um eine deutsche Fernrakete zu beobachten!", dachte sich der Peenemünder Ingenieur belustigt.

Dann kam ihm wieder die Erinnerung, wie Mitte der 1940er Jahre der, jetzt auf der ankommenden Großrakete montierte Wiedereintrittskörper in der Praxis getestet wurde. Ein zylindrischer Kreiskegel, so hatte sich bei unzähligen Windkanal- und anderen praxisnahen Versuchen herausgestellt, stellte die beste Lösung dar, dass dieser nicht beim Wiedereintritt in dichtere Schichten der Erdatmosphäre beschädigt oder verglühen konnte.

„Denn bei einer spitz zulaufende „Vorspitze", also dem oberen Abschlusspunkt der Rakete, worunter ein Sprengsatz untergebracht war, der sich von der zweiten Stufe der Rakete für ein Angriff auf ein feindliches Ziel lösen sollte, dann wäre also die Spitze zu schnell eingetaucht und hätte sich schnell durch die Luftreibung unnötig aufgeheizt und fing dabei zu glühen an. Dies hätte zu Beschädigungen geführt oder der Sprengsatz wäre zu früh detoniert.

Ein Wiedereintrittskörper musste langsamer eintauchen und zu Boden fallen. Ein Kreiszylinder war dafür die optimale Lösung, wie man letztendlich feststellen konnte.

„Langsame Spitze" haben wir das Ding intern getauft . . . !", grinste der Deutsche. „Ich musste den Wiedereintritt vermessen, als die Langsame Spitze von einer A-4 Versuchsrakete, die über die Ostsee verschossen wurde, zur Erde torkelte. Der Zylinder war schön in Schwarz und Weiß markiert worden, sodass man ihn auch visuell am Himmel gut ausmachen konnte. Statt Sprengstoff hatte das Ding nur ein Gewicht, das der Nutzlast entsprach, enthalten. Die gemessene Eintrittsgeschwindigkeit war langsam genug, sodass ein Sprengsatz, sowie der Zylinder selbst, keine größeren Beschädigungen aufwies. Der Versuch war erfolgreich. Das Ding haben wir dann aus den Fluten der Ostsee gefischt und geborgen, für weitere Untersuchungen.

Anmerkung:

Die „Regener-Tonne", war eine von Erich Regener in den Jahren 1942-45 entwickelte Nutzlastspitze zur Erforschung der Atmosphäre in großen Höhen. Diese Apparatur sollte mit einem A-4 auf 50 km Höhe gebracht werden und an einem Fallschirm wieder zurück zur Erde gebracht werden, und unterwegs beim Abstieg weitere Messungen vornehmen.

Die Regener-Tonne enthielt einen UV-Spektrograhen zur Aufnahme von Sonnenspektren, einen Barograph, einen Thermograh, einen Ionenmesser, ein Luftdichten-Interferometer und ein Galvanometer. Außerdem sollte eine Luftprobe genommen werden.

Angeblich wurde diese „Regener-Tonne" nicht mehr eingesetzt. Sie gilt als verschollen und soll angeblich im Konstein von den Amerikanern erbeutet worden sein. Der neue Fallschirm für die „Tonne" wurde noch in Peenemünde getestet

Aber Erich Regener, ein Fachmann für atmosphärische Forschungen, der in Stuttgart ein privates Forschungsinstitut unterhielt, arbeitete schon zuvor mit Wernher von Braun zusammen und man machte mit Höhenballons Versuche mit Funkwellen und einem Empfänger in den Ballon.

Auch müssten schon vor dem Krieg Höhenforschungen im Zusammenhang mit der elektrostatischen Aufladung der Erde in unterschiedlichen Höhenschichten unternommen worden sein, die es galt herauszufinden.

Denn elektrostatische Flugkörper, die z.B. in 90 Kilometer Höhe oder sogar darüber hinaus flogen, konnten mit unglaublichen Geschwindigkeiten in kürzester Zeit einmal die ganze Erde umrunden. Siehe hier die Aussagen von Prof. Hermann Oberth, der nach dem Krieg in Huntsville erwähnte, dass Flugkörper mit dem Radar gemessen wurden, die mehr als 19 Kilometer pro Sekunde (an die 70.000 km/h) schnell durch die Atmosphäre sausten.

Solche Flugkörper hätten von Deutschland aus gestartet, die USA in ca. 15 Minuten erreicht, um wie eine „Langsame Spitze" herab zu fallen, um z.B. NYC zu treffen.

Auch elektrostatisch aufgeladene (Kegel-) Raketen, die in 120 Kilometer Höhe nach New York fliegen sollten, hätten Reichweiten gesteigert elektrostatische Effekte in großen Höhen nutzen können (weniger Treibstoff, dafür größere Nutzlast).

Es muss also mit einer bestimmten Wahrscheinlichkeit Höhenforschungen gegeben haben, ob mit Höhenballons, dem A-4 oder anderen Raketen, wie die A-5, die an einem Fallschirm zur Erde zurückkehren konnte und sogar wieder verwendbar war. Eventuell bekam man auch über verschlungene Kanäle Daten und Informationen aus England und den USA, was Höhenforschung betrifft.

-Ends-

Fantastisch waren auch die Flugversuche mit einer elektrostatisch aufgeladenen Rakete. Das Ding flog viel schneller, trotz des herkömmlichen Antriebes. Wegen der fehlenden Luftreibung. Damit flog die Rakete auch stabiler, höher und weiter.

Das wollen die auch mit der jetzigen Rakete machen, wenn dieser Flug erfolgreich zum Abschluss kommt. Man will sogar die Rakete als Rotationskörper drallstabilisieren!", dachte der Peenemünder Ingenieur, der jetzt hörte, wie der Piepton immer lauter wurde.

„Piep, Piep, Piep . . .", in schneller Reihenfolge erschallte der Ton nun aus dem Lautsprecher.

„Aproach in 1 Minute!"

„Piiiiiip!"

„Overfligt!

„Ready for Separation und Ignition of Second Step!"

"Go!"

"Executed!"

Alle starrten sie gespannt entweder auf den Radarschirm, wo augenblicklich zwei Objekte angezeigt werden müssten, oder in den Nachthimmel dieser denkwürdigen Nacht im März 1945.

„Over there! The lower step has successfully separated and is coming down!"

Auch am Radar zeigte der umlaufende Cursor zwei Blipps auf dem Screen.

Alle Anwesenden freuten sich, jubelten und klatschten in die Hände.

Die zweite Stufe, nun vom Gewicht der unteren Stufe befreit, schoss augenblicklich weiter in die Höhe, um die Gipfelhöhe für einen anschließenden ballistischen Flug zum Zielpunkt, dem „Target" zu erreichen.

„Zuvor werden die Druckstücke per Funkbefehl noch so ausgerichtet, dass die Rakete exakt auf das Zielgebiet ausgerichtet wird", überlegte der Ingenieur und hörte gerade die Message:

„Steering manueuver accomplished!", meldete der Radarbeobachter, der am Screen mitbekam, wie die Rakete den vorbestimmten Kurs Richtung Nordpol genau einhielt.

Denn der Leitstrahl, der reichte nicht so weit, wie der Flug der Rakete bis hoch zum Nord Cap.

Im Steuerraum war man erleichtert, dass alle Funkbefehle von den Steuereinrichtungen innerhalb, am unteren, kegelförmigen Heck der Rakete exakt ausgeführt worden waren.

„Bei späteren Modellen wird das alles automatisch, autonom mit Analogrechnern durchgeführt werden können, und wir brauchen keine spezielle Bodenmannschaft mehr. Dann ist auch mein Job im Arsch!", lächelte der deutsche Ingenieur.

„These damned manual steering procedures . . . But the fear, a malfunction rocket could come down in the already Russian occupied zone in East Germany or another Nordic Country, like Finland, and the Commies could discover modern computing technologies. . . All dies macht es nicht möglich, in die deutsche Großrakete irgendwelche wertvollen und neuartigen analogen Steuer- und Regelprozesse mit entsprechenden Equipment einzubauen!", dachte sich ein anwesender Amerikaner, der für die U.S. Firma General Electric hier in Schweden als Beobachter von seiner Firma abgestellt worden war.

„Autonome Steueranlagen mit Rechnern . . . , das wird den USA vorbehalten bleiben, auch wenn die verdammten Russen eines Tages deutsche Hochtechnologie, wie auch immer geartet, in die Hände fallen sollten. Mit dieser Computertechnik, da werden wir eines Tages die ganze Welt beherrschen, ob zivil oder militärisch. Die Russen sollen schön weiter hinterherhinken. Sollen sie gute Flugzeuge und Raketen bauen, wie sie wollen, die Computer, die gehören uns!", rieb sich der zivile Ingenieur aus New York innerlich die Hände.

…

Tief in den eisigen Weiten der Eiswüsten des Nordpols (als diese durch den heutigen – Stand 2018 – „Klimawandel/Weather Mod." noch mit Unmengen an Eis bedeckt waren).

„Explosion in 5 Minutes and running!"

In einer geheimen, unter dem Eis platzierten Festungsanlage wartete man gespannt, bis der Sprengstoff der ankommenden zweiten Stufe in einer vorbestimmten Höhe durch einen Barometer zur Detonation gebracht werden würde.

„The enormous Shock Wave from this German Bomb will create a big blast and a loud bang!", meinte einer der anwesenden Beobachter, der die obere Stufe der Rakete aus Schweden erwartete, die zuvor in Thuringia, Germany gestartet war. Er hatte extra seine Micky Maus aufgesetzt.

In circa 1.900 Yards Entfernung, um 07.15 Hundert, als das Morgengrauen anfing, erschien in ungefähr 500 m Höhe ein gleißender Lichtblitz am Himmel und ein extrem lauter Knall war zu vernehmen.

Die Beobachtungsmannschaft, die draußen im Eis und Schnee wartete, ging in Deckung.

Man hatte extra einen Graben mit hohem Schutzwall aus Eis und Schnee errichtet, wohinter sich jetzt alle Beobachter der Szene duckten. Denn eine heiße Druckwelle würde jeden Augenblick über sie hinwegrollen . . .

Insert

Geisterflieger über Schweden

Nicht nur Raketen getestet

Der gelbolive Jeep mit Dimitri Felgenhauer am Steuer, seines Zeichen Kommandant im Sonderauftrag der Roten Luftflotte, bog gerade mit quietschen Reifen von der befestigten Hauptstraße ab, eine aus Kopfsteinpflaster bestehende Hauptverkehrsstraße, die weiter nach

Leba führte, wo die wieder reaktivierte Versuchsstation „Rumbke" lag. Der nun vor ihnen liegende, staubige Feldweg führte geradewegs zu ihrem heutigen Ziel.

Überall standen noch die deutsche Straßen- und Ortsschilder herum, die anzeigten, dass das Gebiet hier einmal unter Verwaltung von Nazi Deutschland stand.

Neben Feldgenhauer saß fluchend Dan Muller, Major der USAAF. Er musste sich schon die ganze Zeit während der holprigen Fahrt an einem Haltegriff vor sich festklammern, um nicht aus dem offenen Wagen herausgeschleudert zu werden.

„Damned! This fucking guy is driving like hell! Slow down, Dimitrie, you f . . . As . . . !"

Seine kubanische Zigarre war schon vor längerem ausgegangen. Während des halsbrecherischen Höllenritts hatte Muller keine Gelegenheit, den Stumpen wieder anzuzünden. So kaute er die ganze Zeit darauf herum. Er hatte hinten ein Streichholz in die Zigarre gesteckt, sodass er sie problemlos andauernd im Mund behalten konnte.

Da hörten beide plötzlich ein Rauschen, das sich zu einem dröhnenden Grollen steigerte und Felgenhauer trat abrupt in die Eisen.

Wieder wurde Muller durchgeschüttelt und wäre beinahe mit dem Kopf an die Windschutzscheibe geknallt. Seine Schirmmütze fiel ihm in den Schoss.

Felgenhauer deutete aufgeregt nach Osten, wo eine Raketenversuchsanstalt bei dem verträumten Örtchen Leba, die schon die Nazis intensiv nutzten, lag.

Aufgrund der riesigen Sanddünen war das Gelände auch für Manöver und Übungen des Afrika Corps verwendet worden. Selbst der berühmte Schauspieler Heinz Rühmann drehte hier, u.a. mit ein paar „Negern" einen UFA-Film.

Flak und Boden-Boden Raketen wurden bei Leba unter anderem auf die offene See verschossen und von Stolpmünde aus überwacht.

Gerade noch konnten beide Offiziere miterleben, wie ein Raketengeschoss, das and der Spitze ein Flugkörper mit zwei abgewinkelten Tragflächen montiert hatte, kerzengerade in den blauen Nachmittagshimmel rauschte.

„Fucking shit! One of this newly built German Wonder Rockets! A fucking supersonic bomber, mounted on top of a V-2 Rocket, for delivering a special warhead deep into enemy territory!", rief Major Muller überrascht aus.

Denn das nun wesentlich verkleinerte und damit leichtere Überschallflugzeug, das man teilweise aus nicht strategischen Materialien, wie Holz bauen konnte, saß jetzt auf der Spitze eines üblichen, noch genügend vorhandenes Aggregat-4 oder eines A-8.

Muller erinnerte sich wieder an einen deutschen Bericht über elektrostatische Flugkörper, in dem es u.a. hieß:

*„Die **mechanische Beanspruchung** des Flugkörpers, der solche Bewegungsänderungen unterliegt, ist im Gegensatz zu den bekannten, mit einem elektromagnetischen Antrieb versehenen Flugkörper **gering**, weil die elektrostatischen Anziehungs- und*

*Abstoßungskräfte **auf der gesamten Oberfläche des Körpers angreifen**, so daß auch **subtile Gebilde** diese Bewegungsänderungen **ohne Verformung** durchstehen."*

„Ja, da konnte man ein Ding aus Holz auf eine Raketenspitze setzen! Und das Holzflugzeug flog Überschall-Geschwindigkeiten, weil in dem Holzgebilde bestimmte Bleche oder Flachdrähte eingebettet waren, die aufgeladen, einen reibungslosen Luftstrom generierten, sodass Flüge bei mehreren Machzahlen dem Flugkörper nichts ausmachten! Really astonishing, indeed!"

Das Gleiter Konzept wurde vereinfacht und ersparte somit den Aufwand eine große, erste Stufe zu bauen, worin sonst die geflügelte Variante einer A-4 stecken würde.

Aber auch das zwei- oder sogar mehrstufige Konzept einer Fernrakete, an dem Wernher von Braun schon während des Krieges heimlich in Peenemünde oder später in Österreich arbeitete, sollte möglichst schnell realisiert werden. Um aber noch 1945, oder Anfang 1946 Fernziele, wie z.B. in der Arktis oder Antarktis treffen zu können, wurde auch das Gleiterkonzept von Wernher von Braun versucht, sofort zu realisieren.

Einen kleineren Gleiter in dem wieder aufgebauten Peenemünde mit vorhandenen Mittel und entsprechenden Handwerkern zu bauen, stellte keine all zu große Schwierigkeit dar. Diesen Flugkörper auch so zu konstruieren, das er nicht verglühte, also mit entsprechenden elektrostatischen Techniken, oder mit einem Dauermagneten in der Spitze auszustatten, war in Peenemünde aufgrund intensiver Forschungen im Bereich des elektromagnetischen Spektrums durchaus bekannt.

Außerdem waren noch ausreichend V-2 und neue A-4, auf Basis der A-8 mit Visol und Salbei in den Produktionsanlagen des Kohnstein vorhanden, die man sofort verschießen konnte. Eine verbesserte V-2 erneut in Serie zu bauen, war auch keine große Schwierigkeit mit den Kräften, dem Personal, das man im Nachkriegs-Peenemünde oder den unterirdischen Produktionsanlagen im Kohnstein zur Verfügung hatte.

„Schön, dass die Deutschen schon alle Dokumente gleich, mindestens zweifach ausgestellt hatten. Einmal die „echten" und dann die „geschönten" fürs offizielle Archiv. Machte zwar mehr Arbeit, aber als man den Leutchen erklärt hatte, um was es ging, machten alle mit und hielten sich an die strickte Geheimhaltung!"

Muller kannte die Geheimerprobungen, die hier oben in einer der vielen ehemaligen Peenemünder Erprobungsstationen jetzt von den Russen ausgeführt wurden. Einige „Top Secret Reports" lagen zuhauf auf seinem Schreibtisch in Thüringen, in „S-Three", aber in dem luxuriösen Teil des „fucking German „Fuhrer Headquarter", deep down in the underground", wie Muller immer zusagen pflegte, herum.

„These German water closets for Hitler, damned, they are better than ours. Those wash rooms, real luxury!", schwärmte er beeindruck von dem Teil der U-Anlage, die für hochrangige Nazi-Parteifunktionäre ausgebaut und mit dem neuesten, vom neuesten eingerichtet war. Selbst einige dieser neuen TV-Sets gab es hier unten in den ehemaligen Privaträumen der Parteibonzen.

Jetzt hatte sich die U.S. Air Force hier, in den „Quarters of the Fuhrer" breit gemacht, um zusammen mit den Sowjets an super geheimen „Special Projects" zu arbeiten.

Major Muller war mit seinem Stab, der sonst in Ohio auf einem geheimen Teil des dortigen Wright Field Flugplatzes lag, hier her nach Thüringen gezogen, um den Russen, den „Commis" genauestens auf die Finger zu schauen. Denn die Russen waren nicht die Freunde der USA. Viele in Amerika hassten die Kommunisten bis aufs Blut und hätten sie lieber genauso Tod und erledigt gesehen, wie die nun am Boden liegenden „Bloody Nazis".

„Obwohl, einige von deren Sondertruppen der SS als gut ausgebildete, gut motivierte und gefechtsbereite Kampfeinheiten wären gut zu gebrauchen gewesen, um die Russen in unserem Auftrag fertig zu machen!", dachte Muller immer, der dem abgeblasenen Feld- und Vernichtungszug gegen die Sowjetunion nachtrauerte.

Muller war es gar nicht recht, dass die verdammten, die verhassten Kommunisten jetzt in der schönen Festungsanlage, die nach amerikanischen Plänen von der SS und von diesem „arrogant and brutal guy, this strange German General Kammler, unter unmenschlichsten Bedingungen einfach mal so aus dem Boden gestampft worden war, sich hier im Jonastal festgesetzt hatten.

„Patton was killed, Kammler is gone and we are now working hand in hand with the Russians! That is weird, really weird! Unbelivable!"

Nachdem der Flugkörper nach dem Vorbild der geflügelten A-4b im weiten Blau des Baltischen Himmels in großer Höhe verschwunden war, fuhren beide Offiziere aus West und Ost weiter Richtung einer alten, bei Ustka, früher Stolpmünde gelegenen Peenemünder Kontrollstation, die im Krieg die vielen Versuchsflüge des A-4 überwacht und vermessen hatte.

Schon 500 m vor der eigentlichen Station waren Wachen an einem Kontrollposten aufgestellt, die das, mit doppeltem Stacheldraht umzäunte Gelände mit automatischen Waffen und deutschen Schäferhunden strengstens bewachten.

„Stoi!" Dokument pozhaluysta!

Beide Offiziere holten ihre Sonderausweise heraus. Der Amerikaner hatte zudem einen diplomatischen Sonderstatus, den ihn als Angehörigen der USAAF, der Army Air Force berechtigte, sich in dem Sowjetisch besetzten Teil von Mittel- und Ostdeutschland aufhalten zu dürfen, und sich innerhalb dieses festgelegten Gebietes auch frei bewegen zu können. Wenn auch meist nur und andauernd unter Begleitung eines misstrauischen und mürrisch dreinblickenden Russen.

Nach minutenlangem Starren auf die Ausweispapiere winkte der Posten endlich den russischen Jeep durch, und beide West- und Ost Offiziere durften auf die ehemalige Raketenkontrollstation auffahren.

Diese Stellung lag direkt an der Ostsee. Weiter westlich konnte man die schöne Kurstadt Stolpmünde mit den breiten Sandstränden im Hintergrund ausmachen. Muller stellte sich vor, das Gebiet würde in dem vom Westen kontrollierten Teil von Deutschland liegen. „Dann hätte man hier an der Ostseeküste wunderbar einen anständigen Luxusurlaub machen können. Aber bei den Kommunisten . . ."

Felgenhauer fuhr inzwischen zu einem etwas abgelegenen Teil des schwer bewachten Militärgeländes.

Eigentlich wollten sie zuerst nach Rügenwalde auf einen dortigen, ehemaligen, ex-Peenemünder Standort. Aber dort war auf dem Katapult eine F-55 explodiert und der Flugbetrieb wurde vorübergehend eingestellt.

Die Russen hatten in Mitteldeutschland mehrere „Caches", unterirdische Depots mit eingelagertem Kriegsmaterial gefunden und zumindest alle Flugkörper und Flak-Raketen wieder reaktiviert.

So verschoss man zu Testzwecken und wegen der allgemeinen Ablenkung von hoch geheimen Tests mit Langstreckenflugkörpern, von Rügenwalde aus auch die „Feuerlilie", die kleine F25, wie auch die große F-55 im flachen Winkel hinaus auf die Ostsee und ließ sie nach einer kurzen Flugzeit von 8-10 Sekunden einfach ins Wasser plumpsen.

„Ja, die Deutschen waren sehr fleißig und haben alles Mögliche an neuem Kriegsgerät in Massen vorproduziert und für den nächsten Krieg gut versteckt in unterirdische Depots eingelagert. Man hatte den Russen diese Verstecke nach dem Krieg verraten und staunend konnten die „Commis" das ganze Zeugs herausschaffen und entweder in Ostdeutschland, oder in den Weiten von Russland, ausprobieren und ggfs. nachbauen!", dachte sich Major Muller, als er die rauchenden Trümmer einer großen „Feuerlilie" sah, die noch immer brennend auf dem Katapult lag.

„You know . . . !", meinte der russische Offizier und zeigte dem neugierigen Major Muller einen Bunker, der tief versteckt in einer Sanddüne am Strand von Rügenwalde stand, die Flugkörper, die eigentlich von hier verschossen werden sollten.

„They have Ram-jet Tubes on top of the wooden Fuselage!", staunte Muller.

"Yes, yes. We shoot them with . . . „Boosters", you know . . ."

„Mit Feststoffraketen werden die Holzdinger von einem Startgestell in die Luft katapultiert!", wusste Maj. Muller aus einem geheimen U.S. Intelligence Report.

Je zwei längliche Antriebsraketen, die komplett, einschließlich der Umhüllung, aus brennbarem Material gefertigt waren, beschleunigten die nicht all zu schweren Holzspindeln mit angebrachten Holzflügeln – einfach geformten Tragflächen ohne jegliches aerodynamisches Profil – von einer Startlafette auf mehr als 400 km/h, sodass auf dem oben aufmontierten Staustrahlrohr ein entsprechender Staustrahl, ein hoch komprimierter Luftdruck im inneren des Rohres entstehen konnte. Diese von selbst, durch die Eintrittsöffnung eingerammte verdichtete Luft wird nun von atomaren Heizelementen in Stabform sehr stark aufgeheizt. Die verdichtete Luft dehnt sich explosionsartig aus und strömt unter hohem Druck am Heck aus der Auslassdüse. Durch die Reibung des heißen Luftstroms an außen angebrachten, speziell legierten Blechen, oder dem Rohr selbst, entsteht nun eine elektrostatische Aufladung, die solch ein kleines Fluggerät – ohne mitgeführten flüssigem Treibstoff in Tanks – auf hohe Endgeschwindigkeit beschleunigt und über sehr weite Strecken fliegen lässt.

„Fast and with a range as long, as to reach North bound the Skandinavian Countries . . . !", grinste Muller und betrachtete sich den einfach aufgebauten Holzflugkörper und strich mit der Hand über das Staustrahlrohr, das aus normalem Blech gefertigt war.

„Damit . . .", und der Russe deutete auf das Staustrahlrohr, „damit elektrostatisch aufgeladen kann das Fluggerät mehr als 10 Stunden in der Luft bleiben und mehrere 5-800 Stundenkilometer in der Stunde schnell fliegen!"

Muller bestaunte das Lorin-Rohre, das Hellsilber wirkte und dick mit einem silbernen Lack bestrichen war und bemerkte:

„Das Rohr ist doch mit einer Spezial-Metallfarbe bestrichen, die die elektrische Aufladung bewirkt! That is smart, really smart! Incredible. Ein billiges Holzflugzeug mit einer Fernsteuerung, einem Staustrahlrohr aus normalem Metall, das außen mit einem Metall-Lack zur elektrostatischen Aufladung bestrichen ist. Und das Ding kann schneller und weiter fliegen, als jedes normale Flugzeug, das wir heute kennen! Cheap and effective! These damned German engineers! Such clever inventors we need in the USA. I do hope, we got them all . . . !"

Der U.S. Offizier wunderte sich über die kleinen, ca. 1m langen "Bretter" an den Seiten des Rumpfes.

„No Wings!", lachte der Russe. „No Lift . . . Die einfachen Holzflächen in Trapezform dienen ausschließlich zur Stabilisierung . . . !"

„Stabilizers . . . !", nickte Muller bestätigend. „Diese Flächen dienen dazu, dass der Flugkörper, der an- oder abgestoßen durch die Luft elektrostatisch suspendiert fliegt, sich nicht überschlägt oder erratische Flugzustände annimmt! The pair of wings are also detachable and can be jettisoned in mid-air."

Muller schüttelte den Kopf und ärgerte sich, dass er keinen Start eines solchen Flugkörpers hier in Rügenwalde miterleben durfte.

Ein Mann in einer einfachen, russischen Khaki-Uniform ohne jegliche Rangabzeichen stand etwas abseits und hatte die zwei Offiziere interessiert beobachtet, wie sie miteinander sprachen.

Der Mann, Dipl.-Ing. Alfred Kellermann war Experte auf dem Gebiet elektrostatischer Flugkörper. Als er die beiden Offiziere und Ex-Feinde sah, erinnerte er sich wieder an einen Sondereinsatz, damals im Winter 1944 in Norwegen:

„Macht die Mistel-Flugzeuge startklar! In einer halben Stunde, wenn es dunkel wird, dann starten wir!"

Ingenieur Kellermann war hier, hoch oben in Norwegen auf dieser neu, unter dem Kommando der SS gebauten Einrichtung, einer „Funkstation" auf einem Hochplateau abkommandiert worden, um den heutigen Nachteinsatz am 24. Dezember 1944 zu überwachen und ihn als Beobachter in einem der Mistelflugzeuge aus erster Hand mit zu verfolgen.

Vor ein paar Tagen hatte er mit anderen schon vorab Weihnachten gefeiert, als er bei Straßburg tausende Weihnachtsglaskugeln am Himmel hat schweben sehen:

„Ein Weihnachtsgruß aus den USA! Jetzt revanchieren wir uns! Ein feuriger Weihnachtsgruß mit unseren neuen Staustrahlflugkörpern, die wir nach Manchester abfeuern. Merry Christmas dear Britons! Ist eine Einsatzdemonstration für unsere angelsächsischen Mitstreiter für den nächsten Krieg!"

Dieser geheimer Stützpunkt, tief versteckt in einer der unzähligen Fjorde an der Norwegischen Küste, war u.a. mit den neuesten Radartechniken von Siemens und Telefunken ausgestattet. Man konnte von hier ein Leitstrahlsystem verwenden, um unbemannte Flugkörper auf mögliche Ziele, wie England oder Schottland zu lenken. Oder Fernraketen Funkbefehle erteilen, was Kurskorrekturen angeht (Was bei einem möglichen Flug der kegligen Rakete von Rudisleben über Schweden zum Nordkap im März 1945 der Fall gewesen sein könnte, Anm.d.A.)

Bereits Tage zuvor, wie am 23. Dezember 1944 hatten mehrere Heinkel He 111 mit untergehängten V-1 die Industrieanlagen um Manchester angegriffen und Tod und Zerstörung unter der englischen Bevölkerung gebracht. „Als Vergeltung dafür, dass ihr Briten unsere deutschen Städte in Schutt und Asche legt!", überlegte Kellermann wütend. „Und natürlich als Ablenkung, damit niemand auf die Idee kommt, wir hätten besondere „Wunderwaffen" mit neuartigen atomaren Sprengköpfen, die einsatzklar bereit stehen!"

Kellermann grinste.

„Heute Nacht, am Weihnachtsabend zum 25. Dezember . . . , jetzt sind wir daran! Mit unseren neuen elektrostatischen Flugkörpern und einen elektrostatisch aufgeladenen Lorin-Antrieb, dazu unsere neue Luftdruckbombe mit hoher Sprengwirkung . . . Damit geben wir Manchester den Rest!"

Anmerkung:

Zitat au dem Buch: „*Peter J.C. Smith: Luftwaffe over Manchester 1940-1944:*

24. Dezember 1944:

31 V1-Flugbomben treffen Manchester und Umgebung

„Am **Weihnachtsabend 1944** flog ein Geschwader speziell abgeänderter He 111 Heinkel-Bomber (Geschwader I/KG 53) über der Nordsee und ließ über der Nordsee fliegend 45 V1-Flugbomben ("Kirchkern") gegen Manchester starten. 31 Flugbomben erreichten auch das Zielgebiet. 15 V-1 fielen auf Manchester, die restlichen in umliegende Städte und wenig bewohnte Gebiete außerhalb.
…
Der V1-Angriff ereignete sich genau 4 Jahre nach dem Hauptangriff mit dem Feuersturm von Weihnachten 1940. Insgesamt war der erneute Weihnachtsangriff mit V1-Flugbomben für die Menschen der Region Manchester ein Schock, denn die örtlichen Behörden hatten behauptet, dass die Gefahr von Luftangriffen für die Gebiete nördlich von London eigentlich vorüber sei. Es hatte wirklich niemand mehr mit Alarmsirenen und Motorengeräuschen von V-1 Flugkörpern am Himmel der Grafschaft Lancashire an Weihnachten 1944 gerechnet."

Könnte die Nacht des 24. Dezembers 1944, „Christmas Eve" ebenso ein „Weihnachtsgruß", diesmal von den Deutschen an den Engländer gewesen sein, so wie die Weihnachtskugeln im Dezember 1944 über Deutschland? Geheimeinsätze, die nur Eingeweihte verstehen, die bestimmte Luft- und Raumfahrttechnik kannten und kennen?

Wurden tatsächlich V-1 Bomben auf Manchester aus der Luft von Heinkel He 111 abgefeuert, oder parallel dazu neuartige, bis heute geheim gehaltene elektrostatische Flugkörper, die eine evtl. modifizierte „Zündorkanbombe" in der Nasenspitze aufwiesen – die eine ähnliche Wirkung, wie die britischen Bomben auf Dresden im Februar 1945 hatten – und in einem „Live-Test" über der englischen Industriestadt erprobt wurden?
...

„Um „21 Hundert" machten sich vier Junkers Ju 88 Mistel-Bomber, die bis heute unbekannte, Reichweiten gesteigerte, verlängerte Junkers-Version mit aufgebockten E-Flugkörpern Richtung England auf", erinnerte sich Kellermann.

„Der Einsatz war ein voller Erfolg. Manchester brannte lichterloh. Die neue Zündorkanbombe, eine „Molekularbombe", entwickelt von Karl Nowak, funktionierte ausgezeichnet!", freute sich Ingenieur Kellermann, der im Führungsflugzeug den Nachteinsatz aus der Luft hautnah mitverfolgen konnte.

„Die Audienz bei Hitler an einem geheimen Ort in Berlin, der zur Rippendrops Ministerium gehörte, brachte mir und einigen anderen Spezialisten und Kollegen von mir, nicht nur eine Belobigung ein, sondern auch eine Auszeichnung, verbunden mit einer hübschen Summe Geld, ausländischer Währung verseht sich . . . !", freute sich Kellermann, der als einfacher russischer Soldat nun hier in Rügenwalde die Russen beim Abfeuern der überzähligen, noch vorgefundenen und unterirdisch eingelagerten Bestände dieser Staustrahlflugkörper beriet.

„Die scheiß Russen, die sind so blöd! Die Hälfte der Flugkörper liegen vor dem Katapult im Wasser, weil sie einfach nicht verstehen, wie die elektrostatischen Dinger funktionieren!", ärgerte sich Kellermann, der nicht verstand, warum man die Bolschewiken nicht gleich nach Kriegsende fertig gemacht hatte. „Unsere Wunderwaffen, sie waren doch alle einsatzbereit für den Endsieg gegen die Sowjetunion!"

Insert

Ausgewählte Auszüge aus dem Buch „*Dark Star*", „*The Hidden History of German Secret Bases, Flying Disks and U-Boots*", Henry Stevens, Adventure Unlimited Press, 2011:

"The mystery starts with a night attack on northwest England by air . . .

The Italian newspaper "La Stampa", Turin, reported that the Christmas Eve attack was actually not an attack by He 111 firing V-1. The report credited five German scientists with receiving an award from Hitler for the invention and development of a new long-range weapon.
. .
A former Polish soldier, Kasimir Browski, is on summer vacation at Misdroy on the Baltic Coast in the vicinity of **Swinemünde** on the Wollin peninsula. **This area was a testing ground during the war**."

Anmerkung:

Bei dem kleinen Dorf **Laatzinger Ablage**, nahe dem Seebad Misdroy auf der <u>Halbinsel</u> <u>**Wollin**</u>, 60 Kilometer östlich von Peenemünde, wurde Anfang 1944 drei Versuchsanlagen für die spätere „Hochdruckpumpe", das „fleißige Lieschen", für erste Versuche eingerichtet. Die Testanlage war gegenüber der „V-3" in Frankreich etwas verkleinert. Tatsächlich sollen einige Pfeil-Granaten von Wollin 140 Kilometer weit in die Ostsee verschossen worden sein.

Das Problem mit der Kanone war die Druckverteilung, und das die Abschussrohre immer wieder platzten.

Augenzeugen berichteten von ausgedehnten Bunkeranlagen auf dem großen Übungsgelände, wo sich auch Unterkünfte für Techniker und eine 1.000 Mann starke Truppe befanden.

Wurden von diesem geheimen Testgelände während des Krieges auch andere - geheime - Flugkörper, wie die von Peenemünde entwickelten elektrostatischen Flugköper auf die Ostsee hinaus verschossen?

Ist deshalb der Ort bis heute, bzgl. besonderer Versuche elektrostatischen Flugkörpern geheim und unbekannt, was Peenemünder Experimente (West und/oder Ost) während des Krieges hier auf Wollin betrifft? Gegebenenfalls auch im Zusammenhang mit Sonderbomben, da Rügen nicht weit entfernt ist?

…

He noticed a <u>large launching ramp</u> of the type used for the V-1 in the Baltic sea, off the coast. Browski decided to dive down in the Baltic water to see what he could see. What Browski saw was amazing. Near the end of the ramp he found **a series of totally unknown flying objects**. Apparently, they were there as the result of some sort of misfiring. . . . **These flying devices had a long fuselage with an engine mounted on its rear top as the V-1**. Where wings would be found on a normal aircraft, there were <u>small wings in a canard design</u> (siehe Zeichnung weiter oben!, Anm.d.A.). At the rear, below the engine, are located larger wings (or fins) with adjustable control surfaces on them (oder ein **Pendelruder**, Anm.d A.) From the presence of these control surfaces with the lack of a pilot, the conclusion must be reached that the **missile was remote controlled**.

A <u>small rocket</u> is described by Browski as being <u>underneath the craft</u> that was undoubtedly for <u>rocket-assisted take off</u>. The color of the missile was <u>grey-gold</u> with engine a dark color. The diameter of the missiles was estimated by Browski to be 80 cm. . . ."

-Ends-

Anmerkung

Deutet die Farbe der Rakete daraufhin, dass Teile des Rumpfes oder des Lorin-Rohrs einer starken Hitze ausgesetzt und deshalb verschmort waren?

Wurde der Flugkörper mit Hilfe einer Startrakete, die abwerfbar war, von einem umgebauten V-1 Katapult verschossen? Fanden die Versuche auf Wollin irgendwann vor Dezember 1944 statt, wonach dann solche Flugkörper aus der Luft gegen Manchester abgefeuert wurden?

Könnte Browski elektrostatisch aufgeladene Flugkörper am Grunde des Ostseestrandes bei dem Ort Laatzinger Ablage im Wasser entdeckt haben, die als Versager nach dem Start vom Katapult abkippten und im Wasser landeten? Zündete die Starthilferakete nicht richtig, war der Flugkörper instabil, die elektrostatische Aufladung zu gering, die Tragflächen lieferten keinen Auftrieb zur Stabilisation während der Startphase, die Ruder waren falsch eingestellt ect., alles Faktoren, die zu einem vorzeitigen Absturz führten?

Sollen die Flugkörper mit Hilfe eines Staustrahlrohres hohe Endgeschwindigkeiten erreichen, bevor sie auf ein Ziel auftrafen? Hielt die elektrostatische Suspendierung in der Raumladung die Fluggeräte in der Luft und waren die Flügel nur zur Stabilisierung gegen erratisches Abgleiten während des Fluges von Nöten?

Flogen irgendwann die verbesserten und ausgereiften Flugkörper dann von Wollin weit über die Ostsee bis nach Schweden, so wie später 1946?

Wurde diese Bomben tragende Version eines elektrostatischen Flugkörpers mit Staustrahl-Zusatzantrieb dann in Serie gebaut und fanden die Russen diese eingelagerten Flugkörper nach Kriegsende, um sie dann 1946 mit voller Absicht über das neutrale Schweden zu verschießen?

...

Da das Katapult momentan blockiert war, fuhren Muller und Felgenhauer eben notgedrungen nach Stolpmünde, dem zweiten geheimen Ort zum Verschuß von „Geister" Raketen, die den skandinavischen Luftraum unsicher machen sollten.

Wieder fluchte und staunte Major Muller, als er die Anlagen und Bunker am Strand entdeckte.

„Aircraft catapults! This time two of these damned catapults for Foo Fighters!"

Die mit Druckluft betriebenen Schleudern waren aus vorgefertigten Teilen einstiger deutscher V-1 Rampen zusammengebaut worden und ragten zwischen zwei Dünen direkt am Sandstrand in den Himmel. Man benötigte aber weniger vorgefertigte Elemente, die zu einer Startrampe zusammengefügt wurden, als ehemals zuvor für den Start von „Kirschkern". Weil die jetzt in den Himmel geschleuderten Flugkörper kleiner und leichter waren und mit einer kürzeren Startstrecke auskamen.

Je eine Druckluftkartusche wurde gerade betriebsbereit gemacht.

Muller konnte auf jeder Schleuder ein spindelähnliches Geschoss, „a missile with two wings" erkennen. Ein schwacher Schubstrahl wurde aus einer Heckdüse ausgeblasen und Teile des Fluggerätes wiesen eine Art „elektrisches Glühen" auf. Es stank nach metallisch Verschmortem und den stechenden Abgasen von Wasserstoff-Peroxyd.

„Vnimaniye! Achtung!", wurde das Kommando gebrüllt, und die zwei merkwürdigen Flugkörper wurden nacheinander von der Schleuder direkt hinaus auf die offene Ostsee katapultiert.

„Whuusch . . . Erst das eine Fluggerät, dann kurz danach das andere. Beide sausten dann, nachdem sie sich automatisch formiert hatten, als „two ship formation" im flachen Winkel in den blauen Himmel.

Am Heck konnte Muller jetzt deutlich die kleinen Düsenauslassöffnungen und ein Kreuzleitwerk aus Pendelrudern erkennen und die Rumpfseiten, die in Teilen aus Metall zu bestehen schienen, glühten eigentümlich rötlich. Andere Bereiche der Fluggeräte waren dunkel und nicht aus Metall. Auch die trapezähnlichen Tragflächen schienen aus einem, wenn auch hellerem Holz zu bestehen.

In nicht all zu großer Flughöhe von vielleicht 1.000 m huschten die komischen Dinger mit mehreren hundert Stundenkilometern über das Meer gen Norden.

„Electric in Atmosphere is exellent!", meinte Felgenhauer in seinem russisch gefärbten Englisch. „Good work, making Atmosphere more conductive. American planes do good work for us. Thank you, Americans!"

Major Muller musste grinsen und schüttelte den Kopf.

„These aircraft . . . Direction Sweden, right?", fragte Muller, der sich vom vielen Staunen über das Erlebte gerade wieder etwas gefangen hatte. Er hatte zwar alles Theoretische in diversen Fachartikeln zum Thema bereits zuvor nach intensivem Studium verschiedener „Manuals", die entweder in deutsch oder englisch verfasst waren, verstanden. Aber die Praxis war dann doch um einiges erstaunlicher, als er es sich je in seiner Fantasie hätte ausmalen können.

„Swenska? Da, da! Sweden. Overflight, yes, yes. Some greetings from Moskow!", lachte Felgenhauer vergnügt und klopfte Muller freundschaftlich auf die Schulter.

…

Hier einige Beispiele aus schwedischen und norwegischen Zeitungen, wie u.a. einigen Afdonbladet Ausgaben aus dem **Sommer 1946**, die zeigen, das Schweden damals nicht nur, wie eventuell 1945 im März, einen Überflug von deutscher Hochtechnologie in Form einer zweistufigen Großrakete zu verzeichnen hatte.

Sondern dass auch der schwedische Luftraum im Jahre 1946 erneut, diesmal für andere, bis heute geheim gehaltene Flugkörper missbraucht wurde. Wohlmöglich mit Wissen der schwedischen Regierung, die schon in den 1930er Jahren bestimmte Nacht- und Versuchsflüge unter widrigsten Wetterbedingungen auf ihrem Territorium duldete:

`July 17, `**`1946`**` (Wed. morn.) Aftenposten, p. 4.`

`"Ghost flier" over Norwegian territory still?`
`STAVANGER, 16 July (NTB). From information Stavanger people have`
`given, it seems as if "ghost rockets" have now reached Rogaland, too.`

`Last Saturday evening around `**`23 o'clock`**` some Stavanger folk who`
`[were taking a holiday] at Usken, suddenly noticed a `**`luminous object`**
`which came in over the Usken River from a south easterly direction.`
`It looked `**`like a projectile (rocket)`**`, had a `**`great speed`**` and went at`
`a `**`fairly great height`**`. The projectile sent out a `**`very bright,`**
`yellow-red (orange) light``, . . .`

`July 19 `**`(Fri. eve.)`**` (Oslo) Aftenposten, P.1.`

Did two rocket bombs go down in Mjosa?

From a man in Feiring we received this morning a sensational report that **two rocket bombs crashed into lake Mjosa last night**. They were shaped like **ordinary planes**, but **quite small** with only a **2,50 Meter wing-span** and came between 24 and 0:30 this morning from the west at low height over the southerly part of Feiring, where they were observed by many persons, . . .

The forward one **was not lighted**. People noticed them because they heard a **loud whistle** and directly after (the objects) came flying into sight at **terrific speed**. They went **so low** that **trees were left swaying after they passed**. Nearly midway out in Mjosa, nearer the Feiring side, **the water took a big splash** and the spray stood many meters high in the air where the objects disappeared.

July 20, 1946 (Sat. morn.) Aftenposten (Oslo) p.1.
Are experiments with Flier X underway over Norway? /
Two V-1-like objects fell in Mjosa.
…
Meanwhile reports recently have been so numerous and definite that they can no longer be rejected as products of people's lively imaginations. It is far from impossible that **one or more foreign powers are conducting secret experiments with new weapons of the V-like type."**

Anmerkung:

Genau das ist die Antwort für die merkwürdigen Ereignisse über den Skandinavischen Ländern! Fremde Mächte (Amerikaner, Briten, Deutsche und Russen) nutzen ungeniert deren Luftraum für ihre geheimen Experimente! Ob ungelenkte Foo Fighters zu weit flogen und aus Schweden in das benachbarte Norwegen abdrifteten?

„As reported in one part of our evening number's edition yesterday, there were two such "Flier X's," as we well can call them, seen going down in Mjosa. It happened Thursday midday between 12 and 12:30 o'clock, and they were seen by many persons in Feiring. The acting sheriff of Feiring and Hurdal first got reports yesterday morning and set about at once to collect evidence from eyewitnesses. He received from many quarters confirmation **that the two "Flier X's"** were seen as they came at a low height over the Feiring woods from the west and fell down in Mjosa ca. two kilometers from the western shore and ca. seven kilometers from Minnesund, where after he notified the Haerena Overkommando.

Yesterday afternoon one of our co-workers was up in Feiring and talked with a couple of those who had the remarkable experience. The **"Flier X" passed directly over Balsrud farm** where they were seen by farmer Sigvart Skaug, his wife and grown son and daughter. Balsrud lies around ( ) in the south end of Feiring. It was Mrs. Skaug and daughter who saw them first. They were right at the top of the ridge at a place which is called Badstuakeren, and high.

They (the people) suddenly heard a loud noise in the air and believed at first there was a plane coming. But the sound did not

resemble plane noise. **It was rather like a powerful whistle.** Right
afterwards they caught sight of **two plane-line objects** which came
from over the edge of the woods **at a tremendous speed** and **so low**
that the two women involuntarily threw themselves down on the ground.
The air current was so strong that the treetops swayed.
...
Skaug said that they were **like pictures of V-1s** he had seen in
newspapers. In any case they could not have been ordinary planes.
**They were cigar-shaped, ca. 2,5 meters long, with ca. 1 meter long
wings. The wings were set ca. 1 meter from the nose, and the fore
and after parts had a metallic gleam, but the midsection with the
wings was black. It looked as if there was attached an apparatus,
perhaps a steering device, in the rear. The wings flapped a little
as if they were of cloth.** No fire or light was seen."

Anmerkung

Siehe Beschreibung eines „Geflügelten" in dem Buch „Attention Foo Fighters" des Autors!
U.S. Nachtjägerbesatzungen sahen während des Krieges ähnliche, wenn nicht dieselben
Flugkörper und verwechselten sie mit der Messerschmitt Me 163 „Komet" und nicht etwa mit
der V-1, da diese „Unknowns" sich an die P-61 Night Fighters hefteten und deren
Flugmanöver nachvollzogen. Die Tragflächen von 1-2 Meter Spannweite könnten statt
„Cloth", Stoff, auch aus Balsaholz bestanden haben und dienten als Auftriebshilfen und zur
Stabilisierung bei erratischen Flugtendenzen von elektrostatischen Flugkörpern. Am Heck, im
schwachen Schubstrahl könnte sich ein, aus Metall bestehendes Kreuzleitwerk, also vier
Pendelruder befunden haben, zur Richtungsänderung, ggfs nur im „Schwarz/Weiß Modus",
also entweder nur Richtungsänderung nach Steuer- oder Backbord.

Vollkommen richtig erkennen die Zeugen, dass Teile des Rumpfes einer Spindel glühten -
durch Aufheizen von Blechen bestimmter Elektronendichte - während andere Teile des
Flugkörpers dunkel blieben, weil diese aus widerstandsfähigen (nitrierten) Blechen bestanden,
oder nur aus Vollholz, in das ein Abteil für bestimmte wichtige Instrumente (Steuerelemente
für autonomen Flug, Lochstreifen, Zeitschaltuhr ect.) eingefräst war.

"The projectiles went a short distance from each other, the one a
little ahead of the other. They described a slight arc, about the
way a stone is cast, and fell together into Mjosa, so the water
plumes rose many meters high in the air. No explosion was heard.

Anmerkung:

Ob es beabsichtigt war, das beide Flugkörper, die wie andere "Foo Fighters" in enger
Formation fliegen konnten, in einen See stürzen sollten, oder dies durch eine Fehlfunktion der
Steuerung der Fall war, ist unklar. Es stürzten beide gleichzeitig ab, weil die vordere
Maschine die Flugrichtung angab und die hintere nur der ersten Maschine zu folgen brauchte,
„Master and Slave" Verfahren.
...

The "Aftonbladet" (Schwedische Zeitung in der auch ein Artikel von Georg Klein über
Wernher von Brauns scheibenförmiger "Amerikabomber" mit Atomantrieb berichtet wurde,
der in 300 km Höhe operieren konnte, Anm.d.A.) indicates **Peenemünde as the
probable launching site for the stream of flying projectiles** which
recently have **passed over Sweden, Norway and southern Finland.** With
the support (evidence) of the latest reports the paper thinks that

pairs of projectiles of the V-1 type are being fired. There have been three definite cases of crashes, two of them in <u>Sweden</u> and one in Norway."

Anmerkung:

Flogen diese Rotten unkonventioneller „E-Flugkörper" einen bestimmten, vorprogrammierten Rundkurs, der die Fluggeräte über die drei genannten Länder führte? Wo endete die vorher einprogrammierte Flugroute? Wieder in Peenemünde bei den Russen oder z.B. in Schweden, wo "fremde Mächte", wie Spezialisten großer, reicher Luftfahrtnationen, wie UK und USA auf die Flugkörper warteten?

Oder wurden die „Foo Fighters" wahllos gen Nord-Westen abgefeuert und flogen solange, bis entweder die Suspendierung in der Atmosphäre nachließ, das Triebwerk Brennschluss hatte, oder die kleinen Flugkörper irgendwo dagegen knallten. Gab es ein Selbstzerstörungsmechanismus?

Zudem könnten die weit reichenden Flüge bis hinauf nach Finnland daraufhin deuten, dass <u>der eigentlich zu testende Flugkörper</u>, nämlich ein <u>Überschallflugzeug in Form einer (verkleinerten) A-4b</u> mit Flügeln und einem Sprengkopf in der Spitze, zufällig gesichtet wurde, wenn diese auch sehr hoch flog.

Zeigt im Übrigen dieses Indiz, dass eine A-9/10 erst nach dem Krieg, im Jahre 1946 im wieder aufgebauten Peenemünde zum ersten Mal zum Einsatz kam und nicht schon zuvor im Krieg?

July 25, 1946, p. 1. **Sweden** the testing ground for new V-1 STOCKHOLM, 24 July (From AFTENPOSTEN'S correspondent)

"New reports that flying bombs have been sighted are received incessantly.
. . .
That Sweden has recently served as a firing range or testing ground for radio-controlled projectiles is now beyond any doubt. In the course of the past two days the number of reports has suddenly changed character. **Before, fireballs** with or without burn tails were described. Reports Tuesday and Wednesday on the other hand told without exception **of flying bombs of about the same character** as Hitler's famous V-1 bombs."

Anmerkung:

Flogen vor den Test- bzw. Ablenkungsflügen mit "Geflügelten" und "Spindeln" (die aus Holz und Blechen bestanden haben könnten, sowie mit und ohne Flügel, die gffs. absprengbar waren) die oben im Buch besprochenen „Feuerbälle", Plasmoide ebenfalls über Schweden einen Rundkurs?

August 3, 1946, (Sat) Aftenposten (Oslo), p.9.
Continued "rocket invasion" over **Sweden**

"According to the New York Herald Tribune, **a German rocket expert** has said that **reports from Sweden** must **indicate that the Russians have started new experiments with V-2 bombs at Peenemünde** in North Pomeran and these reports have been received by the Swedish air force with great interest. The strange projectiles still **seem to fly in pairs**, and the latest report tells likewise about two objects which passed over Central Norland out to sea yesterday evening. One exploded over the water, and according to reports both **were cigar shaped with big brightly luminous yellow-white tails.**

Anmerkung

Der deutsche Raketenexperte könnte vollkommen recht haben!

In Peenemünde wurde eventuell 1945/46 unter Aufsicht der Russen die Entwicklung beendet und realisiert, die bereits während des Krieges begonnen wurde: der Bau einer Langstreckenrakete, wie die A-9/10, oder einer A-8 mit aufgepflanzter Flügelrakete!

Außerdem hätten die Russen niemals alleine solche, bis heute hoch geheimen und vehement vertuschten elektrostatischen Flugkörper, die kleinen „Foo Fighters" mit Rundkursen über Länder geschickt, die <u>nicht</u> zu ihren <u>Einflussbereich</u> gehörten!

Alleine aus Geheimhaltungsgründen. Denn das Geheimnis elektrostatischer Flugkörper hätte man 1946 durchaus im neutralen Schweden aufdecken und abgestürzte oder gelandete Flugkörper genau analysieren können. So wie man das heute noch von privater Seite vorhat und die abgestürzten und untergegangenen Flier X aus dem Mjosa See bergen möchte!

Wenn Schweden „neutral" gewesen wäre und nicht von fremden Mächten (bis heute) kontrolliert wird!

Siehe hier z.B. die Geheimhaltung und Paranoia der Russen, was deren Luft- und Raumfahrttechnologie betrifft. Alles wurde verschleiert, ganze Städte mit Forschungsstätten wurden in der Sowjetunion erst gar nicht auf einer Landkarte verzeichnet. Oder wie bei der Briefmarke, siehe Anfang des Buches, wurden Raketen abgebildet, die es so in Wirklichkeit nicht gab. Das eine deutsche Kegelrakete, wie sie ggfs. aus Arnstadt im März 1945 abgefeuert worden sein könnte, auf die mongolische Briefmarke geriet, ist entweder ein reiner Glücksfall, oder ein versteckter Hinweis, dass irgendwann irgendjemand erkennt, was dort tatsächlich gezeigt wird!

Waren die „Foo Fighter" Überflüge in niedriger Höhe über Schweden nur pure Ablenkungsflüge, um dahinter die A-9/10, oder die A-4b sowie kleinere Flügelraketen zu verstecken, die auch über Schweden bis hoch nach Finnland flogen?

August 8, p.1. <u>**Sweden**</u> a "shooting range" for rocket projectiles. STOCKHOLM, 7 August (ASSOCIATED PRESS)

The Swedish Defense Staff is now firmly convinced **that Sweden is being used as a shooting range for foreign rocket-driven projectiles** something like the type of the German V1 and V2, said the Aftenbladet today.

Anmerkung:

Wie schon zuvor im März 1945, als eine zweistufige Kegelrakete eventuell nach Schweden flog, weil sie dort von irgendjemandem erwartet wurde, der einen „Test-Run" miterleben wollte? Und weil es in Schweden geheime Einrichtungen auf (geheimen, unbekannten)

Militärplätzen gab (oder noch gibt), wo „fremde Mächte" auf schwedischem Territorium ungehindert ihre Versuche (mit Billigung der schwedischen Regierung) durchführen können.

...

`August 13,` 1946 (Tues.) (Oslo) Aftenposten , p.1.

Did a V-bomb <u>explode</u> over **Stockholm**?

STOCKHOLM 12 August (ASSOCIATED PRESS). Many persons said today that **at least one V-bomb exploded over Stockholm last night.** At the same time the same luminous phenomenon as an hour before (?) What happened had such a character that it cannot be dismissed, it is said.

Aug, 16 (Fri. eve.) Aftenposten p.2.
Has the <u>Swedish</u> military secured a piece of a rocket bomb?

The Swedish defense staff **is now in possession of a piece of the rocket projectile** which for the past three months is thought to have been shot across Scandinavia. With that there is tangible evidence that rockets clearly are involved and not meteors or other natural sky phenomena.

STOCKHOLM, 16 August (NTB from REUTER).

...

At two places metal fragments of the rocket have been found, but the defense staff wishes to say nothing about the worth of this find as a means to judge the rocket's characteristics. They say only that at one of the finds metal fragments were secured (on which was imprinted a name and „illegible").

Both finds were made in central <u>Sweden</u>, but it is **forbidden** to give out place names in connection with rocket observations.

Anmerkung:

Wer verbot, nähere Angaben über gefundene Wrackteile der unbekannten Flugkörper zu nennen? Warum hatte man kein Interesse, die illegalen Versuchsschüsse der Russen zu entlarven?

August 17, 1946 (Sat. eve.) Aftenposten (Oslo) p.3.
Fighter plane against the rocket bombs?

STOCKHOLM, 13 August (PT and ASSOCIATED PRESS). Again last night many places in western and southern Sweden observed luminous projectiles which moved with great speed from **south to north. It is regarded <u>now</u> as certain that a <u>new V-weapon</u> is involved**. It is also thought that it is **radio-directed**. Danish scouts who were on a visit in Göteborg discovered a rocket bomb on Monday which suddenly [digressed a good] **30 degrees from its course, then shortly after it resumed it again."**

Anmerkung:

War es eine Leitstrahl gelenkte A-4b oder ein hölzerner „Foo Fighter", ein elektrostatisch aufgeladener Flugkörper, der automatisch eine Kurskorrektur einleitete?

"The Swedish authorities are considering sending in a fighter plane
against the rocket bombs, states the Aftenbladet.

Anmerkung:

Wurde je ein schwedischer Abfangjäger gegen die Eindringlinge entsandt, oder ist dies „Fake News", um die Bevölkerung zu beruhigen?

August 17, 1946 (Sat. eve.) Aftenposten (Oslo) p. 3.
New rocket-projectiles over **Sweden** and **Denmark**.

KOBENHAVN, 17 August (From the AFTENPOSTEN'S) correspondent.)

Yesterday there was observed a new case of the so-called ghost
rocket over Sjaeland. In the morning two were seen south of Koge.
One came from the south and **resembled a glowing cigar**. At intervals
it sent out flames of 20 meters length (followed) by white smoke.
The other rocket went at around 1000 meters height, and they both
could be plainly followed northward.
...

August 24, 1946 (Sat. eve.) Aftenposten (Oslo) p.1.
Norwegian student saw a "ghost rocket" in Sweden.

...

Suddenly [shooting] out of the evening stillness I saw a bright
light which neared us **from the southeast with colossal speed**. As it
came nearer it took the shape of a full moon, perhaps a little more
elliptical, but in size like when seen on the horizon. **The light was
very bright and reminded me of the results when a magnesium bomb
explodes**. On **the edges the light was more blue-green and the tail
shimmered**. AS it came closer there could be seen a thick, almost
glowing **smoke tail**.
. . .I saw a **black elongated projectile** go forward through the air
in a apparently horizontal course ca. 300 meters up. **It was pointed
in front**, but astern it looked [broken off]. The length was
something I only judge (guess) **at around 3 meters**. On the **back third
the whole tail glowed**, and this faint glow was the last we saw of
the projectile which disappeared in a direction toward a small
village nearby. It did not look like it had either wings or guide
fins. The course was directly northwest the whole time.
. . .
-Ends-

Beispiele entnommen aus:

"PROJECT 1947, Swedish "GHOST ROCKET" Reports – 1946".

Wobei der amerikanische "Project 1947" Internet-Bericht darauf spekuliert, dass so gut wie kein Leser, der die ansonsten sehr gut wiedergegebenen Schilderungen in den schwedischen und norwegischen Zeitungsartikeln liest, eine Ahnung oder sogar Sachkenntnis besitzt, was elektrostatische Flugkörper sind, wie sie funktionieren, wie sie aussahen und wie sie eingesetzt wurden!

"**1 Oct 46** - British embassy Warsaw to Danzig from Ambassador
Cavendish Bentinck [Victor Frederick William Cavendish Bentinck …,
wartime chairman of MI6's Joint Intelligence Committee (JIC)]
"TOP SECRET

I am informed that the **Soviet Army** has an **experimental station** in
the area between **Derlow** (Rügenwalde) and **Ustka** (Stolpmünde) and that
only Soviet Military personnel with special permits are allowed in
this area.

It has been suggested to me **that rockets or flying bombs seen over
Sweden were launched from this stations**. (I seem to remember that
during the war the Germans had an experimental station for the V1
and/or V2 at Stolpmünde).

Please find out as soon as possible whether the above mentioned area
is in fact forbidden to all except the Soviet personnel and try to
obtain discreetly any further information that you can.
…
-Ends-

Anmerkung:

Feuerten von hier, Rügenwalde und Stolpmünde, die Russen, mit Hilfe Peenemünder
Experten, kleine, 2-3 Meter große elektrostatische Flugkörper Richtung Schweden, teilweise
Radar/Leitstrahl gelenkt, teilweise planlos und ungelenkt? Wurden zeitgleich auch die
eigentlichen Flugtests mit einem „Überschallflugzeug" auf Raketenbasis gemacht, eventuell
verkleinerte Versionen des vormaligen Aggregats-4b mit Flügeln, die in großen Höhen bis
hoch nach Finnland flogen?

„**3 Dec 46**- Swedish Ghost Rocket committee member Norlin draft memo
states "nearly **one hundred impacts** have been reported and thirty
pieces of debris have been received and examined by FOA." Of 973
reports that had been received by Defense Staff to 29 Nov, **225** were
considered observations of "**real physical objects**" and every one had
been seen **in broad daylight** (Liljegren and Svahn).
-Ends-

(aus "Project 1947")

Anmerkung:

Mal angenommen, dass tatsächlich zwischen 100 und 225 - zweihundertfünfundzwanzig –
Projektile in Schweden am helligsten Tag in den Sommermonaten des Jahres 1946 in
Schweden und Norwegen eingeschlagen waren, was hat dies zu bedeuten?

Warum verschießen die Russen von Rügenwalde und Stolpmünde ganz offen so viele
Projektile u.a. auf das neutrale Schweden, das vom Westen kontrolliert wird, sowie auf das
von den Engländern besetzte Norwegen? Und zwar so, dass es jeder mitbekommt und die
Presse in beiden Ländern darüber ausführlich und wochenlang berichten konnte?

Geheimhaltung geht anders!

Also war es gar keine Geheimaktion? Eine Geheimaktion insoweit, das bis heute (Stand 2018) niemand in der Öffentlichkeit weiß, was elektrostatische Flugköper, was die Foo Fighters darstellen.

War es volle Absicht?

Eine monatelange, absichtliche Ablenkung?

Eine Ablenkung, um etwas dahinter zu Verstecken?

Der Test bestimmter Neuentwicklungen, von denen niemand etwas wissen durfte?

Von Versuchsflügen in großen Höhen mit einem neuen Überschallflugzeug?

Einer geflügelten Rakete mit einem Atomsprengkopf an Bord, in der Spitze?

Entwickelt während des Krieges von Wernher von Braun und seiner Gruppe und verwirklicht von Helmut Gröttrup und seiner Mannschaft nach dem Krieg, circa 1945/46 im wieder neu aufgebauten Peenemünde?

In wessen Auftrag und warum?

Warum wurde das neutrale, dem Westen zugewande Schweden, sowie Norwegen in die geheimen Tests verwickelt?

Weil die West-Alliierten, die Briten und die Amerikaner Bescheid wussten?

Weil eventuell die reguläre U.S. Army die Sowjets gebeten hatte, abtrünnige U.S. Verschwörer (Op. Unthinkable) am Nordpol (Punkt 103, De Long Island) zu bekämpfen und auszuschalten?

Weil dies im Interesse der UdSSR war, die befürchten mussten, dass versprengte U.S. Abtrünnige und deren Helfer weiterhin die Russen angreifen wollten, auch noch weit nach 1945 hinaus?

Wer hat weiterführende Informationen über diese, weit über die offizielle Geschichtsschreibung hinaus reichende, einer eventuell geheimen und vor allen Dingen gemeinsam geplanten Operation zwischen den USA und der UdSSR?

Wenn das Abfeuern unzähliger „Foo Fighters", den schwedischen „Flier X", eine gezielte Ablenkungsmaßnahme war, damit Gröttrup ungestört die A-4b, bzw. deren verkleinerten Abwandlungen von Peenemünde aus zu Testzwecken gen Norden verschießen konnte, woher kamen die vielen elektrostatischen Flugkörper?

Wurden sie von den Russen neu produziert?

Waren die Russen überhaupt in der Lage, mit Hilfe deutscher Experten, neue Flugkörper in Serie herzustellen?

Fehlten ihnen nicht etwa die unbedingt nötigen, speziell legierten Bleche hoher Elektronendichte, die nicht nur teuer waren, sondern auch aufwendig hergestellt werden mussten? Konnte die Produktion jeder x-beliebige metallverarbeitender Betrieb, wie etwa Polte in Thüringen bewerkstelligen?

Oder gab es nur sehr wenige Firmen, die diese Bleche hoher Elektronendichte überhaupt produzieren konnten:

Treffpunkt Polnische Botschaft

Herbert Schneider wartete geduldig, bis die Freigabe zum Einsteigen des Lufthansa Fluges nach Berlin, an diesem Frühlingsmorgen im April 1941 erteilt wurde. Schneider war in einem hellgrauen Zivilanzug gekleidet und hatte ein kleines Köfferchen dabei. Er stand in der Abfertigungshalle des Flugplatzes in München-Riem. Draußen wurde gerade das Betanken der Lufthansa Junkers Ju 52 mit dem Namen „Fritz Simon" beendet.

Es wurde bereits eine kleine Einstiegstreppe herangerollt und gleich konnten er und einige andere Fluggäste in dem schmalen Wellblechrumpf Platz nehmen.

Eine freundliche Flugbegleiterin wies Schneider seinen Sitzplatz an und half, den kleinen Koffer in das Gepäcknetz über ihm zu legen.

Sie lächelte den elegant gekleideten Herrn freundlich an und beinahe hätte Schneider sie gefragt, was die junge Dame von der Lufthansa heute Abend in Berlin noch so vorhaben würde.

Doch Dipl.-Ingenieur Herbert Schneider hatte leider keine Zeit, am Abend durch Berlin zu bummeln, um mit einer schönen, jungen Frau zu flirten und mit ihr gegebenenfalls danach in einem Hotelzimmer zu verschwinden.

Er saß am Fensterplatz und schaute über die lange, mit Wellblech beplanter Tragfläche aufs große Münchner Flugfeld hinaus. Dort stand eine Heinkel He 70 „Blitz" der Lufthansa, in der gerade Postsäcke verladen wurden. Weiter links davon wurde eine silberne Junkers Ju 86 der DLH gerade in eine Halle geschoben. Außerdem befanden sich einige Luftwaffenmaschinen auf dem großen Verkehrslandeplatz der Hauptstadt der Bewegung.

Es war Krieg. Die schöne ruhige Friedenszeit, wo man noch einige aufregende Flugabenteuer erleben konnte, die war vorbei. Die Abenteuer fanden jetzt für Schneider in den Entwicklungslaboren von Peenemünde, oder in Niederösterreich statt.

Ingenieur Schneider kam aus Österreich mit dem Zug nach München und flog von hier aus als normaler Zivilist und Geschäftsmann in die Reichshauptstadt. Seine Arbeit war hoch geheim, wie auch das Treffen in Berlin am heutigen Abend.

Da kam gerade eine „Tante Ju" hereingelandet und rollte im schnellen Tempo auf die Abfertigungsgebäude zu, wo ein Wart mit zwei Kellen die Maschine heran winkte.

Schneider arbeitete an Fluggeräten, die hatten mit der Ju 52 oder der He 70 nicht mehr viel gemein. Diese Flugkörper konnten senkrecht aufsteigen und genauso wieder landen. Sie erzielten Fluggeschwindigkeiten, die geradezu fantastisch waren. Hätte Schneider dem Flugkapitän seines Lufthansafluges erzählt, dass die Höchstgeschwindigkeit eines seiner Maschinen bis 10.000, ja sogar 60.000 km/h in der Stunde erreichten, der Pilot hätte ihn wohlmöglich aus der Passagiermaschine hier geschmissen.

Dipl. Ing. Schneider lächelte in sich hinein. Hier drei Sternmotoren, die die Junkers auf gerade mal 250 km/h Reisegeschwindigkeit beschleunigten, und in seinem Entwicklungslabor baute man Flugzeuge, die durch die Luft rasten, dass man sie kaum noch mit dem bloßen Auge wahrnehmen konnte.

Da ging wieder die adrette Flugbegleiterin durch den Mittelgang und schaute, ob alle für den Start bereit und ordnungsgemäß angeschnallt waren.

In zwei Stunden landeten sie in Berlin-Tempelhof. Bis dahin machte Herbert Schneider die Augen zu und entspannte sich.

Da wurde er auf einmal aus seinen Träumen geweckt und schaute unvermittelt in die schönen braunen Augen der Flugbegleiterin, die Schneider darauf aufmerksam machte, dass man gleich in Tempelhof aufsetzen würde.

„Haben Sie heute Abend Zeit für mich?", fragte Schneider ganz frech aus einem Impuls jungendlichem Leichtsinns heraus. Er wunderte sich selbst, dass er sich von dem Anblick dieser jungen, gut ausschauende Frau nun doch hinreißen ließ.

Das Mädchen lächelte nur und ging zum nächsten Fluggast.

Nach der Landung schnappte sich der Ingenieur sein Köfferchen, wo er nur das Nötigste für eine einzige Übernachtung eingepackt hatte und ging zur hinteren Ausstiegstür auf der Backbordseite.

Am Ausgang verabschiedete die junge Dame gerade die letzten Fluggäste mit einem immer stets freundlichen Lächeln. Als Schneider ihr die Hand gab, drückte sie ihm eine kleine Notiz in die Hand, die dieser sofort in seiner Sakkotasche verschwinden ließ.

In Schneider kam Euphorie auf. Er konnte in diesem Moment nur noch an diese Schönheit denken und wie er sie in der großen Reichshauptstadt durchs Berliner Nachtleben ausführen würde.

In der großen Abfertigungshalle der riesigen Flugplatzgebäude in Berlin-Tempelhof schaute Schneider schnell auf den kleinen Zettel, wo mit hübscher, sauberer Handschrift eine Telefonnummer und eine Straße mit Hausnummer vermerkt waren. Er hoffte, dass sie später auch zuhause und am Apparat war.

„Hoffentlich dauert die Konferenz nicht so lange, damit ich zur ihr kommen kann . . .", dachte Schneider vergnügt und machte sich auf, mit der Straßenbahn zu seinem Hotelzimmer zu rattern. Man hatte es extra für ihn vorab gebucht.

Als er aus dem Flughafengebäude trat und Richtung Haltestelle laufen wollte, begegnete ihm ein alter Bekannter aus vergangenen Tagen, wo er hier in Berlin Maschinenbau studierte.

„Na, Du auch hier?"

„Ich hab eine Einladung für eine Abendveranstaltung . . .“

„Ich auch . . . In der polnischen Botschaft?“

„Ganz genau!“

Beide lachten und schüttelten sich freundschaftlich die Hand.

„Der „Dicke“ soll eine Rede halten . . .“

„Selbst verfasst?“

„Hat einer von uns geschrieben . . . Soll Hitler beeindrucken . . .“

„Da kommt meine Tram! Also bis heute Abend! Tschüss.“

Das Treffen am Abend, angesetzt um 20.00 Uhr war konspirativ. Man ging durch einen Seiteneingang in einer Nebenstraße in die ehemalige polnische Botschaft.

Ein unauffällig wirkender Mann im zivilen Anzug stand auf der Straße und winkte die ankommenden Gäste schnell in den Eingang. Man huschte eiligst durch die Tür und alle achteten darauf, dass niemand etwas mitbekam.

Hitler, Göring sowie einige hohe Herren von der Reichsregierung und vom RLM und anderen Ministerien gelangten durch unterirdische Fluchtgänge in das ehemalige Botschaftsgebäude.

Ihre Abwesenheit vom normalen Alltagsbetrieb war niemanden bekannt, und offiziell hatten die Leute entweder Pause oder waren anderweitig beschäftigt.

So bekam auch hier niemand mit, dass Hitler an diesem Abend in der neu gegründeten „Deutsche Informationsstelle“ weilte. Die „Deutsche Informationsstelle“ war eine Propaganda Abteilung des Auswärtigen Amtes unter Joachim von Ribbentrop. Man hatte die, als harmlose Stiftung ausgelegte Abteilung, in die nun frei gewordenen Räume der ehemaligen polnischen Botschaft des mittlerweile nicht mehr existierenden Nationalstaates Polens einquartiert.

Es gab mehrere konspirative Plätze, Gebäude und Räume, wo man sich heimlich traf, ob in der Hauptstadt Berlin, oder anderswo. So konnte außerhalb des offiziellen Protokolls über Dinge geredet werden, die nicht, oder nie an die Öffentlichkeit gelangen sollten.

„Ah, Schneider! So gut gekleidet?“

„Wenn schon, denn schon! Wer ist den die hübsche junge Dame dort drüben?“

Schneider schaute sich im großen Empfangssaal neugierig um. Die Fenster waren alle mit dickem Vorhangstoff verhängt, sodass von außen niemand sah, dass Licht brannte und sich mehrere wichtige Persönlichkeiten hier drinnen in dem ehrwürdigen Gemäuer aufhielten.

„Das soll die Tochter von diesem Junghans sein. Der macht auf Metallurgie und hat eine neue Legierung erfunden . . .“

Schneider nickte und merkte sich den Namen.

Da hinten in der Halle waren Hitler und Göring. Himmler und Göbbels gesellten sich auch dazu.

Der dicke Göring hatte ein Blatt Papier in der Hand, auf das er ab und zu mit nervösen Blicken drauf starrte.

Dann bat man die vielleicht dreißig geladenen Gäste in den kleinen Sitzungssaal, wo genügend Stühle aufgestellt waren, auf denen man nun Platz nahm.

Der Reichsluftfahrtminister Hermann Göring ging an ein extra aufgestelltes hölzernes Redepult und legte den großen Zettel darauf.

Als alle Platz genommen hatten rief jemand „Psst" und Göring begann mit seiner vorbereiten Rede:

„Meine sehr verehrten Damen und Herren! Ich danke Ihnen allen, dass Sie unserer kleinen, aber feinen Einladung zu dieser abendlichen Veranstaltung so zahlreich nachgekommen sind . . ."

„Wäre ich nicht gekommen, hätte das für mich schwerwiegende Konsequenzen haben können . . .", dachte sich Schneider im Stillen und schaute zu seinem Sitznachbarn hinüber. Der hieß Klein und war, wie er in der Luftfahrtbranche, beim RLM tätig.

Der nickte zustimmend und man lauschte weiter, was Göring zu sagen hatte.

„Die Luftschlacht um England hat leider schmerzlich gezeigt . . . , dass Defizite in unserem Flugzeugbau zu verzeichnen sind . . ."

Göring machte eine Kunstpause und schaute sich etwas verärgert in der Runde um.

Hitler, der wie Göbbels und Himmler in der ersten Reihe saß, schlug nervös ein Bein um das andere.

„Wir müssen . . .", fuhr der Reichsmarschall fort, „wir müssen bessere und schnellere Maschinen bauen, sodass wir unseren Feinden in der Luft auf Jahre überlegen sein können. Deutschland braucht neue Flugzeuge, die alle bisher da gewesenen Modelle weit in den Schatten stellen. Wir sollten zukünftig eine unangefochtene, eine andauernde Lufthoheit erringen, die uns, das Großdeutsche Reich, auf absehbare Zeit in ganz Europa und dem Rest der Welt nahezu unangreifbar macht!

Meine Damen und Herren, der SD hat sich in unseren Feindländern unauffällig umgehört . . ."

Göring schaute auf Himmler. Der drehte sich dem Publikum zu und schaute grimmig in die Augen der Zuhörer.

„Der Sicherheitsdienst . . . , er konnte keine ausländische Entwicklung im Luftfahrtbereich ausmachen, die auch nur annähernd . . ." Göring räusperte sich und betonte erneut, „ . . . auch nur annähernd dem nahe kommt, was wir in der Hinterhand halten!

Meine Damen und Herren . . . , und hier spreche ich besonders die Herren in den Vorstandsetagen der Luftfahrtindustrie an . . .", wieder schaute Göring in die Runde, „Die Herren in den Chefetagen der Flugzeugwerke, den Forschungseinrichtungen, alle haben sie mir versichert, dass sie neue Techniken und Antriebe in der Entwicklung haben, die unsere zukünftigen Flugzeuge schneller werden und sie weiter fliegen lassen, als alles, was sonst so auf der Welt zu haben ist. Flugzeuge, die Listungen erbringen, die geradezu als fantastisch, ja, als unvorstellbar gelten.

Ich kann die Herren Techniker und Ingenieure nur dazu aufmuntern . . . , nein ich fordere Sie hiermit unmissverständlich auf, bauen Sie diese Maschinen umgehend, so schnell wie möglich! . . . Und der Sieg Großdeutschlands über den Rest der Welt ist unser! Heil Hitler!"

Ein Zuschauer im Raum fing zu klatschen an, stand auf, erhob die rechte Hand und die anderen stimmten begeistert mit ein.

Auch Schneider klatschte nun mit. Aber er wusste es besser. Mit ihm vielleicht noch einige wenige andere hier im Saal. Aber keiner wollte Hitler, Göring und die anderen enttäuschen und alle, alle spielten mit, ob sie wollten oder nicht. Deutschland war nicht das einzige Land, das neuartige Flugkörper entwickelte, die sogar weltraumtauglich waren . . .

Den Rest der Rede hatte Schneider nicht mehr richtig mitbekommen. Er dachte die ganze Zeit nur an die junge hübsche Lufthansa Stewardess, und wie er sich mit ihr später am Abend vergnügen würde.

Dann stupste ihn plötzlich sein Nachbar zur rechten unerwartet an und meinte:

„Wollen Sie nicht mit zum Büfett hinüber?"

Schneider, aus seinen Träumen gerissen, hatte gar nicht mitbekommen, dass Göring seine Rede schon beendet und zu einem kleinen Abendessen am Büfett geladen hatte.

„Doch, natürlich!"

Er ging mit diesem Ingenieur Klein zu einem anderen großen Zimmer innerhalb der ehemaligen polnischen Botschaft, wo in der Mitte des Raumes ein üppiges Büfett auf einem langen Tisch mit weißer Tischdecke hübsch aufgebaut war.

Erlesene Speisen, Champagner und andere, zumeist alkoholische Getränke waren schön arrangiert, auf den gesamten Speisetisch verteilt. Göring hatte sich nicht lumpen lassen und ein köstliches und teures Dinner herrichten lassen.

An dem festlich gedeckten, großen Tisch traf Schneider wieder die junge Dame mit ihrem Papa wieder.

„Sie beschäftigen sich mit Metall-Legierungen?", fragte Schneider den Mann, der seine Tochter gerade einige Häppchen auf den Teller legte.

„Ja genau! In Schramberg habe ich ein kleines Versuchslabor . . . dort mache ich meine kleinen, aber feinen Experimente. Sie kennen sich aus . . . ?"

„Ich . . . , wir werden diese neuen Bleche zukünftig verwenden . . ."

Dann fachsimpelten die beiden Spezialsten, bis Junghans zu einem Besprechungsraum, in dem Hitler wartete, gebeten wurde.

Insert

Zitat aus dem Buch:

Hitler's Suppressed and Still-Secret Weapons, Science and Technology", by Henry Stevens, 2007, AUP, Kempton, Illinois, USA:

"In 1960, Michael X, later writing under the name of Michael X. Barton, described a metal propulsion flying discs. Barton's German informant describes an experience from wartime Germany: called "Impervium" which was allegedly used by the Germans in construction of field propulsion vehicles.

Übersetzt aus dem Englischen aus o.g. Buch:

"In Schramberg, (Schwarzwald, Baden Württemberg), hatte ich einen Freund, dessen Vater ein bekannter Wissenschaftler in Metallurgie war. Er führte chemische Experimente an Metallen durch. Es ist unbestritten, dass dieser Mann einer der besten Wissenschaftler auf diesem Forschungsgebiet war, denn eben dieser Mann erfand ein Metall, das härter als Diamanten war. In den Jahren 1935-36 nutzten die Nazis dieses Metal – nennen wir es „Impervium" – zum ersten Mal für den Bau von Flugzeugen für die deutsche Luftwaffe.

Ich erinnere mich an Besuche in seinem fantastisch eingerichteten Privatlabor, das unterhalb, im Keller eines herrschaftlichen Hauses am Schramberger See lag. Der Wissenschaftler erlaubte mir zuzuschauen, wie das neue Metal hochgradig erhitzt wurde und es in einem bläulich roten Schimmern zu glühen anfing.

Ein Jahr später, Anfang der 1940er Jahre, traf ich diesen Wissenschaftler und seine Tochter wieder, dieses Mal in der polnischen Botschaft. Die Tochter erzählte mir, dass sie und ihr Vater zu einer Unterredung mit Hitler an diesem besonderen Abend eingeladen waren.

Die Besprechung mit Hitler betraf geheime Pläne zum Bau von ovalen oder „elliptisch geformten Fluggeräten".

-Ends-

Der Autor Mister Barton fährt fort und sagt, „dass die Energiequelle für die ovalen Fluggeräte, „Elektromagnetismus" oder „elektrische Antriebssysteme" sei."

- Ende Zitat -

Anmerkung des Autors:

Bei den elektromagnetischen und elektrostatischen Antrieben sei hier auf die Bücher „Das Geheimnis der Wahren Raumfahrt", Teil II und „Attention Foo Fighter" von Klaus-Peter Rothkugel verwiesen.

Wer war der deutsche Wissenschaftler, der eine neue Oberflächenbehandlung eines Metalls erfand?

Fand ein geheimes, nächtliches Treffen in der polnischen Botschaft in Berlin, Anfang 1940 statt, wo Hitler u.a. diesen Wissenschaftler für eine Unterredung zu sich bat?

Dazu heißt es im Internet:

. . .

„Die neu gebildete polnische Gesandtschaftskanzlei in Berlin residierte nun in der Kurfürstenstraße 136 im Berliner Ortsteil Schöneberg, das Konsulat direkt daneben in der Kurfürstenstraße 137 an der Ecke zur Motzstraße (bzw. zwischen 1934 und 1998 Mackensenstraße, heute: Else-Lasker-Schüler-Straße).
. . .
Nach der <u>Zerschlagung Polens 1939</u> und der Errichtung des Generalgouvernements . . . <u>konfiszierte</u> das Deutsche Reich die Gebäude in der Kurfürstenstraße und nutzte sie für die **Deutsche Informationsstelle**, eine Propaganda Abteilung des Auswärtigen Amtes unter Joachim von Ribbentrop in Stiftungsform."

Anmerkung:

Fand ein abendliches, geheimes Treffen in der ehemaligen polnischen Botschaft, die 1940 bereits von der Propagandastelle des Auswärtigen Amtes besetzt war, statt, und war unter den geladenen Gästen auch der Spezialist für Metallurgie, nämlich ggfs. Siegried Junghans mit seiner Tochter?

Waren auch andere Wissenschaftler, Techniker und Ingenieure geladen, die über den nahe gelegenen Flughafen in Berlin-Tempelhof einflogen, um an einer geheimen Sitzung in Schöneberg teilzunehmen? Handelte es sich um eine Besprechung betreffend bestimmter Luftfahrtentwicklungen und war auch das Reichsluftfahrtministerium in Berlin darin verwickelt?

Kannte Hitler also geheime Forschungen und Entwicklungen von elektrostatischen und elektromagnetischen Flugkörpern, so wie auch z.B. Hermann Göring oder Ernst Udet, der 1940 noch das RLM leitete? Göring warnte später vor einen Sternenkrieg.

Bei den metallurgischen Experimenten könnte es sich unter anderem um das „Nitrieren" von Aluminium gehandelt haben.

So heißt es im Internet:

„Als „Aluminiumknetlegierung" werden alle Aluminiumlegierungen bezeichnet, die vor allem durch Umformen (Walzen, Strangpressen) bearbeitet werden (Knetlegierungen).

Bereits geringe Zusätze der Legierungselemente Magnesium, Silizium, Kupfer, Zink, Nickel und Mangan ändern die Eigenschaften des reinen Aluminiums sehr stark.

Insbesondere werden Festigkeit und Härte gesteigert, die elektrische Leitfähigkeit dagegen gesenkt, während die Umformbarkeit nur gering nachlässt. Diese Legierungen zeigen eine hohe Duktilität (Flexibilität), man nennt sie deshalb Aluminiumknetlegierungen.

Aluminiumknetlegierungen werden aufgrund ihrer hohen Festigkeit und geringen Dichte als Werkstoffe für Transportbehälter sowie Konstruktionsteile im Fahrzeug-, Flugzeug- und Schiffbau verwendet.

Nitrierstähle:

Aluminium und seine Legierungen finden auf Grund eines hohen Festigkeits-Masse Verhältnisses, guter Korrosionsbeständigkeit und Umformbarkeit eine breite industrielle Anwendung.

Andererseits sind die Härte und Verschleißfestigkeit für eine Reihe von potentiellen Anwendungen unbefriedigend.

Das **Nitrieren** ist eine viel versprechende Methode zur **Oberflächenmodifikation** von Aluminium, da Al N exzellente physikalische und chemische Eigenschaften besitzt, z.b. eine große Härte und so eine erhöhte Verschleißfestigkeit.

Beim **Ionen Nitrieren** werden **Stickstoff Ionen** in die Substratoberfläche implantiert, die auf erhöhter Temperatur gehalten wird. Im Unterschied zum **reinen thermischen Nitrieren** ist der Ionenbeschuss mit dem Abtrag von Oberflächenatomen infolge von Zerstäubungsprozessen verbunden.

Vorteile des Nitrierens gegenüber Verfahren der Umwandlungshärtung sind die höhere **Wärmebeständigkeit bis 600** C und die **Nichtverformung** des Bauteils durch den Härtevorgang, so dass vor dem Härten fertig bearbeitet werden kann. Nachteile sind die langen Glühzeiten und die teilweise Giftigkeit der benötigten Chemikalien.

Die wichtigste Aluminium-Gusssorte ist die eutektische Legierung von Aluminium und Silizium. Ihr Eutektikum liegt bei etwa 12 % Silizium und hat einen Schmelzpunkt von 576C. Diese Aluminium-Silizium-Legierung besitzt hervorragende Gießeigenschaften (Dünnflüssigkeit, geringe Schwindung) und hat eine hohe **Festigkeit**. Sie lässt sich im Allgemeinen gut schweißen und ist korrosionsbeständig. Anteile an Magnesium und Kupfer erhöhen die Festigkeit, Kupfer verringert jedoch die Korrosionsbeständigkeit.
 Aluminiumgusslegierungen mit diesen Elementen werden als Werkstoffe beispielsweise für Motorengehäuse und Getriebegehäuse im Fahrzeug- und **Flugzeugbau** verwendet."

Anmerkung:

Kupfer ist ein sehr guter elektrischer Leiter und interessant zum Bau von EM-Fluggeräten.

Ein bekannter Erfinder der Region im Schwarzwald ist Siegfried Junghans (* 3. Juli 1887 in Schramberg im Schwarzwald; † 5. September 1954 in Schorndorf, Württemberg.Siegfried Junghans, Sohn eines Uhrenfabrikanten studierte nach seiner militärischen Karriere in Stuttgart Metallurgie und analytische Chemie.

Aus Wikipedia:

„Von 1919 bis 1936 hatte er (Junghans) die technische und kaufmännische Leitung der Messingwerke Schwarzwald AG. Ferner war er 1927 bis 1931 Vorstandsmitglied der Gebr.

Junghans AG in **Schramberg**. Er hatte die Gesamtführung der Schwarzwälder Metallhandel AG (1923–1936) und eine technisch leitende Stelle.

Er patentierte eine nicht-harmonische „Mould Oszillation" und baute 1933 in Deutschland die erste Fabrik für Stranggießen. Nachdem das Stranggießen von Nichteisenmetallen allgemeine Praxis war, konzentrierte er sich auf das Gießen von Stahl und baute dazu einen Heißwindkupolofen. Der Zweite Weltkrieg beendete die Zusammenarbeit mit Irving Rossi, so dass zwei unabhängige Stranggieß-Entwicklungen entstanden. Nachdem er 1949 in Schorndorf das Stahlstranggießen wieder aufgegriffen hatte, erkannte auch Mannesmann die Bedeutung."

Hatte Siegfried Junghans im Wohnhaus seiner Eltern in Schramberg (oder in Villingen-Schwenningen), im Keller ein Versuchslabor?

Dazu heißt es im Internet:

„Gebaut wurde die Junghans-Villa in der Roggenbachstraße in Villingen Mitte der 1920er-Jahre vom Fabrikanten Siegfried Junghans (1877-1954), einem Spross der Schramberger Unternehmerdynastie Junghans. Er leitete das Villinger „Messingwerk", das 1931 von Junghans an die Wieland-Werke Ulm verkauft wurde."

Arbeitete man mit den Wieland Werken AG, in Ulm und Vöhringen zusammen, um für die Luftwaffe, beziehungsweise für geheime Forschungen, entweder in Peenemünde, Kummersdorf, bei WNF in Wiener Neustadt oder anderswo, entsprechende legierte Aluminium Bleche zu liefern? Wurden diese für, bis heute geheim gehaltenen Flugkörper verwendet, weil sie einerseits besonders duktil und hitzebeständig waren, und andererseits an bestimmten Baugruppen nicht elektrisch leitfähige Eigenschaften besaßen?

Wurde dort auch andere, leitfähige Bleche für elektromagnetische Flugkörper hergestellt!

…

Auch Schneider erhielt eine Audienz beim Führer. Er schilderte die technischen Fortschritte seiner Forschungsabteilung und versprach, dass im Laufe der nächsten Monate erste Einsätze gegen alliierte Flugzeuge geflogen werden könnten.

Nach der kurzen Unterredung mit Hitler genehmigte sich Ingenieur Schneider noch ein kleines Schlückchen am Büfett und suchte dann in einer der verlassenen Büros der ehemaligen polnischen Botschaft nach einem Telefon.

Er wählte die angegebene Nummer auf dem Zettel, die die Flugbegleiterin ihm am Nachmittag zugesteckt hatte.

Es ging auch gleich jemand an den Apparat und Schneider musste kurz und knapp melden:

„Der Abend war schön!" Dann wurde er angewiesen, sofort wieder einzuhängen. Schneider verließ unverzüglich das Botschaftsgebäude durch einen weiteren Seiteneingang, dessen Tür er von innen aufschließen konnte.

Er schnappte sich ein Taxi und fuhr zum Kurfürstendamm. Dort musste er in der Nähe einer U-Bahn Haltestelle erst einmal kurzzeitig warten.

Nach einer Weile kam ein junger Mann vorbei, der ein kleines Liedchen pfiff. Schneider erkannte die Melodie und schloss sich der Person an. Beide gingen in einen nicht weit entfernt liegenden kleinen Stadtpark und setzten sich kurz auf eine dortige Parkbank.

Schneider kramte einen Zettel aus seiner Jackentasche und überreichte diesen dem Mann.

Der schaute kurz drüber und Schneider meinte:

„Dieser Junghans und seine neue Metalllegierung . . . Er meinte, ich könnte bei ihm mal zuhause vorbeischauen, wenn er seine Versuche macht . . .“

„Gehen Sie hin zu ihm! Wir sind sehr an dieser Legierung interessiert und wie sie entsteht.“

Nach ein paar weitern Worten verabschiedeten sich die beiden wieder, und jeder ging seines Weges.

Dipl. Ing. Schneider konnte nach dem Krieg die von ihm gemachten Erfahrungen in seinem Fachbereich in einem Untergrundwerk unterhalb der Wüste von Nevada, USA erfolgreich weiter anwenden und war noch einige Jahre in den USA tätig, bis er wieder nach Deutschland zurückkehrte. Schneider baute sich eine auskömmliche Existenz im Nachkriegsdeutschland auf und lebte glücklich und zufrieden bis an sein Ende. Über geheime Forschungen, geheime Fluggeräte, ja auch eine geheime Raumfahrt, darüber hatte er nie wieder etwas erwähnt.

Insert

Hier noch einmal das Zitat von Georg Klein in einer 12-teiligen Artikelserie in der *Hamburger Morgenpost*, beginnend im Februar 1953 mit dem Titel: *"Wir bauten Fliegende Untertassen"*, siehe auch das Buch „Das Geheimnis der Flugscheiben aus Deutschland“ von Klaus-Peter Rothkugel:

"Die Geschichte der "Fliegenden Untertassen" begann im **April 1941**. Auf einer **geheimen Konferenz** im Reichsluftfahrtministerium in Berlin **gab Göring vor einer kleinen Schar prominenter Flugzeugkonstrukteure und Aerotechniker** die Anweisung, der Zeit weit voraus zu eilen und noch schnellere Flugzeuge zu entwickeln. Göring forderte von der althergebrachten Rumpfform der Flugzeuge abzuweichen und Flächenformen zu schaffen, da nur auf diese Weise günstigere aerodynamische und statische Voraussetzungen gegeben seien.

Ob Göring sein eigenes Gedankengut preisgab, oder von einer anderen Stelle hierzu beeinflußt worden war, das ist nicht mehr festzustellen.... "

Anmerkung:

Zu dieser Zeit, 1941, waren höchstwahrscheinlich elektrostatische und elektromagnetische Flugkörper bereits in der Entwicklung und Erprobung (etwa seit 1937-38 im großen Stil). In den USA, in Lateinamerika und anderen abgelegenen Gegenden dieser Welt führte man schon eine geheime Raumfahrt durch, die auch Hermann Oberth und Wernher von Braun bekannt gewesen sein dürfte, da beide bestimmt heimliche Auslandskontakte zu diesen Forschergruppen gehabt haben könnten.

Erwähnte Siegfried Junghans später, nach dem Krieg, dass er an geheimen Forschungen innerhalb der deutschen Luftrüstung während des Krieges beteiligt war?

Wusste die „Top-Riege", wie Hitler, Göring, Himmel und Göbbels, was wirklich im „Reich" vor sich ging?

-Ends-

...

Wenn also z.b. nur einige handvoll an Firmen, wie die Wieland-Werke in Ulm oder die Metallwerke Reutte bei Plansee, Tirol solche Sonder-Bleche hoher Elektronendichte produzieren konnten, die aber alle im Westen lagen und eventuell nach Kriegsende nicht sofort in der Lage waren, Spezialbleche herzustellen, wie kamen die Russen an solche Beplankungen für elektrostatische Flugkörper?

Weil die Russen, sowie Gröttrup und seine Mannschaft vielleicht gar keine solchen Flugkörper produzieren mussten.

Denn sie waren bereits vorhanden?

In Massen vorproduziert, eingelagert, sicher in unterirdischen Verstecken und Depots versteckt, um in einem Dritten Weltkrieg zum Einsatz zu kommen?

Apropos „vorproduziert":

In dem Buch „*Geheime Kommandosache, SIII Jonastal und die Siegeswaffenproduktion*", Harald Fäth, 1999, heißt es unter anderem:

„Daß die unterirdischen Anlagen in Österreich in gewisser Weise etwas Besonderes darstellten, zeigt beispielsweise das „**System Bergkristall**" bei St. Georgen, wo die Produktion des ersten Düsenjägers der Geschichte, der Me 262 erfolgte.

Mit mehr als 50.000 m^2 und etwa 10 (evtl. bis 40) km Tunnel-Gesamtlänge war „Bergkristall" eine der **wenigen Großbunkeranlagen** des Dritten Reiches, in welcher mit Jahresbeginn 1945 die geplante Produktion anlief.

Alliierten Geheimdienstberichten zufolge soll in „Bergkristall" bereits **987 Düsenjäger am Fließband** produziert worden sein. Das Tunnelsystem selbst ist nahezu fertig gestellt worden und die Serienproduktion für den Düsenjäger war bereits im vollen Gange.

Im **Sommer 1944** wurden bereits parallel zum weiteren Ausbau der Tunnelanlage **mit der Produktion von Bauteilen** begonnen. Die Produktion erreichte dann **gegen April 1945** mit **90 voll ausgestatteten Einheiten pro Monat** ihren Höhepunkt

Die vorgesehene Produktion sollte etwa **1.250 Düsenjäger pro Monat** erreichen.

Interessant ist, dass die Anlage für einen **Vollbetrieb bis in das
Jahr 1955 projektiert wurde.**
...
Die Verbindung Jonastal – Österreich ergibt sich aber vor allem aus
noch anderen Punkten. So war der leitende Architekt von SIII, also
dem „Jonastalprojekt", ein Österreicher - **Karl Fiebinger.** Er
konzipierte nach dem Zweiten Weltkrieg in den USA **Interkontinental-
Raketenbasen. "**

Anmerkung:

Für was benötigte man im April 1945 noch tausende von Messerschmitt Me 262 TL-Jäger?
Der Krieg war hoffnungslos verloren, einen „Endsieg" gab es – zumindest für das Dritte
Reich – nicht mehr.

Wo sollten die 987 gefertigten Strahljäger-Einheiten gelagert worden sein? Bestimmt nicht
überirdisch, ggfs. in der Umgebung gut verteilt unter Tarnnetzen und Bäumen, denn da wären
die TL-Jäger entdeckt und von Tieffliegern zusammengeschossen worden. Zerlegt und
Abtransportiert mit der Bahn? Wohin? Wo es keinen Tieffliegerbeschuss oder
Bombenangriffe der Amerikaner und Engländer gab? Auf welchem - unentdecktem - Flugplatz
der Luftwaffe hätte das sein sollen?

Wo waren die vielen Piloten, der Treibstoff für annähernd 1.000 einsatzbereite Maschinen?

Lagerten oder lagern die einsatzbereiten über 900 Me 262 irgendwo in den weit verzweigten
Stollen von „B-8", in wichtige Baugruppen zerlegt und warteten dort für den eigentlichen
Einsatz: den Dritten Weltkrieg gegen die Sowjetunion ab Juli 1945?

Liegen die mittlerweile heute verrotteten Strahljäger immer noch dort unten, unterhalb von St.
Georgen in Nieder-Österreich? Wo dort auch ein Atommeiler, ein „Leichtwasserreaktor",
LWR nach amerikanischem Vorbild zu finden ist?

Hatten weder die anrückenden „regulären" Amerikaner, noch später die Russen die
massenweise vorproduzierten und eingelagerten Waffen und Flugzeuge, je all dieses Material
aus den Stollen geholt? Liegen die „V-Waffen" verschüttet, in gesprengten Tunneln und
Hallensystemen immer noch dort unten?

Wäre es ungünstig für die offizielle Geschichtsschreibung und die Propaganda, würde man
heute die Tunnelsysteme von „Bergkristall" wieder freilegen wollen?

Hätten u.a. deutsche POW aus Kärnten, in britische Uniformen gesteckt, als
„Kanonenfutter" ab Juli 1945 Nieder-Österreich von den Russen zurückerobert und
„B-8" wieder eingenommen? Hätten die West-Alliierten „Abtrünnigen" dort die
vorgefundenen, eingelagerten Waffen dann für den weiteren Vormarsch gegen die Russen
verwendet, um die Rote Armee bis weit nach Russland zurückzudrängen?

Warum fand dieser Dritte Weltkrieg nicht statt, war er doch so umfangreich geplant, sowie
finanziell recht teuer, wegen der unzähligen, vorproduzierten „Siegeswaffen", die auf
deutschem Territorium noch lange nach dem Krieg gelagert waren?

...

Lagerten unter anderem hunderte elektrostatischer (Holz-) Flugkörper gut verpackt, die man nur noch zusammenbauen musste, in Bunkern, die zu den Komplexen im Eulengebirge oder im Jonastal gehörten?

Vorerprobt als „Foo Fighters", als „Kraut Balls" entlang des Rheintals im Herbst/Winter 1944/45, was die Einsatzfähigkeit bewies und sie bereit machte, als Funkstörer, zum Rammen, in der Luft zu explodieren usw., in einem weiteren, von den U.S. „Verschwörern" geführten Krieg eingesetzt zu werden.

Wussten die Russen, wo diese Flugkörper lagerten und reaktivierten sie nach Kriegsende einfach? Waren darunter eben auch Versager, die, aufgrund der langen Lagerhaltung nicht mehr richtig funktionierten? Weil die deutsche Kriegsproduktion auch minderwertiges Material verbauen musste.

Fertigte man aus nicht strategischem Materialien wie Holz, die Vollholzrümpfe in Spindelform, mit ausgefrästen Abteilen für Triebwerk und Instrumenten, dazu hunderte Sätze von Tragflächen und Rudern ebenfalls aus (Balsa) Holz? Lagerte man dazu zig Bleche der Speziallegierung, die man an bestimmten Stellen (Heck, Bug, Unterseite) vernietete, wenn die Geräte zusammengefügt wurden und zum Einsatz kamen?

Bauten nun die Russen im Jahre 1946 diese eingelagerten elektrostatischen Flugkörper zusammen, um damit massenhaft auf Schweden zu zielen?

Beispiel eines Versagers, der „aus dem Ruder" gelaufen schien:

„Oct 46- First of four events in which **rocketlike object streaks from Soviet Zone of Germany and impacts with explosion near town of "Gaedheim"(?), in US Zone**. Debris is chemically analyzed by US counterintelligence forces (See May, July 47, 31 Jan 49]."

4 Feb, 1949 - Schweinfurt, Germany:

"American authorities in Germany are baffled over the origin of **four mysterious projectiles** which have landed and exploded in the same area, just east of Schweinfurt, since October, 1946.

The last of the rocket- or jet-propelled missiles landed last Jan. 31, 1949, and eye-witnesses said it came from the northeast and had a 20-foot-long flaming tail. Experts so far have been unable to reconstruct the projectiles from the small bits recovered from the craters.

Anmerkung:

Verschossen die Russen in Ost-Deutschland noch bis Januar 1949 alte, eingelagerte Bestände bestimmter, geheimer deutscher „Wunderwaffen", die eventuell zu hunderten oder tausenden für einen Dritten Weltkrieg von den Deutschen vorproduziert wurden, für Testzwecke oder für „Psy-Ops" Missionen?

Wurde auch eine deutsche Fernrakete, evtl. in Kegelform schon in einer kleinen Serie vorgefertigt und waren solche Bestände abschussbereit im Jonastal, hätte es einen Dritten Weltkrieg gegeben?

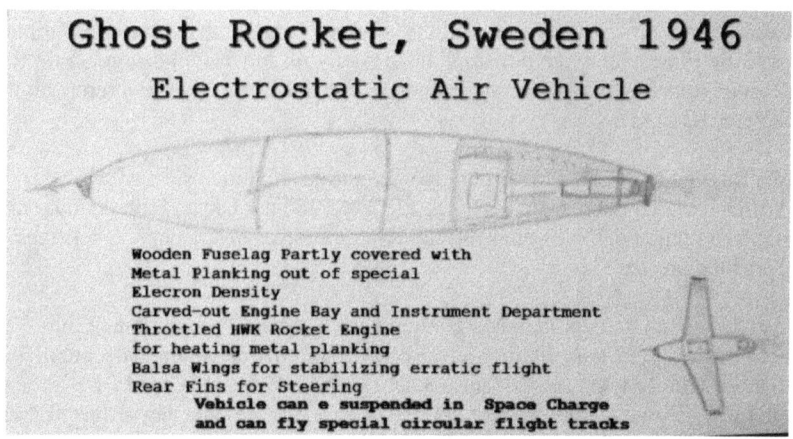

Ghost Rocket, Sweden 1946
Electrostatic Air Vehicle

Wooden Fuselag Partly covered with
Metal Planking out of special
Elecron Density
Carved-out Engine Bay and Instrument Department
Throttled HWK Rocket Engine
for heating metal planking
Balsa Wings for stabilizing erratic flight
Rear Fins for Steering
Vehicle can e suspended in Space Charge
and can fly special circular flight tracks

Abb.:

Spindelförmiger elektrostatischer Flugkörper, mit und ohne Tragflächen aus Holz.

Die Flügel dienten hauptsächlich der Stabilisierung, um erratische Flugzustände zu begegnen, sowie ein Kreuzleitwerk zur Feinsteuerung. So konnten elektrostatische Fluggeräte ohne weiteres aus leicht zu beschaffenden, unterschiedlichen Holzmaterialien konstruiert sein, weil beim Flug, auch unter hohen Beschleunigungswerten, die Raumladung der Atmosphäre überall gleichzeitig am Flugkörper angreift und somit die g-Kräfte gleichmäßig verteilt wurden.

Der spindelförmige Metall- oder Holzrumpf mit Metallbeplankung, der am Heck ein kleines, gedrosseltes Walter-Raketentriebwerk besaß, wurde durch so genannte „thermodynamische Prozesse" elektrostatisch aufgeladen.

Alleine durch die Reibung der abgeblasenen Gasstrahlen der Walter-Rakete an der „Reibungsdüse", also der Düsenaustrittsöffnung am Heck, wurde der Rumpf, der teilweise aus einer gesonderten Metall-Legierung bestand, aufgeladen, beziehungsweise, es wurde eine bestimmte Ladungstrennung herbeigeführt. Entweder eine negative, oder positive Ladungstrennung, für eine jeweilige Anziehungs- oder Abstoßungskraft in der natürlichen oder künstlichen Raumladung der Atmosphäre.

Das Raketentriebwerk lieferte nicht in erster Linie den Schub, es diente zwar dem Vortrieb beim Horizontalflug, aber hauptsächlich sollten die ausgeblasenen Gase die Bleche mit einer speziellen Elektronendichte aufheizen und elektrostatisch aufladen.

Es könnte hier zu „Versagern" gekommen sein, dass Triebwerk explodierte, der volatile Treibstoffe entzündete sich zu früh ect., was zu Abstürzen der kleinen Flugkörper von 2 bis 3 Meter Länge geführt hatten.

In der Mitte der Holzspindel befand sich ein Abteil für die Instrumente, Funkfernsteuerung oder Steueranlangen für einen autonomen oder Leitstrahl gelenkten Flug. Dazu Sensoren für Formationsflug, eine Zeitschaltuhr und/oder ein einfacher, kleiner Analogrechner.

Gestartet wurden die Fluggeräte von einer Schleuder. Entweder mit Dampf oder Druckluft betrieben. Somit müssten zwei Schleudern je ein Paar der elektrostatischen Flugkörper von der russisch besetzten Ostseeküste Richtung Schweden geschleudert haben. Oder beide wurden schnell und kurz hintereinander gestartet.

Hatten die bereits auf der Schleuder elektrostatisch aufgeladenen Flugkörper, von dem schon am Boden gezündeten Raketentriebwerk, dann eine bestimmte Flughöhe erreicht, wurden sie von der vorherrschenden Raumladung entweder angezogen oder abgestoßen, sie wurden in der Atmosphäre suspendiert. Aufgrund des Momentums des Schleudervorgangs und des sanften Schubs (das von Augenzeugen nur als dumpfes Rauschen wahrgenommen wurde) flogen die Geräte in Richtung des Zielgebietes mit hoher Geschwindigkeit. Denn die aufgeladenen Bleche bewirkten zudem, dass sich die Luft nicht an den Außenseiten des Flugkörpers reiben konnten, was den Flugkörper reibungslos durch die Luft, ohne störenden Luftwiderstand, gleiten ließ.

Augenzeuge sahen in Schweden im Jahre 1946 längliche Flugkörper, teilweise mit Flügeln, die glühten und deren Tragflächen leicht zu flattern schienen. Ein Objekt hatte es das Heck (durch Explosion, Versagen des Raketenantriebes) zerrissen und man sah glühende Funken am hintern Ende des zigarrenförmigen Flugkörpers.

Leser des Buches „Foo Figher Attacking" von Klaus-Peter Rothkugel werden erkannt haben dass es sich hier bei den Sichtungen in Schweden eventuell über spezielle elektrostatische Flugkörper gehandelt haben könnte. Diese haben ein gedrosseltes Raketentriebwerk im Heck, um bestimmte Bereiche der mit speziellen Blechen großer Elektronendichte beplankten Außenhaut elektrostatisch durch Ausblasen der Abgase aufzuladen.

Interessant, dass solche teilweise geflügelten Spindeln mit einer spitzen Nase (Antenne) in Paaren, als Rotte einen (autonomen, mit Analogrechnern oder Leitstrahl geführten) Formationsflug von Süden nach Norden über das neutrale, nicht zum sowjetischen Einflussgebiet gehörende Schweden absolvierten.

Es schien dabei zu einigen Unfällen aufgrund Versagern gekommen sein, sodass sogar Einwohner von Oslo in Norwegen von verirrten Flugkörpern beeinträchtig wurden. Was hätten zum Beispiel Stadtbewohner von Berlin gesagt, hätte man (die Russen) massenweise geheime Versuchsflüge über Berlin im Kalten Krieg unternommen, wobei sogar einige der Versuchsflieger über der Stadt abgestürzt wären?

Feuerte man von wieder hergestellten Versuchsstationen, die zu Peenemünde gehörten, wie Stolpmünde oder Rügenwalde an der Ostsee, bestimmte elektrostatische Flugkörper, zuerst „Feuerball", dann „Geflügelte" ab und ließ sie einen Rundkurs bis nach Schweden fliegen? Wurden gar einige dieser Flugkörper in Schweden auf einer geheimen Militärbasis bewusst von irgendjemand (mit einem Lande- Fangnetz) wieder eingefangen, um die Testflüge weiter auszuwerten?

Wäre dies der Fall, so wie schon zuvor im März 1945, als ggfs. eine keglige Langstreckenrakete von Thüringen aus über Schweden in die Nähe des Nordpols geflogen sein könnte, so müssten im neutralen Schweden mehrere Stellen bei diesen Versuchen involviert gewesen sein!

Da wären zum einen die Sowjets, die Peenemünde reaktivierten, da Vorpommern in der SBZ lag, dann die Schweden selbst, ein neutrales Land, das dem Westen und der späteren NATO zugewandt ist, die die Überflüge und das Penetrieren ihres Luftraumes duldeten und andere Mächte, wie die Briten oder/und die Amerikaner, die dieses Land, Schweden bis heute kontrollieren.

(Siehe hier gesonderte „MK" Mind-Control Experimente in den Skandinavischen Ländern, da Dänemark, Norwegen, Finnland und Schweden eine geringere Bevölkerungszahl haben, als die größeren Staaten auf dem europäischen Kontinent.)

Dann wären diese und andere Überflüge übergeordnet von allen beteiligten Staaten stillschweigend genehmigt und geduldet gewesen!

(Wie später mit den „UFOs", EM-Spionagedrohnen, hauptsächlich der Amerikaner und der Russen, die Spionageflüge über dem Territorium des jeweils anderen –mit Erlaubnis, Zustimmung des jeweils anderen!! – seit Jahrzehnten durchführen, um z.B. die Atomarsenale des jeweiligen Gegners zu kontrollieren. Wie etwa den schon ab Werk eingebauten „Abschaltmechanismus" der ICBMs, damit nicht ungewollt ein Dritter Weltkrieg aus „Versehen" ausgelöst wurde, weil man einen, alles vernichteten Krieg noch nicht gebrauchen konnte. Auch das jeweilige Bedien- und Kontrollpersonal für Überflüge über Feindstaaten mit scheibenförmigen EM-Drohnen, die in den jeweiligen „Feindstaaten", zwecks Wartung, Fernsteuerung ect. operierten, könnte einen diplomatischen Sonderstatus besitzen, um ungehindert in NATO-Ländern, oder früher in den Warschauer Pakt Staaten heimlich ihre – genehmigte – Spionage- und Kontrolltätigkeit auszuüben. Siehe hierzu das Buch „Amerikanische und Russische Spionagedrohnen auf beiden Seiten des Eisernen Vorhangs", von K-P Rothkugel, wo ein amerikanisches, hutförmiges „EM-UFO" den Aufmarschort von Truppen der Warschauer Paktstaaten in der Ukraine, via Klausenburg/Rumänien, ausspionierte. Diese Truppen, 500.000 Mann stark, marschierten Richtung CSSR, um den „Prager Frühling" niederzuschlagen.)

An dem Beispiel der „Ghost Rockets" über Schweden, die 1946 Einzug in die offizielle Berichterstattung der schwedischen Presse hielt, kann man gut erkennen, wie in Wirklichkeit es eine übergeordnete, supranationale Zusammenarbeit zumeist aller wichtigen Staaten in der Welt gibt, die außerhalb jedweder Ideologien, Machtblöcke usw., stattfindet, ohne das der Normalbürger davon etwas mitbekommt!

Der Kalte Krieg, er hat zumeist in den Medien und in subalternen Kreisen der Politik und des Militärs stattgefunden, aber nicht in übergeordneten Kreisen, wo man sich der Tatsache der „Wahren Raumfahrt" und der Besiedelung des Universums durch (eine neue) Menschheit wohl durchaus im Klaren sein könnte und den Normalbürger auf Erden bewusst im Unklaren lässt!

…

Testete man also im russisch besetzten und kontrollierten Peenemünde die vorgefundenen und vorproduzierten elektrostatischen Flugkörper, die während des Krieges als „Foo Fighters" den Luftraum über Deutschland unsicher gemacht hatten?

Beachte hier, dass die Versuchsflüge mit elektrostatisch aufgeladenen Flugkörpern im Sommer (des Jahres 1946) stattfanden, wo die atmosphärischen Bedingungen nicht besonders gut für eine hohe elektrisch aufgeladene natürliche Raumladung war (die Foo Fighters über Deutschland wurden vermehrt ab Herbst 1944 bis Ende des Winters 1945 durchgeführt, wo die Luft kalt und die natürliche Raumladung besser aufgeladen war, als in den Sommermonaten, um elektrostatische Flugkörper in der Luft zu suspendieren).

Es sei denn, das gesamte Testgebiet von der Ostsee bis weite Teile von Schweden und darüber hinaus in den Norden, wurde künstlich elektrostatisch aufgeladen (so wie heute mit „Chemtrails"). Wobei, wenn die norwegische, oder finnische Atmosphäre nicht mehr gute elektrostatische Flugbedingen aufzuweisen hatte, weil nicht künstlich bearbeitet, dann stürzten die „Foo Fighters", beraubt ihrer benötigten Suspendierung in der Raumladung, einfach ab.

Dann muss es mehrere Überflüge mit speziellen Sprühflugzeugen (B-17, C-54?) über dem gesamten Gebiet - Ostsee, Schweden - gegeben haben, die eine künstliche elektrische Aufladung der Atmosphäre ermöglichten.

Wurde dies auch mit anderen „Ghost Rockets" durchgeführt? Etwa tatsächlich mit Raketen, oder speziellen elektrostatisch aufgeladenen „Granaten", die bestimmte Stoffe, wie früher Wollfäden mit einem aufgeladenen winzigen Draht, oder den feinen, zerbrechlichen Draht selbst (siehe hier die Beschreibung: „Verfahren zur Herstellung eines Trägers für künstliche eklektische Raumladungen in der Atmosphäre", Anmelder: Hans Werner von Engel, Erfinder: Erich Halik) in der Atmosphäre, dem Operationsgebiet der „Ghost Rockets" der „X-Fliers" großflächig ausbrachten?

Steuerten diese unbekannten Flugkörper, die „Flier X" von Peenemünde kommend, eine bestimmte Militär/Geheimbasis in Schweden an, wo man sie „einfing" und weiter auswertete, oder wurden sie ziellos durch den schwedische Luftraum gefeuert, bzw. es kam zu Irrläufern, weil die - autonome - Steuerung nicht funktionierte ?

Wer könnte ggfs. alles auf solch einer Basis anwesend gewesen sein? Experten aus Groß Britannien, Amerika und einige deutsche Spezialisten?

Bekannt sind in der offiziellen Literatur nur die „Vorzeige Gruppen", wie die Raketenspezialisten um Wernher von Braun, die nach Amerika gingen. Oder die Leute um Helmut Gröttrup, die in die SU gehen mussten.

Rocket with Wings

Ghost Rocket over Sweden?

Es scheint aber wahrscheinlich noch viel mehr Peenemünder Gruppen gegeben zu haben, die für elektrostatische und elektromagnetische Flugkörper oder für die Entwicklung und die Erprobung von Groß-/Langstreckenraketen zuständig waren, sowie Spezialisten, die bereits einen speziellen Schwerwasser-Reaktor betreiben konnten, um nuklear bedampfte Bleche, oder spezielle Luftdruckbomben herstellen zu können.

Wo sind diese Gruppen abgeblieben, und wer waren diese Leute?

Abb.: Original Bildunterschrift, entnommen aus dem Beitrag:

„The Germans and the Development of Rocket Engines in the USSR, Technical University Dresden, Institute for Aerospace Engineering, D-01062 Dresden, F. R. Germany. The Germans and the Rocket Engine Development in the USSR, O. Prizibilsky, 2002:

„Fig. 27 Officers of the **Warsaw Pact** familiarise themselves with models of long range rockets. The model the **German A9/A10** is easily recognisable."

Anmerkung:

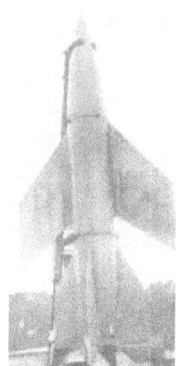

Vielmehr ist leicht zu erkennen, das die Russen eventuell auch ein "Reusable winged orbital Launch Vehicle", ähnlich derer Projekte, die Wernher von Braun nach dem Krieg zeichnete, in der Planung (und Ausführung?, siehe Peenemünde 1946) gehabt haben könnten.

Auf Basis einer geflügelten A-4/A9, oder wesentlich kleiner, siehe andere Tragflächenformen?
Oder **als Überschallflugzeug** fungierend als Atomwaffenträger im Gleitflug?

Beachte, wie das geflügelte Modell auf einer runden unteren Raketenspitze mit vier Flossen sitzt!

Das Modell der Russen hat einen k Kleiner Rumpf mit langen, schmalen Tragflügeln. Eine Eigenentwicklung der Sowjets, oder hatte auch Wernher von Braun schon die Idee, eine kleinere, leichtere Variante auf die Spitze einer normalen A4/A8 Rakete zu setzen und den Gleiter mit Überschallgeschwindigkeit auf ein Ziel zu lenken? Flogen solche kleinen Raketen als „Ghost Rockets" über Schweden in 1946? Wenn ja, dann hatte es der Westen gewusst und wohlmöglich sogar die Schussweiten bis hoch nach Finnland im Auftrag der Russen vermessen und ausgewertet!

Siehe auch das im Vordergrund liegende raketenförmige Projektil, das mit zwei umlaufenden Befestigungen auf einem angestrebten Startwagen mit vier Metallrädern sitzt. Dieser Startwagen könnte auf einer ansteigenden Rampe auf Schienen rollen. Siehe auch die langen, geschwungenen (3?) Flossen. Eine russische Rakete oder ein weiteres deutsches Projekt?

Beachte silbern abgesetzte „Nozzle" mit kleiner Öffnung am Heck dieses unbekannten Projektils! Also entwickelte dieser Flugkörper keinen großen Schubstrahl, sondern eher vergleichbar mit der Düsenaustrittsöffnung, wie z.B. des „Kraftei", Me 163. Die Austrittsöffnung für ein Walter-Triebwerk?

Der Gleiter auf einer runden Raketenspitze hat zwei interne Tanks im Zentrum und wesentlich schmalere und länglichere Tragflächen. Oben zur Spitze hin könnte das Modell einen Fallschirm angedeutet haben, wo sonst der Sprengkopf, die Nutzlast sitzt.

Nimmt man die untere runde Spitze als Maßstab der Trägerrakete, wie groß könnte der geflügelte Raketengleiter sein?

Woher kamen die Modelle, die die Warschauer Pakt Offiziere begutachten?

In der SU angefertigt, oder sind es deutsche Anschauungsmodelle, die von Gröttrup oder Wernher von Braun kommen, gar im Harz gefunden, erbeutet wurden? Oder wurden sie neu angefertigt, da die Russen diese Raketen, im wieder aufgebauten Peenemünde, mit deutscher Hilfe bauen wollten?

Wurde deshalb kurz nach dem Krieg das zuvor zerstörte Peenemünde wieder von den Russen reaktiviert, um Wernher von Brauns Konzept einer A-9/A10, einer A-11 oder gar einer großen A-12 zu realisieren? Mit Hilfe von deutschen Technikern und gar mit Hilfe von Wernher von Braun als Berater selbst, der sich in „U.S. Custody" in Moosburg und später in Landsberg am Lech in Bayern unter der Obhut der Amerikaner befand?

Konnte Wernher von Braun bereits zu Kriegszeiten, ggfs. in Ebensee feststellen, dass eine tonneschwere A-4b mit Tragflügeln auf die Schnelle als zweite Stufe für eine Interkontinentalrakete nicht realisierbar war und verkleinerte diese zweite Stufe so, dass sie auf eine bereits vorhandene Rakete, wie das A-4 oder das A-8 als Trägerrakete gesetzt werden konnte?

Gab es dazu in Nazi-Deutschland noch Versuche, ob im Windkanal oder mit 1:1 Holzmodellen?

Insert

Stalag VII-A – „Kriegsgefangenen-Mannschafts-Stammlager VII-A" – war das größte Strafgefangenenlager im zweiten Weltkrieg. Es lag nördlich des kleinen Ortes Moosburg im Süden von Bayern in der Nähe von Freising.

Am Tag der Befreiung, am 29 April 1945 waren um die 80.000 Gefangene im Lager. Zumeist Franzosen und Russen. Am Ende des Krieges hielten sich alleine 27 sowjetische Generäle im Lager auf.

Eine große Anzahl an Amerikanern kam nach der Ardennenschlacht nach Moosburg.

Nach der Befreiung des Stalags wurde das Lager als „Internment Camp No. 6" umfunktioniert. Circa 12.000 Männer und Frauen wurden interniert, von denen man vermutete, dass sie für diverse Verbrechen des Nazi Regime schuldig waren.

Warum so prominente und wichtige Persönlichkeiten, wie Wernher von Braun nach Moosburg kamen, ist unklar. Der Raketenpionier blieb auch nicht lange in diesem Lager und wurde dann nach Landsberg am Lech verbracht.

Hier nun einige, teils gekürzte Auszüge aus einer drei-teiligen Artikelserie der „Mainburger Zeitung" vom April 1958 (Neu abgedruckt in der Moosburger Zeitung am 16. bis 22. Januar 2008):

Der Raketenpionier
als Häftling in Moosburg

„Wernher von Braun (1912-1977), einer der bedeutendsten
Protagonisten der Raumfahrtgeschichte war im **Mai 1945 kurze Zeit im
Civilian Internment Camp No. 6 in Moosburg** interniert.
. . . .
Am 2. Mai 1945 stellte sich Wernher von Braun mit anderen
Wissenschaftlern in Oberjoch (Allgäu) den US-Streitkräften,
wohlwissend, daß seine Kenntnisse in Amerika hochgeschätzt sein
würden. Schon vorher hatten die USA in der Aktion "Paperclip"
versucht, namhafte deutsche Forscher für ihre Sache zu rekrutieren.

Von Braun kam daraufhin einige Zeit nach **Moosburg**, wurde jedoch bald
nach Landshut verlegt um schließlich in die USA zu übersiedeln, wo
seine zweite Karriere begann.
. . . .
Bereits im April 1958 erschienen in der Mainburger Zeitung unter dem
Titel

„Häftling von Braun - 1945 saß der Explorer-Schöpfer
in Moosburg hinter Stacheldraht"

drei Zeitungsartikel, die drastisch die Verhältnisse im Lager
schildern. Der Internierte von Braun wurde demnach von Mitgefangenen
als Verräter betrachtet, da er den Amerikanern sein Geheimwissen
anvertraute und deswegen - im Gegensatz zu vielen weniger belasteten
Inhaftierten - sehr schnell in Freiheit kam. Im Folgenden wird der
Text von 1958 wiedergegeben:

In den Baracken herrscht miese Stimmung. Die Bewacher des
Internierungslagers Moosburg machen die Runde. In ihren Gesichtern
steht Spott geschrieben. "Die Wanzen fressen alle Nazis", sagt einer
der amerikanischen Soldaten.
. . .

"Fraß" nennen ihre Bewohner die Suppe. Und ihnen wird schon übel,
wenn sie an die bevorstehende Mittagsmahlzeit denken. "Verfluchte
Sauerei, dass wir dauernd aus den alten Sch...kübeln fressen
müssen", sagt einer.
. . .
Er spricht nicht weiter, weil in diesem Augenblick die Tür aufgeht,
knarrend wie immer. "Ach, der ist es nur", murmelt einer. Der Mann
mit den dunklen, streng nach hinten gekämmten Haaren und dem
kantigen Gesicht, der leger durch den Raum schlendert, gilt in den
Kreisen der Mitgefangenen als "Eigenbrötler". "So sind alle
Preußen", meint ein Bayer dazu. Anderen aber gefiel scheinbar das
Gesicht nicht.

Der Mensch mit dem forschen Blick streift seine Jacke ab. Das
scheint ihm schwer zu fallen. Wenigstens verzerrt sich sein Gesicht,
als er den linken Arm bewegt. Von den 300 Männern in der Baracke
wissen nur wenige, dass jener Schicksalsgenosse noch den Arm
geschient hatte, als er festgenommen wurde. Zuvor war er nämlich

noch das Opfer eines Autounfalls. **Der Name des Mannes ist Wernher von Braun.**

Der Wissenschaftler reißt das Fenster auf. Und wieder hat er Stacheldraht vor den Augen. Er war ebenso rostig wie der, den man in Peenemünde gezogen hatte, um das Raketenforschungszentrum vor dienstlich Neugierigen zu schützen.
. . .
Aber doch: Am Stacheldraht endet auch die Freiheit des Häftlings von Braun. Das verdankt er der Rakete, die am 8. September des Vorjahres mit einer Tonne Sprengstoff im Kopf nach England startete. Mit Überschallgeschwindigkeit raste die V2 in 80 Kilometer Höhe in Richtung London. 4300 Exemplare folgten ihr noch, bevor die Sowjets in Peenemünde einzogen.

Sollte dies das Ende seiner Karriere gewesen sein? Nein. Von Braun glaubt nicht daran. Er weiß, dass die Amerikaner nicht nur die unterirdischen V2-Fertigungsstätten im Harz erbeutet haben, sondern auch die Männer, die sich da auskannten. Sie werden eines Tages kommen, um...

Der junge Wissenschaftler, der schon als Kind in Berlin von einer Fahrt zum Mond träumte, drückt mit den Fingern die Zigarette aus. Er muss weiterarbeiten. Hier im Lager noch.

Schon einige Tage später hat Wernher von Braun einige Männer um sich versammelt. Es sind überwiegend **Wissenschaftler**, die ihr Gehirn für Hitlers Pläne arbeiten ließen. Und zu ihnen gesellen sich immer mehr, die nur für die Ideen Adolfs Propaganda gemacht haben. Braun spricht zu ihnen. Er hält Vorträge über die Möglichkeiten eines Starts von bemannten Raketen, während auf der anderen Seite des Stacheldrahtzaunes Ochsenkarren über die Moosburger Straßen rollten, die Holz bringen.
. . .
Wernher von Braun, der Direktor des riesigen Projekts war, an dem oft 15000 Menschen arbeiteten, berichtet von den zahlreichen vergeblichen Versuchen bis zum Start der ersten Rakete. Er diskutiert mit ihnen über technische Probleme. Er erklärt und berichtet dann wieder.
. . .
Immer größer wurde der Kreis um den Wissenschaftler. Eines Tages aber sah er sich wieder allein. Die Häftlinge, die in den Baracken des Internierungslagers Moosburg hockten, distanzierten sich immer mehr von Braun. Man raunte sich zu: "Von Braun ist ein Landesverräter. Er geht nach Amerika."

Nichts anderes wollte man auch von einigen anderen Wissenschaftlern gehört haben. Wie Braun, so verachtete man auch sie mehr und mehr. Die Fanatiker griffen zu allen Waffen. Noch immer ahnte von Braun aber nicht, dass sich im Moosburger Lager etwas ereignen sollte, was er sein Leben lang nicht vergessen wird.

Von Braun gilt im Lager Moosburg als Landesverräter. Als Verräter des Reiches, das lange zusammengebrochen ist. Noch nicht für alle? Scheinbar gibt es an diesem heißen Sommertag des Jahres 1945 immer noch Männer, die an den Sieg glauben. An den Sieg Adolfs! Und einige seiner gefangenen Anhänger hätten Wernher von Braun am liebsten noch

an einem der Bäume aufgehängt, die in dem mit Stacheldraht
abgezäunten Gebiet stehen.
. . .
"Den Braun und seine Leute sollte man..." Immer wieder wurde so über
den Forscher von Peenemünde gesprochen. Und die so redeten, wussten
wohl kaum, dass von Braun nie ein Anhänger der Hitlerschen Fahne
war.

Während die Fronten schon wackelten, dachte von Braun mehr an eine
Raketenfahrt zum Mond als an die vom Führer erwartete Wunderwaffe.
Er entwarf das "Aggregat 9", das in 35 Minuten eine Entfernung von
4100 Kilometern überbrücken sollte, dann ein 87 Tonnen schweres
Monstrum, das "A10" bezeichnet wurde. Der nächste logische Entwurf
wäre der **einer dreistufigen** Satellitenrakete gewesen: die
Voraussetzung **zum Bau einer Weltraumstation.**

Davon wissen die Mitgefangenen des Häftlings von Braun nichts. Alle,
die ihn im Lager Moosburg anfeindeten, hatten wohl geglaubt, dass
der V2-Schöpfer mit den Größen des Dritten Reiches auf besserem Fuß
gestanden hat. Sie wussten wohl kaum, dass die Gestapo den jungen
**Professor von Braun und zwei seiner Mitarbeiter im März des
Vorjahres verhaftete.** Der Grund: Wernher von Braun hatte geäußert,
dass es nie seine Absicht gewesen sei, eine Waffe aus der Rakete zu
machen. Er und seine Männer hätten die ganze Entwicklung nur
betrieben, um Geld für ihre Versuche zu bekommen. Ihr Ziel sei nach
wie vor die Weltraumfahrt.
. . .
Zahlreiche Lagerinsassen haben sich versammelt, **als von Braun einige
Tage später aus dem Lager abgeholt wird.** Er hatte sich neben vielen
seiner alten Mitarbeiter im Rahmen der "Operation Paperclip", einer
Armee-Aktion zur Anwerbung deutscher Spezialisten, nach Amerika
verpflichtet. Er wollte seine Forschungen für die Fahrt zum Mond bei
den Amerikanern weiter betreiben.
. . .
Landshut ist Arbeitsplatz vieler Agenten geworden. In Cafés und
Gaststuben halten sie sich auf. Keiner kennt die Männer, Niemand
weiß, was sie unternehmen, wenn sie irgendwo Bier oder Kaffee
trinken. Für den Deutschen ist es auch uninteressant. Die Amerikaner
aber möchten es gerne wissen. Sie wollen und müssen es.

**Besonders interessieren sich die Agenten für die alten
Unteroffizierswohnungen an der Niedermayerstraße.** Soldaten der US-
Armee haben aber nicht nur einen hohen Stacheldrahtzaun darum
gezogen. Sie bewachen auch die Häuser. Überall stehen uniformierte
Posten, Bis zu den Zähnen bewaffnet.
. . .
Was für Männer hier hinter Stacheldraht hockten, **wussten am besten
die Agenten.** Sie arbeiteten für eine Nation, die sich ebenso für
Hitlers Superhirne interessierte wie die Amerikaner. Ihre
Auftraggeber saßen in dem Land, **dessen Fahne Hammer und Sichel
schmücken.** Die Superhirne saßen aber in Landshut.
. . .
**Einige der Wissenschaftler sind von den Agenten bis hierher verfolgt
worden.** Bei der Flucht vor den Sowjets steht ihr Leben oft auf des
Messers Schneide. Erst als die Köpfe der "Wunderwaffenfabrik des
Großdeutschen Reiches" von den Amerikanern eingesperrt sind, haben

sie Sicherheit. Die meisten stellten sich sogar freiwillig den "Amis".

. . .

Auch der V2-Schöpfer sitzt in Landshut. Er ist frei und - doch gefangen. Von Moosburg hat man ihn hierher gefahren. **Und mit ihm seine Helfer.** Ob die Russen wissen, dass in Landshut der Mann ist, der einmal den amerikanischen Satelliten baut, der mit dem "Sputnik" gemeinsam um die Erde kreist? **Ob sie deshalb die besten Agenten in die alte Herzogstadt geschickt haben?** Ob jene Männer nur einen Fehlgriff machten, wenn sie andere Wissenschaftler fassten? Ob man sie wieder in Gnaden aufnahm, wenn sie vergeblich um das "Housing-Project" der amerikanischen Streitkräfte in Landshut schlichen? Nicht nur die Agenten, sondern auch die deutschen Behörden erfahren nicht, wer in den ehemaligen Unteroffiziers-Wohnungen eingezogen ist. "Das geht euch nichts an", wird den Beamten des Einwohneramtes gesagt, als sie eine Anmeldung der Männer wünschen, die in der Nähe der Niedermayerstraße wohnen. Auch später, als Familienangehörige der Wissenschaftler eintreffen, sagt man ihnen nichts anderes. Die meisten Landshuter erfahren erst 1947, dass der Schöpfer der V2 unter den Superhirnen war, die von den Amerikanern zur Wissenschaftlerzentrale in die Dreihelmenstadt gebracht werden. Über den 1. März 1947 geben noch heute Papiere Auskunft, die im Standesamt der Stadt Landshut aufgehoben sind. Sie werden von den Beamten ebenso streng bewacht wie Braun damals von den Amerikanern. Nicht weil Agenten sich dafür interessieren, sondern Journalisten. Die Reporter großer Zeitschriften und Illustrierten bemühten sich vergeblich um das schwarze Buch mit dem roten Jahresschild, das im Panzerschrank aufgehoben wird. Von Braun muss noch immer an seinen Abschied im Lager Moosburg denken. Er kann nicht vergessen, dass man ihn von allen Seiten anspuckte. Er überlegt, ob er wirklich ein Landesverräter ist, oder ob ihm die Mitgefangenen des Internierungslagers nur so nannten. Immer wieder sieht der junge Forscher nur ein Ziel vor sich: **die Raketenfahrt zum Mond.**

Noch ein anderer Gedanke aber bewegt den Menschen jetzt mehr als bisher: Er will heiraten. Maria, eine Cousine aus der Familie der Mutter, soll es sein. Als er das Gut seines Onkels in der Nähe von Peenemünde besuchte, lernte er sie kennen. Es ist keine fürstliche Hochzeit mit rauschender Ballnacht. Als Wernher von Braun am 1. März 1947 seiner Cousine die Hand fürs Leben reichte, jubelt keine Menschenmenge dem Mann zu, von dem alle Deutschen zwei Jahre zuvor die "Wunderwaffe" erwarteten." Standesbeamter Daser aus Landshut liest den Text der Heiratsurkunde vor. Wernher von Braun und seine Frau Maria unterschreiben. In der kleinen evangelischen Holzkirche ist die Trauung. Einige Meter nur vom Stacheldraht entfernt. Vor und auch in der kleinen aus Holz gebauten Notkirche wimmelt es von deutschen Polizisten, MP-Patrouillen und bulligen Beamten des FBI. **Ihr Auftrag: den für Amerika kostbaren Hochzeiter beschützen. Aufpassen, dass er nicht gekidnappt wird."**

Soweit einige interessante (Desinformations-) Auszüge aus der „Mainburger Zeitung", April 1958 (Neu abgedruckt in der Moosburger Zeitung 16. - 22.1.2008 und ins Internet eingestellt.)

Anmerkung: Also hier nun wieder ein bisschen „Verschwörungstheorie", basierend auf die diversen, dem Autor vorliegenden Informationen:

Arbeitete Wernher von Braun in Wirklichkeit temporär freiwillig, auf Anweisung der USA mit den Russen zusammen, die als Teilnehmer der „Wahren Raumfahrt" ebenso eine „Raketenfahrt zum Mond" wollten?

Es musste in den Jahren 1945/46 in Europa einen kurzen Zeitabschnitt gegeben haben, da konnte man, als Amerikaner, Deutscher usw., was bestimmte (Raumfahrt, Militär) Entwicklungen betraf, wohl unter Billigung sowjetischer Stellen, auch die SBZ, die Sowjetisch besetzte Zone, für Geheimexperimente, für geheime Militäroperationen („Joint Operations"), an denen beide Machtblöcke, die Kommunisten sowie der Westen das gleiche Interesse hatten, betreten und dort auch Forschungen unternehmen und sogar „Wunderwaffen" und Großraketen bauen, oder bauen lassen.

Denn beide Großmächte wollten diese Luft- und Raumfahrtprojekte für ihre eigenen Zwecke verwenden.

Die Russen benötigten relativ schnell eine Interkontinentalrakete, weil sie große Angst hatten, dass die U.S./Nazi-Verschwörer, die immer noch weltweit versprengt, auch an den Polen der Erde (Neuschwabenland) saßen und von ihrem Dritten Weltkrieg träumten und diesen wohl immer noch in der Lage waren, diesen anzetteln zu können. Denn die Verschwörer hatten auch die Wunderwaffen aus Deutschland im Besitz, sowie einige Wissenschaftler und Ingenieure, die diese bauen konnten.

Die Amerikaner, die „Regulären" (also nicht die Verschwörer) benötigten ebenfalls schnell ICBMs, falls der sich anbahnende Kalte Krieg „heiß" werden sollte, aufgrund u.a. der unautorisierten Pläne der Verschwörer um General Patton und anderen.

Außerdem wollten beide Großmächte den Weltraum sowohl friedlich, als auch militärisch nutzen. Siehe Spiegel Artikel von 1947.

Die Amerikaner hatten wohl kein Interesse, ein zweites Peenemünde in den USA aus dem Nichts aus dem Boden zu stampfen, auch aus Kostengründen nicht. Die deutschen Anlagen an der Ostsee waren größtenteils noch vorhanden oder konnten schnell wieder aufgebaut oder repariert werden (auch die geheimen, der Öffentlichkeit unbekannten U-Anlagen unter Karlshagen, Stettin usw.?). Genügend Personal, Spezialisten und Handwerker, die Raketen zusammenschrauben konnten, waren in Deutschland vorhanden. Diese suchten dringend Arbeit und waren bereit und froh, für wen auch immer, in Peenemünde wieder an ihren angestammten Arbeitsplätzen arbeiten zu dürfen.

Somit wären die Russen in Peenemünde und Bleicherode, wo Helmut Gröttrup nach dem Krieg sitzt, relativ schnell in der Lage gewesen, mit Hilfe deutscher Spezialisten und Ingenieuren, plus handwerklich geschultem Fachpersonal, die im Krieg komplett ausgearbeiteten Unterlagen der A-9/A-10 fertig zustellen, und gebaute Raketen über der Ostsee zu testen. Oder zumindest die obere, geflügelte A-9 Stufe über die Ostsee zu verschießen. Zuerst im Verbund mit den West-Alliierten, dann alleine, um das russische Raketenarsenal zu bestücken.

Die A-9/10 war aber wohl ein spezielles Projekt von Wernher von Braun und den Amerikanern. Die Amis wollten die Rakete als Rückversicherung, um einen möglichen

Konflikt mit den Abtrünnigen (Neuschwabenland, Arktis) begegnen zu können, schnell verfügbar haben. Die Sowjets auch, und die Russen durften sie in Peenemünde bauen. Eventuell gar für beide Seiten!?

Also mussten die Pläne der A-9/A10 die Seiten wechseln. Ob der o.g. Zeitungsbericht wieder eine absichtlich gestreute Propagandastory der willigen L-Presse war, die einen ganz anderen Eindruck erwecken soll, als das, was sich wirklich 1945/46 in Deutschland bezüglich geheimer Raumfahrtentwicklung abspielte?

Denn der Knackpunkt ist, wenn der Leser nun meint, alles sei nur pure Verschwörungstheorie des Autors, der Knackpunkt ist, dass die Russen die neu in Peenemünde gebauten Raketen, ja sogar dazu noch vorgefundene elektrostatische Flugkörper aus deutscher Produktion, zur Ablenkung, <u>in das neutrale Schweden in Massen ganz unverholen und vor aller Augen verschießen</u>!

Betonung: In das neutrale, vom Westen, vom OSS, von den Amerikanern kontrollierte Schweden verschießen!!! Ungestraft und monatelang unter Beteiligung und Beobachtung der L-Press, die vorgab, von nichts zu wissen, was über Schweden an geheimnisvollen Flugkörpern auftauchte.

Niemand in Schweden schien sich von offizieller Seite aus zu beschweren und forderte die Russen auf, die Abschüsse und Überflüge sofort und ein für alle mal einzustellen!

Weil man ja gar nicht wollte, das die Welt weiß, was die Russen für eine Art von Raketen und speziellen Flugkörpern verschießen, die nicht nur damals, sonder bis zum heutigen Tag (Stand 2018) für das interessierte Publikum unbekannt waren und noch immer sind!

Weil beide Seiten die Funktionstüchtigkeit der deutschen Großrakete A-9/10, oder zumindest des Gleiters A-4b, sowie einer Reichweiten gesteigerten A-8 mit Salbei-Dieselöl demonstriert bekommen wollten? Plus, als Bonus, die in Peenemünde und Wiener Neustadt entwickelten und hergestellten „Foo Fighters", elektrostatische Flugkörper, die auch nach Schweden verschossen wurden, weil sie in Massen für WWIII vorproduziert, in der SBZ sofort verfügbar waren?

Denn beide Großmächte wollen ja schnell weit reichende ICBM besitzen. Außerdem wollten beide geheime Raumfahrt betreiben, militärisch, wie auch zivil und u.a. den Mond erobern und beherrschen.

Und Wernher von Braun, spielt er mit, freiwillig oder gezwungenermaßen?

Mit dem Versprechen, Raumschiffe bauen zu dürfen, wird man nicht nur ihn, sondern auch, z.B. Prof. Hermann Oberth geködert haben, die beide somit auch an dem militärischen Teil der Raketenentwicklung (von sowohl Ost als auch West) mitgemacht hatten. Dies erklärt auch die betont „militärische" Auslegung der Offenlegungsschriften über elektrostatische Flugkörper, die ggfs. von Prof. Oberth selbst verfasst wurden.

Dies alles spielt sich wohlgemerkt auf einem „subalternen Level" ab.

Denn die Wahre Raumfahrt könnte sich schon längst von den Machenschaften, den geopolitischen und geostrategischen Spielchen hier auf unserer Welt distanziert haben.

Denn die wahren Raumschiffe auf EM-Basis, die sind absolut geheim.

Darüber berichtete nicht einmal der Spiegel (wie dagegen über die Versuche in Peenemünde und der SU. Weil beides noch im Rahmen der „normalen Verschwörung" liegt und Teil des aufkommenden Kalten Krieges war, der auch als solcher in den Medien bis zum Fall des Eisernen Vorhangs so verkauft wurde). Dort, in der gelenkten Presse sind solche Raumschiffe ja „UFOs", außerirdisch und nicht von dieser Welt.

Beide Großmächte hatten und haben die Welt untereinander aufgeteilt, im beiderseitigen Interesse und unter der Führung der USA, als die „Herren der Welt".

Ein Dritter wurde und wird nicht geduldet. Die Verschwörer, ob sie endgültig besiegt, „weg vom Fenster" sind, ist unklar.

Deren Ideologie könnte sich bis heute in einigen Kreisen gehalten haben und manche von ihnen könnten immer noch davon träumen, die Pläne von 1945 auch heute und in Zukunft noch umzusetzen.

Auch hier könnte wieder aus der Angst heraus, dass unautorisiert und aus Versehen ein Dritter Weltkrieg ausbrechen könnte, sich beide Großmächte darauf geeinigt haben, gegenseitig ihre Atomwaffenarsenale - aus der Luft - zu überwachen.

Denn ein „Vollidiot", ein Kommandant einer ICBM Batterie könnte aus eigenem Antrieb heraus einen Krieg auslösen, oder man konnte oder kann immer noch eine Atomraketenstellung von Seiten der „Verschwörer" kapern und Atomraketen, entweder von den USA nach der SU, heute Russland oder umgekehrt, abfeuern. Dies galt und gilt es immer noch zu verhindern.

So wie eine Mähr lautet, das ein U.S. B-1 Schwenkflügel Bomber auf dem Weg war, im Iran das dortige Kernkraftwerk „Busher" zu bombardieren. Wohlmöglich ausgestattet mit einer gekaperten U.S. Atombombe. Noch rechtzeitig konnten F-16 Abfangjäger aus Kathar - der „Regulären - diesen einzelnen Bomber der „Verschwörer", damals unter Georg Bush jun., abfangen und abdrängen.

Wie viele beinahe Auslöser eines Dritten Weltkrieges, die auf Betreiben der „Verschwörer" zurückzuführen sein könnten, gab es in den letzten 70 Jahren weltweit?

Wird deshalb angeblich das U.S. Arsenal an Atombomben von einer - israelischen - privaten Fremdfirma bewacht, damit kein rechtsradikaler Amerikaner erneut eine Atombombe aus U.S. Beständen kapern kann?

Deshalb fliegen „UFOs", elektromagnetische, autonom fliegende Drohnen der jeweiligen Groß- und Atommächte über das Territorium des jeweils anderen, um zu kontrollieren, dass die - geheime - Vereinbarungen, mit nuklearen Sprengköpfen bestückte Langstreckenraketen im Notfall abzuschalten, sie unbrauchbar zu machen, damit kein ungewollter Dritter Weltkrieg ausbricht, eingehalten werden.

Siehe hier das Buch: „Amerikanische und Russische Spionagedrohnen auf beiden Seiten des Eisernen Vorhangs", von Klaus-Peter Rothkugel.

Denn, schon ab Werk der jeweiligen Raketenhersteller in Ost wie West, wie Boeing oder General Atomics in den USA, könnten Abschaltmechanismen zur Unterbrechung wichtiger Schaltkreise in die Raketen eingebaut worden sein, damit man sie im <u>Notfall am Starten hindern konnte und immer noch kann.</u>

Dies überprüfen wahrscheinlich die „UFOs", die <u>russischen und amerikanischen Drohnen</u> in den jeweiligen „Feindstaaten" <u>bis zum heutigen Tag!!</u>

Der Kalte Krieg, wie heiß hätte er je werden sollen? Nur bei denjenigen, die schon 1945 wollten, dass die Erde in einem riesigen Feuersturm untergehen sollte, um danach eine Neue Weltordnung aufzubauen?

Aber, wie gesagt, alles nur Verschwörungstheorie des Autor!

Insert

US, SU Joint Venture?

Hier einige interessante, wichtige Auszüge aus dem Buch „*Teufel oder Technograt?, Hitlers graue Eminenz, General Hans Kammler*", Tom Argoston, 1993, die die These des Autors untermauern könnte, das es eine – vorübergehende – gemeinsame Zusammenarbeit der USA mit den Kommunisten Mitte der 1940er Jahre, nach Kriegsende in Europa kurzfristig gegeben haben könnte.

Zu Tom Argoston heißt es im Klappentext u.a.:

„Tom Argoston, erfahrener Auslandskorrespondent aus Großbritannien, studierte in Cambridge. Während des Zweiten Weltkriegs arbeitete er u.a. als Militärjournalist im Führungsstab für Psychologische Kriegsführung des Obersten Alliierten Hauptquartiers (SHAEF) . . .`

Anmerkung:

Es ist also Vorsicht geboten, denn Argoston könnte somit eine Nähe zum Geheimdienst, wie dem MI 6 gehabt haben, wenn er nicht gar als Auslandskorrespondent sowieso für den britischen Geheimdienst tätig hatte.

Solche Leute nutzt man gerne, um eine geschönte, zensierte Darstellung des Zweiten Weltkrieges in div. Büchern weltweit verbreiten zu können.

Aber, wie immer bei der Propaganda, sie fußt auf wahre Fakten, die es gilt, zwischen den Zeilen herauszufischen.

Tom Argoston schildert in Kapitel 8 des o.g. Buches unter der Überschrift: „Fehlgeschlagene Mission", dass Dr. Wilhelm Voss, ehemaliger Skoda-Generaldirektor und Präsident, am 10. Mai 1945 aus der amerikanisch besetzten Zone wieder nach Pilsen reiste, um wichtige, hoch geheime technische Unterlagen und Dokumente aus dem „Kammler Stab" in den Westen zu bringen und vor den, gerade in das ehemalige Protektorat einmarschierenden Russen, zu retten. Die ganze Geschichte will Argoston von Voss im Jahre 1949 erfahren haben, als er mit dem ehemaligen Generaldirektor der Skoda-Werke sprach.

Jetzt könnte man meinen, ein Generaldirektor müsste eigentlich wissen, was in seinem Betrieb vor sich geht, auch was Kammler und seine Leute machten. Auch gerade in der NS-Diktatur, wo alles und jeder bespitzelt und verraten wurde. Somit müssten auch die Skoda-Werke, z.b. unter SD Beobachtung gestanden haben.

Wenn nicht alles, was der Autor K-P Rothkugel in seinen Büchern über Geheimentwicklungen beschrieben hat, im Dritten Reich so geheim war, dass nicht einmal Voss und Teile des SD dies gewusst haben könnten. Was nicht ganz auszuschließen ist, da ja bestimmte Gruppen wussten, dass es einen weiteren Krieg geben wird, und dass gewisse Waffen eben dafür entwickelt und zurückgehalten wurden und nicht für den „Endsieg".

General Hans Kammler könnte dies gewusst haben, dass er später für die Verschwörer-Amerikaner weiter machen würde. Ob Voss dies wusste, ist unklar, scheint aber gut möglich zu sein. Aber er müsste sich gefragt haben, wenn er Zugang zum „Kammlerstab" hatte, dass das, was dort in der Entwicklung und Erprobung war, nicht ausschließlich für den „Endsieg" produziert wurde.

Dr. Voss war u.a. nach dem Krieg in Ägypten wiederum Direktor, diesmal eines ägyptischen Raketenprogramms, wo man später, Anfang der 1960er Jahre für Nasser eine Boden-Boden Rakete bauen wollte, die aber nie richtig funktionierte, und es wahrscheinlich auch nie sollte. Denn die Israelis wussten Bescheid und sabotierten die ägyptische Raketenentwicklung.

Zu den Deutschen in Ägypten in den 1950er Jahren heißt es u.a. im Internet bei Wikipedia:

„Insgesamt waren anfangs der 1950er-Jahre etwa 50 Personen in Ägypten im militärischen Bereich beschäftigt. Wilhelm Voss, während der Zeit des Nationalsozialismus Generaldirektor der Reichswerke „Hermann Göring", baute in Ägypten eine Rüstungsindustrie von eher geringer Kapazität auf. Neben Fabriken für Handfeuerwaffen und Munition handelte es sich auch um „erste Raketenkonstruktionen". **Rolf Engel**, ein deutscher **Raketen-Ingenieur** und ehemaliger SS-Hauptsturmführer, versuchte sich an der Entwicklung einer kleinen Rakete, die sich jedoch als nicht funktionstüchtig erwies.

Alles ist „eher von geringer Kapazität" oder „nicht funktionstüchtig", erweckt der Internet-Eintrag einen (falschen?) Eindruck.

SS-Mann Rolf Engel einer SS-Forschergruppe wird im Zusammenhang mit Versuchen in Österreich und dem „Ernst Lechner Institut" – Duodioden für Fernsteuerung, autonomes Fliegen – in Reichenau an der Rax erwähnt, wo die bis heute geheim gehaltenen elektrostatische Flugkörper, wie „Kugelblitz" und „Feuerball" in der Erprobung waren.

Wie gering war die Kapazität der Deutschen und wie funktionsuntüchtig waren deren Entwicklungen, die eigentlich für wen und warum gemacht wurden? Neben Ägyptens Präsident Nasser noch für einen Dritten, etwa die U.S. Verschwörer, die in Nord-Afrika eventuell auch einen geheimen Stützpunkt unterhielten?

Alles war uninteressant und verlief im Sande? Die übliche Desinfo in den gelenkten Medien? War Dr. Miethe, der dann am Strand in Tel Aviv in Israel ein Interview dem französischen

„France Soir" gab, um gewisse Informationen zu lancieren, war Dr. Richard Miethe auch in Ägypten? An was hat dieser V-Waffen Spezialist, neben Rolf Engel, an Geheimen gearbeitet?

An den „Wunderwaffen", die die U.S. Verschwörer für ihren Dritten Weltkrieg dringend haben wollten und die diese aus dem besetzten Deutschland nicht mehr erhielten?

Könnte man hier spekulieren, dass Wilhelm Voss, wie Gen. Kammler, von den Dritten Weltkriegsplänen wusste und am 10. Mai 1945 bei Skoda in Pilsen nicht wollte, dass die Russen die deutschen/U.S. Verschwörer Geheimpläne derer Wunderwaffen in die Hände bekamen, da dies nachteilig für den weiteren Verlauf des geplanten, anschließenden Krieges wären?

```
„Ich (Voss) hatte geschafft, dem amerikanischen, für das Werk
verantwortlichem Besatzungsoffizier klarmachen zu können, dass die
Übergabe der äußerst wertvollen Forschungsunterlagen, Zeichnungen
usw. für die amerikanische Verteidigungsfähigkeit von überragender
Bedeutung war. Einmal in sowjetische Hand, würde dieses Material zu
einer Bedrohung der westlichen Sicherheit werden.
…
Der Offizier weigerte sich hartnäckig, von seinem Befehl abzurücken.
Er habe nichts mit dem Nachrichtendienst zu tun, außerdem habe ein
U.S.-Erkundungsteam Anfang der Woche bereits das Werk inspiziert und
zwei, auf dem Testgelände gefundene Raketen abtransportiert.
Offensichtlich hatten sie auch alles, was sonst brauchbar schien,
schon mitgenommen."
```

Anmerkung:

„Alles, was sonst brauchbar schien, schon mitgenommen." Diese Aussage wird stimmen. Bevor die Russen kamen, wurde die „Hartware" schon eingesammelt. Von General Patton und seiner „Verschwörer" Mannschaft, die damit den Dritten Weltkrieg gewinnen wollten. Ein grober Fehler, wenn man vergessen hätte, auch die „Software", die Unterlagen, Zeichnungen usw. mitzunehmen.

Aber man hatte wohl gehofft, Pilsen so schnell wie möglich wieder zurückzuerobern. Dann hätte Skoda weiter „Wunderwaffen" für die West-Alliierten Verschwörer bauen können.

Aber die „Nicht-Verschwörer" waren schneller und vereitelten ja letztendlich einen neuen Krieg!

Interessant ist hier der Hinweis auf zwei Raketen, die man auf einem Testgelände fand.

Was sind das für Raketen, die eventuell von Kammler entwickelt und gebaut wurden?

Hier gibt es den Hinweis auf die so genannte „V-101", eine dreistufige Feststoffrakete, die besonders interessant ist, da sie in Silos längere Zeit lagerfähig und abschussbereit (Readiness, Quick Response) gehalten werden kann. Silos soll es zumindest im Jonastal gegeben haben.

ICBMs in Form von Feststoffraketen für den Dritten Weltkrieg der West-Alliierten Verschwörer sind nicht ganz von der Hand zu weisen. Auch heute stehen noch Feststoffraketen in unterirdischen Abschussrampen für den „richtigen" Dritten Weltkrieg.

Aber die Russen hatten 1945 noch keine größeren Raketen, sodass das übliche Betanken mit Flüssigtreibstoffen noch kein dringendes Zeitproblem darstellte.

Lehnte sich der Entwurf einer V-101 an die „Rheinbote" an:

„Im Gegensatz zur einstufigen A-4, die flüssigen Sauerstoff und Alkohol als Raketentreibstoff verwendete, war die Rakete Rheinbote **eine vierstufige Feststoffrakete.** Sie wurde von der Firma Rheinmetall aus dem **zweistufigen Vorläufer „Rheintochter"** 1943/44 entwickelt und in der „Raketenerprobungsstele Rumbke" erprobt.

Im Unterschied zur A4, die eine Sprengladung von 1 t über 300 km weit tragen konnte, konnte die Rheinbote nur eine Sprengladung von **25 kg über eine Strecke von 220 km** transportieren. Die Rakete Rheinbote wurde im November **1944 im Kriegseinsatz** verwendet. **220 Flugkörper wurden auf Antwerpen verschossen."**

Wäre diese Mittelstreckenrakete auch gegen die Russen im Juli 1945 zum Einsatz gekommen?

Hätte Kammler und seine Gruppe diese Rakete vergrößern können, um sie dann tausende Kilometer weit zu verschießen?

Was fand Gen. Patton auf dem Werksgelände bei Skoda in Pilsen für Raketen und wo hätten sie in Serie gefertigt werden sollen?

Weiter aus dem o.g. Buch:

„Voss versuchte es nochmals, dem Offizier klar zumachen, welche **immense Bedeutung** dieses Material einer Spitzengruppe von Wissenschaftlern und Konstrukteuren für die USA und die westliche militärische Forschung habe. **Es müsste schnellsten über die Grenze in die US-Zone geschafft und dem nächsten Hauptquartier übergeben werden** (Patton in Bad Tölz?, Anm.d.A.), ehe die Sowjets es alsbald in die Hände bekämen. Voss drängte den Offizier, das Material nicht als Teil des an die Rote Armee zu übergebenden Skoda-Inventars zu betrachten.

Der Offizier blieb jedoch weiter unbeeindruckt und stur. Er wollte von den **getarnten SS-Arbeiten bei Skoda** absolut nichts wissen. Darüber habe er sich keine Gedanken zu machen, der Krieg sei vorbei. . . "

Anmerkung:

Der Krieg war noch lange nicht vorbei, er würde erst richtig anfangen!

Weil man von Seiten der Nicht-Verschwörer dies wusste, schanzte man den Russen neue Technologie zu, damit sie mit dem Westen gleichziehen konnten – nicht nur für den Kalten Krieg, sondern um auch die Verschwörer bekämpfen zu können, käme es hart auf hart?

War man sich einig, das die Russen das Material vom Kammlerstab bekommen sollten und handelte der Offizier vollkommen richtig und gemäß Befehl, der unbedingt einzuhalten sei?

Also als Zwischeninformation zum Verständnis (siehe weitere Hinweise in diesem Buch):

Die U.S./Nazi-Verschwörer, sie sitzen in all den, mit dem Faschismus sympathisierenden Ländern, wie Spanien (siehe das Verschießen von „Raketen" nach den USA?), in Ägypten (Rolf Engel und seine „Rakete"), ggfs. in Libyen (Neutronenbombe im Krieg, Postkarte von NY mit Atompilz bei Afrika Corps Soldaten, Ronald Richter, der nach Libyen reist), in Argentinien (Kurt Tank, Ronald Richter, Feuerball der in die USA fliegt), Chile (Parral, Hazienda Dignidad, Feuerland), ggfs. andere Lateinamerikanische Länder mit Anteil von deutschen Nazis, sowie Nordpol/Arktis (Punkt 103) und selbstverständlich, Neu Schwabenland/Antarktis.

Die beiden großen Machtblöcke USA und Sowjetunion habe ein Problem und einen gemeinsamen Feind: ein Dritter mischt mit und will, mit teilweise bis heute geheim gehaltenen Wunderwaffen, die Welt in einen Dritten Weltkrieg stürzen.

Dieser Feind muss von beiden Großmächten bekämpft und ausgeschaltet werden! Deshalb das beiderseitige Interesse der Weltmächte, mit Hilfe der besiegten und besetzten Deutschen und schnell herzustellenden ehemaligen deutschen Fernraketen, dieses Ziel schnellstmöglich zu erreichen.

Das könnte das große Geheimnis des Zweiten Weltkrieges sein und was an Ungereimten nach dem Krieg in Ost und West hinter den Kulissen bis heute vonstatten ging!

Und alles muss bis heute vehement vertuscht und geheim gehalten werden.

Denn gerade für die USA ist es äußerst peinlich, dass Verräter aus ihren eigenen Reihen – die Amis, die Demokraten, die „Guten" – für einen verheerenden Weltkrieg verantwortlich wären, käme er je zum Ausbruch.

Aber wie gesagt, es ist ja alles nur eine Verschwörungstheorie des Autors dieses Buches!

Beachte bei der neben stehender Abbildung die geflügelte Rakete, ein torpedoförmiger Raketenkörper mit gepfeilten Tragflächen. Beachte zum anderen, es sind **Russen** und andere Warschauer Pakt Offiziere, die diese Weltraumraketen begutachten.

Weil sie als Bestandteil einer zweistufigen Rakete auf Basis von Wernher von Brauns A-9/10 eventuell in Peenemünde in den Jahren 1945/1946, also auf deutschem Boden realisiert wurde?

Realisiert zum einen, um militärisch angewandt, den Amerikanern bei einem Dritten Weltkrieg eine eigene, schnell verfügbare „ICBM" entgegenzusetzen, zum anderen für die – heimliche – Exploration des Weltalls und Aufbau einer militärischen Mondstation?

Flogen als Ghost Rockets 1946 unter anderem geflügelte A4b über die Ostsee nach Schweden?

Übrigens:

Hatte das Konzept von Wernher von Braun einer großen mehrstufigen Rakete, wie die A-11/A-12, gegenüber kegelförmigen, gebündelten russischen Raketen Vorteile, und hat das Konzept von Wernher von Brauns letztendlich gewonnen?

Denn eine, ins „Unendliche" vergrößerte Version von Wernher von Brauns Raketen, die (für die Öffentlichkeit und die willigen Propaganda-Medien bestimmten) Apollo Raketen konnten problemlos zum Mond fliegen.

Die Russen hatten Schwierigkeiten mit ihrer kegligen, gebündelten N-1 Großrakete, die Kosmonauten zum Mond fliegen sollten. Die N-1 ist beim Start explodiert.

Wenn also der Spiegel-Artikel von 1947 von Raketen spricht, die große Reichweiten hatten und bereits zum Mond fliegen konnten, hatte man in Peenemünde nach Kriegsende die Großraketen, wie A-11 und A-12 nach dem Wernher von Braun Konzept zumindest im Anfangsstadium realisiert? Und später in der SU und USA heimlich weitergebaut?

Ist das die Lücke in den 1940er Jahren, bis offiziell beide Großmächte ICBMs und Raumraketen in den 1950er Jahren entwickelten (Apolloflüge, Start von Hollywood medienwirksam in Szene gesetzt), bauten und einsetzten?

Saß Wernher von Braun nicht nur gelangweilt in den USA in White Sands herum, sondern beaufsichtigte den Bau „seiner" A-9/10, sowie A-11 und A-12? So, wie es die Russen mit Helmut Gröttrup in den 1940er Jahren, kurz nach Kriegsende machten.

Haben wir in den Geschichtsbüchern nur die geschönte, die offizielle Version, die all die Machenschaften, die verzweifelten Kämpfe, die Verschwörer zu besiegen und die eigene Vormachtsstellung – unter Billigung und Kontrolle des jeweils anderen – rücksichtslos auszubauen, weglässt?

Ist deshalb die Propaganda auf beiden Seiten – Ost, wie West – sich diesbezüglich einig?

Ist, was bestimmte Dinge berührt, wie „UFOs", Darstellung des Zweiten Weltkrieges usw., - die Desinformation weltweit gleichlaufend und es gibt keine Abweichung – sprich Darstellung der Wahrheit – davon? Weder in der ex-SU noch in den USA?

Weil niemand wissen soll, dass das Schicksal dieser Welt manchmal auf „Messers Schneide" stand?

Gab es deshalb in den 1940er Jahren, sowohl von Seiten der USA, als auch von der Sowjetunion, einen sehr großen Drang, eine große Motivation, einen unbedingten Willen, zum einen gemeinsam die Verschwörer an weit abgelegenen Gebieten, wo deren Festungsanlagen standen, mit Fernraketen zu bekämpfen? Und andererseits, sich auch im Weltraum und auf dem Mond eine jeweilige militärische Vormachtsstellung zu erkämpfen.

Spielten die Deutschen, ob Wernher von Braun und seine Gruppe, als auch Helmut Gröttrup und seine Leute dabei eine entscheidende Rolle im – bis heute geheim gehaltenen Spiel – der beiden Großmächte?

Arbeitete Wernher von Braun während des Krieges fieberhaft in Bleicherode oder in Süddeutschland (siehe Anlage „Zement") weiter an seinem Konzept der A-9/A-10, dass möglicherweise die Amerikaner, aber viel eher die Russen kurz nach Kriegsende für die Wahre Raumfahrt und für ihre eigene militärische Anwendungen (Interkontinentalraketen und Stationen auf dem Mond) realisieren wollten?

Lange vor der offiziellen und geschönten Geschichte der russischen und amerikanischen Raketenentwicklungen?

War der deutsche Konkurrenzentwurf im Jonastal von kegligen Langstreckenraketen eine Sackgasse? Zwar tauglich für kleinere ICBMs, aber nicht für große Raumraketen?

Verwirklichten die Nazis während des Krieges eventuell nur eine zweistufige keglige Rakete für eine militärische Anwendung, um Nuklearsprengköpfe nach Russland für die Verschwörer und deren „Operation Unthinkable" zu verschießen?

Weil man für die Verschwörer in den Reihen bestimmter angelsächsischen Kreisen keine raumtauglichen Raketen bauen wollte oder durfte?

Weil Wernher von Braun bereits im Krieg wusste, dass die Amerikaner (und auch die Russen) seinen Entwurf einer Großrakete, wie A-9/10, 11 und 12 favorisierten?

Kamen Wernher von Braun und seine Mannschaft deshalb nach dem Untergang des Dritten Reiches davon, weil man v. Braun nach dem Krieg sowohl in Ost, als auch West, als Experten dringend benötigte?

Ist diejenige Peenemünder Gruppe untergegangen und komplett von der Bildfläche verschwunden, die für die „Verschwörer" unter den West-Alliierten, die Kegelrakete für deren Angriffspläne bauen mussten?

Genauso für immer verschwunden, wie Gen. Hans Kammler, als er erkennen musste, dass die U.S. Verschwörung im Sande verlief und er keine Zukunft an der Seite der abtrünnigen Amerikaner mehr hatte?

Im Gegensatz zu den Leuten, die an EM-Flugkörpern forschten? Diese Fluggeräte benutzt ja die Wahre Raumfahrt und an den Forschungen der elektrostatischen Flugkörper könnte Prof. Hermann Oberth verwickelt gewesen sein.

Wernher von Braun und Hermann Oberth waren beide auch „Honory Fellow Members", Mitglieder der mysteriösen „British Interplanetary Society", B.I.S., die tief in die Wahre Raumfahrt verstrickt sein könnte.

Wurden mit solchen, verkleinerten Flugkörpern mit (gepfeilten) Flügeln, auch Vorversuche im Jahre 1946 in Peenemünde, über der Ostsee bis hinauf nach Finnland gemacht, um unter anderem die elektrostatische Aufladung – das schnelle, sehr schnelle Fliegen in einem teilproduzierten Vakuum, „Reibungsloser Luftstrom" – zu evaluieren, um damit **Wiedereintrittskörper** für Raumschiffe zu konstruieren, die zum einen „Rücksturz" auf die Erde vornehmen, sowie zum anderen in die - wie auch immer geartete - Atmosphäre (Mars) fremder Welten eintauchen, um dann in einem aerodynamischen Flug mit Flügeln in der Atmosphäre weiter zu fliegen, bis man irgendwo auf einem Raumhafen landet?

Denn, z.B. beim Eintauchen in die Erdatmosphäre, heizt sich ein Raketenkörper sehr stark durch die Luftreibung auf. Hat man jetzt einen elektrostatisch aufgeladenen Flugkörper, an dessen Außenhaut die Luftmoleküle aufgrund eines „elektrischen Boundary-Layers", eines heißen Plasmas sich nicht reiben können, findet auch keine große Aufheizung der Rakete statt, sie verglüht nicht und bricht auch nicht auseinander.

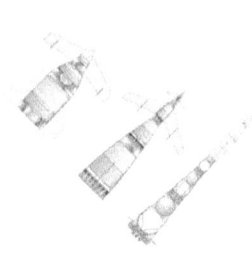

Abbildung, entnommen aus: „Von Braun Concept Vehicles", Internet:

„Von Braun vs N1. Cutaway views of von Braun 1948, von Braun 1952, and the Soviet N1 .
Credit: © Mark Wade

Beachte Flugzeuge mit mehr oder minder groß gepfeilten Tragflächen auf den Raketenspitzen, darüner auch keglige Raketen.

Wurde ein solches verkleinertes „Gleiter" Konzept, also nicht nur die große, geflügelte A-4b, schon während des Krieges von Wernher von Braun angedacht, um eine Nutzlast im überschallschnellen Gleitflug auf ein Ziel zu lenken? Übernahmen die Russen das Konzept aus dem Krieg, oder umgekehrt, übernahm Wernher von Braun die Idee der Russen, die solch ein Gleiter 1946 über Schweden erprobt haben könnten?

Wernher von Braun **1948:**

„German <u>winged</u> **orbital launch vehicle.** Von Braun's 1948 design for a <u>reusable space launcher</u> was remarkable in its tubby design. This was partly driven by the need for large parachute canisters in the base of the first and second stages, which took up one half of the diameter, with the engines arranged around the periphery.
...
The **First Symposium on Space Flight** was held at the Hayden Planetarium in New York City. Participants included Wernher von Braun, Joseph Kaplan, <u>Heinz Haber</u>, Willy Ley, Oscar Schachter, and Fred L. Whipple. Among the topics discussed were an orbiting astronomical observatory, **problems of survival** in space, circumlunar flight, a **manned orbiting space station**, and the question of **sovereignty in outer space.** "

Anmerkung:

Flog also im Sommer 1946 nicht nur die kleinen geflügelten „Foo Fighters" zu Test- und vor allen Dingen Ablenkungszwecken über dem neutralen Schweden, sondern eine geflügelte A-4b, entweder in Originalgröße, oder in stark verkleinerter Version über den Luftraum von Schweden hinweg, um den aerodynamischen und gesteuerten Flug eines „Re-Entry Vehicles" als Waffenträger zu erproben?

Damit man auch über weite Strecken im supersonischen Gleitflug einen Sprengkopf ins Ziel bringen konnte? Wurden aus Versuchsgründen solche Probeschüsse in Richtung Norden, auf die Skandinavischen Länder verschossen, da man sie dort gemeinsam, Sowjets wie Amerikaner, vermessen und auswerten konnte?

Ließ man mit <u>voller Absicht</u> die kleinern geflügelten „Foo Fighters" in niedriger Höhe über die Köpfe der Schweden hinweg sausen, ließ man sie <u>absichtlich abstürzen</u> und in der Luft explodieren, um dies als groß aufgemachte Cover Story in der gelenkten L-Presse, wie dem willig mitspielenden schwedischen Afdonbladet (wobei, wem gehört das Blatt und welche Beziehung hat derjenige zur weltweiten „Verschwörung?) dem unbedarfte Leser zu verwursten?

Alle schauten sie nach kleinen, niedrig fliegenden Flugkörpern, und ob Schweden eine „Gunnery Range" für unbekannte Mächte ist.

Da sicherlich auch die schwedische Regierung geschworen hatte, Schaden vom eigenen Volk abzuwenden, ist es unverständlich, warum man - absichtlich - in der Öffentlichkeit unbekannte Flugkörper über schwedische Städten explodieren ließt, die auch noch Schäden anrichten.

Es macht aber einen Sinn, wenn man Größeres dahinter verstecken kann, von dem die schwedische Bevölkerung nichts erfahren durfte, aber einige (Verschwörer) in der schwedischen Regierung Bescheid wussten!

Ist deshalb die Wiedergabe der einzelnen „Afdonbladet" Artikel, die die Internet Propagandaseite „Project 1947" so willig in 1:1 veröffentlicht hat, nur eine Ablenkungsgeschichte, weil man dahinter wiederum Tests, nicht nur für den militärische Teil im Spiel der Großmächte, sondern auch für die „Wahre Raumfahrt" versteckte?

Eine „wahre Raumfahrt", worin die UdSSR einträchtig mit den USA, Deutschland, Schweden usw. unser Sonnensystem und das Universum besiedelt?

Gibt es zudem eine „Dual-use" Anwendung der Produkte aus der „Wahren Raumfahrt", um sie als Ablenkung, zum Spielen und für geheime militärische Operationen hier auf Erden zu Testen und sich mit den Besonderheiten vertraut zu machen? Wie z.B. Satelliten gestützte HPM-Waffen, mit denen man Kornkreise produziert und damit die „Außerirdischen These" promotet?

„Amerika/ Russlandrakete

So heißt es unten stehend bei Cläre Werner, wobei der Autor hier einmal davon ausgeht, dass in dem Bericht von Frau Werner ein Körnchen Wahrheit enthalten ist. Denn schaut man sich die unterschiedlichen Publikationen zum Thema „Deutsche Atombombe" an, fällt auf, wie viel „Spielmaterial", wie viele erfundene Geschichten mit einem „Touch" Historie oder mit psydowissenschaftlichen Erklärungen es auf dem Markt oder im Internet gibt. Die Kreativität mancher Schreiberlinge oder gedungener „Auftragsschreiber" scheint sehr groß zu sein.

Warum verbreitet man soviel Desinformation über das Thema „Deutsche Atombombe"? Das Nazi-Reich ist untergegangen, was heutige Atombomben und deren Trägersysteme betrifft, ist vieles bekannt und bedarf nicht einer absichtlichen Desinformation.

Weil eine solche Waffe, die man in Deutschland entwickelte und einsetzte, bis heute geheim gehalten wird, da sie zum einen geächtet ist, und zum anderen, man nicht will, das öffentlich bekannt wird, dass es noch eine andere, eventuell genauso wirksame Massenvernichtungswaffe gibt, die der Atom- und anderen nuklearen Bomben gleichkommt?

So sagte Claire Werner:

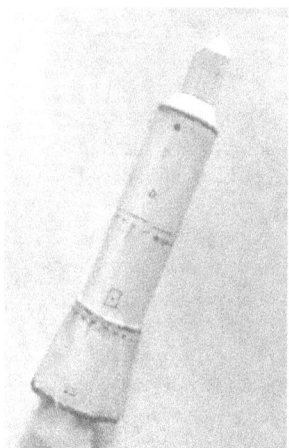

„Am **16. März 1945** war ein weiteres Ereignis. Auch hier gab es es gegen 21 Uhr Fliegeralarm für unser Gebiet . . . diesmal hatten die Leute Ferngläser mit, und es wurde nicht in Richtung des Übungsplatzes geschaut, sondern in Richtung Ichtershausen. Dort wurde es gegen 23 Uhr sehr hell, es war aber nicht so, wie die beiden ersten Male davor, sondern es stieg etwas gegen den Himmel mit einem großen Feuerschweif, es ging immer höher, aber es entfernte sich von uns in Richtung Norden."

Frau Werner soll den Start einer Groß-/Fernrakete beobachtet haben, die aus Richtung Arnstadt, Munitionsfabrik Polte 2, Rudisleben/Ichtershausen kam.

Am Abend des 16. März 1945 bombardierten RAF Lancaster Bomber die unterfränkische Stadt Würzburg. Es war der schwerste und tödlichste Angriff auf diese bis dato so gut wie unzerstörte Stadt mit bis zu 5.000 Toten aufgrund eines großen Feuersturms in der Stadt.

Möglicherweise wurde, wie zuvor in Dresden im Februar, eine neue Massenvernichtungswaffe als „Gegenstück" zur Atombombe getestet.

Ein zeitgleiche Koinzidenz von zwei bedeutenden Ereignissen, oder kalkulierte Absicht?

Warteten die britische „Bomb Group" darauf, dass die deutsche Langstreckenrakete einsatzbereit war und führten den Angriff auf Würzburg erst dann aus, als klar wurde, der Start würde am 16. März 1945 erfolgen? Vorausgesetzt, dass das, was die Augenzeugin beschrieb, stimmt!

Dann hätten die Verschwörer eine überaus gelungene Machtdemonstration ihrer zwei neuen Waffen für den Dritten Weltkrieg erhalten, was sicherlich auch die Zweifler in den eigenen Reihen der U.S. Armee beeindruckt und überzeugt hätte. Beziehungsweise diejenigen, die von Anfang an nicht diesen brutal zu führenden Krieg wollten, abzuschrecken, was angeblich auch führende Nazis, wie Göring nicht wollten, dass nämlich die Welt in einem Feuersturm untergeht. Wäre dies mit ein Grund zur Absage von „Operation Unthinkable" gewesen?

Während der britische „Bomb-Run" auf Würzburg lief, flog in der Nacht eine deutsche Großrakete Richtung Norden.

Zu Abbildung oben:

In der unteren Schürze, der Verkleidung am Heck befinden sich drei Öfen in einer 120 Grad Anordnung für den Antrieb. Alle kegligen Raketenentwürfe hatten für die Triebwerke eine 120 Grad Anordnung, wobei zwei Öfen bei Langstreckenflügen absprengbar waren, um Gewicht zu sparen.

Zu der Munitionsfabrik:

Polte Metallwerk Arnstadt OHG
Ichtershäuserstraße 27/31
Arnstadt

Produktion von Munition für militärische Zwecke.

Produzierte man dort, oder in unterirdischen Anlagen, die zu „S-III" gehörten, Fernraketen, die auch dort betankt und später aus unterirdischen Silos abgefeuert werden sollten?

So, wie im Eulengebirge, wo möglicherweise eine autarke, unterirdische Festungsanlage spaltbares Material produzieren sollte, dazu die Fernraketen und diese auch gleich mit einem atomaren Sprengkopf verschießt. Siehe große, heutige Anlagen, wie im Jamantaugebirge in Russland oder eine neue gebaute Anlage, die in der Nähe von Tel Aviv, Israel entstanden sein soll. Eine autarke Anlage, die noch während eines Krieges neue Raketen produzieren und verschießen soll, wenn überall sonst schon alles in Trümmern liegt.

Hierzu heißt es in dem Buch „*Geheime Kommandosache, SIII Jonastal und die Siegeswaffenproduktion*", Harald Fäth, 1999:

„Die größte Neuigkeit dürften neu entdeckte Luftbilder darstellen. Sie datieren von **1944 und 1945** und zeigen eine rege Bautätigkeit im Bereich Eulenberg (S-III Jonastal, Anm.d.A.).

..., sondern die gegenüberliegende Straßenseite mit den dort befindlichen „Hallen". Diese Hallen . . . haben eine Länge von bis zu 160 Metern, aber nur eine Breite zwischen 15 und 30 Metern.
...
Bemerkenswert ist, dass diese Hallen eine wirklich frappierende **Ähnlichkeit mit den amerikanischen Plutonium-Trennanlagen in Hanford** aufweisen.
...
In **Hanford** (Wa. USA, größte Anlage zur Anreicherung waffenfähiges spaltbares Material für Atombomben, von U.S. Firma DuPont betrieben, Anm.d.A.)**existieren drei solcher Hallen** . . . Die Gebäude waren 240 Meter lang und 20 m breit.
...
Auf einem Mikrofilm ist eine weitere, diesmal **unterirdische Art Halle** zu sehen . . . , dass der Filmausschnitt eine bauliche Anlage zeigt, die eine auffallende Ähnlichkeit zu **amerikanischen Einrichtungen aufweist, in denen Zyklotrone untergebracht sind.**"

Anmerkung:

Nach U.S. Vorbild aus Hanford, WA gebaute Anlage zur Produktion von waffenfähigen Material für Raketensprengköpfe, die im Dritten Weltkrieg gegen die SU aus dem Jonastal heraus verschossen werden sollten?
....War also der Raketenstart, den Cläre Werner am 16. März 1945 beobachten konnte, der Testlauf einer ersten, autark produzierten Fernrakete, um zu demonstrieren, dass „S-III" funktionstüchtig und bereit für den Dritten Weltkrieg war?

Wenn die Aussage stimmt, macht diese Beobachtung in der Tat einen Sinn! Denn eine entsprechende A-Bombe/Zündorkanbombe sollte im nächsten Krieg gegen die Russen verschossen werden, was weite Schussweiten einer entsprechend geeigneten Langstreckenrakete verlangten.

Welche Rakete käme dafür in Betracht?

Konische Großraketen

Auch hier könnte man sich beispielhaft bei dem Nachkriegsarsenal der Sowjetunion bedienen!

Siehe hier die vielen Nachbauten, teilweise 1:1 deutscher Flugzeuge, wie die Me 262, oder die Weiterentwicklungen der Junkers EF 131, aber auch den Nachbau eines Uranmeilers in Obnisk, Teilbezirk Kaluga.

So heißt es bei Jürgen Michels „*Peenemünde und seine Erben in Ost und West*":

„... Die deutsche Raketen-Philosophie-Linie wurde bis zum heutigen Tage bei den „Sojus" Trägerraketen eingehalten. Sie werden mit dem „Meilerwagen" auf Schienen zum Startplatz gefahren und auf einen kreisförmigen, drehbaren Starttisch gestellt. Nach dem Anlegen der Bedienmasten wird die Rakete auf dem „Teller" stehend im Uhrzeigersinn in die Start-Azimutrichtung bewegt, die für den orbitalen Einschuß vorgesehen ist ..."
...

Und weiter:

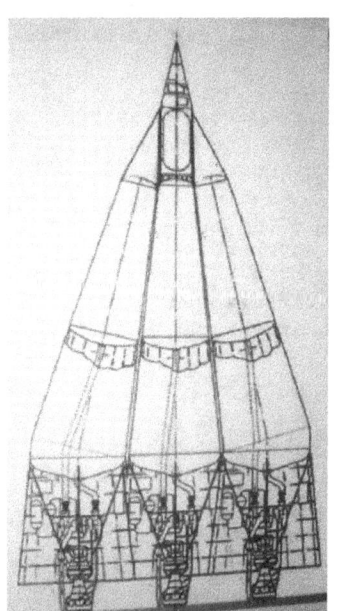

„Wie sagte doch Helmut Gröttrup:

Der Gedanke (hält mich gefangen), mit der ganz alten Tradition auch in der Außenform zu brechen. Mit Tradition kommen wir hier nicht weiter . . . Doch die **Kegelform der Rakete** halte ich für die beste, grundsätzlich einzig mögliche Lösung.
...
Daß die Kegelform eine ideale statische und steuerungsgünstige dynamische Sache war, konnte man nicht verleugnen. Koroljows Idee war nun, mehrere kleine Kegelraketen a la G-4, bzw. R-3A zu einer großen, logischerweise wieder kegelartigen Rakete zusammenzufassen . . ."

Gebündelte Kegelraketen

Abb.:

Drei Kegelraketen gebündelt zu einer Großrakete.

Siehe am Heck die angebrachte Schürze, die die drei Brennöfen aerodynamisch umschließt.

Wurde dieses Konzept von gebündelten Raketen, wie es die Russen nach dem Krieg übernommen haben, im Krieg realisiert, um möglichst schnell eine Leichtbau-Großrakete zur Verfügung zu haben?

Hatte Claire Werner im März 1945 solch eine, oder eine nach dem gleichen Prinzip abgeänderte Rakete in Rudisleben starten gesehen?

Die Kegelform war in Peenemünde bereits durch die elektrostatischen Flugkörper bekannt, sodass man die Flugeigenschaften möglicherweise auf neu entwickelte Kegelraketen übertragen konnte.

Insert

Abb.:

Modelldarstellung eines konischen, kegligen elektrostatischen Flugkörpers, der in Peenemünde getestet wurde.

Diese Flugkörper fliegen, oder sind in der natürlichen oder künstlichen Raumladung mit der Basis oben, und der Spitze nach unten suspendiert.

Also genau umgekehrt zu kegelförmigen Raketen, die wie üblich die Spitze ganz oben am Ende der Rakete besitzen und die Basis, das Heck unten liegt.

Aber beide Flugkörper weisen aufgrund der Kegelform beste Flugeigenschaften auf.

Dies könnte diejenigen, die aus internen Wettbewerbsgründen einen Konkurrenzentwurf zu der sich hinschleppenden Konstruktion der Großrakete A-9/10 (absichtlich von Wernher von Braun verzögert, damit die Rakete nicht im Krieg doch noch zum Einsatz kommt) entwarfen, bewogen haben, *„mit der ganz alten Tradition auch in der Außenform zu brechen."*

Gab es Kräfte innerhalb Peenemünde, die den U.S. Verschwörern gerne vor Kriegsende eine entsprechende Langstreckenrakete einsatzreif präsentieren wollten? Standen diese Leute in (feindlicher) Konkurrenz zu Wernher von Braun und seiner Gruppe? Gehörte auch Albert Püllenberg dazu, der ja die „Wasserfall" schon recht früh bauen wollte, aber von Wernher von Braun „ausgebremst" wurde. Ging Püllenberg deshalb weder in die USA noch in die SU, weil er zum Umfeld der „Verschwörer" gehörte, sowie kein Freund von Wernher von Braun war und deshalb mit seiner Postrakete im Nachkriegsdeutschland „versauerte"?

Hinweis über die „Wasserfall" in dem Buch: *„Geheime Waffenschmiede Peenemünde"*, Joachim Engelmann, Podzun-Pallas Verlag:

„**Ende 1944** wurden rund **50 Wasserfall-Raketen** gegen **feindliche Bomberverbände** eingesetzt, ihre Wirkung war vernichtend.

Die Wasserfall-Raketen waren in der Lage, **ein Überfliegen des Reichsgebietes zu verhindern**, sie wären wichtiger als das A-4 gewesen. Am 16.02. 1945 wurde ihre Produktion eingestellt."

Wo sind die Erlebnisberichte, die Dokumentation über den vernichtenden Einsatz der „Wasserfall" gegen einfliegende B-17 und B-24 Bomber?

Wie viele Bomber wurden vernichtet, wie viele Piloten starben? Wie viele Flugzeuge wurden beschädigt und wurden danach fluguntauglich?

Wo ist das Material, die Berichte zu diesen Einsätzen? Zensiert? Warum?

Kann die Großmacht USA nicht zugeben, das Ende 1944/Anfang 1945, U.S. Bomberströme von bis zu 1.000 Maschinen nicht mehr zeitgemäß waren, weil Flak-Raketen dies nicht mehr zuließen?

War der Versuchseinsatz von bis zu 50 Flak-Raketen wieder eine Einsatzdemonstration, um zu beweisen, wie wirkungsvoll die Wasserfall in einem Dritten Weltkrieg gewesen wäre? Die Wasserfall wurde nach dem Krieg in den USA nach gefundenen Pläne („Operation Unicorn") nachgebaut und als „Hermes A-1" nacherprobt.

...

Hielt von Braun nichts von einem weiteren großen Krieg, da er lieber Raumschiffe bauen und unbedingt zum Mond und Mars fliegen wollte?

Schaffte diese separate Gruppe es tatsächlich im März 1945 noch eventuell eine Kegelrakete starten zu können?

Rekrutierte sich diese Gruppe aus Personen, die entweder schon an geheimen elektrostatischen und elektromagnetischen Flugkörpern, sowie auch an Flugscheiben arbeiteten und waren diese Leute eh schon Sympathisanten der U.S. Verschwörer und Verfechter eines Dritten Weltkrieges, weil sie willig deren Angriffswaffen entwickelten und erprobten?

Oder ist die Schilderung von Claire Werner nur eine genauso erfundene Stasi-Geschichte, wie die über eine deutsche Atombombe und es gab gar keine Rakete, die schon gar nicht wie ein Kegel aussah?

...

Neben der üblichen Nacherprobung der deutschen „Aggregat-4", V-2 Rakete, russische Bezeichnung „G-1/R-1", gab es noch weitere Entwürfe:

So heißt es weiter bei Jürgen Michels:

„Vorrangig ging es den deutschen Konstrukteuren (in der SU, Anm.d.A.) bei diesen **Parallelentwürfen** zu G-1 (A-4) um die **technologische Beherrschung der Großrakete**. Man verwandte zwar den selbst tragenden

Raketenzellenkörper, setzte anfänglich noch modifizierte A-4 Öfen ein, ...

In den Ausführungsvarianten R-12a und R-12k (kegelförmige Raketen, die auch schon während des Krieges von Peenemünde/Polte vorproduziert im Jonastal gelagert gewesen sein könnten, Anm.d. A.) findet man sowohl **ein- als auch zweistufige Träger** mit zylindrischer und **konischer Erststufe, mit und ohne Leitwerk**. Generell ist diesen Entwürfen aber eigen, dass mit drei gleichartigen Triebwerken im Heck ein Gesamtstartschub von über 100 t zu erreichen war.

Interessant erscheint die Variante R-12k, bei der nach einer gewissen Brennzeit zur Massen- und Belastungsreduzierung zwei Triebwerke mitsamt der Heckverkleidung (**Schürze**) **abgeworfen** werden, wie man in ähnlicher Form zehn Jahre später in den USA mit der Trägerrakete ATLAS praktizierte.

Interessant wäre in diesem Zusammenhang zu ergründen, inwieweit die Amerikaner die Ideen der Deutschen (aus dem Krieg!, Anmerkung des Autors) verwendeten.

Weiterhin ist eine Ausführung vorgeschlagen worden, auf die Strahlruder (**Druckstücke**) zu verzichten. Das bewahrte die Triebwerksanlage vor einem **Schubverlust** infolge der Strömungswiderstände der in Gasstrom liegenden Ruder.

Laut Projekt war vorgesehen, die Steuerung durch **Veränderung des Schubstrahls** der Triebwerke zu realisieren, die an der Peripherie des Hecks in **einem Winkel von 120 Grad angeordnet waren**.

...

Sieht man heute die zukunftsweisende **amerikanische „DC-X"** mit ihrer **Kegelform**, ist diese Aussage (Der Gedanke, mit der ganz alten Tradition auch in der Außenform zu brechen. Mit Tradition kommen wir hier nicht weiter . . . Doch die **Kegelform der Rakete** halte ich für die **beste**, grundsätzlich **einzig mögliche Lösung**.) verblüffend.

Nachdem in einigen G-2 Varianten schon anstelle des Flossenhecks ein **Kegelheck** vorgeschlagen wurde, ging man den Schritt zur konsequenten Kegelform einer Rakete weiter.

Der resultierende **Luftangriffspunkt** liegt dadurch **hinter** dem Massenschwerpunkt.

Damit ist die **stabile Fluglage auch ohne Flossen** gewährleistet.
...
Ein leitwerksloser **Rotationskörper**, auch der **Kreiskegel**, ist der Berechnung nach leicht zu dimensionieren."

Anmerkung des Autors:

Dem aufmerksamen Leser der Bücher des Autors Klaus-Peter Rothkugel wird das eine oder andere bekannt vorkommen.

Beachte bei dem Schubstrahl angetriebenen Flugkreisel in seiner ursprünglichen Form die „Druckstücke" im Abgasstrahl, die auch zur ruhigen Positionierung des Manöverstandes dienten. Bei den vielen Feststoffraketenpaaren und den jeweils dazugehörigen Strahlruder aus Graphit entstand wohl zuviel Schubverlust, was gerade in der Steigphase auf Abfanghöhe von Nachteil gewesen sein könnte.

Eine (von den Alliierten, z.B. in Kanada oder Chile) abgeänderte Version des (wohl nun unbemannten Flugkreisels) hatte dagegen wahrscheinlich drei Schubaustrittsdüsen, regelmäßig in 120 Grad Anordnung an der unteren Peripherie des Scheibenflügels erhalten, die von einem mittig angeordneten Strahl/Raketentriebwerk gespeist wurden.

Die 90, 180, 270 Grad Anordnung findet man heute bei jedem „besseren UFO" – ob Scheiben- oder Dreiecksform) als elektromagnetische Antriebseinheiten.

Peenemünde und spezielle Ingenieuren war die Kegelform („Foo Fighters") und deren stabile Fluglage, auch insbesondere bei Rotationskörpern sicherlich bekannt. Auch die Möglichkeit, einen Rotationskörper, ob Kegel, eine Flugscheibe oder „Feuerball" mit Hilfe eines „Karussells" zu starten.

Kleinere, elektrostatisch aufgeladene Kreiskegel sind sicherlich noch heimlich im Zweiten Weltkrieg eingesetzt worden und sind bei den alliierten Jagd- und Bomberpiloten als „Foo Fighters" in Erinnerung geblieben.

Weiter heißt es im o.g. Buch aus dem Bernard und Graefe Verlag aus 1997:

„Doch es gab neben aerodynamischen noch andere Gründe (zum Bau einer Kegelrakete, Anm.d.A.).

Beispielsweise die **Technologie der Fertigung**:

Die hauptsächlich zweidimensional gewölbten Schalen der Außenhaut lassen sich **leichter anfertigen**, als dreidimensional gekrümmte. Und noch etwas. Bei einer Rakete in Kegelform mit der Spitze nach oben, wird der **Massenschwerpunkt** der größten Massenanteile, der Treibstoffe, immer **weit unten** und damit in **geringster Entfernung** vom jeweiligen Steuerelement liegen.

Dies konsequent beachtend, gingen die deutschen Spezialisten in ihrer Auslegung auch von der traditionellen **Treibstoffanordnung** ab.

Wie bekannt, kam man bei dem A 4 zur Heckanordnung des Flüssigsauerstofftanks. Man wollte mit kurzen Zuleitungswegen hauptsächlich eine Erwärmung des Sauerstoffs (-185 Grad C) begegnen.

Problematisch wirkte sich aber immer **das Betanken** aus. Da zuerst der Brennstoff eingefüllt wurde, kam es zur Kopflastigkeit der Rakete, die sie schon mal umkippten ließ. Weiterhin führte ein besonders langes Stehen des vollbetankten Aggregats 4 vor dem Start zum Durchkühlen der umliegenden Geräte und Baugruppen, was ein Versagen zur Folge haben konnte. Bei der (russ.) G-4 nun lag der Sauerstofftank erstmals bei einer Rakete über dem Brennstofftank.

Bei der Rakete ging man wieder auf Sonderstähle mit einer guten Kerbschlagzähigkeit über. … So wollte man mit einer

durchschnittlichen <u>Stahlwandstärke im Zehntelmillimeterbereich</u>
auskommen. Einzelne Ringspanten zur Formbeibehaltung bei der
Fertigung waren noch notwendig. … wollte man auch hier durch <u>Gas</u>
<u>einen Überdruck aufbringen</u>, der <u>Längszugspannungen erzeugt</u> und so
die **Raketenwandung in der Form stabil hält**.

Das war wichtig, da ja in alter Peenemünder Tradition die **Rakete
liegend transportiert** und dann über einen **meilerwagenähnlichen
Schienenwaggon** an der Startplattform ausgerichtet werden sollte."

Anmerkung:

Die Russen bauten die Rakete aus 1 mm Stahl, also „*kein Aufblasen wie bei einer Papiertüte*",
wie Gröttrup meinte.

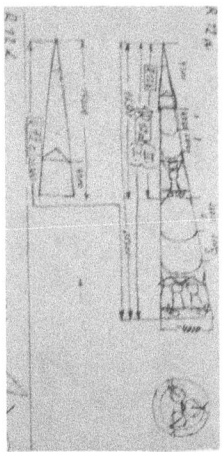

„Bei der Betankung musste aufgrund der großen
Flüssigkeitsmengen zuerst <u>unten eingefüllt</u> werden,
ansonsten hätte die Wandsteifigkeit des unteren
Behälters nicht ausgereicht, um den oben
eingefüllten Treibstoff zu „ertragen". Er wäre
eingeknickt. Und da die zuert einzufüllende
Flüssigkeit Brennstoff sein musste, ging man den
Weg zum oben liegenden Sauerstofftank mit all
seinen Nachteilen.

In Verbindung mit den **unter dem Brennstofftank
liegenden Steuer- und Lenksystemen** und der
Betankung durch das Heck, waren auch für die
Handhabung der Rakete auf dem Starttisch und die
<u>leichte Zugängigkeit in Bodennähe</u> bessere
Bedingungen gegeben.
…

Abb.: Zweistufige Großrakete mit circa 25 Meter Länge in Kegelform.

Flog im März 1945 solch eine Rakete aus dem „AWO-Gebiet" Richtung Norden, so wie die
Augenzeugin Claire Werner dies behauptete?

…Chef Aerodynamiker Werner Albring schreibt:

„Das spitze Vorderteil einer Kegelrakete würde nach dem Abrennen <u>zu
wenig</u> in den dichten Schichten der Erdatmosphäre <u>gebremst</u>, die
Temperatur würde zu groß.

Wir entwickelten eine **neue Form**, und zwar ein **Kreiszylinder**, an den
sich als Stabilisierungsmantel der Kegelstumpf anschließt.

(„**Langsame Spitze**" genannt, Anm.d.A.)

Doch den Russen erschien diese sogenannte langsame Spitze
strategisch ungünstig. Sie befürchteten eine Ortung und daraus
resultierende Abwehrmöglichkeit.
…
Ergänzend muss gesagt werden, dass die <u>langsame Spitze</u> zu einer sehr
erfolgreichen kleinen **Landekapsel** mutierte."
…

Ausgelöst wurden die Arbeiten am 9. April 1948, als bei einem Besuch des Ministers Ustinov die Aufgabe gestellt wurde, eine Rakete zu bauen, die drei Tonnen Nutzlast über dreitausend Kilometer transportieren sollte. Innerhalb von drei Monaten müssten die Vorschläge auf dem Tisch liegen. Seine kurzen Worte (des Ministers, Anm.d.A.) zum Abschied sollen gelautet haben: Bitte bauen Sie uns eine gute Rakete." (Werner Albring)

Anmerkung:

Ein schönes Märchen, das Herr Albring in seinem Buch verfasst hatte!

„Der Grat zwischen Unmut und Herausforderung lag nicht weit auseinander. Aber die Zielvorstellung wurde eingehalten. Nach einer ersten Arbeitsphase schlug man drei Projekte vor:

Anmerkung:

Als Alibi, da bereits einige Jahre zuvor schon in Peenemünde in der SBZ ab 1945/4 realisiert?

Insert

Auszug aus einem U.S. Army Dokument, deklassifiziert 13. Juli 1993, Titel: Ref-No. MU 500 SCDI (West), Seventh Army APO 75b U.S. Army. (Zensiert, Anm.d.A.)

Darin schildert ein P/W, „Prisoner of War", ein Kriegsgefangener, der ab März 1943 als Chemiker in Peenemünde tätig war und später von den Amerikanern gefangen genommen wurde, unter anderem:

Auszüge aus o.g. Originaldokument, abgedruckt in dem Buch von Henry Stevens: *„Hitler´s Suppressed and Still-Secret Weapons, Science and Technology"*, AUP, 2007, USA:

„D. V-2 Glider Bombs

The V-2 flying bombs are assembled in the East Works (Peenemünde-Ost, Anm.d.A.) which has about 3.000 engineers and workers.

Two types of V-2 have been built:

Type A 1, which is about 23 m long and 4,5 m in diameter,

And type A 4, which is about 18 m long and 2,5 - 3 m in diameter.

Anmerkungen:

Beide genannten Raketen und Maße stimmen nicht in der Länge für das normale Aggregate-4.

Das A-4 war 14.030 mm lang und 3.564 mm, inkl. Flossen breit. Durchmesser des Raketenkörpers 1.651mm.

Die untere Stufe der A-10 war 20.000 mm lang, 9.000 mm inkl. Flossen breit und der Raketenkörper war 4.505 mm breit.

Der amerikanischer Autor Henry Stevens ist der Meinung, bei dem „Typ A 1" handele es sich in Wirklichkeit um die A-10.

Vielleicht hat er recht.

Aber als einzelne Stufe kann die A-10 nicht fliegen, denn sie ist oben offen, damit die zweite Stufe, eine modifizierte A-4, die A-9 hinein passt.

Maße der A-9: 14.200 mm lang, 3.650 mm in kl. Flossen breit.

Jetzt müssen die Angaben des Augenzeugen, oder die nachträgliche Abänderung eines Zensors nicht bis aufs Komma genau stimmen, zeigen aber doch zuviel Abweichung von den Originalmaßen der A-4, A-9 oder A-10.

Welche Rakete meint dann der Zeuge mit 18 m Länge?

Eine A-4 mit modifiziertem Sprengkopf und „Langsamer Spitze", wie auf der Briefmarke aus Paraguay abgebildet, nämlich eine neu entwickelte A-8 mit Gasöl, Salbei und Visol-Antrieb?

Dazu heißt es bei: ©2007 Thomas Kliebenschedel: Vom A-8 (Aggregat 8, A4 – Projekt HNO3 + Gasöl) zur Flugabwehrrakete „Wasserfall":

„Das A8 ist ein, **Ende 1941 aus der A4- Salpetersäure- Dieselöl-Triebwerksentwicklung hervor gegangenes Projekt.**
Ziel war es das A4 alternativ zum flüssigen Sauerstoff und Alkohol als Treibstoff, **gänzlich auf Salpetersäure-Dieselöl betrieb** um zu stellen. Ein wesentlicher Bestandteil der A4 Entwicklung war eine kostengünstige unkomplizierte Waffe zu schaffen die um ein **vielfaches leichter zu fertigen und handhaben war als die A4** Versuchsmuster. Bestand das Treibstoff- Einspritzsystem der A4 Versuchsmuster und die der Baureihe A noch aus einer Bündelung von 18 einzelnen Mischkammern die über einer gemeinsamen Brennkammer angeordnet waren, besaß die ursprünglich geplante Baureihe B bereits einen einzelnen Mischkopf. Durch eine bessere Zerstäubung und Durchmischung des Treibstoffes erwartete man einen Brennkammer Innendruck von 40 Atü entgegen der bisher erzielten 13 atü. **Der Mehrdruck ermöglichte es bei geringerem Treibstoffverbrauch** eine

längere Brennzeit zu verwirklichen und **damit eine Reichweite von mehr als 270 km** wie bei der ursprünglichen Planung.

...

Nach anfänglichen Überlegungen das A4 ohne wesentliche Änderungen auf Salpetersäure und Diesel umzustellen, errechnete man das die Anfangsbeschleunigung des A4 in der Startphase bei dem erhöhten Treibstoffgewichtes eine unter 0,3 g liegende Anfangsbeschleunigung hätte. Diese Beschleunigung würde zu steuerungstechnische Probleme führen die nur durch Erhöhung der Schubkraft und einer Änderung der Leitwerke behoben werden könnten. **Man beschloss darauf eine gänzlich neue Konstruktion der Rakete durchzuführen**, die als Basis ein 30 t 40 Atü A4 Triebwerk als Standart Triebwerk bekommen sollte. **Aus dem ursprünglichen „A4- Salbei" Projekt wurde das „Aggregat 8" Projekt.**
-Ends-

Wurde später das A-8 im Kohnstein in Serie gebaut?

Aus: Forum der Wehrmacht, A4/V2 im Allgemeinen und Fragen nach V2-Varianten mit hoher Reichweite, „StierNRW", 15. Mai 2017, Internet:

„Auf der Website der „Daily Mail" steht ein Artikel zur bekannten britischen Einheit RN 30AU:

Dailymail.co/hom -movie-Age-of-Heroes

"By the time of the Allied invasion of Germany, 30AU had 400 men. The biggest prize was in sight: the Nazis' futuristic military technology, **including long-range versions of the V2 missile**, aimed at hitting New York. It wasn't just the Allies who wanted the expertise of Nazi scientists; the advancing Soviet army was racing to secure it, too."

The unit captured a previously **unknown facility north of Cologne**, which was **working on rockets, guided missiles, along with jet and rocket-propelled aircraft**.

The men of 30AU also captured top scientists, including Hellmuth Walter, designer of the Messerschmitt rocket plane prototype, and Herbert Wagner, who created the Henschel Hs293 guided glide bomb.

The final tally included 25 U-boats and two destroyers, captured at Bremen dockyards, and jet rockets and planes, torpedoes and mines…"

Das „No. 30 Commando", ab 1943 „30 Assault Unit", 30AU sammelte unter anderem nachrichtendienstliche Erkenntnisse.

…

Aus: Erlebnisbericht: „*The 3rd Armored Division History Foundation*", Robert T. Gravlin,, Co. B, 23rd Armored Engineer Bn., „*Liberation of Nordhausen*":

"The underground factory was called "**Dora**". In the factory they were experimenting on a "**V-3**" rocket **which had not been perfected as yet**. This was some kind of a secret anti-aircraft weapon. We also found out that **political prisoners worked on the V-3** and they were **murdered periodically** so they **couldn't give out any secrets** on it."

An welcher noch nicht fertigen, hoch geheimen „Flak-Rakete" wurde in „Dora" gearbeitet, sodass sogar Gefangene, die an diesem Waffensystem arbeiten mussten, von Zeit zu Zeit liquidiert wurden, damit das Geheimnis nicht verraten werden konnte?

So wurde bereits im Krieg von den Russen ein Nachbau der V-1 Flügelbombe (10Kh) entwickelt und ein Serienbau war für März 1945 geplant. Teile und Überreste deutscher V-1 wurden bei Blizna im Testgelände „Heidelager" gefunden und ausgewertet. Aufgrund der vielen Fremdarbeiter in Naz-Deutschland und der diversen Spionageringe von Ost und West, konnte einiges von den Alliierten ausspioniert werden.

Um etwas für längere Zeit geheim zu halten, wurden wohl gerade von der SS drastischere Maßnahmen eingeführt, d.h. Zwangsarbeiter an Geheimprojekten durften ihre Arbeitsstätte in unterirdischen KL nie mehr lebend verlassen!

Combat Engineer Robert T. Gravlin arbeitete u.a. bei McDonell Aircraft:

„In October 1943 I was working at the McDonnell Aircraft Company at St. Louis, MO, in the **Experimental Dept.** working on the XP67, an experimental fighter plane with six 37mm cannons mounted in its wings. I had already had a six-month deferment from military duty because of my aircraft work, …"

Anmerkung

Die McDonnell XP-67 „Bat" oder „"Moonbat" war der Protoyp eines zweimotorigen einsitzigen Langstreckenjägers. Der einzige Prototyp wurde durch einen Motorbrand zerstört und das Projekt daraufhin eingestellt.

Zur Erinnerung:

In Missouri, wo McDonnell Aircraft beheimatet ist, wurde Anfang 1945 über einer Farm ein scheibenförmiges Fluggerät gesichtet, das Ähnlichkeiten mit dem Flugkreisel aufweisen könnte.

…

Fand man das A-8 in Serie gefertigt, in geheimen Stollen im Kohnstein? Gefertigt für den Dritten Weltkrieg?

Welche Rakete ist 23 m lang?

Die Zeichnung von Konrad Toebe, der in der SU für die Russen neue Raketenentwürfe zeichnete, gibt für eine zweistufige Kegelrakete das Längemaß von 25.600 mm an, Breite inkl. Schürze: 4.000 mm.

Der deutsche Entwurf der R-12 für die Russen hatte eine Länge von 23.000 mm! Breite ohne Flossen 2.700 mm.

Könnte der deutsche Chemiker also 1943 aufwärts eine neue Rakete in Kegelform gesehen haben, dazu eine bis heute unbekannte A-4 mit „Langsamer Spitze". Oder war es eine Rakete auf einem Katapult, ähnlich der V-101 vom Kammlerstab?

Also zwei neue Raketen für den nächsten Krieg, die beide von der Zensur aus den Geschichtsbüchern gestrichen wurde?

Weiter sagt der U.S. Bericht aus:

„PW once had the opportunity to observe the launching of one of these bombs from a distance of 200 m.

The bomb stands on a concrete **platform. Inclined about five degrees in the direction of fire.**
…
V-2 bombs have attained heights of 12-15 km.

PW heard that German technicians intended to launch them to an altitude of **120 km**, which would have permitted them **to reach NEW YORK**.

At a height of 15 km the bombs have a range of 500 km. When the bomb drops from the stratosphere to lower level, it becomes **red through friction.**"

-Ends-

Anmerkung:

Dafür ist die "Langsame Spitze", ein kreisförmiger Kegel gedacht, der separiert von der Rakete in langsamer Fallgeschwindigkeit zu Boden fällt und sich damit weniger stark durch die Luftreibung aufheizt, was zu keinen starken, bis überhaupt keinen Beschädigungen des Sprengkopfes oder gar zur vorzeitigen Detonation des Sprengsatzes führt. Wohlmöglich treten sogar elektrostatische Effekte auf, die den Fall durch die Atmosphäre (Raumladung) weiter bremsen.

Ganz in Gegenteil: Die Langsame Spitze wird sich als Kreiszylinder mit Spitze, wie andere elektrostatische Flugkörper in der natürlichen Raumladung, von selbst aufladen und erratische Flugmanöver vollführen. Somit torkelt der Wiedereintrittskörper hin und her, wie in den Patentunterlagen beschrieben. Es dauert also eine gewisse Zeit, bis der Körper von großer Höhe hinab gefallen ist. Möglich also, dass man, ab einer bestimmten Flughöhe, wie etwa unterhalb 10.000 m, diese Raketenspitze mit Hilfe eines kleinen Raketenantriebes wieder bescheunigte, sodass die Fallzeit von 10 km bis zur Detonation in der Luft, etwa 1.000m bis runter zu 500m nur noch wenige Sekunden dauerte. Was eine vorzeitige Entdeckung des Wiedereintrittskörpers durch den Feind minimierte.

Die Russen pochten auf eine schnell fliegende Spitze, mussten aber zumindest für ihre „offiziellen", in der Öffentlichkeit bekannten Raketen auf elektrostatische Maßnahmen zur Verhinderung einer Aufheizung der Außenhaut an der Spitze verzichten. Sodass nur geheime militärische Raketen einen Solenoiden, einen Dauermagneten in der Raketenspitze haben, um Wirbelströme und Abstoßungseffekte zu erzielen.

Also könnten auch die elektrostatischen Eigenschaften dieses Kreiszylinders mit ein Grund sein, warum bis heute darüber nichts veröffentlicht wurde. Denn EM-Fluggeräte werden absolut hier auf unserer Welt in der Öffentlichkeit vertuscht.

Abb.:

Wenn man neue Raketen mit dünneren Außenwänden, deren Innenwände gleichzeitig als Tank genutzt wurden, bauen wollte, wäre eine solche Leichtbaurakete bei Wiedereintritt aus großen Höhen über 100 Kilometer auseinander geplatzt. Deshalb musste man sich schon während des Krieges Gedanken machen, wie man einen Sprengkopf sicher zu Boden bekommen kann.

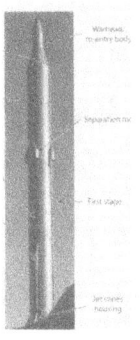

Abb.: Links Peenemünder A-8 mit Langsamer Spitze. Rechts: Iranische Rakete mit Triconic Warhead

Nämlich, das man ihn absprengt und separat in langsamer Fallgeschwindigkeit herabfallen lässt.

Wurde dies mit der 18m langen A-4 erprobt, der Wiedereintritt aus großen Höhen bei langsamer Fallgeschwindigkeit der absprengbaren 3m langen Nutzlastspitze?

Sollte eine mehrstufige, keglige Rakete auf 120 Kilometer Flughöhe steigen, um als Fernrakete weit entfernte Ziele treffen zu können? Dann hätte sie eine „Langsame Spitze" benötigt, die den Sprengkopf bei einer Fallgeschwindigkeit aus großer Höhe so abbremst, dass er nicht verglüht und auf sein Ziel hinunter torkeln kann, um bei einer vorbestimmten Höhe über Grund zu detonieren!

Die Frage wäre, wie lange der Abstieg einer solche „Langsamen Spitze gedauert hätte? 30 Minuten, kürzer oder länger?

Welche Rakete konnte auf einer Betonplatte mit einer 5 Grad Neigung auf das Ziel ausgerichtet werden?

Das A-4 stand immer auf einem Starttisch und das kerzengerade.

Waren kleinere keglige Raketen ohne Flossen, die als Rotationskörper von einem Startgestell, einem Karussell in Richtung des Ziels rotiert wurden, gemeint?

Wurde ein Rotationskörper in Kegelform in ein, um 5 Grad geneigtes Startgestell eingehängt, das Gestell in Rotation versetzt, die Rakete gezündet, der Abgasstrahl blies seitlich auf eine Betonplatte, ggfs. in einen Ableitkanal und die Rakete wurde direkt auf das zu treffende Ziel ausgerichtet, da keine Steuerflossen vorhanden waren?

Was will der Zensor sagen, was ließ er an Information übrig?

Der Bericht spricht von zwei unterschiedlich großen Raketen, die der Augenzeuge in Peenemünde sah.

Eine der beiden Raketen konnte in einem 5 Grad Winkel von einer Betonplatte aus abgefeuert werden.

Beim Abstieg der Rakete aus der Stratosphäre fingen die Raketen rot zu glühen an.

Bei einem Flug in 120 Kilometer Flughöhe war New York erreichbar.

Stellt sich die Frage:

Wenn eine Rakete aus einer Höhe von 120 km auf ein Ziel absteigt, wäre sie verglüht?

Was wäre die Gegenmaßnahme, damit der Sprengkopf nicht vorzeitig verglüht?

Welche Rakete kann man ohne einen üblichen Starttisch aus einer 5 Grad Neigung abfeuern?

Zu „rot glühenden Raketen" heißt es in Jürgen Michels Buch „*Peenemünde und seine Erben in Ost und West*":

„Eine weitere Idee war, resultierend aus den <u>letzten Testversuchen in Polen</u>, wo es um die Ergründung von <u>Luftzerlegern</u> ging, die **Nutzlastspitze abtrennbar zu gestalten**. Damit ergaben sich auch wiederum konstruktive Vorteile. Denn gerade der Flugbahnanteil in der abfallenden Kurve infiltriert **so hohe Reibungswärme** in der Raketenhaut (über 850 Grad C), dass entsprechend höherfeste Werkstoffe, bzw. dickere Wandstärken eingesetzt werden mussten.
...
-Ends-

Insert

<u>**Fiktive Fortführung**</u> des „Prisoner of War" Berichtes eines Chemikers, der zeitweise in Peenemünde arbeitete und dessen Beobachtungen auf dem Erprobungsgelände an der Ostsee in einem freigegebenen, aber leider <u>zensierten</u> „FOIA-Bericht" wiedergeben wurden.

Hier möchte der Autor so tun, als läge der <u>Originalbericht</u> des verhörten Chemikers aus Peenemünde vor und was dieser tatsächlich seinen Verhör-Offizieren berichten konnte:

„PW heard that German technicians intended to launch them to an altitude of **120 km**, which would have permitted them **to reach NEW YORK**.

PW learnt that at those heights, warhead would be destroyed due to intense heat and friction.

At a height of 15 km the bombs have a range of 500 km. When the bomb drops from the stratosphere to lower level, it becomes **red through friction**."

PW got information that new measures were developed, to prevent friction and overheating of bomb with a new designed warhead.

Within Army Test Ground "Heidelager" near Krakau, Blizna, PW saw several tests with new nose cone called "Langsame Spitze", slowly dropping nose cone.

On one occasion in 1944, a new warhead with explosive was released over a wooden area around Krakau and exploded in a given height above ground. Hundreds of trees were cracked within impact zone, but no fire.

New developed bomb A-8 which had reduced weight and a new nose cone were built and test fired along Baltic Coast.

Production of new bomb A-8 should start at Nordhausen at the end of 1944 and another underground production facility should manufacture new warheads with explosives."

-Ends-

Was sagt Ambrosi, der 1944 in einem Waldstück bei Krakau im Bereich des Truppenübungsplatzes „Heidelager" einem besonderen Versuch beiwohnte:

"Nachdem die Vorbereitungen zum Start einer **speziell umgebauten V-2** Rakete abgeschlossen waren, und die Mannschaft sowie einige Beobachter, darunter auch der Augenzeuge "Ambrosi", in einen Bunker gegangen waren, startete die V-2. Als **das Geschoß eine vorbestimmte Höhe erreichte**, wurde es mit **Absicht zur Explosion gebracht**. Es gab einen ohrenbetäubenden Lärm, darauf folgte eine große Staubwolke, aber **kein Feuer** ..."

Welches „Geschoss" wurde absichtlich zur Explosion gebracht?

Das gesamte, neuartige Aggregat-4, eine A-8, oder nur der Sprengkopf, der in einer Langsamen Spitze zur Erde aus großer Höhe fiel?

Hätte Ambrosi, der aus dem Sehschlitz eines Bunkers die Explosion beobachten konnte, die Rakete mit dem zylindrischen Wiedereintrittskörper verwechseln könnten, der aus großer Höhe auf das Waldstück, dem Zielort herunterfiel?

War dies ein Test von Pecnemünde und den Leuten, die die Wiedereintritts-Wirkung ihrer Neuentwicklung überprüfen wollten? Nämlich, ob es nun nicht mehr zu einem „roten Glühen aufgrund Luftreibung" kam?

Nämlich der Versuch mit einer Langsamen Spitze, die evtl. nur mit einem - abgeänderten - Übungssprengkopf, der nur eine begrenzte Wirkung zeigte, so wie bei der Luftdruckwirkung bei „Feuerball", und es deshalb kein Feuer gab?

Wer war „Ambrosi"? Auch ein Techniker, Ingenieur, ein „Fremdarbeiter", der gewisse Kenntnisse hatte, denen man sich in Peenemünde bediente? Oder war er ein Beobachter, wie Luigi Romersa, aus Italien?

…

Wann kam die Idee auf, die Nutzlastspitze (als Wiedereintrittskörper bei sehr großen Flughöhen) abtrennbar zu gestalten und als separate Einheit – „Langsame Spitze" (inkl. Sprengsatz) zu konstruieren?

Dazu heißt es u.a.:

Im September 1943 erhielt General Dornberger die Order, mit einer neu aufgestellten Truppe des Heeres, der „Versuchsbatterie 444", Versuchsabschüsse vom Truppenübungsplatz „Heidelager" nahe Blizna in Polen vorzubereiten. Am **5.11.1943** begannen die ersten Abschüsse. Es wurden in Blizna, Polen von November 1943 bis Juli 1944 139 A-4 zu Versuchszwecken ohne Sprengköpfe verschossen.

Bei der Erprobung des Aggregat-4 trat ein Problem auf:

70 Prozent der gestarteten Raketen zerlegten sich schon vor dem Aufschlag (Luftzerleger).

Nur 10-20 Prozent schlugen unbeschädigt auf. Dies fiel bei den Versuchen in Peenemünde, wo die Raketen in der Ostsee eintauchten, nie auf, da die Raketen im Wasser versanken.

Es galt also, die Rakete weiter zu verbessern.

Anmerkung:

Also ab Ende 1943 hätte man in Peenemünde an der Idee arbeiten können, die Nutzlastspitze abtrennbar zu konstruieren, sodass der Augenzeuge irgendwann ca. Mitte 1944 verbesserte A-4/V-2 Raketen in Peenemünde hätte beobachten können, die zudem eine neue Nutzlastspitze aufweisen hätten können.

Wo sind die Fotos und die Dokumentation über diese neue Nutzlastspitze?

Ist das ein Indiz dafür, dass eine Großrakete nicht nur in der Planung war und auf dem Papier, irgendwann in ferner Zukunft gebaut werden sollte? Sondern jetzt, mitten im Krieg sich eine solche Rakete bereits in der Entstehung befand? Kleinere, neue keglige Raketen bereits in der Erprobung standen und sich eine kegelförmige Fernrakete für den Angriff auf die Sowjetunion im Juli 1945 der Komplettierung näherte?

Zu verbesserten Raketen heißt es in dem bereits genannten Buch von Jürgen Michels:

So schlug Ingenieur Konrad Toebe, der aus dem Flugzeug (leicht-) bau kommt und bei Arado an der Entwicklung von insgesamt 15 neuen Arado-Flugzeugmustern beteiligt war, vor:

„Hauptraketenkörper möglichst als **selbsttragender Überdruckbehälter** auszubilden. Alle schwer beherrschbaren Beul-, Knitter- und Knickspannungen und damit immer teurer werdenden konstruktive Gegenmaßnahmen würden entfallen.
...

Hohlräume, z.B. im Heck sollten in Wellblech ausgeführt werden, da es beulfest ist und kaum Wärmespannungen auftreten.

Die Tanks wurden also in die Zelle integriert, d.h. auf eine Trennwand von Tank und Zelle verzichtet. **Die Tankinnenwand war somit gleichzeitig Zellenaußenwand**. Dies brachte die größte **Gewichtseinsparung** . . . und dadurch **höhere Reichweiten**. Die Behälter sollten anfänglich durch inneren Überdruck stabilisiert werden . . . Gasdruckbeaufschlagung . ."

Anmerkung:

Wurden diese und andere Verbesserungen ab 1944 bei neuen A-4 durchgeführt und flossen evtl. parallel dazu diese neuen Entwickelungen von Anfang an in den Bau kegelförmiger Raketen, als gewichtssparenden Maßnahmen mit ein, damit solche Raketen New York erreichen konnten?

Weil man den Kegel als Idealform für den Leichtbau betrachtete und es einfacher war, statt das Aggregat-4 komplett neu zu konstruieren, gleich eine neue Rakete aus den vielen Erfahrungswerten, die aus den Versuche mit dem A-4 gewonnen wurden, zu entwerfen?

Wenn all diese Verbesserungen umgesetzt wurden, und diese Maßnahmen ab Ende 1944/Anfang 1945 in eine Serieproduktion in einflossen, also zum einen neue A-4, dazu neue Langstrecken-Kegelraketen im Jonastal, inklusive einer neuen Raketenspitze, dann sind diese Raketen bis heute alle geheim gehalten worden.

Sie wurden zensiert!

Denn außer auf Briefmarken, siehe Anfang des Buches, sind keine Abbildungen oder gar Fotos von neuen A-4 oder Kegelraketen bis heute – Stand 2018 – bekannt geworden.

Woher hatte derjenige, der die Zeichnung für die Briefmarke aus Paraguay entwarf, gewusst, was ein Kreiszylinder mit Kegelstumpf, und dies somit ein Wiedereintrittskörper für einen Sprengkopf ist?

Zeichnungen und Fotos in der Öffentlichkeit gab es weder in den 1960er Jahren, noch heute, Stand 2018!

Zur „langsamen Spitze" heißt es in dem bereits erwähnten Buch von Jürgen Michels:

„Doch den Russen erschien diese sogennante „langsame Spitze" strategisch ungüstig. Sie befürchteten eine Ortung und daraus resultierende Abwehrmöglichkeiten. Sie verlangten eine „**schnelle Spitze**". Die Überlegungen führten über einen reinen **Nutzlastzylinder mit 1,40 m Durchmesser** in Verbindung mit der sogenannten „Vorspitze" zur superschlanken schnellen Spitze. Die russische Seite war zufrieden.

Ergänzend muss aber gesagt werden, dass die langsame Spitze zu einer sehr erfolgreichen kleinen Landekapsel mutierte, die heute noch bei den Russen genutzt wird."

Anmerkung:

Wie wird aber eine „Schnelle Spitze" beim Wiedereintritt vor dem Verglühen geschützt?

Die langsame Spitze war ja deshalb langsam, sodass keine hohe Luftreibung an der Außenhaut entstehen kann.

Bei einem schnellen, Überschall schnellen Wiedereintritt müsste die „superschlanke schnelle Spitze" doch sofort auseinander brechen und verglühen?

Wie verhindert man aber eine starke Luftreibung? Durch ablative Materialien? Ist die Spitze dann noch schnell genug oder bremst der raue Belag den Sprengkopf nicht wieder und macht in für Radar ortbar?

Wie schützen heute die Großmächte USA und Russland ihre Mehrfachsprengköpfe beim Widereintritt in die Erdatmosphäre?

Was war in Peenemünde in den 1930er/1940 bestimmten Forschergruppen bekannt?

Elektrostatische und elektromagnetische Flugkörper und deren Eigenschaften, mit einem reibungslosen Luftstrom unglaublich hohe Fluggeschwindigkeiten von mehreren Mach 10 zu erreichen!

Zitat aus dem „U.S.-Patent 3.162.398", filed 26. January 1959, patented 22. December 1964, „**Magnetohydrodynamic Control Systems**", Milton U. Clauser, Rolling Hills, and Rudolf X Meyer, Pacific Palisades, Calif., Assignors to Space Technology Laboratories, Inc., El Segundo, a Corporation of Delaware:

"Bewegt sich ein Flugkörper, oder eine Rakete mit relativ hoher Geschwindigkeit durch die Atmosphäre, entsteht ein **Wärmeaustausch** zwischen der Außenhaut eines Flugzeuges und der turbulenten Luft innerhalb einer Grenzschicht. Die Oberflächentemperatur steigt dadurch erheblich an. Unter extremen Bedingungen, wenn z.B. ein Flugkörper vom Weltall wieder in die Erdatmosphäre eintaucht, kann die hohe Reibungshitze die Außenhaut des Fluggerätes beschädigen, was im schlimmsten Falle zu schweren Beeinträchtigungen bis hin zum Absturz führt.
...
Zudem kann die **Reibungshitze mit Hilfe von MHD** erheblich reduziert werden.

Ein **Magnetfeld-Erzeuger** wird innerhalb eines Fluggerätes eingebaut, um eine **Druckwelle in Flugrichtung** zu erzeugt. Diese Druckwelle produziert **ein elektrisch leitendes Plasma**, das die Flugzeughülle umschließt. Innerhalb des **Plasmas werden dann Wirbelströme induziert**, die mit dem Magnetfeld in Wechselwirkung treten. Damit kann man die **Fließrichtung einer Luftmasse steuern und zugleich die Flugrichtung ändern.**

Zur Verminderung der **Aufheizung an Flugzeugoberflächen** ist eine Spule, z.B. im Bug eines Flugzeuges, mittig in Flugrichtung ausgerichtet. Wenn das Fluggerät sich nun im Hochgeschwindigkeitsflug befindet und durch die Luftreibung ein **elektrisch leitendes Plasma erzeugt**, werden durch die Spule elektrische **Ströme im Plasma induziert**, die wiederum wechselseitig die Druckwelle beeinflusst. Steigert man jetzt die induzierten elektrischen Ströme, dann **entfernt** sich die Druckwelle weiter von der Flugzeugnase."

Anmerkung:

Diese Plasma-Eigenschaften und Wirkungsweisen sind von den Flugkörpern „**Kugelblitz**" und „**Feuerball**" in Deutschland seit den 1940er Jahren bekannt!

Sowie von anderen elektrostatischen und elektromagnetischen Flugkörpern, in deren Entwicklung mit Sicherheit auch Prof. Hermann Oberth (siehe Patentunterlagen) verwickelt war.

Also müssten auch den Raketenkonstrukteuren in Peenemünde diese Plasmaeigenschaften geläufig gewesen sein!

Wurden diese Erkenntnisse in den Schutz von schnellen Wiedereintrittskörpern vor einem Verglühen während des Krieges zumindest angedacht, wenn nicht gar umgesetzt?

Besonders gut erzeugt eine Kugel, eine Sphäre ein heißes Plasmagas, eine Luftreibung um die Außenhülle. Dies wurde im Übrigen bei den „Glass Bubbles" zur künstlichen elektrostatischen Aufladung der Atmosphäre genutzt.

Auch die „Sputnik" Raumkapsel war sphärenförmig und wies diese Reibungstendenzen auf!

Sollten gar 120 km hoch fliegende Fernraketen solch eine Spule in der Vorspitze einer Kegelrakete erhalten?

Haben alle militärischen Atomraketen der Russen und der Amerikaner eine solche Vorrichtung zum Schutz der nuklearen Sprengköpfe?

Hätten nicht speziell angelernte Häftlinge, die ja auch komplizierte Elektrik und Elektronik in den unterirdischen Fabriken im Kohnstein zusammen löteten, auch Magnetfeldspulen bauen können, die in die Vorspitze von Interkontinentalraketen eingebaut wurden?

Gab es diese Planungen?

Wenn ja, fällt dies unter die allgemeine Geheimhaltung, die ja das gesamte elektromagnetische Spektrum und dessen praktische Anwendung in der Luft- und Raumfahrt betrifft?

Interessant übrigens, dass in der offiziellen, für den „dummen Pöbel" durchgeführte Raumfahrt, die man auch im Fernsehen mitverfolgen kann, alle Raumschiffe ohne eine solche fortschrittliche Technik auskommen müssen. Ja das ehemalige, mittlerweile ausgemusterte „Space Shuttle" hatte schwere, unförmige „Kacheln" als Hitzeschild? Wahnsinn, oder, was sich die Desinformation alles ausdenken muss, damit niemand den wahren Fortschritt auf der Welt erkennen kann und soll!

Somit könnte es in Peenemünde weitaus mehr fortschrittliche Technik, zumindest in der Erprobungsphase gegeben haben, als allgemein bekannt!

Nur das alte Aggregat-4, die Propagandawaffe V-2, die wird bis zum Abwinken immer wieder als einzige, im Krieg eingesetzte „Terrorwaffe", als die deutsche Rakete der Öffentlichkeit präsentiert, und als Rakete, die den Weg ins Weltall ebnete.

Wenn in Nordhausen im Kohnstein auch neue A-4 mit „Langsamer Spitze" in Serie gefertigt wurden, dann sind sowohl die Produktionsstätten, als auch die Arbeiter, die die Raketen montierten, geheim gehalten worden, und zwar schon im Krieg. Genauso wie der Bau und die Erprobung der Kegelraketen im Jonastal.

Verschwörungstheorie:

Wenn man Magnetfelderzeuger für Hitzeschilder im Krieg (und nicht nur in Deutschland, siehe USA) bauen konnte, waren diese so geheim, dass russische Spione, die sich sicherlich in Peenemünde, im Harz, im Jonastal, im Eulengebirge und in Nieder-Österreich, „B-8", zuhauf unter eingeschleusten KZ-Häftlingen tummelten, erst gar nicht auf die Idee kamen, so etwas ausspionieren zu können? Um diese EM-Technik vor dem nächsten Kriegsgegner, der Sowjetunion absolut geheim zu halten, als Überraschungsmoment in einem kommenden Krieg?

War die „langsame Spitze" ein „Ablenkungsprojekt"? Ein einfacher Kreiszylinder, den jeder handwerklich begabter KZ-Insasse in einer unterirdischen Fertigungsstätte problemlos zusammen schweißen konnte, und der kein großes militärisches Geheimnis darstellte, würde diese Technik den Russen verraten werden?

Schaffte deshalb die Rakete mit der langsamen Spitze es sogar auf eine Briefmarke, weil diese Wiedereintrittstechnik schon damals, in den 1940er Jahren eine „Totgeburt" war?

Wie gesagt, alles nur pure Verschwörungstheorie!

Gab es in Nordhausen noch andere, tiefere Stollen, wo KZ-Arbeiter diese neuen A-4 Raketen bauten und einlagerten, so wie etwa auch in Rothenstein, wo 9.000 KZ-ler möglicherweise die Sprengköpfe, eventuell inklusive „Langsamer Spitze" montierten?

Alle diese Zwangsarbeiter könnten nie wieder das unterirdische KL lebend verlassen haben, weder im Kohnstein, noch in Rothenberg.

Die neuen Raketen, sowohl die neue, verbesserte V-2, als auch die Kegelraketen, sie wurden nie in der NS-Propaganda und von Reichspropagandaminister Josef Göbbels erwähnt und es gibt auch keine Fotos, die z.B. von Soldaten während des Krieges gemacht wurden.

Wurden diese Raketen nie aus den unterirdischen Produktionsstätten ans Tageslicht geholt, sondern eingelagert und zurückgehalten, für den nächsten Krieg?

Liegen die vorproduzierten Raketen heute noch, in mittlerweile gesprengten Stollen und wurden nie von den Alliierten oder den Russen geborgen?

Somit wurde das Geheimnis gewahrt. Bis heute!

…

Weiter zum Thema „deutsche Raketen für die Sowjetunion":

„Ein **Überschallflugzeug,** das von einer **Rakete des Typs G-1** gestartet wird (ähnlich einer Kreuzung des Sängerschen „Antipoden-Bombers" mit dem Peenemünder Projekt A-9/A 10).

Drei Raketen des Typs G-1 werden als Bündel gestartet. Beim Start arbeiteten die beiden außenliegenden Blöcke.

Nach dem Leerbrennen wird der Mittelblock gezündet, der auch die Steuergeräte und die Nutzlast trägt, und die außenliegenden Raketen werden abgetrennt.

Anmerkung:

Siehe das Projekt parallel geschalteter Raketen des italienischen Professors Crocco, B.I.S.-Mitglied, der angeblich auch mit Marconi in einem unterirdischen Forschungskomplex innerhalb eines erloschenen Vulkans heimlich tätig war.

Wurde die G-1, vormals A-4b als Überschallflugzeug realisiert und wurde gar dieser Überschall-Bombenträger im schnellen Überschallflug über Schweden im Jahre 1946 heimlich und verdeckt erprobt?

Weil von Gröttrup und seine Gruppe bereits 1945/1946 in dem wieder aufgebauten Peenemünde die A-4b (oder eine verkleinerte Version, die auf die Spitze einer Großrakete passte) mit gepfeilten Überschalltragflächen für den Horizontalflug fertigen ließ? Mit Billigung des Westens, der USA und mit Beratung von Wernher von Braun?

Und zwar als <u>Atomwaffenträger</u>, um per Überschallflug (fern/Leitstrahl gesteuert, oder autonom fliegend) eine nukleare Bombe sicher ans Ziel zu bringen?

Sollten die Sowjets helfen, die U.S. Abtrünnigen an den Polen, wie insbesondere am Nordpol zu bekämpfen und auszuschalten? Mit Wissen und ausdrücklicher Billigung der USA?

...

„Eine <u>keglige Rakete</u> mit einem neuen, schubstärkeren Triebwerk und einer **neuartigen Nutzlastkopfform** ...“

Hier nochmals ein Auszug aus den vorangegangenen Publikationen des Autors Klaus-Peter Rothkugel:

„**Anfang Mai 1948** versuchten die Russen den ersten Atombombenabwurf auf **der Halbinsel Wanghyschlak** am Kaspischen Meer. Aus Gründen der vorzeitigen Entdeckung (durch ausländische Registriergeräte) enthielt die Bombe nur 150g eigentlichen Atomexplosivstoff.

<u>Nach den Atombombenversuchen</u> wurde Tellmann nach **Peenemünde** beordert. In der dortigen ehemaligen deutschen Raketenversuchsanstalt waren **alle Kriegsschäden repariert** und **etwa 150 deutsche Wissenschaftler** arbeiteten für die Russen. Tellmann erkannte, dass die Raketen der **A-8 Serie** besonders weit entwickelt waren, nun eine Reichweite von **6.000 Kilometern** hatten und den Atlantik in 42 Minuten überqueren konnten. Er sah auch Versuche mit **gesteuerten Raketen.**

Anmerkung:

„War die A-8 eine Kegelrakete, wie sie zuvor von Claire Werner noch zu Kriegsende gesichtet wurde? Oder konnte das A-8, wie das A-4, elektrostatisch aufgeladen werden, um die Reichweite erheblich steigern zu können? Flog die A-8 Rakete 6.000 km weit, oder z.B. ein aufmontierter Raketengleiter mit Flügeln, nachdem er abgesprengt wurde?

„Von Abschußbahnen aus dem Raume Leningrad-Kronstadt wurden Raketen abgeschossen. Nachdem die Geschosse 12.0000 Meter Höhe erreicht hatten, wurde durch **Funksignal** der Raketentreibsatz in Tätigkeit gesetzt.“

Anmerkung:

Durch Funksignal, so wie der Raketentreibsatz der zweiten Stufe der deutsche Kegelrakete, nachdem die erste nach Absprengung, auch der „Schürze“, sich gelöst hatte?

Geschah solch ein Funkbefehl auch nach dem Start in Rudisleben/Thüringen im März 1945, und nachdem die zweistufige Kegelrakete die Ostsee in einer vorbestimmten Höhe erreicht hatte? Wurde durch Funksignal von der Bodenstation einer, an der Ostseeküste stationierten, zu Peenemünde gehörenden Einrichtungen, die Abtrennung der untersten Stufe ausgelöst? Oder eher von einer Station in Schweden, da sich die Pommersche Küste ja bereits in russischer Hand befand.

Flog die Rakete, also nur noch die zweite Stufe, weiter nord-östlich in Richtung des neutralen Schwedens, weil dort irgendwo am Strand die erste Stufe niederging und erwartet wurde, ggfs.

von OSS-Geheimdienst Mitarbeitern, die auch in Schweden operierten? Flog die zweite Stufe dann viel, viel weiter und hatte gar schon einen scharfen Sprengkopf in der „langsamen Spitze"?

Siehe auch den Hinweis:

„**Die Peenemünder Schießbahn** für die V-2, das Aggregat- 4 verlief entlang der **Pommerschen Küste**. Auf dieser ca. **300 – 400 km langen Hauptschussrichtung** lagen so bedeutende Städte wie Kolberg, Köstlin, Stolp und Leba. Die Flugstrecke der Raketen endete in etwa außerhalb der Danziger Bucht. Auf dieser Ost-Nord-Ost Flugrichtung boten sich am Lande **viele gute Beobachtungsposten und <u>Einrichtungen für Mess-Stellen</u>, um die Flughöhe, Geschwindigkeit, Ablenkung usw. zu vermessen.**

Da diese Schießbahn und die einzelnen Peenemünder Messorte an der Ostsee nun langsam aber sicher von den Russen überrannt wurden und besetzt werden würden (die sie nach dem Krieg wieder reaktivierten), welcher anderer Ort, wo man ein Funksignal der gerade in Rudisleben, Thüringen gestarteten Rakete senden wollte, käme nun in Betracht?

Die Truppen der 2. Belorussischen Front erreichten um den 5. Mai 1945 Peenemünde. Die meisten deutschen Ingenieure und Wissenschaftler waren bereits aus Peenemünde verschwunden. Wichtige Dokumente und Ausrüstung konnten rechtzeitig vor den vorrückenden Russen zerstört werden. Ein russischer Ingenieur vom NII-1 Forschungsinstitut, der im Mai 1945 in Peenemünde ankam, will durch Zufall ein Dokument entdeckt haben, das einen raketenbetriebenen Überschallbomber beschrieb.

Somit könnte die o.g. deutschen Stationen entlang der Ostseeküste im März 1945 noch eine Bahnverfolgung der neuen, in Rudisleben gestarteten Rakete durchgeführt haben.

Ein anderes Beispiel ist Schweden, wo Wernher von Braun bereits kurzzeitig im Krieg gewesen sein könnte und irgendwelche Personen traf, die vielleicht auch schon von dem geplanten, zukünftigen Testflug einer Großrakete Bescheid gewusst haben könnten?

Baute man dort in Schweden auch eine oder mehrere Mess- und Funkstationen auf, um überfliegende Raketen zu vermessen oder, um diesen bestimmte Funkbefehle vom Boden aus zu übertragen?

Der „Office of Strategic Services" unternahm auch von dem neutralen Schweden aus diversen Geheimdienstoperationen. Wer weiß, welche anderen Amerikaner, Briten usw., Spezialisten für Raketentechnologie, entweder von der U.S. Army, RAF oder der Privatwirtschaft sich in diesem neutralen Land aufhielten und im März 1945 auf den Überflug einer zweistufigen Rakete aus Deutschland warteten, oder zuvor die Irrläufer, verirrte A-4 Trümmerteile begutachteten.

Waren darunter auch die Kriegsplaner für „Operation Unthinkable", für die ja, als Einsatzdemonstration, die kegelartige Trägerrakete für Nuklearsprengköpfe im März 1945 gestartet worden sein könnte, darunter?

So heißt es zu einer geheimen Funk- und Radarstation der Briten in Schweden:

„In May 1944 the Air Ministry had proposed supplying neutral Sweden
with **British-civilian-operated air defence radars** … in a clandestine
bid to an electronic watch on the rocket.
…
After much diplomatic manoeuvering, a **British Army radio
surveillance team** would arrive at Ottenby on the **island of Oland** in
October 1944 in an protracted attemp to track non-existent V-2
guidance signals from continuing tests at Peenemünde . . ."

-Ends-

Anmerkung:

Hätte man von der Insel Oland aus den Überflug einer deutschen Fernrakete aus überwachen
und steuern können?

Aus dem „Spiegel-Artikel:"

„Die Rakete setzte dann schnurgerade ihre Fahrt fort,
während sie, durch auf der Ostsee **liegende Steuerschiffe mit Funk
und Radarsignalen gelenkt wurde** (wie die V-2 schon zuvor im Zweiten
Weltkrieg, Anm.d.A.). Über dem Ziel wurde der Flug von
einer Meßzentrale aufgefangen und abgebrochen. Senkrecht ging dann
die Rakete fast genau auf den vorbestimmten Raum herunter."
…
„Er (Tellmann) hatte nun selbst gesehen, daß in manchen Nächten
Raketen in kurzer Folge von Leningrad bis in die Nähe von Swinemünde
über die Ostsee hinwegfegten, und er konnte sich ausrechnen, wie
leicht einmal **die eine oder andere Rakete nach Schweden** (bereits im
Krieg, ob absichtlich oder Irrläufer, Ghost Rockets 1946, Anm.d. A.)
abgeirrt sein mochte."

Anmerkung:

Aber, wie wir jetzt wissen, flogen nicht nur „verirrte" Großraketen aus Peenemünde über
Schweden, sondern hunderte von „Flier X" Flugkörpern.

Außerdem bezieht sich der Bericht des Spiegel über Tellmann in Peenemünde auf einen
späteren Zeitraum, nach 1946, wo A-9/10 und deren Nachfolger von den Russen schon durch
entwickelt und einsatzbereit waren, um entweder zur Abschreckung des Westens oder zum
Kampf gegen die „Verschwörer" eingesetzt werden zu können.

Zu diesem Zeitpunkt waren Gröttrup und seine Mannen schon in die SU verbracht worden,
um den „offiziellen", den geschönten Teil für die Geschichtsbücher und das offizielle
Raumfahrt- und militärische Raketenprogramm der Sowjetunion für die Öffentlichkeit
durchzuziehen. Der Nachbau des A-4, dessen erster Start am **18. Oktober 1947** erfolgte, flog
genau 206,7 km weit.

Im Vergleich zur Aussage von Tellmann, der in **1948** Raketen sah, die eine Reichweite von
6.000 Kilometer haben sollten und gesteuert werden konnten (Raketengleiter).

Sowie die Geisterraketen, die im Sommer **1946** von Peenemünde aus Richtung Schweden
flogen.

Wenn also die Deutschen die erste Rakete im Oktober 1947 mit eine Reichweite von 200 km verschießen und der sowjetische Minister Ustinov am **9. April 1949** zu den Deutschen meinte, eine Rakete zu bauen, die drei Tonnen Nutzlast über dreitausend Kilometer transportieren solle, was flog dann bereits 1948 doppelt so weit?

Hier gibt es eine Diskrepanz, was sowohl die Raketentechnik als auch den zeitlichen Ablauf des Baus und des Einsatzes solcher Langstreckenraketen betrifft!

Was zu der Schlussfolgerung verleiten könnte, dass man schon zuvor, kurz nach Kriegsende 1945/46 in Peenemünde Raketen baute, die u.a. in 120 km Höhe New York erreichen konnten, wie der oben genannte U.S. Bericht aus dem Krieg angibt.

Interessant nur, wie man diese Leute um Helmut Gröttrup, wie auch im Westen die Leute um Wernher von Braun, darauf eingeschworen haben musste, ein doppeltes Spiel zu spielen. Und warum niemand von diesen Beteiligten irgendetwas später je darüber verlauten ließ. Alle nahmen sie ihr Geheimnis mit ins Grab. So wie bei den „UFOs" auch.

Insert

Betreffend auftauchender „Geisterraketen" in Europa und Schweden, Quelle „Project 1947:

„24 June 1946 - Maj Hamill, US Army Ordnance, receives urgent message from Intelligence Department for von Braun:

"It seems that the War Department wanted an immediate evaluation of **the German rocket technicians left in the Soviet zone** of occupied Germany and how long it might take such experts **to perfect an intercontinental missile.**"

On June 24, 1946, Major Hamill received a confidential memorandum from the Pentagon in which he was asked to obtain from von Braun the answers to some disturbing questions, such as von Braun's estimate **of the capabilities of the rocket men in the Soviet Zone** and how **long it might take them to complete work** on such long-term projects as the **A-9, A-10, and A-11** intercontinental missiles. Hamill transmitted eleven pages of von Braun's answers to the War Department, including this response to the question that most disturbed Military Intelligence:

There is no doubt that the bulk of the most capable members of the Peenemünde group are in the United States now. There are, however, many **very good former Peenemünde experts working for the Russians too.** In the opinion of Professor von Braun the two most capable of these men ... are:

Dipl. Ing. Helmut Gröttrup ... and **Engineer Martin**. These two men are, according to the best available information, **in charge of the Russian project** - new development projects (Gröttrup) and A-4 manufacture in Nordhausen (Martin).

As regards future developments **such as A-9, A-10, and A-11** Gröttrup is to be a very able and clever leader of a development group... Compared with the situation found by the German group in the U.S., he has the **advantage of having almost complete test stands and a complete production plant**, which can easily be set going with the available number of trained members of these plants...

Many of these people were **familiar** with the general outline of **the new projects A-9, A-10, and A-11.**

Prof. von Braun says in this connection, "I am convinced, without trying to hide the light of our Fort Bliss group under a bushel that **Gröttrup will be able to build up gradually a capable group out of former Peenemünde people that can successfully continue these developments for the Russians**."

-Ends-

Anmerkung:

Die Sowjet Armee übernahm Nordhausen am 14. Juli 1945 von der Solokov Gruppe („Katyusha Einheit"), die zuvor mit deutschen Spezialisten die einzelnen Stätten der Raketenfertigung und -forschung in der SBZ untersuchten.

Am 15. Juli 1945 wurde Lehesten wieder reaktiviert und erste Testläufe wurden am 6. September 1945 unter der Leitung von Dr. Joachim Umpfenbach durchgeführt.

Die Amerikaner ließen im Oertelsbruch, Schmiedebach am 5. Juli 1945 wieder flüssigen Sauerstoff herstellen und testeten die vorgefundenen Versuchsanlagen. Es sollen an die 30 Brennversuche mit einem Verbrauch von 40-50.000 Litern Treibstoff durchgeführt worden sein. Am 15. Juli fanden die Russen die gesamte Technik für die Triebwerkstestläufe in gutem und vor allen Dingen unzerstörtem, betriebsbereitem Zustand vor.

Offiziell gib es keine Erklärung, warum die Amerikaner die Anlagen nicht vor Anrücken der Sowjets entweder demontiert oder zerstört hatten. Sogar deutsches Fach- und Bedienpersonal ist in Lehesten noch reichlich vor Ort und nicht etwa in den rettenden Westen geflohen.

Den Russen fallen in einem unterirdischen Depot 50 neue Brennkammern, Öfen, in die Hände. Dazu stehen 15 Eisenbahnwaggons mit Triebwerken auf den Gleisen, außerdem Ausrüstung und Kesselwagen zum Betanken mit flüssigem Sauerstoff. Alles von den Amerikanern unzerstört zurückgelassen, um damit sofort weitermachen zu können.

Ende Juli laufen die ersten Triebwerke unter der Kontrolle der Sowjets. Mehr als 24 deutsche Triebwerksspezialisten sind in Lehesten tätig.

Anfang 1946 wird im Oertelsbruch ein dritter Versuchsstand aufgebaut. Bis Herbst 1946 sind 43 sowjetische Spezialsten, sowie 187 Deutsche in Lehesten tätig. Es wird an einer Leistungssteigerung der Triebwerke gearbeitet.

Nachdem die - geheime und mit den Amerikanern abgestimmte? - Arbeiten beendet waren, demontieren die Russen Teile des Werkes und verfrachten alles nach Chimki in die Sowjetunion. Ende 1947 wurden zuerst die verbliebenen Brennkammern und danach im März 1948 die Teststände und die leer stehenden Hallen des unterirdischen Sauerstoffwerkes von den Russen gesprengt.

Kurz nach der Einnahme von Nordhausen, erreichten sowjetische Spezialsten Bleicherode (die U.S. Army verließ die Stadt am 30. Juni 1945, ein Tag später marschierten die Russen ein), das letzte Hauptquartier von Wernher von Braun, bevor von Braun von seinem Wohnort Ilfeld mit seinem engsten Kreis in die „Alpenfestung" nach Oberbayern floh. Von Braun kehrte aber auf Geheiß der Amerikaner wieder an den Rand des Harzes, nach Witzenhausen bei Fulda, zurück, wo er und die Amis bis 22. Juni 1945 den Abzug zurückgebliebener Familien-Angehöriger Peenemünder Mitarbeiter organisierte.

In Bleicherode, ließen sich der russische Fachmann des NII-1 Institutes Boris Chertok (der 1944 nicht explodierte V-2 Raketen in „Heidelager", Polen untersuchen konnte), zusammen mit 12 in der SBZ verbliebenen Peenemündern in der Villa nieder, wo zuvor noch Wernher von Braun sein Hauptquartier im Harz aufgeschlagen hatte.

Die Russen nahmen die Arbeiten an dem Fluglagekontroll-System der A-4 Rakete wieder auf. Nach nur ein paar Tagen wurde das Institut „RABE" – Raketenbau und Entwicklung ins Leben gerufen, das deutsche Spezialsten und Techniker aus der Umgebung anheuerte.

Im August 1945 übernahm General Kuznetsow von der GAU, Chertoks Organisation und alles geriet unter Kontrolle der Roten Armee.

Im August 1945 wurden mehrere zivile Ingenieure aus Russland in Militäruniformen gesteckt und nach Berlin geflogen. In Berlin wurde diesen Leuten mitgeteilt, dass sie Blaupausen für das A-4 sowie deren Fertigungsanlagen herstellen sollten. Alle weiteren Baumaßnahmen im Zusammenhang mit dem wieder aufgenommen Bau von Raketen wurden dann in das ehemalige Mittelwerk in den Harz verlagert. Im Laufe des Jahres 1945 stieg die Zahl russischer Spezialisten, die in der SBZ an dem neu aufgelegten deutschen Raketenprogramm arbeiteten auf 284 Mitarbeiter.

Anfang August 1945 arbeiteten mehr als 1.000 deutsche Spezialsten für verschiedene russische Forschungseinrichtungen in der SBZ, bald stieg die Zahl auf 3.000 Spezialisten. Nicht alle, die an dem Raketenprogramm arbeiteten, hatten zuvor für oder in Peenemünde gearbeitet, sondern kamen von anderen Forschungsdisziplinen.

Mitte September 1945 ging Helmut Gröttrup, Experte für die Fluglagesteuerung der A-4 wieder in die Sowjetzone in das (Tarn-) Büro „RABE" zurück.

Helmut Gröttrup, Ehefrau Irmgard und zwei Kinder erhielten in Bleicherode sofort eine schöne Villa und viele andere Vergünstigungen.

Ob er, als angeblich überzeugter Kommunist (wie bereits im Kriege über Gröttrup gemunkelt wurde) freiwillig zu den Russen ging, oder dazu befohlen wurde, weil er neben Wernher von Braun der Spezialist war, auch eine Langstreckenrakete, wie die A9/10 bauen zu können, wird vorerst unklar bleiben.

Auch unklar ist ob der Entführungsversuch von Wernher von Braun in Witzenhausen, den der Ingenieurs-Offizier, Major Chertok veranlasste, und der von den Amerikanern vereitelt werden konnte, eine schöne Geschichte für die Propaganda ist, oder ob Chertov wirklich so naiv war, Wernher von Braun für die Russen gewinnen zu können.

Denn Anstelle von Wernher von Braun ging ja Gröttrup in die SBZ, da von Braun für die USA vorgesehen war, um dort die V-2 bis zur Mondrakete für die unwissende Öffentlichkeit weiterzuentwickeln.

Unklar ist, was Wernher von Braun dachte, der ja eigentlich Raumschiffe bauen wollte, die zum Mond und Mars fliegen sollten. Stattdessen baut er Trägerraketen für militärische Zwecke, ob für den Zweiten Weltkrieg oder im Kalten Krieg, wozu man auch das Apollo-Programm rechnen könnte. Ein reines Prestige-Projekt der Amerikaner, um ihre Überlegenheit und Vormachtsstellung in der Welt unter Beweis zu stellen. Und dazu, um von der wahren Raumfahrt mit neuen, EM-betriebenen Raumschiffen bis heute die Öffentlichkeit abzulenken.

Um Ing. Gröttrups herausragende Expertise im Raketenbau besser nutzen zu können, wurde eine separate Abteilung, das „Büro Gröttrup" innerhalb des Institutes Rabe in Bleicherode eingerichtet. Ob hier eventuell die geheimen Planungen zum schnellen Bau einer Interkontinentalrakete für sowohl die USA, als auch für die Sowjetunion vonstatten gingen, wird wohl vorerst ein Geheimnis bleiben.

Denn beide Großmächte, die sich nun die Welt untereinander aufzuteilen gedachten, besaßen 1945 keine effektive Raketentechnologie und schon gar keine weitreichende Fernraketen. Diese konnte nur Peenemünde und seine Experten liefern. Die Verschwörer, die im Juli 1945 den Dritten Weltkrieg anzetteln, und ggfs. beide Großmächte angreifen wollten, die hatten Zugriff auf diese und andere „Wunderwaffen", bzw. Personen, die sie erneut hätten bauen können.

Gröttrup konnte den Sowjets viele Zulieferfirmen für den Bau des A-4 und wo sie zu finden waren, mitteilen. Außerdem kannte Helmut Gröttrup Personen, die außerhalb der SBZ lebten und konnte sie dazu gewinnen, für die Russen zu arbeiten.

Hellmut Gröttrup, der Assistent von Wernher von Braun war, setzte sich aus dem Evakuierungszug des Peenemünder Trupps, der nach Oberbayern führte, ab und schlug sich zu seiner Heimat München durch. Er war mit Ehefrau Irmgard verheiratet und hatte zwei Kinder. Seine Frau fing als „Rechenmädchen" in Peenemünde an und kannte den Raketenbetrieb dort ganz gut.

Bei den Russen in Bleicherode wurde Helmut Gröttrup zum Leiter der „Zentralwerke" ernannt. Werk I in Sömerda für Berechnungen und Raketenzellen, Werk II in Nordhausen, Fertigung von Raketenantrieben, Erprobung in Lehesten, Werk III in Kleinbodungen, Endmontage der Raketen, Werk IV, Fertigung der Steuerungs- und Kontrollsysteme der Raketen.

Die Mitarbeiterschaft der „Zentralwerke" war bis auf 7.000 Mitarbeiter hochgeschnellt, darunter viele Spezialisten der ehemaligen Arado-Werke.

Die „Zentralwerke" hatten einen Produktionsausstoß, der vergleichbar mit den letzten Kriegsmonaten 1945 war. Dies stand im krassen Widerspruch zu den Alliierten Kontrollratsvereinbarung über die Demilitarisierung von Nazi-Deutschland.

Es könnte aber einen Sinn machen, dass alliierte Vereinbarungen nicht eingehalten wurden, da man ja möglichst schnell neue Raketen für beide Großmächte entwickeln und fertigen wollte, damit man einer drohenden Gefahr eines Dritten Weltkrieges durch die „Verschwörer" etwas entgegensetzen konnte.

Wenn dem so war, wird dieser Umstand in der - zensierten - Geschichtsschreibung bis heute erfolgreich vertuscht und viele Beteiligte, die wissen mussten, was sich wirklich in Peenemünde und im Harz 1945/46 abspielte, ließen bestimmte Ereignisse außer acht und „vergaßen" dies in ihren Berichten, Memoiren usw. zu erwähnen.

So ist auch das Bauvorhaben „B3" mit dem Objekten B3a, B3b und insbesondere B3c von Interesse. Zu diesen, von General Kammler und seinem Sonderstab beaufsichtigte Untertageverlagerungen riesigen Ausmaßes heißt es:

Die Baugroßvorhaben 3, Himmelsberg a und b, sowie auch B12 gehören zu den Untertageverlagerungsprojekten mit gigantischem Ausmaß bei Nordhausen, unter dem Sonderstab Kammler. Insbesondere für die Luftfahrtindustrie (Jägerstab) oder deren Versorgung (Geilenberg Programm) unter Führung einer SS-Inspektion II, Sitz Bischofferode, B3 und deren Bauleitungen unter massivem Zwangsarbeitereinsatz schnell umgesetzt werden sollten. Inwieweit das System B3c mit mindestens drei Kilometern angeblich fertigen Stollen tatsächlich existierte, ist unklar.

Dies könnte daraufhin deuten, das der Harz, neben S-III in Thüringen und „Riese" im Eulengebirge, eine zentrale Stelle zur Fertigung und ggfs. Abschußort für Kurz- und Mittelstreckenraketen auf russische Ziele in Mittel- und Ostdeutschland gewesen sein könnte.

Sowjetische Sonderbrigade in Bad Berka, Harz

Entnommen aus „*German Legacy in the Soviet Rocketry*", Anatoly Zak, 2011, Internet

Special Purpose Brigade, BON

„In addition to coordinating **pure research and development activities**, the Soviet Army, which would be the ultimate user of prospective rocket weapons, **delegated** the responsibility for the **application of the new technology to a Special Purpose Brigade**, formed around **June 1945**. With the **agreement of the US military**, which then occupied Thuringia, a group of the Soviet veterans of legendary Katyusha units **established a camp in the village of Berka**, six kilometers from the town of Zonderhausen. The brigade, led by a 53-year-old **Major General A. F. Tveretsky** absorbed many of the veterans of Katyusha units.

One of the first responsibilities of the brigade's personnel in July 1945 **was the search for the A-4 hardware**, which would be **assembled at the camp in Berka**. According to the veterans of the brigade, the **US troops shared some of the A-4 trophies** with their Soviet allies.

In the town of **Bad Sachs** the **US personnel lend** the Soviets a copy of the **A-4 launching manual**, as well as **the launch support equipment**, including an **armored launch control vehicle known as Panzerwagen**.

Finally, a **training version of the A-4 rocket** was also left by the Americans in Bad Sachs to the Soviets.

The brigade would remain in Germany until August 1947."

-Ends-

Quelle: Dyadin, G. V., "Pamyatnye Starty", "Der Start einer Erinnerung", TsIPK, 2001

Anmerkung:

Zu Bad Sachsa heißt es:

In Bad Sachsa war gegen Ende des Krieges der „Arbeitsstab Dornberger" mit 450 Mann untergebracht. Die Produktion der V-1 und V-2 in Nordhausen wurde vom Arbeitsstab Dornberger geleitet.

Am 12. April 1945 wurde Bad Sachsa von der amerikanischen U.S. Army nach kurzen Kämpfen besetzt. Die Amerikaner zogen sich ab Anfang Juli wieder in ihre zugewiesene Besatzungszone zurück.

Anmerkung:

Wurde in Bad Sachsa auch die Produktion des neuen A-8 mit größerer Reichweite vom Arbeitsstab Dornberger koordiniert?

Was erhielten die Veteranen der russischen Sonderbrigade unter der Führung des 53 Jahre alten Major General A. F. Tveretsky für Raketen, die im „Lager Berka" endmontiert wurden?

Warum gaben die Amerikaner den Russen erbeutete Raketen und welche? Ordinäre V-2 oder die verbesserte Version? Welche Abschuss-Bedienanleitung und welcher (modifizierter, weil A-8 länger war) Abschuss/Meilerwagen für welches Aggregat erhielt das russische Sonderkommando von den Amerikanern? Dazu noch ein gepanzertes Feuerleit-Sonderkraftfahrzeug, sowie eine (unbetankte, ohne Sprengkopf) Übungsrakete, für „Trockenübungen"!

Was unternahm die Sondereinheit der Russen in Bad Berka, eventuell unabhängig von Bleicherode, von den sowjetischen Akademikern aus Moskau und von Dipl. Ing. Gröttrup und dem deutschen Stab, eventuell in aller Heimlichkeit?

Hier waren erfahrende russische Artillerie/Katyusha Soldaten, die sich mit Raketen, die im Kampf gegen die Deutschen eingesetzt wurden, in einem extra aufgebauten Camp bei Bad Berka im Sondereinsatz.

Sollten diese erfahrenden Soldaten der Roten Armee, Kämpfer und Spezialisten von der Front, die nicht nur in der Theorie bereits die Handhabung von Raketen kannten, sondern auch, wie man diese im Krieg gegen den Feind einsetzt, jetzt schnellstmöglich mit der Handhabung von Groß- und Fernraketen geschult werden, damit sie praktische Erfahrung mit deutscher Hochtechnologie erhielten? Damit diese Brigade in einem nächsten Krieg jederzeit moderne, ex deutsche Groß-Raketen auf einen Feind abschießen konnten?

Im Gegensatz zu den Hochschulabgängern und Akademikern in Moskau! Junge Menschen, die keine Erfahrung in einem erbitterten Kampf in einem Großen Krieg aufweisen konnten, die extra, um im besetzten Deutschland überhaupt tätig werden zu können, in viel zu große, teilweiße schlecht sitzende Uniformen der Roten Armee gesteckt wurden, um sich mit der neuen Raketentechnologie auseinander zusetzen, und um zu ergründen, wie man richtige, funktionierende Raketen jedweder Art baut.

Warum aber gaben ausgerechnet die „Kommunistenhasser", die „Demokraten", die U.S. Amerikaner ihren zukünftigen Feinden im Kalten Krieg, modernste deutsche Raketen-Ausrüstung und Material, ja sogar eine Übungsrakete, damit die „Roten Horden" bestens geschult, die USA angreifen können?

Warum haben die Amerikaner alles im guten Zustand im Lehesten zurückgelassen, damit die Russen ja die Gelegenheit bekamen, neue Raketen-Triebwerke Probe laufen zu lassen?

Weil man zu diesem Zeitpunkt eventuell noch gemeinsam gegen die „Verschwörer", gegen die versprengten Nazis, die überall auf der Welt in Festungsanlagen ausharrten und auf den Dritten Weltkrieg warteten, kämpfen wollte?

Sollten auch russische Kampfeinheiten in der Lage sein, deutsche Raketentechnologie im Feld, für den Abschuss auf feindliche Stellungen, einwandfrei beherrschen zu können?

Möglich, dass man den Russen deshalb auch normale, scharfe, einsatzfähige V-2 und die dazu gehörige Ausrüstung überließ, um mit Meilerwagen und dem entsprechenden Fuhrpark in den Kampf gegen General Patton und seine willigen deutschen Helfer zu ziehen.

Vielleicht waren darunter auch neue A-8, die weiter flogen und den rückwärtigen Raum, z. B. Bad Tölz und das HQ von General Patton zu treffen, käme es hart auf hart.

Die sowjetische Sonder Brigade könnte ein weiteres Indiz dafür sein, dass man gemeinsam, Ost wie West, USA und SU in gemeinsamer Eintracht, gegen die Abtrünnigen in der U.S. Army vorgehen wollte, um sie ein für alle mal zu vernichten, bevor jede Großmacht wieder ihre eigenen Wege ging.

Wenn es dieses Szenario gab, dann wird es bis heute vertuscht. Denn in der Öffentlichkeit wird vorgegaukelt, dass Russland weiterhin der „Adversary", der Gegenspieler der USA ist.

Wie gesagt, bis heute arbeiten Russen und Amerikaner heimlich zusammen. Siehe hier die, bis heute ungestörten und immer noch andauernden Überflüge russischer und amerikanischer Drohnen über den jeweils anderen, hochsensiblen Militärstützpunkten nuklearer Raketen, um deren Abschaltvorrichtungen zu kontrollieren. (s.a. das Buch „*Amerikanische und Russische Spionagedrohnen auf beiden Seiten des Eisernen Vorhangs*", von K-P Rothkugel)

Diese geheimen und akkreditierten Überflüge als „außerirdische Raumschiffe", als „UFOs" der unwissenden Öffentlichkeit und dem nichts ahnendem Militärpersonal zu verkaufen, gehört wohl zu den besten Propaganda-Tricks seit Menschengedenken!

…

Oder:

„It seems certain that Russia has re-opened the former German experimental station for guided missiles which had been established near Stettin. Whether or not any or all of the German

scientists who formerly operated the station are now in Russian employ is unknown. A Russian circular issued at Berlin charged that **Germany had plans for a rocket having a range of 2,400 miles** (ca. **3.850 km**).

-Ends-

Abb., ggfs. retouchiert:

Wollte man im Nachkriegs-Peenemünde in den Jahren 1945-46 eine solche Langstreckenrakete für die Großmächte in Ost und West gemeinsam von den Deutschen bauen lassen?

Anmerkung:

… that Germany had plans for a rocket having a range of 2,400 miles (ca. 3.850 km).

Waren dies die Pläne aus dem Krieg für eine Rakete mit Reichweite von 3.850 km, die Cläre Werner im „AWO-Gebiet" sah?

Begannen Gröttrup, Ing. Martin und andere, dazu fähige Handwerker, nicht nur neue A-4 zu fertigen, sondern wurden auch die Großraketen A-9/10, die A-11 oder sogar die A-12 fertig gestellt, weil man die Blaupausen dafür hatte, die Wernher von Braun entweder an seinem Wohnort in Ilfeld versteckt hatte, oder die man in Ebensee erbeutete?

Ist die Frage vom U.S. Intelligence Department im Pentagon ein Indiz dafür, dass die A-9/10 und fortführende, erst nach 1945 in Peenemünde gebaut wurden, und nicht schon während des Krieges?

Wurden die Unterlagen der Großraketen A9/10-12 von den „regulären" U. S. Spezialtruppen samt Wernher von Braun von Bayern wieder in den Harz verbracht:

„The team designated to investigate the Mittelwerk was headed by Major **James Hamill** of Ordinance Technical Intelligence. The team was headquartered in Fulda, about 80 miles southwest of Nordhausen. "On **June 20 (1945)**, some 1,000 German V-2 personnel and their families were selected and gathered up, then placed aboard a long train, which eventually made its way to the **small town of Witzenhausen**, (near Fulda, Anm.d.A.) **some 40 miles to the southwest and just inside the American zone."**
...
The Russians sent one of my former engineers to me (Dornberger) when I was with the Americans, who told me he had an offer to make on behalf of the Russians. We were to go back to Peenemünde and it would be rebuilt along with a parallel factory in Russia, and they offered to pay us double what the Americans were offering us."

-Ends-

Siehe gesamten Wortlaut im ersten Buch!

Das U.S. Team sowie die Deutschen wurden im Juni 1945 von Major James Hamill (Schreiben siehe oben) angeführt. Diesen Major Hamill fragte das Pentagon im Sommer 1946, ob die Russen in dem wieder aufgebauten Peenemünde in der Lage wären, die A9/10, A-11 oder A-12 Fernraketen zu bauen, was der daraufhin konsultierte Wernher von Braun bejahte!

Gut möglich, dass zumindest die A9/A-10 an der Ostsee im Jahre 1946 fertig gestellt wurde. Erprobt und verschossen hätte man zumindest die geflügelte zweite Stufe, die A-9/A-4b von Peenemünde aus in Richtung Ostsee, Schweden. Um dies zu vertuschen, sandte man Wellen von „Foo Fighters" aus, die die schwedische Presse als „Flier X", als „Ghost Rockets" dem staunenden Publikum verkaufte.

Gab man aber möglicherweise freiwillig den Russen die Blaupausen über die Großraketen?

Und sprach ggfs. von Braun sogar mit Gröttrup in Bleicherrode oder Ilfeld im Beisein von Amerikaner und Russen über die Fertigung der A-9/10 im wieder aufgebauten Peenemünde?

Warum?

Weil sowohl die „reguläre" U.S. Army, als auch die Sowjets Angst gehabt haben könnten, dass die „Abtrünnigen", die ihren Dritten Weltkrieg im Sommer 1945 anlaufen lassen wollten, sich noch nicht geschlagen gaben (weder Gen. Patton, der weiterhin (SS) Soldaten für diesen Krieg rekrutierte, als auch Abtrünnige, die auf diversen Stützpunkten, Festungsanlagen überall auf der Welt saßen (Südpol/Neuschwabenland, Argentinien, Chile, Nordafrika, Nordpol, ggfs inneramerikanische Stützpunkte wie Montauk ect.)

Diese U.S. Abtrünnige hätten eventuell auch 1946 oder 1947 noch einen nuklearen Weltkrieg vom Zaune brechen können. Weil sie genügend Helfer und Helfershelfer, auch in der U.S. Administration hatten, die in den 1940er Jahren gerne eine Neue Weltordnung erschaffen hätten?

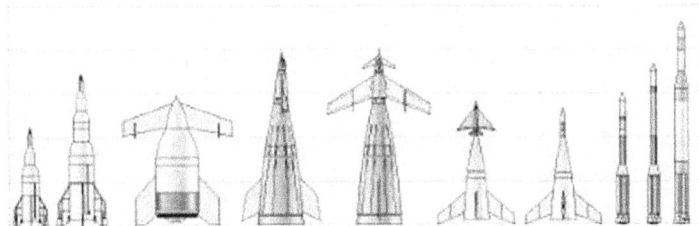

Abb.: Von Braun post-war designs in the USA:

from left: A11, 1946; A12;
Marsprojekt, 1948; Colliers, 1952; Mars, 1956;
Super-Jupiter, 1957; Saturn I and Saturn II for Project Horizon, 1958.

Auch das „**Überschallflugzeug**", eine Modifizierung der ehemaligen A-4b kennt von Braun und setzt diesen kleineren **Atombombenträger** sogar auf eine **keglige Großrakete**!

Sowohl die A-4b und auch ein verkleinertes „Überschallflugzeug" könnten im Jahre 1946 von Peenemünde in dem, von den Sowjets besetzten Teil von Ostdeutschland, auf das neutrale Schweden verschossen worden sein. Wenn auch die meisten schwedischen und norwegischen Tageszeitung nur auf die „Ablenkungs-Versuchsschüsse" verwiesen, auf, in niedriger Höhe die skandinavischen Länder überfliegende elektrostatischen Flugkörper von 2-3 Meter Länge, und sie als „unbekannt" dem interessierten Leser verkaufen wollten oder mussten.

In der Mitte sind zwei kegelförmigen Raketen, sowie die aufgepflanzten geflügelten Überschall-Raketenflugzeuge, ähnlich derer, welches Albert Püllenberg in Händen hält und ähnlich dessen, was 1946 in Peenemünde über der Ostsee erprobt wurde?

Ein Indiz, gar ein Beweis dafür, dass Wernher von Braun nach dem Krieg in den USA auf Ideen und Entwicklungen zurückgreifen konnte, die bereits vor und während des Zweiten Weltkriegs in Peenemünde angedacht und möglicherweise sogar verwirklicht wurden, A-4b und eventuell eine verkleinerte Version?

Somit hätte die Peenemünder Gruppe um Dipl.-Ing. Helmut Gröttrup, die für die Russen **kegelförmige Raketen** mit einem neu entworfenen zylindrischen Wiedereintrittskörper nicht exklusiv und vollkommen neu, gemäß Auftrag von Minister Ustinov, nach dem Krieg in Russland entwickelt, **sondern beide**, Wernher von Braun, als auch Helmut Gröttrup, **kannten** diese Entwürfe bereits aus dem Krieg!

Weil eine – zweistufige - keglige Rakete gebaut und auch erfolgreich zu Kriegsende getestet wurde?

Siehe Zeugenaussage von Claire Werner.

Insert

Geheime V-Waffen Produktion

Folgender interessanter und wichtiger Hinweis findet sich in dem Buch: „*1945 – Thüringens Manhattan Projekt*", Harald Fäth, 1998:

„So berichtet beispielsweise ein „Riese" Häftling, dass auch in den dortigen unterirdischen Anlagen V-Waffen gebaut worden seinen . . .

Durch einen wahren Glücksfall bekam ich Kontakt . . . ., dem Sohn eines ehemaligen Ohrdrufer Häftlings namens . . .
...

„Mein Vater war als Häftling in **Ohrdruf**. Er und seine Kameraden mussten in einer **unterirdischen V-Waffen-Fabrik** arbeiten. Die Häftlinge waren auch unterirdisch untergebracht und kamen die ganze Zeit über nie ans Tageslicht, es war ein richtiges unterirdisches KZ. Ein Betreten war nur durch Stollen möglich. Teilweise haben er und seine Kameraden versucht, **die V-Waffen zu sabotieren**, indem sie Sand ... beimischten."

Auf Nachfrage bestätigte . . . ., dass es sich keinesfalls und Nordhausen gehandelt habe.
. . .
Es habe sich bei dem oben erwähnten Gebiet **definitiv um Ohrdruf** gehandelt.

...

Es gibt mindestens noch ein weiteres Häftlingscamp . . . Sein
Einrichtungsdatum war vermutlich das Frühjahr 1944, etwa zeitgleich
mit den Anfängen von „Riese".

...

Nach den gelieferten (Werkzeug) Maschinen zu urteilen, kommt **eine
Raketenwaffe am ehesten in Betracht**, jedoch, wie ich (Harald Fäth)
bereits ausführte, keine V-2. Was bleibt also übrig? Die geflügelte
V2 mit ihrer nur geringfügig größeren Reichweite?"

Anmerkung:

Die geflügelte V-2 (und deren - kleinere - Weiterentwicklung als Überschallflugzeug mit
Gefechtskopf) wurde wohlmöglich erst 1946 im großen Stil über der Ostsee und den
skandinavischen Ländern im Flug erprobt.

...

„Und was ist, wenn das Ohrdrufer V-Waffenwerk eben die A-9/10 bauen
sollte? Und sich in unmittelbarer Nähe die Anlagen für die
Produktion einer Nuklearwaffe befunden hatte?"

Anmerkung.

Richtig!

Das wäre der Sinn einer autarken Festungsanlage:

Die Produktion von Atombomben und den dazugehörigen Trägersystemen!

Aber welches Trägersystem?

Der Autor ist der Meinung, dass die A-9/10 erst nach dem Krieg, 1945/46 im wieder
aufgebauten Peenemünde nach bereits im Krieg ausgearbeiteten Plänen von Wernher von
Braun und seiner Gruppe vollendet und getestet wurde!

Und zwar von Helmut Gröttrup und den restlichen, in der SBZ verbliebenen Peenemündern,
darunter viele Handwerker, die die Raketen zusammenbauen konnten!

Und dass Wernher von Braun eventuell sogar beratend mit all seinem Wissen und seiner
Erfahrung an der Seite der USA mithalf, die Langstreckenrakete, sowie deren
Weiterentwicklungen, A-11, A-12, in den USA, als auch in Peenemünde unter den Sowjets zu
konstruieren und zu bauen!

Und das eine andere, unbekannte und kurz nach Kriegsende untergegangene
Peenemünder/SS-Gruppe das eigentliche Trägersystem für eine „modifizierte
Zündorkanbombe" - einer Thermobaren Brand- und Luftdruckbombe - in Ohrdruf baute und
einsatzbereit machte.

Könnte also Claire Werner eine der, bereits produzierten und einsatzfähigen Kegelraketen mit
Sprengkopf an jenem 16. März 1945 gesichtet haben, wo zeitgleich die wunderschöne und

geschichtsträchtige deutsche Stadt Würzburg in einem Feuersturm, ausgelöst durch dieselbe Waffe, die auf der Kegelrakete montiert werden sollte, vernichtet wurde?

War der 16. März 1945 eine <u>Einsatzdemonstration der Leistungsfähigkeit</u> von „S-III", um zu zeigen, das trotz Sabotage, die SS in der Lage war, funktionierende Waffensysteme für WWIII bereitstellen zu können?

Hatte die A-9/10 das Potential zur Weiterentwicklung von noch größeren Raketen, die schließlich in der Apollo-Mondrakete gipfelte. Erkannten dies die „Regulären" in den USA bereits während des Krieges und war Wernher von Braun auf der Seite der „Nicht-Verschwörer"?

War von Braun schlau genug, sich nicht an die Seite von Kammler und den Verschwörern unter den Nazis zu stellen, sondern and die Seite der „Gewinner", diejenigen in den USA die Patton und andere bekämpfen und bezwingen konnten?

Ging von Braun evtl. deshalb über Stettin ins neutrale Schweden, um das weitere Vorgehen mit den Nicht-Verschwörern zu besprechen? Oder war es genau umgekehrt?

Mussten notgedrungen eine spezielle Gruppe von Peenemünder, die General Patton unterstützen wollten, evtl. in gemeinsamer Zusammenarbeit mit dem Kammlerstab in Pilsen, eine neue Langstreckenrakete entwickelten? Eben eine keglige?

Die Gröttrup 1948 nochmals aus dem Hut zauberte, um den Russen schnell einen neuen Entwurf anbieten zu können. Denn Gröttrup hatte ja evtl. die A-9/10 schon 1946 in Peenemünde gebaut. Wenn auch für beide Großmächte, die USA und die SU!

Da beide dringend 1945 und für die folgenden Jahre eine funktionierende Langstreckenraketen benötigten und nicht in der Lage waren, aus dem Stand heraus eigene Konstruktionen in kürzester Zeit zu entwickeln? Denn beide Großmächte mussten ja die Abtrünnigen, die sich überall auf der Welt noch verschanzt hatten, ausschalten.

…

So müssen weder v. Braun, noch Gröttrup direkt in die Entwicklung dieser neuen kegligen Raketenform verwickelt gewesen sein. Aber sie kannten die Rakete aus eigener Anschauung und möglicherweise die diversen Vorversuche (Windkanal, Versuche mit Wiedereintrittskörpern, neuartige Konstruktionsmerkmale, modifizierter Ofen, ect.).

Ob bei den Peenemündern, die in die USA kamen, Ingenieure an der kegligen Rakete selbst mitarbeiteten, ist unklar.

Auch, ob von den vorhandenen Deutschen in der SBZ und später in der SU jemand persönlich damals im Krieg an dieser Rakete arbeitete, ist unbekannt.

Die Deutschen in Russland mussten bestimmt die Kegelrakete und die „Langsame Spitze" aus vorhandenen Daten und Informationen, sowie aus dem Gedächtnis rekonstruiert haben.

Die Amerikaner waren zuerst im Jonastal. Haben U.S. Spezialisten alles Relevante betreffend der Kegelrakete erbeutet und mit in die USA genommen? Welche Amerikaner? Die „Regulären" oder die „Abtrünnigen" um General Patton?

Was passierte mit dem Personal, den Ingenieuren und Konstrukteuren, die eventuell in einem Dritten Weltkrieg die Fertigung und Weiterentwicklungen der Kegelrakete als „ICBM" in geheimen U-Anlagen überwachen sollten?

Diese direkt Beteiligten waren Geheimnisträger und Mitwisser einer unglaublichen Verschwörung! Wurden sie separat verhaftet und irgendwo in die USA in geheime Untergrundanlagen verbracht, so wie möglicherweise auch Hans Kammler? Oder wurde diese Mitwisser und unmittelbar Beteiligten gar gleich an Ort und Stelle im Jonastal liquidiert?

Diesem Schicksal entgingen Wernher von Braun und anderen, sowie auch Helmut Gröttrup.

Wernher von Braun, weil er sich fein (aufgrund Vorwissen?) heraushielt, und Gröttrup, weil er schon im Krieg mit den Kommunisten sympathisierte und deshalb an diesem Sonderprojekt einer Großrakete, die speziell für die „Verschwörer" und dessen Angriffskrieg gegen die SU gebaut wurde, nicht unmittelbar, wenn überhaupt, beteiligt war und nicht zu dem inneren Kreis dieser Entwicklungsgruppe gehörte?

In keinem Raketen-Arsenal der Welt befinden sich heute (Stand 2018) offiziell irgendwelche Raketen in reiner, großer Kegelform. Nur als „Bündelraketen", mit „Boostern" an den Seiten.

Diese Entwicklung ist zumindest offiziell (ggfs. in der Wahren Raumfahrt übernommen) untergegangen.

Genauso untergegangen sind die Personen, die daran gearbeitet haben könnten. Sie sind namentlich nicht bekannt, es gibt keine Berichte, Bücher usw. über sie. Genauso untergegangen sind die Leute, die an elektrostatischen Flugkörpern oder den Flugscheiben in Nazi-Deutschland geforscht hatten.

Alle sind sie von der Bildfläche verwunden, blieben namenlos, ungenannt, ungewürdigt. Eventuell wurden solche Personen an irgend einen geheimen Ort verbracht, wo sie weiterarbeiten konnten, oder ihre Arbeit wurde von den Großmächten nochmals im Nachhinein nachvollzogen, nach dem Motto „What if".

Konnten diese bedauernswerten Leute, die das Pech hatten, in gesonderte Geheimprojekte verwickelt gewesen zu sein, sowie in eine groß angelegte Verschwörung von Seiten der Alliierten verwickelt waren, irgendwann wieder in ein normales, geregeltes Zivilleben zurückkehren?

Oder wurden sie in irgendwelchen Geheimanlagen gefangen gehalten und kamen nie wieder frei? Siehe hier das Beispiel des Servicepersonals eines Soldatenerholungsheims in Chile, die nie wieder diesem Ort verlassen konnten (, s. weiter unten in diesem Buch!)?

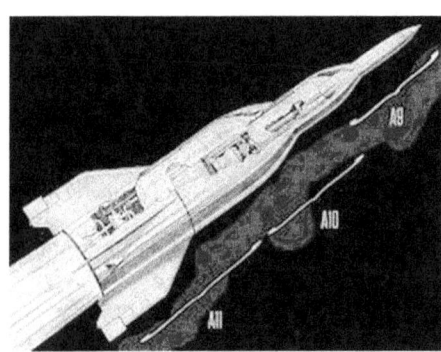

Abb.:

Dreistufige A-11 von Wernher von Braun.

Anmerkung:

Wenn die Russen also 1948, und frührer, 1946, wie die „Ghost Rockets" über Schweden, bereits Langstreckenflüge mit Großraketen unternahmen, wie kann dann Herr Albring, ein Aerodynamiker aus Peenemünde behaupten, dass erst im April 1948 damit angefangen wurde, entsprechende Raketenentwürfe für die Russen auszuarbeiten?

Denn zu dieser Zeit flogen doch schon russische Raketen über weite Strecken entlang der Ostsee, gemäß dem Spiegel-Artikel!

Hier gibt es eine Diskrepanz und irgendjemand muss nicht die ganze Wahrheit sagen!

Lügt Claire Werner, Prof. Robert Tellmann oder Werner Albring?

Wie schon des Öfteren in den Büchern des Autors dargelegt, werden zeitverzögert bestimmt, ehemals geheime Entwicklungen an die Öffentlichkeit weitergegeben.

Und gemäß der These des Autors betreffend eines Dritten Weltkrieges und einer Wahren Raumfahrt ist es gut möglich, dass Peenemünde, oder eine Sondergruppe an Raketenbauern Anfang 1945 eine erste, funktionierende Großrakete im Jonastal in Serie bauen konnte! Denn diese Rakete wäre ein fester Bestandteil einer Kriegsplanung, um im Sommer 1945 Russland anzugreifen. Eben auch mit Langstreckenraketen, die Atombomben in das Hinterland der Sowjetunion tragen konnten.

Das zeigt auch das viele „Spielmaterial", das zu diesem Thema bis heute immer wieder in Umlauf gebracht wird! Denn, nach dem üblichen Geheimdienstspiel von „Doppelten Akten und Berichten", wie es ja auch schon während des Krieges gespielt wurde – „Führerhauptquartier" als Bezeichnung für eine amerikanische Festungsanlage der Verschwörer für den Dritten Weltkrieg – so werden auch bis heute Bücher verfasst, die auf Spielmaterial, zum Beispiel der ehemaligen DDR-Behörden fußen, um dahinter das wahre Geheimnis weiter verstecken zu können.

Peenemünder Großrakete für Langstreckenflüge hinter den Ural im Dritten Weltkrieg?

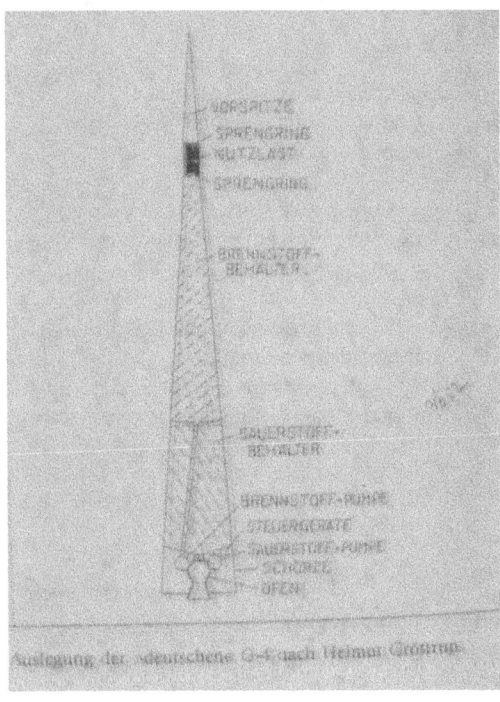

Abb., aus Jürgen Michels, „Peenemünde und seine Erben in Ost und West":

Nach deutschen Entwicklungen von Helmut Gröttrup entworfene Kegelrakete.

Bezeichnung von oben nach unten:

Vorspitze (Aerodynamische Verkleidung, Abschuss, Spitze der Rakete)
Sprengring (zum Absprengen der Spitze)
Nutzlast (Zündorkanbombe in der Größe in etwa von „Feuerball" mit Sondersprengstoff zum Entfachen eines Feuersturms, untergebracht in der „Langsamen Spitze" = Wiedereintrittskörper in Zylinderform)
Sprengring (wie oben)
Brennstoffbehälter (z.B. Alkohol)
Sauerstoffbehälter (flüssig)
Brennstoffpumpe
Steuergeräte (u.a. Analog-Computer evtl. Lochkartenleser für autonome Steuerung oder Sende- und Empfangsgeräte für Leitstrahlsteuerung)
Sauerstoffpumpe
Schürze (aerodynamische Verkleidung für stabileren Flug)
Ofen (modifiziert aus A-4)

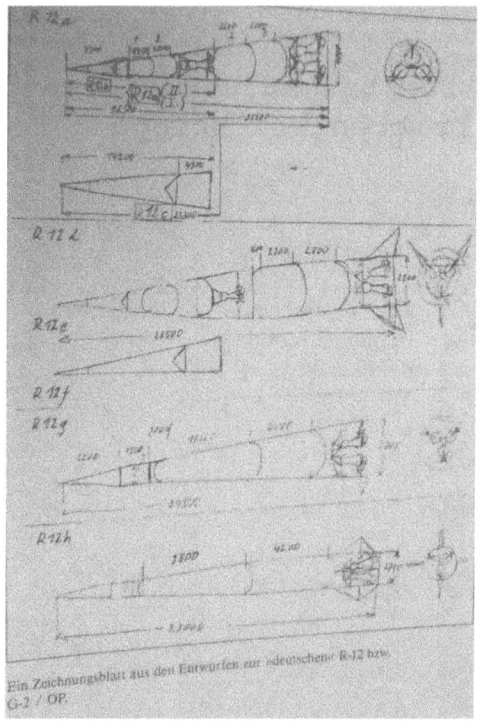

Abb.: aus Jürgen Michels, „Peenemünde und seine Erben in Ost und West":

Verschiedene Versionen Peenemünder Kegelraketen, die für die Russen entworfen wurden.

Basieren alle Entwürfe auf deutsche Vorarbeiten, die während des Krieges durchgeführt und realisiert wurden?

Ganz oben: zweistufige Rakete, ca. 25 m lang, ohne Flossen, mit Strahlruder.
Darunter: zweistufige Rakete mit drei Flossen.
Darunter: einstufige Rakete, 24,5 m lang, mit langsamer Spitze
Ganz unten: einstufige Rakete, 23 m lang, mit drei Flossen, mit langsamer Spitze

Alle Raketenentwürfe haben für die Öfen eine 120 Grad Anordnung, wobei zwei Öfen bei Langstreckenflügen absprengbar waren, um Gewicht zu sparen.

Interessant ist, dass Wernher von Braun das Konzept einer Kegelrakete in den USA nicht weiterverfolgt hatte. Denn, wenn solche Raketen in Peenemünde, Riese oder im Jonastal in der Entwicklung und Erprobung waren, hätte v. Braun davon wissen können.

Auch die Amerikaner hätten davon wissen können, denn sie nahmen zuerst das Gebiet von Arnstad-Wechmar-Ohrdurf ein.

Eine deutsche Fernrakete musste keinen großen nuklearen Sprengkopf von 2-3 Tonnen tragen.

Die Zündorkanbombe wog um die 1 Tonne oder weniger (bei gleicher oder ähnlicher Wirkungsweise wie einer vergleichbaren Atombombe, die größer und schwerer war), so wie auch das entsprechende Fluggerät „Feuerball".

Wurden das Grundprinzip diese Raketen schon in Peenemünde während des Krieges entworfen und bei einer zweistufigen Langstreckenrakete praktisch umgesetzt?

Wurde eine zweistufige Langstreckenrakete, wie ganz oben abgebildet, im März 1945 in der Gegend von Rudisleben/Ichtershausen zu einem Versuchsflug, mit oder ohne Sprengkopf Richtung Norden gestartet?

Wollte man mit solchen Raketen noch den „Endsieg" herbeiführen? So, wie mit dem Flugkreisel, der in den letzten Wochen in Prag noch in Serie gehen sollte?

Oder wurden diese Trägerraketen und der scheibenförmige Interzeptor für den nächsten Krieg gefertigt, der spätestens im Juli 1945 anlaufen sollte?

Die Metallfirma Polte hätte sowohl (alle) Komponenten für die Rakete, als auch Tanks für die Lagerhaltung des Treibstoffs und es Flüssigsauerstoffs herstellen können, die dann in einem unterirdischen Montagewerk von Zwangsarbeiten endmontiert wurden.

Ob bei einer deutschen Fernrakete für eine Reichweitensteigerung und eines stabileren Flugverhaltens (da eventuell keine Luftleitbleche, Stabilisatoren mehr vorhanden waren, aufgrund der Kegelform) eine zusätzliche elektrostatische Aufladung der Außenhaut des Raketenkörpers eingeplant war, oder die Rakete als Rotationskörper, wie bei den elektrostatischen Kegeln, in der Planung war, ist unklar.

Entweder hätten man an bestimmten Stellen des Raketenrumpfes spezielle, nuklear bedampfte Bleche verbauen müssen, oder Bleche spezieller Elektronendichte (die man bei den Polte Metallwerken erst aufwendig herstellen müsste. Ob die Firma dazu in der Lage war, ist unklar.), oder man war bereits in der Lage, spezielle Metall-Lacke zu produzieren, die einfach auf die Oberfläche aufgetragen, eine elektrostatische Aufladung herbeiführte. Was auch als „Stealth-Eigenschaft" bzgl. Radar-Aufspürung interessant gewesen wäre.

Horace Dudley beschreibt in seinem U.S. Patent unter anderem:

„Es gibt unzählige Methoden, wie man die **Außenseite eines Flugkörpers elektrostatisch aufladen kann**. Wichtig dabei ist, dass die Außenhaut dafür vorbereitet ist und die jeweilige elektrostatische Aufladung während des Fluges aufrechterhalten bleibt.

Die Außenhaut sollte elektrisch leitfähig sein. Sie kann mit einem entsprechenden **leitfähigen Lack** beschichtet werden, oder gänzlich **aus Metall** bestehen. Außerdem sollte die Außenseite **glatt** sein, keine Kanten, Spitzen, div. Leitflächen, Drähte und ähnliches aufweisen. "

Anmerkung:

Eine glatte Außenhaut: Hier ist die Kegelform wieder interessant, da solche Raketen aufgrund ihrer stabilen Fluglage auch ohne Flossen am Heck auskommen können. Siehe hierzu auch die kegligen „Foo Fighters", die zudem noch durch Rotation zusätzlich drallstabilisiert werden konnten.

...

Radioaktive Materialien wie radioaktive Chlorverbindungen, Beryllium, Nickel, Argon sowie Mangan können entweder als Einzelsubstanz oder in Kombination mit anderen Elementen eine positive elektrostatische Ladung erzeugen. Dies wird durch radioaktiven Zerfall, d.h. durch Einfangen von Elektronen, hervorgerufen.

Andere radioaktive Substanzen wie Plutonium, Thorium, Polonium und Radium erzeugen ebenfalls positive elektrostatische Ladungen durch Emission von Alphateilchen.

Vanadium, Jod und Eisen in ihren radioaktiven Formen zerfallen durch die Emission von Positronen (Betateilchen) und ergeben eine negative Ladung an der jeweiligen Außenseite eines Fluggerätes.

Dieses radioaktive Material kann entweder **zusammen mit der äußeren dielektrischen Beschichtung aufgetragen** werden oder durch „**Pellets**", die sich innerhalb einer Rakete befinden, **zugeführt werden**."
...
Anmerkung: Siehe hier auch Pellets im Zusammenhang mit Uran-Oxyd.

„Eine weitere Methode zur Aufrechterhaltung der jeweiligen elektrostatischen Aufladung ist die Verwendung von **Partikeln, Flüssigkeiten oder Gasen**, die in den Strahlantrieb (oder andere Antriebe) **eingespritzt** werden, wobei eine vorbestimmter elektrische Ladung aufgebaut wird. Bei einem Raketenmotor kann neben den herkömmlichen Treibstofftanks ein weiterer Tank festes, gasförmiges oder flüssiges Material enthalten, **das dem Raketenmotor eingespritzt und mit dem Abgasstrahl nach draußen ausgestoßen wird.**
...
„Die jeweiligen Substanzen können durch **spezielle Öffnungen**, z.B. an den **Seiten einer Rakete ins Freie ausgestoßen werden**. Ein **heißes Metallgitternetz im Abgasstrahl** einer Rakete, das negativ polarisiert wurde, stößt Elektronen mit samt den Abgasen aus, und hinterlässt danach einen **positiv aufgeladenen Raketenkörper.**

Der Draht wird dabei entweder direkt durch die heiße Abgasflamme erhitzt, oder durch spezielle Generatoren, Batterie, Solarzellen u.ä. erwärmt."

Kannte man in Deutschland die Arbeiten und Forschung von Dudley und anderen Kollegen aus den USA und vollzog man deren Experimente nach?

Gipfelten daraus nicht nur die „Foo Fighters", unterschiedliche Formen elektrostatischer Flugkörper für div. militärische Anwendungen, sondern übertrug man in Deutschland die Erkenntnisse auch auf den Bau schnell und weit fliegender Raketen?

Was hatten Himmler, Göbbels und andere in Kummersdorf gesehen, als eine Rakete von außen durch einen zweiten Flugkörper elektrostatisch aufgeladen wurde?

Ein „Aggregat-4", ein Vorläufer der V-2 oder eine neue, z.B. keglige Rakete? Testete die SS einen neuen kegligen Raketenkörper, eine Vorerprobung für die Rakete, die am 16. März 1945 im „AWO-Gebiet" startete?

Was wäre unter Kriegsbedingungen in Arnstadt machbar gewesen, und welche Methode einer zusätzlichen elektrostatischen Aufladung der Fernrakete hätte sich bei einer Serienproduktion in unterirdischen Stollenanlagen in „S-III" am besten bewährt?

Der Auftrag von Lack auf die Außenhaut einer Kegelrakete? Zur elektrostatischen Aufladung und als „Anti-Radar" Beschichtung? Waren deshalb die äußerst glatten Kegelraketen vom Material her dünnwandiger, weil sie zusätzlich noch mit einem besonderen (Metall-) Anstrich versehen werden konnten?

War also deshalb eine mögliche Peenemünder/SS Langstreckenrakete, wie bei den Nachkriegs-Projekten der Russen, in Kegelform aufgebaut?

Wenn dem so war, dann zeigen die vielen Beispiele von Tests mit neuen Waffen und die geheime Produktion sowohl der Massenvernichtungswaffe, als auch deren Trägersysteme auf deutschem Boden, dass die Planungen für einen Dritten Weltkrieg keine „ad hoc" Aktion des „Rambos" General George Patton alleine gewesen sein konnte! Sondern, dass alles schon lange in der Planung war, aber trotzdem in aller letzter Minute abgeblasen wurde. Warum?

Zu den U-Anlagen im Jonastal heißt es:

„Located near Ohrdruf, Thuringia was located the **S-III** Führer Headquarters. Constructed by approximately 15 - to 18,000 inmates of the nearby Ohrdruf, Espenfeld and Crawinkel concentration camps, from autumn 1944 to spring 1945, was a tunnel system over 1,5 miles in length.

Ohrdruf was reached by General Patton about 11 April 1945. Colonel R. Allen accompanying him described the installations extensively in his book:

"**The underground installations were amazing.** They were literally **subterranean towns.** There were four in and around Ohrdruf: one near the horror camp, one under the Schloss, and two west of the town. Others were reported in near-by villages. None were natural caves or mines. **All were man-made military installations.** The horror camp had provided the labour. An interesting feature of the construction was the absence of any spoil. It had been carefully scattered in hills miles away. The only communication shelter, which is known, is a two floor deep shelter, with the code "AMT 10".

"Over 50 feet underground, the installations **consisted of two and three stories several miles in length and extending like the spokes of a wheel.** The entire hull structure was **of massive reinforced concrete.** Purpose of the installations was to house the High Command after it was bombed out of Berlin. This places also had panelled and carpeted offices, scores of large work and store rooms, tiled bathrooms with bath tubs and showers, flush toilets, electrically equipped kitchens, decorated dining rooms and mess halls, giant refrigerators, extensive sleeping quarters, recreation rooms, separate bars for officers and enlisted personnel, a moving picture theatre, and air-conditioning and sewage systems".

--"Lucky Forward: The History of Patton's 3rd US Army", Col. Robert S. Allen, published by Vanguard Press, New York, 1947

...

"On **17 April 1945**, the United States **Atomic Energy Commission** inspected various underground workings at Ohrdruf, and **removed technical equipment before dynamiting surface entrances.** The US authorities have **classified all 1945 documents relating to Ohrdruf for a minimum period of 100 years.**"

Es wird berichtet, dass unterhalb des Truppenübungsplatz Ohrdruf eine Vorrichtung zur Erzeugung Elektromagnetischer Felder vorhanden war.

Findet man dort Anlagen, Apparaturen, ähnlich geartet derer, wie sie Prof. Ronald Richter auf der Insel Huemul, nahe Bariloche, Argentinien verwendete? Anlagen zur Herstellung und

Anreicherung von Uran und von Plutonium, sowie einen „Van de Graaff Generator", wie er wohl auch bei „Riese" zu finden war?

Beziehungsweise Anlagen und Apparaturen, wie sie in Hanford, USA zum Bau von Atombomben Verwendung fanden und in Nazi-Deutschland in Kopie nachgebaut wurden?

Wer in den USA verriet ggfs. den Deutschen die Baupläne und nukleare Techniken zum Bau von Atommeilern, sowohl „LWR", als auch „HWR"? Kamen diese Pläne und ggfs. sogar zivile Spezialisten und Berater über die Schweiz nach Deutschland, zu I.G Farben und SS-Forschungseinrichtungen? Waren dies Personen, die eine ähnliche Gesinnung wie die Nazis hatten und weil sie vorhatten, Deutschland als eines der Hauptschlachtfelder und Aufmarschgebiete gegen die SU mit neuester Hochtechnologie auszustatten?

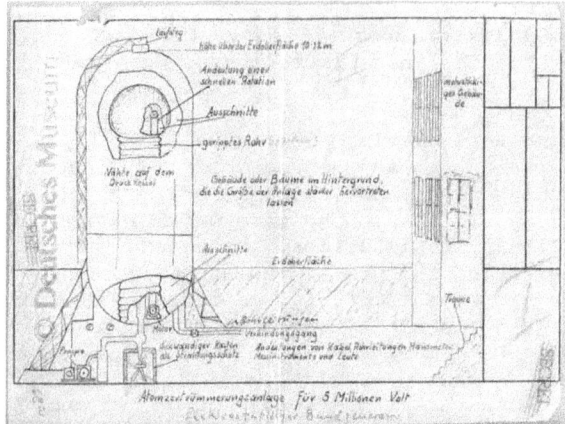

Bild:

Befand sich im Schacht „Walter" im Eulengebirge auch ein Van der Graaf Generator zur Erzeugung hoher Voltzahlen?

Mit entsprechend großen Van de Graaff Bandgeneratoren können Spannungen von mehreren Millionen Volt erzeugt werden. Die großen, für Beschleuniger verwendeten Generatoren sind meist in einem **Drucktank** eingebaut, der mit einem geeigneten, trockenen Gas (zum Beispiel Schwefelhexafluorid) gefüllt wird. Siehe Zeichnung oben.

Solche Anlagen, in Kombination mit anderen Anlagen, wie große Elektromagnete zur Erzeugung von Lichtbögen, könnten u.a. sowohl in Straßburg (auch in Verbindung zur elektrostatischen Aufladung) als auch im Eulengebirge, oder im Jonastal gestanden haben.

Welche Festungsanlage war mehr „amerikanisiert"? Die im Jonastal oder „Riese" im Eulengebirge? Oder beide? Oder war „Riese", das tiefer in der russischen Einflusszone lag, mit alternativer, deutscher Technik ausgestattet. Zumindest der Leichtwasserreaktor an den Säuferhöhen nicht. Der könnte baugleich mit - militärischen - Meilern in den USA sein, aber auf rein deutschen, qualitätsmäßig hohen technischen Standards der damaligen Zeit beruhen.

War die elektromagnetische Streustrahlung des oben abgebildeten Van de Graaf Bandgenerators noch so groß, das darüber fliegende Flugzeuge in einer bestimmten Höhe Zündaussetzer ihrer Flugmotoren bekamen?

So soll Ohrdruf während des Kriegs nicht von alliierten Aufklärungsmaschinen überflogen worden sein, noch wurde das Tal aus der Luft je größer bombardiert. Um einerseits die Anlagen, die mühevoll kopiert wurden, nicht durch U.S. Bombenabwürfe zu beschädigen und anderseits, weil eine Streustrahlung von z.B. einem großen Zyklotron sich negativ auf Flugmotoren auswirkte?

Wurden die Unterlagen und die technische Ausrüstung, die in Ohrdruf gefunden wurden, deshalb klassifiziert und werden bis 2045 (oder darüber hinaus) geheim gehalten, weil daraus hervor gehen würde, dass im Jonastal nicht vordergründig ein Führerhauptquartier errichtet werden sollte, wie ja angeblich schon zuvor im Eulengebirge, oder auf dem Obersalzberg, der kontinuierlich mit Tunneln und Bunkeranlagen bombenfest gemacht wurde, sondern weil es Festungsanlagen für den Dritten Weltkrieg werden sollten, wo Mannschaften, Offiziere und ggfs. eine bestimmte Elite aus der Bevölkerung, Schutz suchen konnte. Und um dort, als autarke Festung, Atombomben, sowie Langstreckenraketen zu produzieren, damit Russland angegriffen werden konnte?

Was wusste Professor Ronald Richter über „Kugelblitz" und „Feuerball", Luftdruckwaffen, die er von Argentinien Richtung USA verschoss?

Was wusste Richter über Thermobomben, die ganze Städte einäschern konnten?

Was hat Richter in Argentinien wohlmöglich wirklich für wen noch unternommen und erforscht?

Professor Ronald Richter

Professor Ronald Richter wurde am 21. Februar 1909 im österreichisch/böhmischen Falkenau geboren. Er verstarb am 28. November 1991 in Buenos Aires, Argentinien. Am 28. März 1998 verstarb sein einziges Kind, sine Tochter ebenfalls in Argentinien.

Richter studierte im Jahre 1928 an der Universität Prag bei Professor von Traubenberg Physik, Chemie und Geophysik.

Am 2. März 1935 erhielt er seinen akademischen Grad als Dr. rer. nat.

Der Vater von Ronald Richter war u.a Direktor einer Kohlenmine, der Ausgangspunkt von Dr. Ronalds Richters weiterer wissenschaftlicher Karriere.

Sein Vater besaß ein Privatlabor, wo Ronald Richter im Elternhaus in Falkenau eigene Studien durchführen konnte, und wo er wohlmöglich zusammen mit einer Gruppe, bestehend aus Wissenschaftlern und Ingenieuren, an der Erzeugung von Kugelblitzen arbeitete und eventuell aus dem daraus resultierenden Ergebnissen praktische Anwendungsmöglichkeiten für elektrostatische Flugkörper, die später als „Foo Fighters" weltweit Aufmerksamkeit erregten, gewonnen werden konnten.

Im Jahre 1937 bis 1938 arbeitete Richter bei der Berlin-Suhler Waffen und Fahrzeugwerke, bei den Gustloff-Werken in Suhl, Thüringen. Dort lebte er in der Mühltorstraße 11 in Suhl.

Richter machte in Suhl bei seinen in Eger/Falkenau begonnenen Versuchen mit Druckwellen weiter.

Bei Ausbruch des Zweiten Weltkrieges war Richter in Dessau bei Junkers in der Forschungsabteilung an Vibrationstests, bei Vibrationen, die bei Überschallflügen auftretenden, beteiligt.

Während seiner Zeit bei Junkers wurde Dr. Richter von den Herren Dr. Busemann und Prof. Dirksen nach Braunschweig zur Hermann Göring Versuchsanstalt für Luftfahrt eingeladen.

Da Richter tschechischer Staatsbürger war, hatte die Gestapo ein wachsames Auge auf Richter. Man nahm ihm seinen Ausweis ab und kontrollierte ihn täglich. Keine gute Situation für Dr. Richter.

Anfang 1943 trifft Richter **in Berlin mit Oberst Geist vom Heereswaffenamt** zusammen und trägt ihm seine Ideen über Kettenreaktionen leichter Atomkerne als potentielle Energiequelle und zur Anwendung als Waffe vor, wird aber abgewiesen, die Sache sei zu heiß. Im Februar reist Richter **nach Braunschweig zu Prof. Busemann** und erfährt, dass seine Verträge mit dem Luftfahrtministerium gekündigt seien.

Unmittelbar führt es Richter zwecks Klärung der Angelegenheit weiter nach Berlin und er trifft dort <u>Fliegeroberst Stabsing. Dr.-Ing. Lorenz, Leiter der Forschungsführung (FoFüLC-1)</u>, der Richter an Staatsrat Esau10, "Bevollmächtigter des Reichsmarschalls für alle Fragen der Kernphysik" und Leiter des Uran-Vereins weiterreicht. **Auch ihm trägt er seine Ideen über eine <u>Neutronen-reproduzierende Kettenreaktion</u> leichter Atomkerne als Entwicklungsmöglichkeit <u>gigantischer Bomben</u> vor**, wieder ohne konkrete Resonanz („Die Fusionsbombe ist etwas für die Zukunft, nachdem der Krieg gewonnen ist.").

Weitergereicht durch Ministerialrat Gerwig und Dr. Otterbein vom Kernforschungslabor Miersdorf gelangt Richter an **das Kernforschungslabor von Manfred Baron von Ardenne in Berlin, Lichterfelde-Ost.** Dort, im Auftrag des Barons, testet er zunächst ein magnetisches Isotopentrennverfahren zur **Anreicherung von Uran-235**, entwickelt von Prof. Houtermann, und entwickelt parallel **hierfür eine Hochleistungs-Ionenquelle unter Einsatz des vorhandenen großen Van-de-Graaff Generators**.

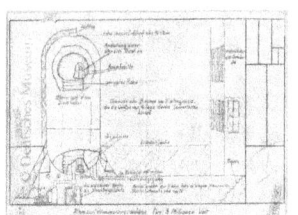

Abbildung:
courtesy Deutsches Museum München

„Eine Anreicherung von Uran-235, entwickelt von Prof. Houtermann. Richter entwickelt parallel hierfür eine Hochleistungs-Ionenquelle unter Einsatz des vorhandenen großen Van-de-Graaff Generators."

Stand solch eine Anlage im „Schacht Walter" im Eulengebirge, um spaltbares U-235 Material für Plutoniumbomben für den nächsten Krieg ab Juli 1945 zu produzieren? Sollten die Bomben von Langstreckenraketen, die entweder in „Riese" lagerten, oder dort aus vorgefertigten Teilen endmontiert wurden, gen Sowjetunion verschossen werden.

Wie weit war alles in Wirklichkeit schon vorangeschritten und wird heute vehement von der Propaganda als „Verschwörungstheorie" abgebogen und vertuscht? Wie nahe Stand die Welt 1945 an einen verheerenden atomar geführten Dritten Weltkrieg?

Welchen Anteil hatte Ronald Richter an diesen Anlagen und Waffen, oder was wusste er davon, als er nach Argentinien ging?

Beachte oben in der Zeichnung den Generator innerhalb eines großen 10-12 m hohen Druckbehälters zur Kühlung.

Die Frage ist, wie losgelöst Dr. Ronald Richter seine Forschungen betrieb, oder welche anderen deutsche und österreichische Wissenschaftler- „Wien war weit voraus", wie Prof Lachner richtig bemerkte, s. Schreiben weiter unten – seine Ideen aufgriffen und in gesonderten Entwicklungsgruppen weiterverfolgten (Neutronenbombe in Libyen).

…

Später in 1943 fand sich Richter in Berlin-Adlershorst bei der Deutschen Versuchsanstalt für Luftfahrt wieder. Dort entwickelte er für Windkanäle Turbulenz-Detektoren. Außerdem führte er seine Plasma induzierten Druckwellen Forschung weiter fort.

Nach dem Krieg zeigen Norwegen, die Niederlande, Frankreich, die USA und insbesondere England Interesse an ihm, so dass er sich nach einem Aufenthalt in den letzten Dezembertagen des Jahres 1946 in Paris von Anfang Januar 1947 bis Anfang August den Engländern zur Verfügung stellt.

Von all seinem Hin- und Her seiner ersten Nachkriegsjahre sei dieses besonders erwähnt, weil er in **Spedan Tower** den früheren Chef-Konstrukteur der Focke-Wulf Flugzeugbau A.G./Bremen Prof. Dr.-Ing. Kurt Waldemar Tank kennen gelernt, welcher der eigentliche Drahtzieher für Richters Weg nach Argentinien wird. Sie waren wohl gegenseitig von sich angetan und schwärmten in Visionen **nuklear angetriebener Flugzeuge** insbesondere einem **nuklearen Ram-Jet-Antrieb**.

Zu Spedan Tower:

„In 1941, North Hall (London) was unoccupied and was being used by Hampstead Council as a temporary furniture store when it was badly damaged by a V1 flying bomb. (The same bomb forced George Orwell to vacate his flat across the road, at 10a Mortimer Crescent). The site was subsequently cleared and now forms part of the Mortimer Estate.

Spedan Tower in Hampstead was requisitioned by the War Office and in 1947, became home to a number of German scientists undertaking "secret research work for Britain." ' …"

…

Nach seiner Rückkehr aus Holland zurück nach Berlin Oktober 1947 erhält Richter ein Telegram von Prof. Tank betreffend einer Zusammenarbeit. Auf der Schaumburg, zu der Richter mit Reiseerlaubnis der Briten fährt, wird am 28. Oktober 1947 erstmals das Thema Argentinien diskutiert. Prof. Tank war bereits nach Argentinien abgereist. Damit ist das Hin und Her und seine Herumreisen allerdings noch nicht beendet. Erst knapp ein Jahr später landet Richter nach diversen Hindernissen am 16. August 1948 gegen 23 Uhr schließlich als Tourist mit der Air France in Buenos Aires und wird von Prof. Tank und Dr. Siebrecht empfangen.

Und was hat Richter im Gepäck? Mit Sicherheit die Idee der Bombe! Bereits 1942 war ihm klar, dass die von ihm entdeckten Neutronen reproduzierenden Kettenreaktionen leichter Atomkerne prinzipiell lediglich eines geeigneten Zünders bedürfen, wofür er schon damals die Neutronenstrahlung eines schnellen Uranbrenners als eine potentielle Lösung betrachtete. Nun, nach der grässlichen Bestätigung der realen Existenz eines solchen Zünders über

Hiroshima, war die Lithium- bzw. Wasserstoffbombe für Richter keine Vision mehr sondern lediglich eine rein technisch-physikalische, machbare Aufgabenstellung.

Und Argentiniens Diktator Peron hätte diese Bombe bekommen, hätte er sie gewollt. Frage wäre natürlich gewesen, wie an Uran heranzukommen. Sicherlich war Richter also einer der ersten, die die Möglichkeit einer Wasserstoff-Bombe erkannt hatten. War er gar Der Erste?

Aber Peron wollte diese Bombe nicht, er wollte Atomenergie. Aber auch diese hatte Richter prinzipiell mit im Gepäck. Er verfügte über genügend Grundkenntnisse, um mit ausreichenden Mitteln ausgestattet einen Uran-Reaktor zu entwickeln. Weshalb Richter seinen Plasma-Reaktor favorisierte, mag heute befremdlich erscheinen, aber ganz offensichtlich erachtete er diesen Weg damals als einfacher - Natürlich war es ein schwerwiegendes Argument, dass Argentinien wohl nur schwer an Uran gelangen konnte, was Richter wohl allerdings nur zu recht kam: Er wollte keine Fission - er wollte Fusion. Aus heutiger Sicht eine Fehlentscheidung?

Informationen aus: Dr. Paul-J. Hahn, aus dem Nachlass von Dr. Ronald Richter, Web-Site, Internet, sowie aus freigegebenen U.S. Akten, „Air Intelligence Report" über Ronald Richter.

Bildunterschrift:

Die geplante erste Großreaktoranlage im Gebiet des Flughafens von Bariloche

Fand man solche oder ähnliche Anlagen, wie sich Prof. Richter verwendete, auch in deutschen Festungsanlagen und transportierten die West-Alliierten schnell alles ab, bevor der zukünftige Kriegsgegner Russland in die jeweiligen Gebiete, wie Schlesien, Thüringen oder Nieder Österreich einmarschierten?

Courtesy: Dr. Paul-J. Hahn, aus dem Nachlass von Dr. Ronald Richter, Web-Site, Internet

Gab es eine solche oder ähnliche Anlage mit einem Van de Graaf Generator und div. Teslaspulen auch der Nähe von Parral in Chile, der „Hazienda Dignidad" auf einem dortigen Flughafengelände?

Stand im Gebiet des Flughafens von Bariloche, oder wahrscheinlicher, auf einem Testgelände in der Nähe von Parral in Chile, solche Gebäude und wurden dort „Foo-Fighters" mit Hilfe eines Bandgenerators aufgeladen, um diese auf den Weg nach Nord Amerika zu schicken? Siehe Aussage von Prof. Lachner in diesem Buch.

Wortlaut aus dem Schreiben:

Zur Existenz „Der Fliegenden Teller"

„Vorbemerkung: Unlängst hat man auch bei uns öfters tellerartige fliegende Objekte beobachtet, obwohl ihre Existenz ernstlich bezweifelt wurde. Um jeden Zweifel zu beseitigen, bringen wir hier aus erster Hand eine Bestätigung des Vorhandenseins in der Form eines Briefauszuges unseres Mitarbeiters, technischen Physikers Herrn Friedlich Lachner an Herrn Prof. Dr. Alois Fritsch:

Sehr geehrter Herr Dr. Fritsch!

Besten Dank für Ihren Brief mit den Flugkreisel-Ablichtungen.

Im Kriege hörte ich davon in Fachkreisen. In der Wiener Neustädter Flugzeugfabrik, die ein Filialbetrieb der Messerschmitt Werke war, wurde das Versuchsmodell von 5m Durchmesser hergestellt, das vermutlich auch Versuchsflüge bis nach Wien gemacht hat.

Meine Martha sah einmal so ein wegen der Perspektive ziemlich genau **elliptisch aussehendes Ding**, wobei ihr die ganz anders geartete Art des Fluges auffiel, auch ganz plötzliche Richtungsänderungen.

Sie konnte gut sehen, da es nur wenig dämmrig war und noch sehr hell. Am Flugkörper war in der Mitte noch etwas dran. Sie hielt das Ding als etwas feindliches und lief ängstlich heim und hat dann nicht mehr sehr genau hin gesehen.

Gleich nach dem schweren Bombenangriff auf die Flugzeugfabrik, den ich vom Berg bei Fischau aus sah, war mein Vater, der Medizinalrat Oskar Lachner drinnen, um Verletzten zu helfen.

Dabei sah er ein solch arg beschädigtes Modell und wusste aber damals nicht, was es war.

Die Astronomin Wähnl war im Kriege auch als Konstruktionsberechnerin in dieser Flugzeugfabrik, da sie ja auch schon früher von ihrem Vater flugzeugtechnische Kenntnisse hatte. Auch sie hat es bestätigt.

Kürzlich sprach ich mit einem Ing. (Kühnelt, der als Flugzeugführer bei der Wehrmacht war und der mir von **solch einem Gerät mit 15 m Durchmesser**, das er sah, erzählte.

Schon vor vielen Jahren habe ich von einem mit **30 m Durchmesser** erfahren.

Einen Flugzeugingenieur Klein habe ich, als ich bei der Flugerprobung (oberster Chef General Udet) tätig war, kennen gelernt, der mit solchen Dingen zu tun hatte. Einmal ist er wenige Meter vor mir abgestürzt. Obwohl das Flugzeug zerbrach, ist ihm nicht viel geschehen. Ich führte ihn damals gleich zum Flugchef.

Ein (oder mehrere) **unbemannter, ferngesteuerter Kreisel-Flugkörper** dieser Art wurden in Würzburg (F. u. S. –Werke für Kugellager) dem damals dicht beieinander fliegenden Bomberpulk zum Verhängnis (400 Bomber an einem Tag erledigt).

Ich hörte, dass **Prof. Richter für den Peron in Argentinien den Bau solcher Geräte organisiert** und konstruiert hat, wobei es weite Versuchsflüge bis USA gab.

Ein USA-Flieger, der sich feindlich entgegenstellte, wurde abgeschossen.

Als Richter noch in Wien war, haben wir Vorlesungen bei Prof Smekal besucht.

Smekal hat Kernreaktionen an die Tafel geschrieben für Atombomben und **Atommeiler**, auch <u>lange vor</u> dem Zweiten Weltkrieg über die Tritium-Lithium Atombombe, die erst jetzt in den USA realisiert, wie ich erfahren habe.

Wien war weit voraus, wenigstens in der Theorie. Da man damals den Betrag der kritischen Masse nicht genau wusste, fand ich durch einen Konstruktionstrick einen Ausweg, der aber bald nicht mehr nötig war.

Lusar (Rudolf Lusar, „Die deutschen Waffen und Geheimwaffen des 2. Weltkrieges und ihre Weiterentwicklungen. Wobei die wahren Geheimwaffen in diesem Buch überhaupt nicht Erwähnung fanden!, Anm.d.A.) hat meine Angaben missverstanden, da ich mit meinen Angaben ja keineswegs behauptete, Atombombenerfinder zu sein.

Die Grundidee hatte ja schon Hasenöhrl 1904, wie mir Prof. Mache mitteilte, bei dem ich Assistent war.

Eine Abschrift dieser Angaben von mir (Physiker-Ing. F. Lachner) können Sie mit Zitierung der Fachzeitschrift mitteilen.

Was das Lachner-Gerät zur Verbesserung des Auflösungsvermögens betrifft, dessen Priorität mir von Prof R.(ichter) entwendet wurde, da er mich als Urheber des Grundgedankens, samt Konstruktion und Theorie nicht zitiert hat, so kann ich Ihnen mitteilen, das bereits einige Hochschulprofessoren erklärt haben, für meine Priorität einzutreten. Auch Prof. Thüring sollte davon erfahren. Er war im Kriege Leiter der Wiener Sternwarte, wo jetzt R.(ichter) ist.

Friedrich Lachner

Pr. Phys. Ing. Friedrich Lachner
Lonzerstr. 415/1/6
A-1140 Wien
Österreich

Weitere Anmerkungen aus dem o.g. Schreiben:

Lachner-Gerät, siehe z.B. österreichische Foto-Zeitung „OFA" 1975/9 – 1976/1+3 mit Abbildung „Unschärfekompensation"
und
Der „Sternbote" 1977/5, S. 91-94 mit Abbildung „Lichtbeugungsunschärfe"

Schon vor dem Kriege wurde in Fachkreisen von der Möglichkeit von „Diskus-Flugzeugen" (v. F.L. auch mit Raketenantrieb vorgeschlagen) gesprochen. F. Lachner gab einen Konstruktionstrick an, um das Mitrotieren der Navigations-Kabine zu vermeiden.

Anmerkung des Autors:

Siehe die Hirtenberger Patronenfabrik in Wiener Neustadt, Nachfolger der WNF-Werke, die nach dem Krieg als Antragsteller für Patentunterlagen für elektrostatische Flugkörper fungierte.

Die im o.g Schreiben besprochenen unbemannten Flugkörper mit Durchmessern von 15 und 30 m könnten alles elektrostatische Fluggeräte gewesen sein, die entweder aus Holz oder teilweise mit Blechen bestimmter Elektronendichte bestanden haben.

„Der ganz anders geartete Flug" könnte auf erratische Flugmanöver bestimmter elektrostatischer Fluggeräte hinweisen, die von Wiener Neustadt aus in die Atmosphäre verschossen wurden.

Bezüglich Atomforschung, siehe die Aussagen des Schweizer Wissenschaftlers Paul Scherrer, der bereits 1945 von der Wasserstoffbombe wusste. Eventuell aus Hanford, W.A., USA.

Wer ist mit Richter in Wien gemeint? Gar der Vater oder der Opa von Ronald Richter?

Wurde Ronald Richter in eine Familie von Wissenschaftlern und Forschern hineingeboren und kannte deshalb, zumindest aus der Theorie, wie man Atom-, Wasserstoff- und Neutronenbomben bauen könnte bereits aus seiner Kindheit und Studium?

Scheiterte Prof. Ronald Richter in Argentinien an der harten Praxis, oder hatte er Erfolg, und seine Erfindung wird vertuscht, weil heimlich bereits in Betrieb?

War – und ist – der technische Fortschritt soweit voraus, dass man bereits in den 1940er Jahren die Atomwaffen besaß, die erst in den 1950er Jahren der Öffentlichkeit bekannt waren?

In Argentinien oder bei Parral in Chile wurden möglicherweise die Versuche mit elektrostatischen Flugkörpern wiederholt, die zuvor während des Krieges in Deutschland stattfanden.

Schnell und sehr hoch fliegende elektrostatische Flugkörper können mit Geschwindigkeiten weit über Mach 10 bis Mach 50, weite Strecke durchmessen und ohne Schwierigkeiten die USA von Latein Amerika aus in wenigen Minuten erreichen, um dort mit entsprechenden Gerätschaften, Annäherungszünder, Magnetsensoren usw. auf „feindliche" Flugzeuge im Luftraum der USA zu treffen.

Auszug aus einem Schreiben eines Zeitzeugen, der bei Prof. Tank in Cordoba, Argentinien arbeitete:

„...Professor Block, mit dem ich mich wöchentlich treffe, saß mehrmals mit Richter am Esstisch in Cordoba, Argentinien . . .

Die IA 36war für Atomantrieb projektiert, zusammen mit Richter. Ich habe die Sache bearbeitet. Richter hat bei uns in Cordoba nichts abgeliefert. Er residierte in Bariloche auf einer Insel."

Oben genanntes Schreiben ist von Ulrich Stampa, Bremen, an den Autor, datiert: 15.02 2000.

Die FMA I.A. 36 Condor II war ein geplantes Strahlverkehrsflugzeug der Fabrica Militar de Aviones, die Studien dieses **Projektes begannen Ende 1951** unter Leitung von Kurt Tank in Argentinien. Als Antrieb waren 5 Rolls Royce Nene - **Strahltriebwerke** vorgesehen, die in umlaufender Anordnung, in einer Verkleidung zusammengefasst, im Heck eingebaut werden sollten. Die Tragflächen von mit einer Spannweite von 34 m, hoher Streckung und starker Pfeilung sollten hohe Geschwindigkeiten bis zu 950 km/h und eine geschätzte Reichweite von rund 5.000 km ermöglichen. Unterschiedliche Sitzanordnungen für 34 bis 40 Passagiere wurden projektiert.

Mehrere Windkanalmodelle aus Holz im Maßstab 1:34 wurden gebaut, die sich hauptsächlich in der Anordnung des Höhenleitwerks unterschieden. **Ebenfalls wurde ein Holzrumpf (Mock-up) im Maßstab 1:1 gefertigt.** Die genauen Gründe, warum und wann genau dieses Projekt aufgegeben wurde, sind nicht bekannt.

Welchen Atomantrieb sollte die „Condor II („Condor I, die Focke-Wulf 200 „Condor") erhalten, an der Richter mitwirken sollte?

Konnte sich das deutsche Entwicklungsteam um Professor Kurt Tank an Versuchsergebnissen aus der Kriegszeit in Deutschland bedienen, wo bereits kleine „Mini-Atomantriebe" in der Projektierung waren?

Kleinstantriebe für Raketen, Bomber oder Flugscheiben? Siehe Hinweis in Teil III der Bücher von K-P Rothkugel über den „Soft Fission" Antrieb, der aber erst bei einem Staudruck von ca. 400 km/h wirksam wurde und eigentlich für ein Passagierflugzeug unbrauchbar ist.

Professor Ronald Richter ging nicht mit anderen Ingenieuren, Wissenschaftlern, Flugzeugbauer und viele andere nach Kriegsende in die USA.

Trotzdem wurde eine „Paperclip File" von den USA über ihn angelegt. Diese Akte unterscheidet sich entscheidend von anderen Akten, die über bestimmte, für die USA wichtige Personen berichteten.

„Sonnenkraftwerk"

Aus „Der Spiegel"

06.10.1954

Atom-Schwindel, Schweigen von Peron:

Als am 14. September vormittags elf Uhr der amerikanische Journalist Harry Muller, Korrespondent 35 amerikanischer Fachzeitschriften, mit einem deutschen Kollegen das Grand-Café Rex in der Avenida Corriente in Buenos Aires betrat, erwartete sie bereits ein nervöser Herr, der sich trotz kühler Temperatur ständig die Schweißperlen von seiner auffällig hohen Stirn wischte. Er entschuldigte sein Transpirieren mit Fieber und tuschelte geheimnisvoll - auf mehrere im Saal verstreut herumsitzende Personen weisend - , **daß er von den Sicherheitsdiensten dreier Mächte beschattet werde.** Die Stadt sei voll von Gerüchten, und er halte seine Verhaftung in den nächsten Stunden für möglich.
Der vor Angst Fiebernde hatte sich nicht geirrt. Nach einer **erregten Debatte des argentinischen Parlaments am 16. September wurde er mitten in der Nacht von der Polizei aus dem Bett geholt.** Die

peronistische Mehrheit hatte beschlossen, ihn wegen Beleidigung des Parlaments für fünf Tage im Kongressgebäude einzusperren.

Der Häftling war Professor Ronald Richter - das Atomwunderkind des argentinischen Staatschefs Juan Peron - der in einer einzigartigen "Köpenickiade des Atomzeitalters" seit Jahren seinen Präsidenten und die Weltöffentlichkeit blufte. Was einst dem Schuster Wilhelm Voigt der Tag bedeutete, an dem er das Rathaus von Köpenick besetzte, das war dem Ronald Richter der Ostersamstag des Jahres 1951.

An diesem Ostersamstag trommelte Präsident Juan Peron die Weltpresse zusammen und verkündete den staunenden Korrespondenten, daß am 16. Februar 1951 in der argentinischen Atomforschungsstätte auf der Insel Huemul die erste "kontrollierte" Freimachung von Atomenergie in Argentinien gelungen sei.

Unter Erzeugung sonnenähnlicher Hitze von mehreren Millionen Grad sei eine Kettenreaktion ohne Verwendung von Uran erzielt worden. Die angewandte "thermische" Methode sei viel billiger als die Methoden der USA, Großbritanniens und der Sowjet-Union.

Nach diesen Enthüllungen präsentierte der Staatchef den Journalisten Professor Ronald Richter als den Mann, der Argentinien in den Kreis der Atommächte einführte.

Die in Buenos Aires akkreditierten Korrespondenten kabelten diese Sensation sofort. Nur über den Atomforscher selber wußten sie nichts zu berichten. Erst in den folgenden Wochen trugen sie in kriminalistischer Kleinarbeit Steinchen für Steinchen aus der Vergangenheit des "großen Physikers" zusammen:

1909 im böhmischen Falkenau geboren, soll Richter an der Universität Prag bei Professor von Traubenberg Physik studiert haben. Dieser erinnert sich noch an den jungen Mann, der sich "merkwürdig benahm, ständig phantastische Ideen vertrat und ganz allgemein den Eindruck eines Exzentrikers machte".
...
Bis Kriegsende will Richter dann in der deutschen Atomforschung tätig gewesen sein. Für die Jahre nach 1945 bietet er eine nicht gerade originelle Story an: Flucht vor den Russen, Verhaftung durch die Franzosen, Befreiung durch die Amerikaner, Verhöre durch die Engländer, Einladung nach London als "einer der Dutzende von Wissenschaftlern, die nach dem Kriege nach London kamen und von den englischen Behörden ausgefragt wurden", wie die "Daily Mail" zu berichten wußte.

...
Die dritte Nachricht war dann der Osterpaukenschlag des Juan Peron. **"Man muß eine Art von Sonne auf der Erde erzeugen"**, erklärte der Staatchef. Das **Geheimnis der Wasserstoffbombe sei bei diesen Arbeiten ebenfalls gelüftet worden**, bemerkte er nur nebenbei. "Wir waren erstaunt, daß die Arbeiten erster Fachleute des Auslandes oft weit an den Tatsachen vorbeisteuern."
...
Zwei Tage vor seiner Verhaftung hatte er im Grand-Café dem deutschen Journalisten erklärt, "**daß er unglücklicherweise zum Spielball politischer Machenschaften geworden sei**". „

-Ends-

Anmerkung:

Wurde Richter tatsächlich zum Spielball politischer Machenschaften?

Möglicherweise!

Denn wie ja von dem Autor dieses Buches bereits in seinen Publikationen erwähnte, spielt man gerne für die Öffentlichkeit das Spiel, dass eine gewisse Erfindung, gewisse Forschungen nicht funktionieren, technisch unmöglich sind, der Erfinder ein Verrückter ist und so fort, damit man das Thema ein für alle mal abhaken kann.

In Wirklichkeit aber könnte Prof. Richter tatsächlich erste Anfangserfolge und Grundlagenforschung mit seinem Thermofissionskraftwerk gehabt haben, und war in der Lage, die Wasserstoffbombe bauen zu können.

Natürlich alles nicht für Peron und Argentinien.

Sondern ggfs. für Israel (Dimona) und für geheime Untergrund- und Experimentalstationen, wie ggfs. in der Cyrenaika in Libyen.

"**Between 1952 and 1955**, Richter was effectively under House Arrest in Buenos Aires, with an offer from Perón to "**facilitate any travel he might have to make**". After Perón was deposed in September 1955, the new government arrested Richter on the night of 4 October 1955. He was accused of fraud, and spend a short time in jail. At the time, it was estimated that 62.5 million Pesos had been spent on the project, about $15 million USD ($138M in 2018).

A more recent estimate places the value closer to Dollar 300 million in 2003 dollars.

Richter remained in Argentina for a time, but began to travel, eventually **landing in Libya.** He returned to Argentina and was extensively interviewed by Mario Mariscotti for his book on Huemul, which remains the most detailed account of the project. Mariscotti blames the affair primarily on Richter, who Mariscotti states was capable of great self-delusion, adding an autocratic and paranoid management style, and lack of oversight to the ills."

Anmerkung:

Was machte Richter, wo und was in Libyen, das zur damaligen Zeit unter der Regentschaft von König Idris stand?

Ging er selbstständig nach Nord Afrika oder wurde er als „Berater" zu einem Stützpunkt, der unter englisch/amerikanischer Kontrolle stand, um weiter an seinem „Sonnenkraftwerk" zu arbeiten, das möglicherweise auf der Insel Huemul in Argentinien bewies, dass es funktionstüchtig war.

Weitere Informationen zu Richter:

"Richter developed Carbide arc plasma furnaces for a chemical plant at Eger in Czechoslovakia.

When the plant switch to developing Lithium batteries for U-boats Richter discovered he could induce radiation by injecting Deuterium into the Lithium plasma.

Some such claims may have been intended as disinformation by Sporrenberg to his interrogators. Others may be founded on Dr Ronald Richter's work in Argentina during the early 1950s on plasma shockwave induced fusion and his **claims in a letter seeking work in USA on plasma ramjet engines**. Richter claimed this engine could enable vertical take of fighters, but with fuel consumption 20 times greater than that of a comparable jet engine.

Anmerkung:

Siehe "Carson-Sink" "UFOs", Deltaförmige Staustrahlflugzeuge mit

Dazu heißt es in einem „Air Intelligence Information Report IR-79-56:

Improved Ram-Jet Engine

Summary

Report contains the preliminary report of Dr. Ronald Richter on his work to develop a ram-jet engine of radical design by substitution shock wavers for the valves of an intermittent ram jet system.

Approved
Georg R. Herrmann
Colonel USAF
Air Attache
Buenos Aires
Argeninia

Hier einige wichtige Auszüge aus diesem Bericht zu einem radikal neuen Entwurf eines Staustrahltriebwerkes, aus dem Englischen:

„… ein neues Antriebssystem, „das kontinuierlich innerhalb des Antriebes von Raketen- auf Staustrahlantrieb vor und zurück wechseln kann.
…
Der Staustrahlantrieb basiert auf Wärmeenergie und der Antrieb, der generierte Schub wird nicht durch bewegliche Teile am ausströmen gehindert.

Ein intermittierendes Staustrahlsystem wird zwar noch durch einige Ventile, Klappen, die im Lufteinlauf positioniert sind, gesteuert, aber ein stetig fließendes Ram-Jet System hat überhaupt keine beweglichen Teile mehr, außer das es ein simples Rohr darstellt, in dem Treibstoff kontinuierlich verbrannt wird!"

Der, in gutem Fach-Englisch, verfasste Bericht führt weiter aus, das das „Thermo-propulsion duct", die Staustrahlröhre nicht unter 200 m.p.h funktionieren kann. Darüber wird es „*self-operative*" und je schneller ein Flugzeug fliegt, desto wirksamer ist der aufgebaute Luftdruck in der Röhre. Je mehr Geschwindigkeit aufgebaut wird, desto mehr Beschleunigung wird erreicht, die kein normaler Düsenantrieb erreichen kann. Die Höchstgeschwindigkeit ist unbegrenzt und wird nur durch die Festigkeit der Flugzeugzelle und der auftretenden Luftreibung und der Hitzeentwicklung limitiert.

(Was man durch geeignete EM-Techniken verhindern kann, sodass Ronald Richters Staustrahlentwurf praktisch Hyperschalleigenschaften erreichen könnte, Anm.d.A.)

Da keine beweglichen Teile innerhalb der „*high temperature zone*" vorhanden sind, fallen keine Zentrifugalkräfte (durch Kompressorschaufeln), keine Begrenzung der Drehzahl von Kompressorrädern, keine Defekte durch sich zerlegende Teile innerhalb des Antriebssystems (wie Achsen, Turbinenschaufeln, Kompressoren) an und es beseht eine unbegrenzte Möglichkeit der Beschleunigung, unbegrenzte Höchstgeschwindigkeit, keine Beschränkung der Dienstgipfelhöhe von 30.000 m und höher, wenn ein Atomantrieb (non-air breather) verwendet wird. All dies führt zu reduzierten Baukosten und einfacher Konstruktion des Systems.

„For many years, the author (R. Richter) was experimenting with a new shock wave generating process, the shock waves being controlled by extremely hot arc plasma zone.

By the same process technique, shock waves can also be generated in combustions chambers and in gaseous zones heated by impact of nuclear energy.

...

In der „**Explosionsphase**" arbeitet der intermittierende Staustrahlantrieb als Raketenantrieb. Die Explosion verschließt die Ansaugklappe, und die **heißen expandierenden Gase** strömen mit großem Druck aus der Schubaustrittsdüse am Heck des Rohres.

In derselben Art und Weise, ein Stoßwellen gesteuertes intermittierendes Staustrahltriebwerk agiert während des Augenblicks der Stoßwellen-Explosion **beim Start als Raketenantrieb**.

Auf dieser Grundlage ist es möglich, solch ein Staustrahltriebwerk getriebenes Flugzeug **bereits am Boden**, im Stand, **ohne Hilfe** von Starthilferaketen, durch eine Anzahl von Stoßwellen generierten Explosionen starten zu lassen.

Der Betrieb dieses „Shock-Wave-Cotrolled Ram-Jet" Triebwerkes kann erheblich verbessert werden, wenn man das Reaktor-Antriebssystem in **zwei separate Reaktoreinheiten** unterteilt.

Eine Reaktoreinheit nahe am hinteren Düsenaustritt arbeitet solange als Raketenantrieb, bis die andere, Stoßwellen gesteuerte Reaktoreinheit, die Anstelle eines verschließbaren, undurchlässigen Einlassventils fungiert, zu arbeiten einsetzt."

Anmerkung:

Da ein normales Staustrahltriebwerk erst in der Luft in einer gewissen Flughöhe und bei circa 400 km/h zu wirken beginnt, benötigt man für den Start ein anderes Triebwerk, das ein Flugzeug beschleunigt. Entweder ein Düsen- oder ein Raketentriebwerk, das sich später auf „Ram-Jet" Betrieb umschalten lässt.

Dr. Richters Entwurf zielt darauf ab, dass ein Triebwerk für alles zuständig ist: Düsen-, Raketen und Staustrahltriebwerk in einem.

Um den Betrieb mit einem Druckwellen-Explosionstriebwerk einfacher zu gestalten, werden zwei Energie erzeugende Reaktoren sowohl am Bug, am Düseneinlass, wie auch am Heck, am Düsenauslaß positioniert.

Der vordere Reaktor erzeugt eine Explosion, eine Stoßwelle, die die Luft-Einlassklappe kurzzeitig verschließt, so dass keine weitere Luft angesaugt werden kann.

Gleichzeitig wird am Heck eine Explosion ausgeführt und die erste, als auch die zweite Stoßwelle strömen gemeinsam unter hohem Druck nach hinten zum Heck (da ja die erste, vordere Explosion ein Zurückströmen aus dem Einlassventil verhindert), zur Auslassdüse und erzeugen den benötigten Anfangschub für die Startphase.

„Wenn der „Ram-Jet" automatisch zu arbeiten anfängt (vorne wird kontinuierlich Luft bei ca. 400km/h aufwärts angesaugt, dann verdichtet und unter hohem Druck nach hinten als Schubstrahl ausgestoßen, Anm.d.A.) und als **„steady flow ram-jet system"** fungiert, arbeiten beide Reaktoren **ohne Stoßwellen** (die Reaktoren dienen dann nämlich nur noch zum Aufheizen der eingesaugten Luft, die expandiert und nach hinten ausströmt, Anm.d.A.)."

Im Falle eines chemischen Verbrennungsprozesses würde die Raketen-Antriebsvariante einen außergewöhnlich hohen Treibstoffverbrauch nach sich ziehen.

Zum Verständnis, der Treibstoffverbrauch eines Raketenantriebes ist sechs mal so hoch, wie bei Ram-Jets und zehn bis zwanzig mal so hoch, wie bei normalen Strahlantrieben.

Aber im Falle eines Abfangjägers, eines Interceptors, der ohne Verzögerung sofort in der Luft sein muss, sind ökonomische Überlegungen zweitrangig.

Die Anwendung von **Raketen, um den Start zu unterstützen,**

> **„Rockets to assist take-off and to reduce runways"**

ist die einfachste und effektivste Lösung."

Anmerkung:

Hervorhebung des Autors: „Rockets to assist take-off and to reduce runways". Siehe Erklärung "Focke-Wulf Triebflügel" in einem weiteren Absatz!

"In erster Linie hat der "shock-wave-controlled ram jet" den Vorteil, dass alle unterschiedlichen Antriebssysteme in einem Antrieb vereint sind, und die kontrollierte und kontinuierliche Umschaltung einer Antriebvariante zur nächsten während des Fluges vorgenommen werden kann.

Wie im Falle des „reheat device", dem **Nachbrenner**, bei der Umschaltung von der Ram-jet Phase zur Raketen-Phase , **kurze Schübe** für zusätzliche Geschwindigkeit erzeugen kann, um z.B. die best mögliche **Steigrate** (auf große Höhen bei einem Abfangeinsatz, Anm.d.A.) zu erzielen.

Die andauernd verfügbare Verwandelbarkeit - Convertibility - des Ram-jets zu einem Raketentriebwerk (oder umgekehrt) verbessert zudem die Sicherheit von Hochgeschwindigkeits-Flugzeugen . . .

Sogar VTOL - „**Vertical Take-off and Landing** - Operationen sind mit einer solchen Triebwerkskombination machbar.

Das Problem eines zu hohen Treibstoffverbrauchs, insbesondere in der Raketenphase, wird durch den Austausch eines chemischen Antriebes, hin zu einem nuklearen Antrieb, obsolet.

Obwohl die Hitze eines nuklearen Reaktors nur durch einen Wärmetauscher und nicht durch - „direct combustion" - eine direkte Übertragung der Hitze auf ein anderes Medium, übertragen werden kann, sind die Steuer-Eigenschaften eines hoch angereicherten Fusionsreaktors und von Stoßwellen gezündetem Lithium und Bor, als Treibstoff aufgrund deren enormen Kraftreserven besonders geeignet, um ein intermittierenden Ram-jet System anzutreiben.
…
…, mit anderen Worten, der Autor (Ronald Richter) ist nicht momentan in der Lage abzuschätzen, ob die Entwicklung von strahlgetriebenen Kampfflugzeugen durch diese neue Ram-Jet System beeinflusst wird. Aber es ist anzunehmen, das die Entwicklung von großen Hyperschall-Flugzeugen (Bomber, Transport- oder Passagierflugzeuge) auf das verbesserte Ram-jet System basieren wird, das hier besprochen wurde.

Comments of preparing Officer:

Dr. Richter is very desirous of obtaining a position with an aircraft engine manufacturing Company in the United States. He would like to continue working on ram jet engine development . . .

Anmerkung

Ein solches kombinierte Antriebssystem von Strahl-, Raketen- und Staustrahltriebwerken ist bei zivilen Flugzeugen, wie Passagier- oder Transportflugzeuge – Stand 2018- - nicht in Sicht.

Thermonuclear Propulsion System

"Report describes the work and theory of Dr. Ronald Richter in development of aircraft thermonuclear propulsion system.

The following is extracted from a paper written by Dr. Ronald Richter:

"In nuclear fission powered propulsion systems, thermal energy cannot be generated by "direct combustion" . . , but by **indirect heat transfer**.

Aus diesem Grund hängt die Effektivität eines solchen Antriebssystems - Jet- oder Raketensystem - von der Herstellung von bestmöglichen Hitze übertragenen Materialien (und anderen, auch warmfesten Materialien, Anm.d.A.) ab.

The gradual contamination of the hermitically sealed-off reactor system with highly radioactive nuclear fission products and the protection of the flight crew against neutron, gamma and other radioactive hazards, demands for voluminous and heavy shielding structures.
...
In nuclear fission powered propulsion systems - homogeneous or heterogeneous systems - only highly enriched and very costly reactor fuels can be used.
...
In order to improve the deductiblity of plasma-shock-wave induced nuclear reactions, I developed nuclear reaction schemes (in 1942), based on the chain reacting consumption of the lithium and boron isotopes.

Auch erkannte Richter, daß zur Zündung einer solchen Kettenreaktion eine starke Neutronenquelle nach Art eines schnellen Fissions-Reaktors ("Atombombe") verwendet werden könnte, **womit insgesamt die grundsätzlichen Reaktionszyklen der Neutronen**- bzw. Lithium- und **Wasserstoffbombe (Zusatz von Deuterium) von ihm** Ende 1942 erkannt **waren.** (Courtesy: Dr. Paul-J. Hahn, aus dem Nachlass von Dr. Ronald Richter, Web-Site, Internet)

...
Glucklicherweise kann sowohl Zündung, Steuerung und Wärmetransfer eines Thermonuklearen Reaktorsystems erheblich verbessert werden, wenn ein „Reflector-Controlled", pulsierendes Plasma erzeugt wird.

... demzufolge eine kontrollierbare, sich **selbst stabilisierende Plasmaerruption.**

...
...the direct conversion of nuclear energy into electricity, ... due to the high ionization rat of the plasma zone and its interaction with a static magnetic field.

...
Since there are no highly radioactive reaction products, **the tail-pie of a ram-jet can be directly connected to the reactor vessel**, thus avoiding indirect heat transfer.
. .
Eine genaue Dosierung von Neutronen und eine ebenso genau dosierte Einspritzung der zu verarbeiteten Materialien in den Reaktorkern kann ein entsprechendes, den Reaktor umgebendes Hitzeschild und dessen Gewicht erheblich für den Flugzeugbau reduzieren.

Also praktisch keine Kontaminierung der Umwelt oder des eingebauen Reaktors.

...

Ein Projekt von Ronald Richter für einen neuen Atomantrieb war:

Ein komplettes Ram-jet System mit angeschlossenem Flight Simulator

(Compressor Unit for the performance of sub-critical, critical and super-critical flow conditions)

alles eingebettet in einer explosionssicheren Grube.

Anmerkung:

Die Frage ist, wie groß solch ein Reaktor war, wenn Dr. Richter gleich zwei solcher Reaktoren in den Bug und das Heck eines Staustrahlrohres einbauen wollte.

Einige interessante Auszüge aus:

Dr. Paul-J. Hahn, aus dem Nachlass von Dr. Ronald Richter, Web-Site, Internet

. . . Unter gleichzeitiger Verschiebung des Emissionsmaximums über das violette Ende des sichtbaren Spektrums hinaus bildete sich hierbei eine etwa in der **Mitte zwischen den beiden Elektroden und den beiden Magnetpolen frei im Raum schwebende Kugelzone höchster Leuchtkraft**, von der eine **intensive Schall- und Ultraschallerregung und in etwa Sekundenabständen Plasmaeruptionen** wechselnder Heftigkeit ausgingen."

diese fluktuierenden Plasmaeruptionen und Mega-Gauß-Pulse

1 Mega-Gauß = 100 Tesla. An andere Stelle findet sich diesbezüglich eine konkretere Angabe mit 30 Mega- Gauß entsprechend 3000 T!

W. Ehrenberg: Die Argentinischen Kernfusionsversuche in neuem Licht.

Atompraxis, 4. Jahrgang, April 1958, Seite 139ff, sowie auch seine Monographie

In seinem Brief vom 25.07.1969 **schreibt Ehrenberg hierzu, daß diese Eruptionen <u>senkrecht</u> zu dem elektrischen und magnetischen Kraftlinien aus dem Polkreuz herausschossen, was "u. A. für einen <u>Raketenantrieb</u> genutzt werden könnte"**.
...

In seinem Brief vom 25.07.1969 **schreibt Ehrenberg hierzu, daß diese Eruptionen <u>senkrecht</u> zu dem elektrischen und magnetischen Kraftlinien aus dem Polkreuz herausschossen, was "u. A. für einen <u>Raketenantrieb</u> genutzt werden könnte"**.

...

Hingegen sprechen Richter und Ehrenberg offenbar des Öfteren gemeinsam über die **physikalische Natur der Kugelzone** und tauschen gegenseitig Gedanken aus. Während Ehrenberg, persönliche Mitteilung, siehe auch seine Monographie über "Probleme und Möglichkeiten der Richter mit der Sammeltendenz von **elektromagnetischen (in Analogie zu den aerodynamischen) Wirbeln** argumentiert und von diesbezüglichen

"Resonanzbedingungen" spricht, hat Ehrenberg eher das Modell **von elektrischen Ringströmen durchflossener Plasmoide nach Art von Lampions** oder eine **Art magnetische "Plasmakondensation"** im Sinn und bringt die mögliche physikalische Verwandtschaftsnähe zum Kugelblitz ins Spiel.

Auch schon in **Dessau** diskutieren sie 1939/1940 über das Kugelblitz-Problem und Richter zeigt Ehrenberg ein Foto (aus seinem früheren Privatlabor?) unter dem Motto: **"Experimente zur künstlichen Kugelblitzerzeugung"**.
...

Anmerkung:

Die Frage ist, ob man dieses System mit zwei Reaktoren, positioniert am Bug und Heck eines Staustrahlrohrs auch ohne Richters Stoßwellen-Antrieb, also mit anderen Heiz/Explosionswellen realisieren kann und dies im Krieg in Deutschland erprobt wurde.

So zum Beispiel mit je einem nuklearen Brennstoffzylinder vorne und hinten und verschließbarem Lufteintrittsklappen am Bug. Die Explosionen zum Erzeugen eines starken Schubstrahls, der vorne, auch schon beim Stand am Boden während der Startphase, eingesaugt wird, damit der Staustrahl entsteht, müssten mit anderen Mittel geschehen.

Dann hätte man auch nur ein - kombiniertes – Antriebssystem und nicht zwei Triebwerke in einem, so wie z.B. das BMW 003 R Triebwerk, eine Kombination aus TL- und Raketentriebwerk BMW 718.

Wenn Richters Erfindung versucht wurde, praktisch umzusetzen, nämlich ein Flugzeug, das TL-Jäger, Raketenjäger und insbesondere Staustrahljäger in einem ist, dazu noch, zumindest senkrecht aufsteigen kann, welches Projekt aus dem Zweiten Weltkrieg käme dafür in Frage?

Das **Focke-Wulf Triebflügel**-Projekt? Siehe dazu Absatz weiter unten!

Anmerkung:

Dr. Richter wurde während des Krieges zur Luftfahrtforschungsanstalt nach Braunschweig, zu Dr. Busemann und Prof. Dirksen gebeten.

Unterbreitete Richter dort diesen Herren und anderen Spezialisten genau diesen Vorschlag, nämlich eines neuen Staustrahlantriebes, dass ein Strahl-, Raketen- und Staustrahltriebwerk in einem ist?

Was wurde aus der Idee von Richter in Braunschweig?

Verstand und übernahm man den Vorschlag, weil er kriegswichtig war und versuchte ihn praktisch umzusetzen?

Eine einfachere Version eines Staustrahltriebwerkes mit „Mini-Atomantrieb" wurde ja bereits in diesem Buch besprochen, siehe weiter oben.

Resultierten diese Forschungen, die ja auch in Hinterstein im Allgäu von dem Flugzeugbauer Messerschmitt versucht wurde, praktisch in einem (Holz) Staustrahljagdflugzeug umzusetzen, auf die Ideen von Dr. Richter und LuFo Braunschweig zurück?

Gingen die Vorschläge von Ronald Richter auch nach Peenemünde, wo man ja nukleare Antriebe, Atommeiler zum Bedampfen spezieller Bleche benötigte und wo „Feuerball" als Angriffswaffe als Luftdruckbombe erprobt wurde?

Versuchte Wernher von Braun und seine „Zukunfts-Projekt-Gruppe" (später Rübeland) ein - raumtaugliches - Fluggerät zu entwickeln, dass die Eigenschaften von Richters intermittierenden Staustrahlsystems mit Stoßwellen auf nuklearer Antriebsbasis nutzte. Siehe im ersten Buch das scheibenförmige Raumschiff, das auch einen Atomantrieb erhalten sollte.

Denn als Abschluss über die Berichte von Ronald Richters Vorschläge über ein „Improved Ram-Jet Engine" und ein „Thermonuclear Propulsion System", heißt es:

„Conversation with Dr. Cooper und **Dr. Multhopp**, scientists of The Glen L. Martin Company of the United States who have interviewed Dr. Richter, revealed that there may be something of value in the work and theory of Dr. Richter."

Anmerkung:

Zu Hans Muthopp heißt es:

Hans Multhopp, geb. 17. Mai 1913, gest. 30. Okt 1972, arbeitete zusammen mit Kurt Tank bei Focke-Wulf Flugzeugbau in Bremen. Er war der verantwortliche Ingenieur, zuständig für die Focke-Wulf Ta 183, die von Kurt Tank in Argentinien weiterentwickelt zur „Pulqui II" wurde.

Nach dem Krieg ging er zuerst nach England und danach in die USA, um bei Martin Marietta an dem „Lifting Body" Konzept zu arbeiten, das den Weg für das zukünftige „Space Shuttle" ebnete.

Staustrahlbomber Ta 283

Dipl.-Ing. Hans Multhopp arbeitete auch an einem Staustrahljäger-Projekt, der Ta 283. Dazu schreibt der Buch-Autor David Myhra in seinem Bericht: „Ta 283, 2-Man Twin Ramjet Powered Bomber":

„Virtually nothing much is know about … Multhopp´s outline for a **twin ram-jet powered**, two man piloted bomber.

… these images based only on a very poor quality singly pen and ink drawing.

It appears this drawing featuring a 45^0 swept back wing and a 45^0 forward horizontal stabilizer with a second generation Otto Pabst ramjet engine attached to both port and starboard stabilizers, since it was to be a bomber and not a fighter or interceptor, a small vertical fin was all it would have needed. Its two man crew was seated completely inside the fuselage requiring no bubble canopy.

Abb.:

Projektierte Multhopp für diesen Zwei-Mann Staustrahlbomber ein neues Antriebskonzept, das auf einem nuklearen Antrieb auf Basis von Dr. Ronald Richters Experimente mit Stoßwellen beruhte?

Furthermore there are no details regarding **what sort of ramjet engine** Dr. Otto Pabst of Focke-Wulf was anticipating for the Multhopp design. It is also not known, **how this two man bomber would have propelled up to the speed for its ramjet engines** to fully become operational."

Anmerkung:

Dr. Ronald Richter wüsste die Antwort!

Mit einem Antrieb, der sowohl Strahl-, als auch Staustrahltriebwerk, inkl. Raketentriebwerk in einem Antrieb zusammengefasst sein sollte. Damit hätte dieTA-283 ganz normal als TL-Bomber starten können, um dann zuerst in einen Modus eines Raketenflugzeuges zu wechseln. Ab 400 km/h oder mehr aufwärts wäre dann der Staustrahlantrieb gewählt wurden, um schnell weiter auf große Höhe und extreme Reichweite zum Ziel zu gelangen.

Und das mit einem Antrieb, der nur aus einem Rohr besteht und außer einigen Klappen für den Lufteinlass, keine weiteren beweglichen Teile mehr besaß. Dazu ein kleiner, nuklearer Reaktor, der die Energie, die Plasma-Druckwellen lieferte. Es war somit eine geradezu unendliche Reichweite bei hoher Endgeschwindigkeit möglich.

Ob dieser intermittierende, untereinander austauschbare Strahlantriebe für das RLM interessant war und man diesbezüglich bei Prof. Busemann in Braunschweig, oder ausgelagert anderswo forschte, um das Konzept eines atomangetriebenen Staustrahlflugzeuges Wirklichkeit werden zu lassen, ist unklar.

War es Zufall, dass man ausgerechnet Ing. Multhopp ansprach, der ja selbst ein Staustrahljäger noch im Krieg projektiert hatte. Wusste er, dass in Nazi-Deutschland ein Projekt für ein nuklear und oder „Stoßwellen" betriebenes Flugzeug mit intermittierendem Antrieb in der Planung war?

War man bereit, nach dem Krieg in den USA ein solches Flugzeug, heimlich, basieren auf deutsche Vorarbeiten, zu konstruieren und zu testen?

Es könnte noch ein anderes Focke-Wulf Projekt gegeben haben, dessen Planungsphase eventuell weiter war, als die Ta 283:

Focke-Wulf Triebflügel

Abb.:

Welches Antriebskonzept besaß dieser Senkrechtstarter?

Welche Triebwerke befanden sich in den drei Gondeln an den Tragflächenenden?

Flog das Focke-Wulf-Projekt ohne Treibstoff, ohne interne Tanks im Rumpf, da keine Treibstoffleitungen in den dünnen Tagflächen waren, die zudem noch schnell im Uhrzeigersinn rotierten?

Wie startete die Maschine, wenn die äußeren Triebwerke nur Staustrahltriebwerke waren und sonst keine Hilfstriebwerke in, oder an dem Senkrechtstarter vorhanden waren, wie obige Abbildung zeigt?

Wie landete die Maschine, wenn sich kein Triebwerk im Rumpf befand und die reinen Staustrahltriebwerke unter 400 km/h Brennschluss hatten, also nicht mehr arbeiten konnten?

An den drei Steuerflossen am Heck befinden sich drei in Verkleidungen angebrachte Stützräder. Das Hauptrad sitzt mittig am Heck, ist verkleidbar und trägt die Hauptlast des Flugzeuges, wenn es auf dem Boden steht.

Somit kann kein Strahl- oder Raketentriebwerk im Rumpf untergebracht sein!

In der Mitte des Rumpfes befindet sich die Kugellagerhalterung für die rotierenden Flügel und wohlmöglich dahinter ein Kreiselgerät zur zusätzlichen Stabilisierung, um ein Drehmoment, oder ein Auswandern des Flugzeuges aus der Mittelachse zu verhinern.

Die Flügel sind zu dünn zur Aufnahme von großen Tanks und Treibstoffröhren. Sie sind leicht kugelgelagert und drehen sich schon in der Startphase – Autorotation – im Fahrtwind mit.

Also bleiben nur drei Triebwerke an den Tragflächenenden zum Start und Horizontalflug übrig.

Wie funktionieren diese Triebwerkseinheiten?

Der Start kann mit Hilfe von „RATO", „Rocket assisted Take-off", mit „Boostern", mit z.B. kleinen Feststoffraketenbündeln, die entweder am Rumpf oder an den Außenseiten der Triebwerksverkleidungen angebracht sind, bewerkstelligt werden.

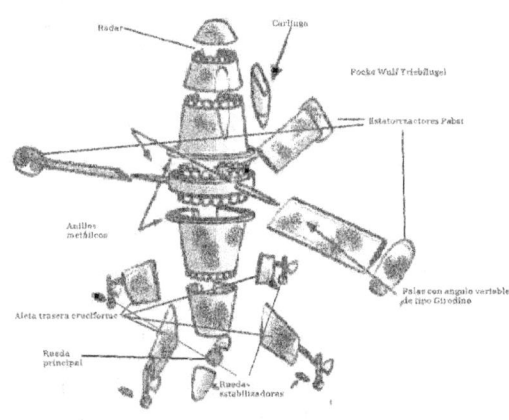

Abb.:

Der Rumpf hat ein geringes Gewicht, da weder ein Antrieb, noch Tanks verbaut sind.

Der Antrieb befindet sich alleine an den drei Flügelenden.

War der atomare Stoßwellen-Antrieb auch interessant für Raumschiffe?

Erkannte man also das Potential dieses besonderen Antriebes und wollte ihn in de Öffentlichkeit verschleiern und vertuschen?

Gab es deshalb die Schmutz-Kampagnen in der Presse und anderen Medien, sowie die - absichtliche - wissenschaftlichen Vorverurteilungen eines „verrückten Professors", der mit seinen zweifelhaften Erkenntnissen und einer daraus resultierenden Erfindung, die Wissenschaft betrügen und belügen will, um sich Anerkennung zu verschaffen, sich wichtig zu machen?

Viele mögen die Ideen von Prof. Richter nicht verstanden haben. Und bestimmte Leute, die Richters Entdeckung verstanden, wollten wohl, dass es auch andere verstanden.

So heißt es ja auch bei den Berichten über Prof. Richters Arbeiten in Argentinien, in Auszügen:

```
Confidential

The Foreign Service of the United States of America
Office of the Air Attaché
United States Embassy
Buenos Aires, Argentina
175-R&D 3 July 1956

Subject: Dr. Ronald Richter . . .

To: Director of Intelligence
Headquarters, USAF
Washington 25, D.C.

A recent visit by a group of U.S. atomic energy scientists to
Argentina, headed by Dr. John Hall, resulted in a conversation among
Dr. Richter, Dr. Hall and two other scientists in the group.

...
    a. Dr. Richter is considered by Dr. Hall to be "a mad genius".
       Along the same lines, Dr. Hall states that Dr. Richter is
       thinking in the year 1970.

...
```

b. Dr. Richter has repeatedly indicated his desire to work for the U.S. or for any country that **is opposed to the Communists**. It is known to this officer that Dr. Richter has been approached four times in the past six months by "pink" Germans residing in Buenos Aires and has been urged to visit the Russian attaché who would completely solve all the problems."

...

-Ends-

Ein gewisser Lt. Col. USAF Virgil Nestor meinte, dass, wenn Dr. Richter nicht im Westen eine neue Anstellung finden würde, er eine Anstellung im „Communist Bloc" akzeptieren würde.

Auch das Beispiel hier über Prof. Ronald Richter zeigt sehr schön, wie die U.S.-Botschaft und die Air Attaches für Spionagetätigkeit eingespannt werden, um in den jeweiligen Ländern sich um alles Wissenswerte, was die Interessen der USA berühren, zu kümmern und alles auskundschaften, was wichtig und spannend ist.

Dr. Richters Arbeit war so interessant, dass auch Ostspione und deren russischen Attaches in Argentinien mit ihm in Kontakt treten wollten. Was sicherlich die Amerikaner verhindern wollten.

Alles pure Absicht, damit sich niemand weiter mit dieser Art Energiegewinnung ernsthaft beschäftigt und somit eine Geheimhaltung gewahrt wird, die bis heute anhält?

Das Prinzip des Schockwellen-Antriebes könnte man in bestimmten wissenschaftlichen Kreisen durchaus verstanden haben und machte alleine, ohne Dr. Richters - offizielle - Hilfe weiter. Ob er heimlich beratend bei Geheimentwicklungen hinzugezogen wurde, wird sich wohl nie klären lassen.

Es könnte also ab den 1950 Jahren aufwärts bereits ein Flugzeug existiert haben, dass einen, von Ronald Richter entworfenen, intermittierenden Staustrahlantrieb nutze, um einmal rundum die ganze Welt zu fliegen. Zudem könnte solch ein Stoßwellen-Antrieb in der Raumfahrt eingesetzt gewesen sein, oder ist es immer noch. Hier, in der „Wahren Raumfahrt" könnte somit auch die Motivation liegen, dass Richters Antrieb und die neue Form der Energiegewinnung auf der Erde geheim gehalten wird.

Aber alles nur pure Spekulation!

In einem zweiten Memo, dass am gleichen Tag, den 3. Juli 1956 erstellt wurde, wurde vorgeschlagen, Richters Forschungen von Spezialisten untersuchen zu lassen:

"Resume of his **research activity**, problems and results while in **Berlin-Suhler-Waffen und Fahrzeugwerke** during **1937/38**."

Welche Erkenntnisse und daraus resultierenden Ergebnisse konnte Dr. Richter bezüglich seiner Plasma Schock-Wellen Theorie in dem oben genannten Werk in den Jahren 1937 bis 1938 erzielen, die für Nazi-Deutschland in Form von Waffen oder Antrieben für Fahr- oder Luftfahrzeugen von Interesse gewesen sein könnten?

Der intermittierende Staustrahlantrieb oder eine Abwandlung (Mini-Atomantriebe) davon?

Plasma Wirkungen, die für elektrostatische Flugkörper von Interesse waren, deren Funktion und Eignung als Waffe (Luftdruck mit Hilfe von Stoßwellen?), um Flugzeuge zu bekämpfen, eventuell von Dr. Richter, entweder in Argentinien (Cordoba oder Bariloche), oder in Chile (Parral, Hazienda Dignidad) vor interessiertem (amerikanischen) Publikum bei einem Flug in die USA eindrucksvoll demonstriert wurden? Siehe Lachner Bericht über „Feuerball".

Das Plasma-Stoßwellen-Kraftwerk zur Erzeugung von großen Energiemengen bei geringem Einsatz von hineingesteckter Energie und Rohstoffe? Oder eine Abwandlung davon als ein bestimmtes nukleares Kraftwerk? Oder zum Bau bestimmter A- oder Neutronenbomben (Test einer Neutronenbombe in Libyen?)?

Auszüge aus:

„Was seit der Genfer Atomenergiekonferenz 1955 an einschlägigen russischen und amerikanischen Ergebnissen veröffentlicht wurde, gründet sich fast durchweg auf Stoßversuche, auch der sog. "**Pinch-Effekt**", wie Allen nachweisen konnte. Stoßprozesse erreichen jedoch, wie eine Betrachtung der freien Weglängen zeigt, erst bei Wasserstoffbomben-Dimensionen eine positive Energiebilanz, sind also vom Standpunkt geregelter thermonuklearer Energiegewinnung eine Sackgasse. Der Verdacht liegt daher nahe, **daß die starke Hervorhebung gerade des "Pinch"-Effektes in den spärlichen Veröffentlichungen der für die amerikanischen und russischen Geheimprojekte zuständigen Forscher ein Tarnmanöver ist, das die Öffentlichkeit von aussichtsreicheren Wegen ablenken soll.**

Die ebenfalls erstmalig von Richter angeregten und 1952 vom Verfasser durchgeführten Versuche zur Anreicherung von schwerem Wasser in Hinblick auf seine Verwendung als thermonukleare Energiequelle durch fraktionierte Destillation ist inzwischen von **Du Pont** zur technischen Reife entwickelt worden, wie 1955 bekannt wurde."

Die Ende 1952, also nach nur dreijährigem Bestehen, erfolgte Schließung der Richter'schen Forschungsstelle war, wie ich seinerzeit in Buenos Aires feststellen konnte, vor allem durch "psychologische Nebeneffekte" bedingt, ebenso wie der anschließende Verleumdungsfeldzug gegen Richter.

Forschungen in Libyen

Professor Dr. Ronald Richter ging unter anderem nach Libyen in Nord Afrika.

Was wollte er dort?

Urlaub machen oder war er aus beruflichen Gründen in dem nordafrikanischen Land?

Hier ein kleiner Auszug aus dem Buch" Jenseits der Ewigkeit" von Ernst Meckelburg, Langen, Müller, 2. Auflage 2004:

„Die Erinnerung an ein geradezu unglaubliches, unheimliches Ereignis
verfolgte mich nun schon seit vielen Jahren. Jedes Mal, wenn ich
daran denke überfällt mich ein unerklärliches Gefühl des Unbehagens,
der absoluten Hilflosigkeit.

Seit 1977 war ich bei einem internationalen Konzern in Nordafrika
als Techniker tätig. Die Freitage - sie entsprechen in der
islamischen Welt unseren Sonntagen - benutzte ich meist, um, neben
meiner Arbeit, Land und Leute kennen zulernen. Angst vor Übergriffen
waren mir fremd und so bewegte ich mich quer durch die Länder der
Saharazone bis hin zu den Kriegsgebieten im Norden des Tschad, in
die Niemands Territorien zwischen Libyen, Tunesien und Algerien, in
Polisario Gebiete sowie in das Länderfreieck Ägypten, Libyen und
Sudan.

Mein Erlebnis spielt allerdings in einer relativ dicht besiedelten
Gegend auf einer kleinen **Nebenstraße Libyens zwischen Benghasi und
El Marji**.

Damals - ich war bereits zwei Jahre in Nordafrika - befand sich
unser Camp ganz in der Nähe von El Marij. An einem späten
Freitagvormittag beschloss ich, in Begleitung eines Kollegen aus
Nürnberg, ans Meer zu fahren. Von El Marij aus führte die Straße
über Hügel und Farmgebiet in Richtung Mittelmeer, um dann auf einer
steilen Bergstraße in die Küstenebene abzufallen. Von der Bergkuppe
aus war mir schon wiederholt eine neu gebaute, asphaltierte
Seitenstraße aufgefallen. Wir beschlossen daher, uns diese schmale
Straße einmal näher anzusehen. Sie führte durch verstepptes. Leicht
hügeliges Gelände und wirkte auf uns eher langweilig.

Wir mochten vierzig oder fünfzig Kilometer gefahren sein, als mein
Begleiter unruhig wurde und mich scheinbar grundlos zum Umkehren
drängte. Ich wunderte mich noch, da sein merkwürdiges Verhalten so
gar nicht zu ihm passte. Möglicherweise hatte er „Es schon viel
früher bemerkt". Es war quasi aus dem Nichts gekommen, unvermittelt
vor uns aufgetaucht und hing links der Straße, in majestätischer
Größe bedrohlich über der Landschaft. Da die Sonne links schräg
hinter uns stand, dachte ich zunächst an eine Luftspiegelung, was
sich jedoch wenig später als unzutreffend erweisen sollte. Um eine
Windhose oder dergleichen konnte es sich bei diesem gewaltigen
Objekt schon gar nicht handeln, zumal zu diesem Zeitpunkt völlige
Windstille herrschte.

Abrupt brachte ich unseren VW-Bus zum Halten. Ich öffnete die
Wagentür und wollte gerade aussteigen, als mich ein bis dahin nie
gekanntes Angstgefühl beschlich. Wie gelähmt starrten mein Kollege
und ich auf **das riesige, fast durchsichtige Gebilde**, das die Erde zu
berühren oder dicht über ihr zu schweben schien. Im Zentrum dieses
kugelförmigen Objekts befand sich eine weitere transparente Kugel,
deren Umriss sich deutlich von ihrer Umgebung abhob.
„Gallertartig" wäre wohl die richtige Bezeichnung für den Farbton
der Erscheinung, nicht aber für deren Struktur. …

Sein äußerer Durchmesser könnte mehrere hundert Meter, aber genauso
gut auch etliche Kilometer betragen haben. Klar und deutlich hoben
sich die räumlichen, **kugelförmigen Umrisse der beiden miteinander**

verschachtelten Objekte vom Himmel ab. Ihre Oberflächen besaßen nicht etwa das glatte Aussehen wie z.B. das polierter Stahlkugeln. Sie schienen mehr eine etwas brüchige Struktur aufzuweisen.

Was wir da sahen, erschien uns ausgesprochen fremdartig, irgendwie „unwirklich". Wir hatten den Eindruck, einem gewaltigem, machtvollen „Energiefeld" gegenüberzustehen. … Etwa zehn bis fünfzehn Minuten beobachteten wir die merkwürdige Erscheinung, von der etwas Bedrohliches, Unheimliches auszugehen schien. Und während all dieser Zeit warnte mich eine innerer Stimme, auf keinen Fall weiterzufahren, sondern sofort umzukehren. (M.K. Subliminals, Anm.d.A.)
…
Ich bin später noch öfters in die Gegend von El Marij gekommen. Jedes Mal habe ich dort ein starkes Unbehagen verspürt. Nichts hätte mich dazu bewegen können, den Ort der unheimlichen Sichtung noch einmal aufzusuchen.

Späte hörte ich von merkwürdigen Dingen, die sich in diesem Gebie ereignet haben sollen, . . ."

-Ends-

"In north-eastern Libya, the **Akhdar Mountains** stretch along the coast between Al-Marij and Darnah. These limestone mountains rise steeply from the coast to about 2,000 feet (600 metres) and then stretch about 20 miles (30 km) inland, reaching nearly 3,000 feet (900 metres) at their highest points."

Anmerkung des Autors:

Der Autor des o.g. Buches vermutet:

„Entweder hatten die Männer ein Experiment mit einer psychotronischen „Hyperraumwaffe" (Tesla Transmitter) eobachtet . . . Die Erzeugung so genannter „Wurmlöcher" . . ."

War es vielleicht ein Experiment betreffend der Erforschung von Plasma Holographischen Projektionen oder Plasmawolken als Waffe?

Welche Experimente werden vom wem ggfs. in den "Green Mountains" der Cyrenaika in Libyen vorgenommen.

Gibt es eine Untergrundanlage in den Bergen um El Marij die schon in den 1950er Jahren errichtet wurde, und wohin Atomtechnologie und Atomkraft transferiert wurde, auch ein Thermofussionskraftwerk, wie es prof. Richter entwickeln wollte.

Benötigte man für spezielle Experimente große Mengen an Energie, die von solch einem Fussionskraftwerk erzeugt werden sollte?

Hier einige Auszüge aus einer obskuren Internetseite, von der man nicht weiß, ob die dort enthaltenen Informationen echt sind, oder nicht:

Plektoplasmatische Bombe (PPB)

„Kurz nach der Entdeckung der Plasmastrahlung gegen Anfang des 20. Jahrhunderts wurde klar, dass bei **Plasma Substanzen**, bezogen auf die **beteiligten Stoffmengen, ungeheuer große Energiemengen** umgesetzt werden, die die Plasmastrahlung, die bei **chemischen Reaktionen** auftritt, um mehrere Größenordnungen übersteigt, wobei sich die Plasmastrahlung selbst kaum verbraucht. Schon bald entstanden daher literarische Spekulationen über die technische und **militärische Nutzung dieser neuartigen Energie**. Für die in den 2000er Jahren entwickelten Plektroplasmatischenwaffen wurde also ein bereits literarisch eingeführter Begriff verwendet.

Die PPB gilt als die tödlichste, stärkste und schlimmste Waffe bis heute.
...
PPB

Die Plektoplasmatische Bombe (PPB) ist eine ist eine überschall Bombe die, ein 14.700.000.000-mal stärkere Strahlung abgibt als die Atom-Bombe von Hiroshima und Nagasaki. **Ihre Strahlung ist nicht radioaktiv, dennoch super tödlich.** Kurz vor der Explosion wird im inneren der Bombe eine Temperatur von -745C erreicht. Während der Explosion steigt die Temperatur so schell an (105.745.000.000C) das es zum Plasmasprung kommt.
...
Explosionskraft

Die PPB hat eine Sprengkraft von ca. 42.500 ZT (Zettatonnen) das **entspricht die Masse von 4500 Wasserstoffbomben** mit 62 GT Sprengstoff. Die Energie die frei gesetzt wird sind ca. 14.550 Ej (= 14.550.000.000.000 Joule). **Der sogenannte „Plasmaring"** reicht 155 Km **in die Luft, und kann 325 Km lang sein.**

Bei der Explosion werden Stoffe freigesetzt die, **den Körper 4000-mal schneller auflösen** als 34% Salzsäure. **Der Druck** der von der Bombe **freigesetzt wird, kann beim richtigen Einsatz einmal die ganze Welt bedeckt.** Nach der Explosion rast die Hoch verstrahlte und Giftige **Druckwelle mit 220-facher Überschallgeschwindigkeit über die Welt.**

XEB Projekt

XEB Projekt gilt als das teuerste Sprengstoffprojekt das jemals entwickelt wurde. Die Kosten wurden auf 4.245 Millionen US-Dollar geschätzt

Anmerkung des Autors:

Hoher Druck, keine Radioaktivität, absolut tödlich, menschliche Körper lösen sich auf.

Diese Charakteristika wurden auch im Zusammenhang mit der Zündorkanbombe oder deren amerikanischen Pendant in diesem Buch besprochen! Nur das diese Bomben geradezu „harmlos" gegenüber der „PPB" sind!

„Nach der Explosion rast die Hoch verstrahlte und Giftige **Druckwelle mit 220-facher Überschallgeschwindigkeit über die Welt.**"

Unterstützt diese Aussage nicht die Theorie des Autors, dass man einst vorhatte, die Erde von der „alten Menschheit" zu säubern?

Nach einem atomar geführten Dritten Weltkrieg fallen nicht nur unzählige Tonnen an Trümmer usw. an, sondern auch Millionen an Leichen, die um die ganze Erde verteilt, die Erdoberfläche bedecken.

Könnte eine solche Druckwelle einer PBB für „Aufräumungsarbeiten", zur Sterilisation des Planeten Erde herangezogen werden?

Könnte man mit solch einer gigantischen Druckwelle auch andere Welten irgendwo im Universum von irgendetwas „säubern", um sie für Menschen bewohnbar zu machen?

…

In dem Akjdar Gebirge, einer Gebirgskette, die sich entlang der Küste zwischen Al-Marij und Darnah erstreckt, könnten dort geheime Tunnelanlagen bestehen, so wie im Jonastal?

Das Gebirge steigt von der Mittelmeerküste steil auf 600 m an und erstreckt sich ungefähr 30 km ins Inland. Der höchste Punkt der Gebirgskette liegt auf etwa 900 m Höhe.

Wurden dort genauso Festungsanlagen, Kilometer lange Tunnel in den Berg getrieben, um Atomreaktoren, Raketenabschussrampen und Personal zu stationieren, wie z.B. bei den bekannten „Strongpoints" der amerikanischen Verschwörer in Nazi-Deutschland oder an den Polen der Erde?

Könnte Professor Ronald Richter bereits die, in Deutschland gemachten Versuche, auf der Insel Huemul, sowie nahe Bariloche in Argentinien, nochmals nachvollzogen haben, irgendwann Anfang der 1950er Jahre?

Welche anderen Wissenschaftler, außer Prof. Richter und Prof. Ehrenberg waren noch in Argentinien anwesend und begleiteten die Versuchsflüge elektrostatischer Flugkörper und Plasmoide, die sicherlich nicht nur über dem Nahuel Huapi See durchgeführt wurden, sondern große, weite Strecken durchmessen haben könnten.

Ein großer Bunker steht am Ufer des Huapi Sees auf einer Anhöhe mit Blickrichtung hinaus auf Wasser. Auch die Insel Huemul ist in Sichtweite.

Was wurde in diesem Bunker an Experimenten durchgeführt, die bis heute vertuscht werden? Der mit dicken Wänden ausgestattete Bunker ist heute genauso zerstört, um Spuren zu verwischen, wie alle anderen Gebäude, die Prof. Richter errichten ließ.

Wurden auch Flugversuche mit elektrostatischen Flugkörpern vorgenommen, die genauso auf das Wasser hinaus verschossen worden sein könnten, wie zuvor, entweder vor und während des Krieges hinaus auf die Ostsee bei Peenemünde?

Elevation Bariloche Airport: circa **2775 ft /850 m.** Bariloche hat ein kühles, Mediterranes und Ozeanes Klima mit Alpinem Charakter. Das Klima ist trocken, die Nächte im Sommer sind kalt, circa 2-9 Grad, Herbst und Winter kühl und kalt.

Alles beste Voraussetzungen um spezielle elektrostatische Flugkörper und ggfs. Plasmoide in dieser einsamen und abgeschiedenen Gegend von Argentinien zu erproben.

Wurden elektrostatische Versuche von Richter und anderen anwesenden Wissenschaftlern und Militärs im Spätherbst und Winter, wenn Atmosphäre trocken und kalt ist, unternommen? Siehe Beschreibung elektrostatischer Flugkörper in den Büchern von Klaus-Peter Rothkugel und welche Bedingungen ideal sind, um solche Objekte am vorteilhaftesten in der Atmosphäre zu betreiben.

Versorgungs- und Forschungsstation nahe Parral, Chile

Ausgewählte, interessante Auszüge aus dem Internet-Artikel:

The Hacienda Dignidad Saga, Told b Ernst Zündel, from Ingrid Rimland, 4-29-2004, Rense.com:

"Have you ever heard of **Hacienda Dignidad**? My Spanish is a bit rusty, but I believe the name translates into "Ranch of Honor" or "Plantation of Pride." Hacienda Dignidad is a mysterious place, deep in the Chilean mountains. Allegedly, it is a trading post for Nazi UFOs.

...
[Ingrid's comment here: I am not sure what role "**Mr. Richter**", below, plays in this story. Something seems to be missing, but I am retyping it as the story came to me.]

Mattern was, by then, already a man well into his 80s, but his correspondence was absolutely lucid. He assured the Japanese team plus Sepp that they would be met at the airport by a representative of Mr. Richter who would then take them to the Hacienda for a reception and interview with Mr. Richter personally. Security and secrecy were given as the reasons for this somewhat out of the ordinary arrangement.

Anmerkung des Autors:

Ein japanisches Filmteam (wahrscheinlich in den 1960er Jahren, wo die Hanzenda schon nicht mehr eine deutsch/österreichische Forschungseinrichtung, vormals Versorgungseinrichtung für Festungsanlagen war, sondern ein Folter Camp diverser Geheimdienst in Latein Amerika) wollte die, wie sie bis vor kurzem noch genannte „Colonia Dignidad, heute „Villa Baviera", besuchen, die schon zuvor Herr Mattern Ende der 1940er, Anfang der 1950 ein einziges Mal besucht hatte, und wo er von einem „Dr. Richter" empfangen wurde, der Mattern auch das Gelände zeigte.

/ …

Bezüglich des ersten Meetings auf der Hazienda Dignidad, irgendwann Ende der 1940er, Anfang der 1950er Jahre, heißt es:

"…, being briefed by Mr. Mattern what he had observed during his visit many years ago, such as the **brand new Mercedes Benz ambulances** which were **used by German emergency services, Mercedes Diesel mini-buses, sheet metal workshops** with the **latest German metal bending machines, punch presses**, all of them equipped with the **most modern tools and machines**. Mattern spoke of extensive **vehicle repair facilities, motor reconditioning shops, modern communal kitchens and learning/meeting facilities**, a **state of the art hospital** with a **surgery** and an outpatient clinic for Indians in the area and a **maternity ward** where local people, mostly Indios or Mestizos, were treated by the medical staff of the Hacienda Dignidad, completely free of charge.

The nurses, said Mattern, wore **typical German nurses' uniforms** with Red Cross and Christian insignia on their gowns and habits. There was also a **dairy farm**, he recalled, as well **sheep, flocks of chickens, geese** etc. In fact, it seemed that the Hacienda was based on what in National Socialist Germany's time would have been called a "**Musterbetrieb**" - an ideal, self-contained community, run like a perfectly integrated prototype enterprise. Mattern also saw a neat little **Christian chapel**. He said he was taken for long rides on magnificent horses along well-kept trails, accompanied by **Richter**, who would stop and talk to Indio labourers, male and female, in Spanish.

Although their outings would often last several hours, said Mattern, they never seemed to come to a fence or the edge of the property. It was rolling hills and dales, **fields of potatoes, wheat, rye**, and **corn**. Every once in a while he would hear the sounds in the distance - **the whine of jet engines or turbines being accelerated, and then the sounds would die down again**, and silence would prevail. Only a few times, he told his guests, did he think that he saw **strange aerial activity going on by even stranger craft**. He was never told what it was, and it was clear to him that the host was unwilling or perhaps under orders not to expand on those strange noises and those odd goings-on.

During his stay, there were communal suppers and lectures on different topics by different people, said Mattern. There were **German and Austrian folk dance** performances and even some by Indian dancers accompanied by rather primitive local instruments. He was not allowed to take any pictures or make any drawings and notes. Camera, note pad, pens were politely taken from him and returned at the end of the visit. Some of these Mattern recollections, by no means all, found their way into the initial German books and my subsequent far more Mickey Mouse English language books on UFOs, titled UFOs: Nazi Secret Weapons.

Für wen oder was wurde mitten in der "Pampas" in Chile ein deutscher Musterbetrieb angelegt.

Wann wurde diese Anlage konzipiert und errichtet?

Zur selben Zeit, wie auch geheime Festungsanlagen in der Antarktis geplant wurden?

Für wen wurde Weizen, Roggen und Getreide angebaut. Für wen wurde Vieh und Geflügel gezüchtet und Milch produziert?

Nur für die dort auf der „Hazienda" anwesende Personal?

„The El Mercurio newspaper reported already in the late 1940s and 1950s that one of their reporters, in fact, did penetrate the Hacienda terrain via back roads through the mountains, using pack horses, and that he did **observe strange flying craft** taking off and landing in some remote area of a valley away from the actual community - which is what Mattern reported seeing during his one and only visit in the 1950s or 1960s - I don't remember now exactly just when his visit took place.

After his visit to what he certainly believed had been Hacienda Dignidad or a similar enterprise in the remote foothills of the Chilean mountains, Mattern was of the view that this place was a **supply base for fresh fruit and vegetables** picked up by "flying saucers". He also felt that the colony served as a **rest/recuperation and medical facility** for **German-staffed UFO** (Festungsanlagen für den Dritten Weltkrieg, Anm.d.A.) **bases** further to the South like **Tierra del Fuego and even Antarctica** proper.

Anmerkung des Autors:

Sollten die Besatzungen, Mannschaften großer Festungsanlagen in Neuschwabenland oder anderswo, wie evtl. auf der südlichsten Spitze von Feuerland (Überwachung der Seefahrtswege in die Antarktis), von der „Hazienda Dignidad" mit Nachschub, frischen Lebensmitteln, Fleisch, Butter, Brot usw. versorgt werden, die autark auf einem abgeschiedenen Areal nahe Parral in Chile hergestellt wurden?

Sollten sich Soldaten, Bedienmannschaften dieser Festungsanlagen auf der Hazienda erholen können – „Recreation Area", und konnten sich dort auch medizinisch behandeln lassen? War deshalb das „Ambiente" eben wie in einem bayerischen/österreichischen Urlaubs- und Kurort und nicht das triste, langweilige und deprimierende „Bunker-Feeling", das die Soldaten tagtäglich (Lagerkoller) in den - unterirdischen - Festungsanlagen ertragen mussten?

Gab as auf der Hazienda einen Flugplatz, ein großes Fluggeländc, wie ein z.B. 1.000m mal 800m großen, ovalen Grasflugplatz, wie es solche Flugplätze zuhauf in Deutschland vor und während des Krieges gab, wo große Transportmaschinen, wie die Junkers Ju 390 landen und starten konnten, um Versorgungsflüge zu unternehmen oder Truppen von geheimen Militäranlagen auf die Hazienda zu bringen?

Versorgte man von dort, von diesem abgelegenen Platz in Chile, u.a. die Festungsanlagen am Südpol, in Neu-Schwabenland?

Von wo könnten Festungsanlagen auf der gegenüberliegenden Seite der Erde, am Nordpol aus versorgt worden sein? Von Norwegen oder Schweden aus? Gibt oder gab es dort auch so etwas ähnliches, wie einst der Musterbetrieb nahe Parral in Chile?

Wie wurden eigentlich die Festungsanlagen in Deutschland, ob in Schlesien, Thüringen oder in den Alpen mit Nahrung usw. versorgt?

Auch aus unterirdisch angelegen Versorgungsbunkern, die u.a. mit Hilfe künstlicher Sonnen die nötigen Nahrungsmittel herstellten?

„From other sources, such as El Mercurio, a left-leaning mass circulation Chilean newspaper, as well as from the German weekly, "Stern", and the German news magazine, "Der Spiegel", the following story emerges:

Hacienda Dignidad is a colony totally self-sufficient in everything, technologically equipped with the very latest amenities. The community has its own schools, teachers, hospital, medical staff, technical people. It is claimed that mysterious testing of some sort is being carried on at the Hacienda for the Chilean military. Even Chilean senators and parliamentarians find all their efforts blocked, usually by courts, the police, and the military. The German Embassy reports that numerous Germans receive their World War II army, air force, and other pension checks, which are sent to a collective address in the town of Parral, where they are deposited into a joint account.

The El Mercurio newspaper reported already in the late 1940s and '50s that one of their reporters, in fact, did penetrate the Hacienda terrain via back roads through the mountains, using pack horses, and that **he did observe strange flying craft taking off and landing in some remote area of a valley away from the actual community** - which is what Mattern reported seeing during his one and only visit in the 1950s or 1960s - I don't remember now exactly just when his visit took place."

Hätte Mattern, der bei seinem Besuch auf der Hazienda von einem Herrn, einem Doktor Richter empfangen wurde, auf Prof. Dr. Ronald Richter zutreffen können? Oder ist es nur eine Namensgleichheit?

Kam Prof. Richter von Bariloche herüber geflogen, um auf dem Flugplatzgelände in einem einsamen, abgelegenen Tal auf der Hazienda Dignidad seine Flugversuche mit „Foo Fighters" durchzuführen?

Stand dort auf dem Platz ein Van de Graff Generator, eine kleine Atomanlage, große Magnetspulen, Teslaspulen und ein entsprechendes Kraftwerk, wie man alles hätte auch in Straßburg im Jahre 1944 finden können?

Wurden auf der Hazienda elektrostatische Flugkörper gestartet, so wie zuvor auch in Peenemünde oder in Wiener Neustadt?

Flog von dort ein Plasmoid nach Nord Amerika und zerstörte ein amerikanisches Flugzeug in der Luft, so wie Prof. Lachner dies in seinem Brief schilderte?

Wurden zu Testzwecken auch „Foo Fighter" aus Parral, Chile über den nicht all zu weit entfernten Nahel Huapi See in Argentinien dirigiert, um von dort aus beobachtet und ausgewertet zu werden? Siehe heute einen zerstörten Bunker am Ufer des Sees, der nicht unbedingt etwas mit den Experimenten Richters auf der Insel Huemul zu tun gehabt haben könnte. Saßen dort in dem Bunker Personen (USA, England), die sich mit solchen elektrischen Flugkörpern auskannten und deren fantastischen Eigenschaften demonstriert bekamen? Fanden über dem See auch Plasma Experimente statt, die man später als Waffe anwenden konnte (siehe Black-out über NYC im Jahre 1968)?

War auf der Insel Huemul und in Bariloche nur das Ablenkungsprojekt für die Öffentlichkeit angesiedelt, der, für die unwissende Öffentlichkeit nie Realität gewordener Thermofusions-Reaktor? Kann man deshalb bis heute darüber berichten, um dahinter andere, hoch geheime Projekte weiter verstecken zu können?

Wollte auch kein Mensch, auch die USA nicht, dass Argentinien ein voll funktionierendes „Sonnenkraftwerk" erhält, geschweige denn, die Wasserstoff- oder Neutronenbombe für ihr Militär bekommt?

Weil die USA in ihrem „Hinterhof" es nie zugelassen hätten, dass solche „Superwaffen" und energieeffiziente Reaktoren von einem „kleinen" Land wie Argentinien entwickelt und eingesetzt werden? Dies sollte doch bestimmt den „Herren der Welt" vorbehalten bleiben.

Ging die funktionierende Technologie nach Libyen und später nach Dimona in Israel, um entweder heimlich (Libyen) oder von den Verbündeten der USA, den Israelis zu deren Vorteil und Vormachtsstellung im Nahen und Mittleren Osten genutzt zu werden?

Wann wurden die Gebäude errichtet, die alle das Erscheinungsbild eines süddeutschen, bayerisch/österreichischen Baustils aufweisen? Sie passen wunderbar in die alpine Landschaft der schneebedeckten Anden, die sich im Hintergrund des riesigen Gutshofs mit seinen großen, landwirtschaftlichen Anbauflächen, des so genanntendeutschen Musterbetriebs auftürmen.

Eine typische Vorgehensweise der Architektur, wie sie auch in Nazi-Deutschland praktiziert wurde.

Wer hatte das Gelände ausgewählt, wer baute die Gebäude, welche deutsche Personen aus, evtl. Chile, Argentinien, Paraguay und aus Deutschland selbst waren vor Ort, als die Anlage aufgebaut und dann in Betrieb ging?

War schon damals ein Flugfeld für Versorgungsflüge, zum Abtransport der dort produzierten Nahrungsmittel an andere Orte geplant?

Wie wurden die Hazienda in Chile, der Kauf der Grundstücke, sowie auch die Festungsbauten in der Antarktis finanziert? Auch aus Geldern, die z.B. unter anderem Martin Bormann aus Deutschland und den eroberten Gebieten in Europa nach Argentinien und die USA transferiert hatte?

Parallel zu Neuschwabenland? Geschah dies alles irgendwann Anfang/Mitte der 1940er Jahre?

Kein Entrinnen

Eine fiktive Beispielgeschichte:

Der Großvater des Autors war Bäcker und war in einer Bäcker Kompanie der Wehrmacht.

Hätte auch er, bei einer gewissen Stellenausschreibung, die evtl. geheim, unter der Hand vorgenommen wurde, in Chile auf der Hazienda anheuern können?

Als Bäcker- und Konditormeister, um Brot, Brötchen usw. für Truppen geheimer Untergrundanlagen auf Feuerland oder in der Antarktis zu backen?

Hätte er eine Geheimhaltungserklärung unterschreiben und sich für einen längeren Zeitraum verpflichten müssen, um auf der Hazienda arbeiten zu können?

Durfte er seine ganze Familie, Ehefrau und zwei Kinder, mitnehmen, wo eines davon der Vater des Autors ist?

Hätte Bäcker Rothkugel von, z.B. Ende 1939 bis 1945 in Chile in der Nähe von Parral seinen Beruf ausgeübt, um deutsche Soldaten mit frischen Nahrungsmitteln zu versorgen? Entweder mit Brot usw., das per Flugzeug oder Schiff zu den jeweiligen Bunkeranlagen transportiert wurde, oder vor Ort auf der Hazienda, wo z.b. in einem gewissen Rotationsmodus Soldaten nach drei oder sechs Monaten Dienst in der unwirtlichen, kalten Antarktis auf die Hazienda kamen, um sich dort zu erholen und neue Kraft für den weiteren Einsatz im ewigen Eis zu schöpfen?

Saßen die deutschen Soldaten in der Kantine, die heute noch auf der, nun „Villa Baviera" genannten Anlage steht und freuten sich, in einer angenehmen (süd) deutschen Umgebung, das Leben in einer voralpinen, grünen, aus Wiesen und Feldern bestehenden Landschaft genießen zu können, wo man im Hintergrund die schneebedeckten Anden ausmachen konnte? Soldaten die die ruhige, friedliche Landschaft genossen und sich von der ewig weißen und ansonsten extrem kalten Eis- und Schneelandschaft am Südpol ablenken konnten.

Wobei Neuschwabenland und der dortige Stützpunkt der Verschwörer in einer eisfreien und eher „warmen" Gegend angesiedelt war, wo ein Vulkan und Geothermales Heizen das Soldatenleben im ewigen Eis erträglicher machte.

Andere geheime Stützpunkte, wo sich ebenfalls Vulkane (und damit geothermales Heizen und Dampfkraftwerke) befanden oder immer noch befinden, sind z. B. der „Tschimborasso" in Ecuador (Space Elevator, Epps Flugring als Transporter), der „Mount Rainer" im U.S. Bundesstaat Washington, wo Kenneth Arnold 1947 mehrere elektrisch angetriebene fliegenden Untertassen beobachten konnte, ein oder mehrere geheime Stützpunkte am und um den Nordpol, wo man auch Vulkantätigkeit entdeckt hat und ein geheimer Vulkan in den Anden, wo Narzisso Genovese arbeitete, der sich später auf dem – terrageformten – Mars aufhielt.

Wäre Bäcker Johannes Rothkugel durch die Reihen in der Kantine auf der Hazienda gegangen und hätte dem Wach- und Bedienpersonal von Neu-Schwabenland stolz seine neuesten Kuchen- und Tortenkreationen präsentiert, unter dem Gejohle und freudigem Gelächter der

Soldaten, die sich an den leckeren Süßigkeiten ergötzten? Die froh waren, nicht mehr den Fraß aus Konserven und altes, hartes Kommissbrot herunter schlingen zu müssen?

Wäre Bäcker Rothkugel in die Lagerhalle gegangen, die heute noch auf der „Villa Baviera" steht, um sich mit Weizen, Roggen und Getreide zu versorgen, um daraus Mehl für diverse Brot und Brötchensorten herzustellen?

Aber, wie wir alle wissen, wurden geheime Pläne eines neuen Eroberungsfeldzuges gegen die Sowjetunion und andere Weltherrschaftspläne im Zusammenhang mit „Operation Unthinkable" (und dahinter verborgener, noch geheimere Pläne einer Neuen Weltordnung im Zusammenhang mit der „Wahren Raumfahrt" und der Besiedelung, nicht nur unseres Sonnensystems, sondern des Universums mit einer neuen „Space Generation" Menschheit), nie umgesetzt.

So verlor die Hazienda Dignidad irgendwann nach VE- oder VJ-Day ihre eigentliche Bestimmung und Bedeutung eines Erholungsheims für Soldaten und eines verdeckten Versorgungsstützpunktes geheimer Militärstützpunkte.

Was geschah mit dem aus Deutschland (und ggfs. anderen europäischen Ländern, die Deutschland gewogen waren) kommenden Personals, wie Bäcker Rothkugel, der jetzt kein Brot mehr für die, in der Antarktis stationierte Truppen mehr backen brauchte?

Konnte das Service Personal von der Hazienda in Chile wieder nach Deutschland, Österreich und anderswo ausreisen, um dort ein neues, normales Leben im Nachkriegsdeutschland zu beginnen?

Hätte Bäcker Rothkugel wieder nach Hause, in das geliebte Deutschland zurückkehren können, wo er und seine Familie, Ehefrau und zwei Kindern einst nach Chile ausreisten? Wobei einer seiner zwei Söhne später der Vater des Autors wurde?

Nein!

Alle mussten sie weiter auf der geheimen Anlage nahe Parral ausharren!

Deren Nachfahren leben bis zum heutigen Tage dort, Stand 2018!

Wohlmöglich hatte man die Idee, an einem Ort das gesamte Bedienpersonal der Hazienda besser kontrollieren zu können, als wären die Leute weltweit verteilt, oder wieder in die einzelnen Heimatorte, wie eine Krankenschwester nach Hamburg, ein Fleischer nach Berlin, ein Zimmermann nach Stuttgart usw., zurück gegangen.

Zudem wussten und hatten diese bedauernswerten Leute, die man unter einem gewissen Vorwand, einem bestimmten Befehl und eventuell guten Glaubens nach Chile in die Nähe von Parral gelockt hatte, zuviel gesehen und gehört.

Sie wurden zu unliebsamen und lästigen Mitwissern!

Gegebenenfalls versprach man diesem Personal aus Europa, in einem wunderbar landschaftlich gelegenen Kurheim zu arbeiten, anstelle eines Arbeitsplatzes in der unzählige Rüstungsbetrieben innerhalb des kriegsgeschüttelten, zerbombten Deutschland. Man versprach ihnen, nicht als Soldaten und Blitzmädchen an einer der vielen Kriegsfronten des Zweiten Weltkrieges verheizt zu werden und elendig zu verrecken.

Diese Leute hatten in Chile auf der Hazienda etwa absolut Geheimes gesehen und wussten damit zuviel über bestimmte Machenschaften, in die u.a. die zukünftige Großmacht USA verwickelt war.

Bäcker Rothkugel hätte bei unserer fiktiven Geschichte mit seiner Familie auf der Hazienda bleiben müssen. Unter Zwang! Er war dort gefangen, festgesetzt, in einem, zwar landschaftlich schönes Gefängnis, das er und seine Familie aber lebenslänglich nicht mehr verlassen durften.

Die Hazienda könnte noch eine zeitlang als Abwicklungsstelle für die Auflösung der geheimen Militärstützpunkte am Südpol gedient haben, sowie für die Übergabe von Neu Schwabenland an Alliierte und reguläre U.S. Truppen, die später das Gelände für weitere geheime Operationen freigaben, diesmal möglicherweise u.a. für die „Wahre Raumfahrt".

Ob die, jetzt in der Antarktis stationierten - internationalen - Mannschaften weiter mit frischer Nahrung und Nachschub aus der Hazienda versorgt worden wären, ist unklar.

Außerdem diente die Hanzienda Dignidad nach 1945 wohl als geheime Teststation. Auf dem abseits, in einem anderen Tal gelegenen ehemaligen Stützpunkt für Versorgungsflüge, wurden nun geheime Fluggeräte nacherprobt und auf Flugtauglichkeit getestet. Denn die regulären Einheiten der USA und anderer Länder wollten bestimmt wissen, ob die „Wunderwaffen", die man in Nazi-Deutschland und am Südpol für den Dritten Weltkrieg einsetzten wollte, wirklich funktioniert, und die Kriegsführung tatsächlich revolutioniert hätte.

Nachdem solche Evaluationen abgeschlossen waren, wobei dabei auch Prof. Ronald Richter eine Rolle gespielt haben könnte, was „Kugelblitz" und „Feuerball", elektrostatische Flugkörper angeht, musste ein anderer Verwendungszweck für die Hazienda Dignidad gefunden werden, oder man hätte auch diese Anlage geschlossen.

Da der Kommunismus nach Kriegsende auch in den Latein Amerikanischen Ländern um sich griff und zudem geostrategische und geopolitische Interessen der mächtigen USA in manch einem Latein Amerikanischen Land unangenehm berührt wurden, benötigte man einen geheim gehaltenen Stützpunkt, von wo aus Coups, Revolutionen, Umstürze, Morde usw. geplant und ausgeführt werden konnte.

Außerdem brauchte man einen Stützpunkt mit Landebahn, von wo aus Waffen in die Länder geliefert werde konnte, von wo man aus einen jeweiligen „Regime Change" organisierte. Außerdem stellte man selbst Waffen auf dem nun „Colonia Dignidad" genannten Geheimstützpunkt her, die auch nach Irak oder Iran verkauft wurden, um damit die Kriegskasse aufzubessern.

Bäcker Rothkugel wäre nach unserem fiktiven Beispiel immer noch, in den 1960er Jahren aufwärts, auf der, nun „Colonia Dignidad" genannten Anlage und musste weiter seinen Dienst als Bäcker verrichten. Jetzt backet er Brot für die Folterknechte, für dort vorübergehen stationiertes Geheimdienstpersonal aus den USA und anderen Ländern.

Er backte Brot für ehemalige Nazi Schergen, die aus Deutschland, wo sie nicht mehr sicher fühlten und unerkannt leben konnten und der dauernden Verfolgung der Justiz ausgesetzt waren, nach Chile entsandt wurden (im Auftrag von deutschen und/oder U.S. Geheimdiensten oder des Mossad?).

Diese ehemaligen Nazis aus KLs, der Wehrmacht, SS-Wachmannschaften usw., die es gewohnt waren, nicht gerade zimperlich mit ihren Mitmenschen umzuspringen, hatten wohl u.a. die Aufgabe, das alte Service Personal des ehemaligen Erholungsheims für deutsche Soldaten, weiter zu beaufsichtigen, zu kontrollieren und dafür zu sorgen, dass sie weiter auf der Anlage arbeiteten und diese unter keinen Umständen verließen.

Damit keine unerwünschten Aktionen, wie Rebellion und Auflehnung von Seiten des ehemaligen Personals aufkommt, geschieht die Kontrolle auf der Colonia Dignidad, jetzt unter der Leitung des zweifelhaften ehemaligen Wehrmachtsangehörigen Paul Schäfer, nun unter extremsten, psychologisch best möglich ausgeklügelten Folterbedingungen und Repressalien, unter andauerndem psychologischem Druck, so wie es in diversen Handbüchern der jeweiligen Geheimdienste (wie CIA oder Stasi) als Gebrauchsanweisung steht.

Es wurde Angst und Druck aufgebaut, damit keines der dort Anwesenden es wagt, unnötige Fragen zu stellen, zu fliehen, zu reden oder zu rebellieren, sich den Peinigern und Unterdrückern zu entziehen oder gar entgegen zustellen.

Dafür wurde mit voller Absicht ein andauerndes Klima der Einschüchterung und Angst erzeugt, so wie man es aus dem Lehrbuch für psychotische Kriegführung her kennt, das von allen Geheimdiensten der Welt immer wieder erfolgreich angewendet wird und immer wieder wunderbar funktioniert.

Ein Klima der Angst und des Misstrauens herrscht nun auf der ehemaligen Hazienda, das gar nichts mehr mit der einstigen angenehmen Atmosphäre eines Erholungsheims und Kurortes zu tun hatte!

Insbesondere die Kinder, die „Zweite Generation" von Deutschen, die nun auf der Colonia Dignidad aufwuchsen, werden von Anfang an auf brutalste Art und Weise Gehirn gewaschen.

Auch die Kinder in unserer fiktiven Geschichte um Bäcker Rothkugel hatten nun eigene Kinder, da diese Freundinnen auf der Colonia fanden. Auch diese hatten später wieder Kinder.

Diese Urenkel haben heute wohlmöglich keinen blassen Schimmer mehr, wer ihr Urgroßvater war und wie gerne Bäcker Rothkugel wieder in seine Heimat zurückkehren wollte. Er durfte nicht und musste sich mit seinem Schicksal abfinden. Er, seine Ehefrau und zwei Kinder blieben für immer auf der Anlage, die sie seit Ende der 1940er Jahre nie wieder verlassen hatte und starben dort auch, ohne Deutschland je wieder gesehen zu haben.

Bäcker Rothkugel verfluchte mittlerweile das Angebot, dass man ihm damals in Deutschland machte, als man sagte, er könnte, statt an der Ostfront bei einer Bäcker Wehrmachtseinheit, in angenehmer Umgebung eines Kurortes Brot backen. Das Angebot war verlockend, entging man doch den brutalen Kampfhandlungen des großen Krieges in Europa und lebte friedlich und zurückgezogen in einer Urlaubslandschaft im, vom Krieg unberührten Lateinamerikanischen Land Chile.

Aber, für was für einen Preis?

Man sagte Bäcker Rothkugel nicht, dass alles, was auf der Hazienda Dignidad vor sich geht, streng geheim war und dass nach einem Scheitern gewisser Pläne, er zum unerwünschten Mitwisser werden würde.

Möglicherweise wäre er, wie auch alle anderen Bediensteten auf der Hazienda Dignidad aufgrund Geheimhaltungsgründe gnadenlos liquidiert worden. Aber man kam ja auf die absurde Idee, die Anlage weiterhin für geheime Operationen, Folter, Waffenhandel, Waffenproduktion zu missbrauchen. Übrigens, die Anlage nahe Parral war ein Ort, wie man ihn auch heute noch als Folgergefängnisse der CIA, entweder in Europa (Polen, Rumänien) oder anderswo auf der Welt finden kann!

Wohlmöglich kamen aber nach 1960 noch andere Bedienste von Deutschland nach Chile und wenn man heute jemand wegen seiner Vergangenheit, auch nach seiner Familie usw, fragen würde, könnte man jemanden präsentiert bekommen, der nichts mehr mit den LKeuten vor 1960, die irgendwann in den 1930/40 auf die Anlage kamen.

Bäcker Rothkugel, in unserer fiktiven Geschichte, durfte weiter leben, er und seine Familie. Aber sie durften in der Außenwelt nie über ihre Tätigkeit sprechen, ja die Außenwelt nie betreten.

Erst heute, nach der x-ten Generation, die durch Gehirnwäsche keine Ahnung mehr über die wahren Umstände des alten Erholungsheims hat, konnte man den Geheimdienststützpunkt in Chile auflösen und den Ort zu einer Touristenattraktion umfunktionieren. Wie z.B. auch bestimmte Gebiete im Eulengebirge in Polen, wo man heute unter einer privaten Führung auf den Ruinen einer ehemaligen Festungsanlage, ehemaliger Atomraketenabschussrampen und einem Atommeiler für den Dritten Weltkrieg herum kraxeln kann. Wie auch auf dem Obersalzberg in Bayern! Es lebe der Kapitalismus und das ewige „Geld machen"!

Könnten diese Kinder, und auch deren Nachfahren auf der Colonia Dignidad sich heute die Frage stellen, wo sie eigentlich herkommen? Könnten sie wissen, dass die Urgroßeltern schon vor Paul Schäfer, vor 1960 auf der Anlage arbeiteten und lebten?

Solch unangenehme Fragen galten und gilt es bis heute unter allen Umständen zu vermeiden!

Interessant wäre es, die heute auf der „Villa Baviera" lebenden Deutschen, die zuvor so gut wie nie die Colonia Dignidad verlassen hatten, zu interviewen, ob ihnen klar ist, in was für gigantische Machenschaften sie, ihre Familie, die Eltern, Großeltern tatsächlich verwickelt waren und sind.

Die Colonia Dignidad und die heutige Villa Baviera sind Paradebeispiele für den absoluten Wahnsinn, den sich eine Großmacht, wie die demokratisch aufgestellten USA auf unsere Welt leistet!

Und der Kreis schließt sich.

Vor und während des Krieges war der Standort u.a. ein Erholungsheim für Soldaten. Heute ist die „Villa Baveria" wieder ein Erholungs-, ein Urlaubsort, jetzt für Zivilisten, die in der Gegend ihre Freizeit gestalten wollen!

Was für einem Aufwand betrieben wird, die ganze Desinformation und die große Mühe, die sich die (angelsächsische) Propaganda macht, alles bis heute und darüber hinaus unter der Decke zu halten!

Also, im Grunde ist die Villa Baviera heute wieder genau das, was der einstige Bestimmungsgrund der Hazinda Dignidad in den 1930er, 1940er Jahren war: Ein Ort zum Urlaub machen und um sich zu erholen.

Aber welcher Tourist, der heute in der Umgebung von Parral in Chile Ferien macht, kennt die ganze dunkle, ja geradezu perverse Vergangenheit dieses Ortes, der zu einer ganzen Reihe geheimer Orte in der Welt gehört, an denen Dinge passierten, dessen Geschichte wohlmöglich nie an das Licht der Öffentlichkeit gelangen wird.

Die Gemeinde Parral liegt etwa 42 km südwestlich von Linares, etwa 90 km südlich von Talca und 340 km südlich von Santiago de Chile. Die Stadt gehört zur Provinz Linares und liegt an der Panamericana.

Das Klima ist mediterran mit warmen Sommern. Der Hauptfluss der Gemeinde ist der Río Perquilauquén.

33 Kilometer südöstlich des Stadtzentrums befindet sich die berüchtigte Colonia Dignidad (die frühere Hazienda Dignidad, die wann errichtet wurde?, Anm.d.A.) am Rio Perquelauquen, …

Parral lebt hauptsächlich vom Tourismus und der Landwirtschaft, speziell vom Reisanbau. Rund 60% der nationalen Reisproduktion kommen aus dem Umland von Parral.

Anmerkung:

Warum wurde gerade Parral für einen deutschen Versorgungsstützpunkt ausgewählt? Liegt dieser doch weitab von der Antarktis und Feuerland.

War schon damals (1930/40er Jahre) die Nähe zu Bariloche und die Insel Huemul interessant, oder gab es dort bereits Einrichtungen, die ebenfalls mit Neu Schwabenland in Verbindung standen?

Gab es andere Standorte in der Welt, USA, Kanada, Afrika, usw., wo bestimmte Personen, Ingenieure usw., die in geheime Machenschaften verwickelt waren, ihr Lebensende verbringen mussten.

Andere, wie Kurt Tank oder Ronald Richter durften nochmals eine gewisse Zeit lang mit bestimmten Entwicklungen aus dem Krieg „spielen", als Cover-Story, um dahinter wiederum geheime Forschungen zu verstecken, die unentdeckt bleiben sollten.

Wernher von Braun und seine ganze, nach den USA mitgebrachte Raketenmannschaft durfte sogar für die weltweite Öffentlichkeit die irdische Raumfahrt bis zum heutigen Tag mitbestimmen. Um den Eindruck zu erwecken, dass das, was jeder Leser über die aktuelle Raumfahrt weiß, eben alles ist, was man auf der Welt in Bezug „Weltraumfahrt" zu leisten vermag.

Somit war von Braun ein weiterer Komplize derjenigen, die nicht wollen, dass die Menschheit von der „Wahren Raumfahrt" je Kenntnis erlangt.

Wie u.a. auch Albert Speer, der den „guten Nazi" gab und mit seinen geschönten (und von wem auch immer verfassen) Büchern über das Dritte Reich und dessen Rüstungswirtschaft, den (vor) bestimmten Eindruck über den Verlauf des Zweiten Weltkrieges vermitteln sollte, den gewisse Gruppen gerne hätten, dass die Öffentlich dies glaubt und akzeptiert.

Viele machten es wohlmöglich aus Not heraus, unter Zwang oder gar aus Überzeugung und wurden gewollt, oder ungewollt zu Komplizen und Mitwissern bestimmter Machenschaften.

Dies gilt bis zum heutigen Tag in allen Bereichen des menschlichen Lebens. Denn der Erhalt des Arbeitsplatzes, ja der Erhalt des eigenen Lebens ist wichtiger, als die Wahrheit. Soviel zur „Freien Presse", Demokratie und Freiheit. Wer zahlt, bestimmt! Wenn die Musik spielt, müssen alle tanzen!

Gerade und insbesondere in den Medien, Fernsehen, Internet tauchen genügend - wenn nicht gar so gut wie alle – Leute auf, die alles andere vorhaben, nur nicht die Wahrheit kund zu tun.

Traue Niemand!

Erprobungsstätte

„Mattern erzählte, dass er bei seinen stundenlangen Ausflügen auf dem ausgedehnten Gelände, er niemals wirklich einen Zaun, der das Ende des Anwesens markierte, gesehen hatte. Er konnte Hügel und Täler ausmachen, er sah große Weizen-, Kartoffel- und Roggenfelder, und er hörte einmal in der Ferne das **Aufheulen von Strahltriebwerken**, die angelassen wurden und dann plötzlich wieder verstummten. Mattern will auch außergewöhnliche Ereignisse in der Luft wahrgenommen haben, die von **ungewöhnlichen Fluggeräten** stammen könnten. Mattern wurde nie erklärt, um was es sich dabei handelte, und er hatte den Eindruck, man konnte, oder durfte ihm darüber nichts berichten."

Diese Aussage von Mattern stammt aus der Nachkriegszeit. Fraglich ist, ob der Stützpunkt bei Parral zu diesem Zeitpunkt - Ende der 1940er, Anfang der 1950er Jahre - noch aktiv für die Versorgung und Ausrüstung von Neu Schwabenland diente.

Denn im Dezember 1946 schickte man einen Kampfverband in die Antarktis, um die geheime Festungsanlage der U.S./Nazi-Verschwörer zu zerschlagen.

Gelang dies?

Oder wurden die Angreifer erfolgreich abgewehrt?

Wenn ja, wie gelangte dieser Antarktische Stützpunkt an die modernsten „Wunderwaffen", wie Fernraketen, Flugschieben und elektrostatische Flugkörper?

Wie gelangten eventuell an anderen Orten, wo große Festungsanlagen der Verschwörer gestanden haben könnten, „Wunderwaffen" in deren Abschusssilos?

Wie ggfs. am Nordkap, „Punkt 103, in Nord Afrika, ggfs. in Libyen oder Ägypten?

Gab es auch dort in der Nähe geheime Versorgungspunkte und Produktionsstätten, die die unterirdisch gelegenen Festungen mit allem Nötigen, auch mit Waffen versorgten?

Falls z.B. eine Festung in den „Green Mountains" in Libyen bestanden haben sollte, woher kam der Nachschub?

Eventuell aus Ägypten, wo sich nach dem Krieg deutsche Spezialisten, auch aus Peenemünde oder von Skoda aufhielten?

Wo wurde im ewigen Eis am Nordpol eine solche U-Anlage ggfs. versorgt?

Aus dem „neutralen" Schweden?

Wo gab es in Spanien, „Villa Winter", geheime, auch U-Anlagen? Siehe auch:

```
„Sie (eine „Rakete") wurden in der Gegenwart von Franco Anfang
Sommer 1947 getestet. Die Rakete, KM2 nach den Erfindern Prof. Knoh
und Prof. Müller genannt, wurde vor der Küste von Malaga getestet,
während Franco vom Deck seiner Yacht aus zuschaute.
Die Rakete wird mit einer Reichweite von 16.000 Kilometern
angegeben."
```

War die Hazienda Dignidad in Chile ein Hauptumschlagsplatz für Nachschublieferungen an den Südpol?

War deshalb die Hazienda so unauffällig, also ohne Zäune, mit vielen landwirtschaftlichen Nutzflächen, weil bestimmte Einrichtungen eben auch dort unterirdisch angelegt waren und somit aus der Luft nicht aufgeklärt werden konnten?

Gab es außer dieser Versorgungseinrichtung, sowie neben Bariloche in Argentinien, noch andere Versorgungspunkte entlang der lang gestreckten Küste von Chile?

Die Aussagen von Wilhelm Landig

Wilhelm Landig wurde am 20. Dez 1909 geboren und verstarb 1998. Landig war Teilnehmer am gescheiterten NS-Putsch im Juli 1934 in Wien. Danach floh er ins Reich, wo er der SS beitrat. Er gehörte dem Sicherheitsdienst, SD, der SS und der Waffen-SS an (8. SS-Kavalleriedivision „Florian Geyer) und brachte es zum Oberscharführer, „Oscha". In Berlin ist Landig beim Arbeitswissenschaftlichen Institut der DAF beschäftigt. Nach dem Anschluss Österreichs kam Landig mit einer Sondergenehmigung des Reichsführers SS, Heinrich Himmler, nach Wien zurück. Dort war Landig als Sachbearbeiter für geheime Reichssachen im RSHA beschäftigt und will in dieser Funktion an der Entwicklung von Flugscheiben beteiligt gewesen sein.

Anmerkung:

Damit könnte die Forschung und Entwicklung bei der Hirtenberger Patronenfabrik in Wiener Neustadt, bei WNF, den Wiener Neustädter Flugzeugwerken, gemeint sein.

Dort wurden mit hoher Wahrscheinlichkeit elektrostatische Flugkörper (siehe ausführliche Besprechung in Teil III der Bücher von K-P Rothkugel. Siehe auch Aussage von Prof. Lachner in diesem Buch über Wiener Neustadt) entwickelt und gebaut, die vormals auch in Peenemünde (Prof. Hermann Oberth) in der Versuchsphase waren.

Nach dem Krieg wurden über die Hirtenberger Patronenfabrik einige Patentanträge über elektrostatische Flugkörper sowie das genehmigte Patent: DE 1226227B „Verfahren zur Herstellung eines Trägers für künstliche elektrische Raumentladung in der Atmosphäre", Anmeldetag: 11. Okt. 1963, Auslegetag: 6. Oktober 1966, erteilt.

SD-Mann Landig als Sachbearbeiter geheimer Reichssachen im RSHA wusste mit Sicherheit von diesen Entwicklungen bei WNF im Krieg. Eventuell gingen Papiere, Dokumente und ggfs. geheime Reichspatente über seinen Schreibtisch.

Nach dem Krieg könnte Landig einen seiner Freunde aus der österreichischen Nazi-Szene dazu angehalten haben, als einer von zwei Patent-Antragstellern bei der Hirtenberger Patronenfabrik, als „Strohmann" für die wirklichen Patentnehmer zu fungieren.

Wie „Nazi-mäßig" eingestellt war und ist die Hirtenberger Patronenfabrik in Wiener Neustadt, und wie ist diese Firma ggfs. noch heute in geheime Machenschaften (Waffenlieferungen, Geheimentwicklungen) eingebunden?

Wilhelm Landig könnte und hat mit Sicherheit weitaus mehr gewusst haben, als er je zugab!

Er hielt sich an ein Geheimhalteversprechen und spielte in der Nachkriegszeit das übliche, weltweite Desinformations und Verschleierungsspiel der Großmächte mit, in der auch die, bis heute existierende Nazi-Szene mit eingebunden ist! Er gaukelte als Geheimdienstmann den üblichen braunen „Nazi-Brei" zumeist einer zu verführenden (Neo-Nazi) Jungend vor, so wie man dies aus dem Hintergrund bis heute, z.B. in Deutschland und Österreich wünscht, um dahinter „Special Ops" Missionen, wie den „NSU-Skandal" laufen zu lassen.

Dabei sagt Landig selbst in seinen Büchern, dass Hitler und die Partei tot sind. Die Ideologie einer nordischen Naturreligion, verbrämt unter der „Schwarzen Sonne" als Symbol, wird von Landig immer wieder ausführlich in seinen Werken geschildert.

Träumte man im Hintergrund von den „Nordischen", also wollte man einen schönen, blonden Menschentypus auswählen, der dann als Repräsentant der Menschheit das Universum besiedeln sollte? So nannte sich ja der Entwickler einer Raumstation, Hermann Potocnik, der am 22. Dezember 1892 in Pola, Kroatien geboren wurde, „Hermann Noordung", für nordisch.

Insert

Zitate aus:

"The Peoples File"

Aus dem Internet zitiert aus:

TRANSCRIPT FROM RADIO INTERVIEW 7/06/1947- STATION KCRJ, JEROME ARIZONA - THE "SPEAK OUT!" SHOW

In diesem Radiointerview beschrieb der amerikanische Augenzeuge Bernie Peoples folgendes über eine „UFO"-Sichtung und seiner Begegnung der „Dritten Art":

"The first thing I notice is **that it's not making a sound.** I check the wind to see if maybe it's blowing the sound away, but there's no wind. All the time, the light is drifting over in my direction. As it gets closer, I can see that it's some kind of flying craft alright, but it ain't nothing like I ever seen. **It's about thirty feet across and it's shaped like a disc. It's like two plates one turned on top of the other.** It's a **shiny silver metal.** Looks like **polished chrome.** On the <u>bottom</u> of it I can see **three half dome type things**, and I'm thinkin maybe those are the engines. Now, the thing's got no wings and no propellers. I never seen anything like it. I know it's not one of ours, cause **during the war when I was in the Army Air Corp, I was in the** <u>**Intelligence division**</u> **and had a Top Secret rating**. If we would had something like that, I woulda known it.
. . .
So I turn around to get back in my truck and go make a report when **this beam of light,** maybe eight feet across comes shootin outta the bottom of this thing and freezes me in my tracks. Now I am worried. If the Commies got this kind of gear then we're in trouble. Then suddenly, and as easy as you please, **I start floating up off the ground up toward the bottom of this disc thing**. Whatever it is and whoever's flying it are starting to kidnap me for Christ's sa.
. . .
Well, there you go. <u>There was a **guy and a girl.**</u> Looked to be in their late twenties, maybe."

Anmerkung des Autors: Junge Menschen, so wie sie auch Wilhelm Landig erwähnt?

"**And they looked like us**. Just like us. Except they were . . . **well, they were perfect**.

They didn't have no wrinkles or moles or pimples or nothing. **Their skin was as smooth as a baby's.**

And they were dressed in these white, one piece, skin tight, rubberized type jump suits, except for I couldn't see any zippers or buttons or anything. And they were . . . well, I'll just say it. **They was (sic., were) beautiful.** You just don't find people like that around here. I mean <u>they looked like movie stars</u> for cryin out loud.

**They had blonde hair and blue eyes and they started talking to me,
but they didn't use words.**

I mean, they didn't talk out loud. But I could hear them plain as
day **in my head.** And I guess they could hear me."

-Ende Zitat-

Anmerkung des Autors:

Interessant ist, dass Mister Peoples in der Einführung auf der Webseite wie folgt beschrieben
wird:

Military Service:
Pvt. with Fifth Army, infantry.
Served from 2/23/41 to 7/6/45

Ob er, wie er selbst in der Radio Show behauptete, im Nachrichtendienst des Army Air Corps
war, ist unklar.

Er berichtet 1947 über Telepathie, Gedankenübertragung oder Mikrowellen-Hören, über eine
übliche „fliegende Untertasse" zu jener Zeit, einen Traktorstrahl zum Einstieg in ein
schwebendes EM-Fluggerät und über „UFO"-Insassen, die zu schön sind, um wahr zu sein.

Alles eine bloße Erfindung von Bernie Peoples und der Propaganda, die im Hintergrund
wirkt?

Die oben genannten Techniken gab es bereits oder waren in der Entwicklung, sie waren
zumindest in Science Fiction Kreisen bekannt.

Schöne, wie Engel aussehende Menschen, die aus „UFOs" gestiegen sind, darüber gibt es
mehrere unterschiedliche Augenzeugenberichte in der „Ufologie", die entweder alle erfunden
sind, oder auf einen wahren Kern beruhen könnten.

Sogar in die Bibel fanden die „Engel" Einzug und sprachen zu den Menschen: "Fürchtet Euch
nicht!"

Wenn tatsächlich Fremde, schöne Menschen aus den „UFOs" kamen, wer oder was waren sie
und von woher sind sie gekommen?

-Ends-

Über Wilhelm Landig heißt es weiter in den Medien:

„Propaganda, Wirtschaftskrieg, direkte Präventivaktionen
einschließlich Sabotage, Gegensabotage, Zerstörung und
Evakuierungsmaßnahmen" sind in der „Direktive NSC 10/2 angeführt.
Außerdem geht es um "**Subversion** gegen feindliche Staaten,
einschließlich der **Unterstützung von Untergrund-
Widerstandsbewegungen**, Guerillas und Fluchthilfeorganisationen sowie

Förderung einheimischer antikommunistischer Elemente in bedrohten Ländern der freien Welt."

...

Grundlage all dieser Aktivitäten waren **geheime Verträge** zwischen den Geheimdiensten der beteiligten Länder sowie ein geheimer und verbindlicher Zusatz zum NATO-Vertrag. Laut Oberst Oswald Le Winter, CIA-Verbindungsoffizier zur **Gladio**, enthalten diese Verträge die Zustimmung aller Regierungen, daß weder Anhänger des rechtes Flügels, Rechtsextreme noch aktive Antikommunisten in ihrem eigenen Land strafrechtlich verfolgt werden dürfen

Direktive NSC 10/2

All diese Aufgaben kommen in dem streng geheimen Dokument NSC 10/2 des Nationalen Sicherheitsrats vom 18. Juni 1948 vor, das erstmals die „Special Projects" US-amerikanischer Geheimagenten definierte. Die italienische Geheimtruppe Gladio war nur eines dieser "Spezialprojekte", konzipiert für sogenannte "verdeckte Operationen". In der Fachsprache der Geheimdienste werden **solche Kräfte "Stay behind Forces" genannt.** Diese paramilitärisch organisierten Truppen sollten für den Fall, daß **die Sowjetunion Westeuropa angreift** oder kommunistische Regierungen an die Macht zu kommen drohen, **Aufklärungs- und Sabotageaktionen durchführen.** (siehe auch ehemals „Wehrwolf" der Deutschen im Krieg, Anm.d.A.)

...

Derartige Projekte gehören seit den Anfängen der **CIA** zum heikelsten, was die Strategen und Geheimniskrämer des kalten Kriegs zu bieten hatten. Denn "verdeckte Operationen" sind nach Definition der Direktive NSC 10/2 nur solche Einsätze, die von der US-amerikanischen Regierung "gegen feindliche fremde Staaten oder Gruppen durchgeführt oder finanziert werden". Sie sollten "jedoch derart geplant und ausgeführt werden, daß keine Verantwortlichkeit der US-Regierung erkennbar wird und im Fall der Aufdeckung die US-Regierung plausibel jedwede Verantwortlichkeit bestreiten kann".

Kaum verwunderlich - die Palette der Methoden des Untergrundkriegs, derer sich die Amerikaner bedienen wollten, schloß unter anderem **eindeutige Kriegsverbrechen ein.** So wird in einem Dokument des US-Generalstabes das "Vergiften von Wasserversorgungslinien" als "nützliche Aufgabe für Guerillas" bezeichnet. Die US-Regierung hatte aber noch andere Gründe, sich den Mantel des Schweigens umzuhängen.

...

Ab 1944/45 wurde unter der Leitung von Wilhelm Höttl, einem **ehemaligen SS-Obersturmbannführer**, der **seit 1934** zuerst als illegaler Nazi für den SD in Österreich bis zum „Anschluss" 1938, tätig war, **ein Stay-behind-Netzwerk** in Oberösterreich und Salzburg **aufgebaut.**"

Anmerkung:

War Höttl bereits in den 1930er Jahren eine „Ami-Marionette" und wurde er eventuell von der amerikanischen Botschaft in Berlin, und /oder von Allan Dulles in der Schweiz, vom OSS angeworben?

Was unternahm Höttl vor dem Anschluss Österreichs an das Deutsche Reich illegal für den SD in Österreich?

Organisierte er den propagandistischen Anschluss an das Dritte Reich oder hatte er auch militärische Aufgaben, die ein entsprechendes Nachkriegszenario, bzw. den dritten Weltkrieg gegen Russland betrafen? Wie etwa in Nieder Österreich, wo später Kammler die U-Anlage „Bergkristall B-8" errichten ließ? Siehe auch die Rekrutierung von deutschen Soldaten in britischen Gefangenenlagern nach Kriegsende, die britische Khaki-Uniformen mit brit. Rängen erhielten, um mit den West-Alliierten gegen die Sowjetunion zu kämpfen.

Welcher SS-Angehörigen in Nazi-Deutschland arbeitete bereits ab 1933 aufwärts für die Amerikaner und was organisierten, welchen Weg für wen oder was könnten diese Leute geebnet haben?, Anm.d.A.

„Nach der militärischen Niederlage des Nationalsozialismus wurde Höttl **gefangengenommen und trat beim Hauptkriegsverbrecherprozeß in Nürnberg als Kronzeuge der Anklage auf.** Wieder in Freiheit, wurde der **geheimdiensterfahrene Höttl 1947** vom **CIC angeworben** und reaktivierte seine Stay behinds.

Anmerkung:

Ist der Hinweis, dass SS-Obersturmbannführer Wilhelm Höttl bereits im Krieg ein „Stay-Behind" Netzwerk für die Alliierten aufbauen sollte, nicht ein schöner Beleg für die Machenschaften im, und der Manipulation des Zweiten Weltkriegs durch fremde Mächte?

Gehörte Wilhelm Landig, SD-Mitarbeiter beim RSHA, bereits seit 1944/1945, also schon während der Endphase des Kriegs, zu diesen „Stay-Behind" Leuten, die Höttl führte?

War Landig also bereits eine Marionette amerikanischer Geheimdienste, hatte Landig die Seiten gewechselt? Oder wusste er, da er die – bis heute geheim gehaltenen - elektrostatischen Flugkörper bei WNF kannte, was wirklich im Zweiten Weltkrieg gespielt wurde, wer den Krieg manipulierte (U.S. Verschwörer) und gehörte er gar zu dieser Verschwörergruppe?

Siehe auch in dem Buch „Attention Foo Fighter Attacking" den Hinweis einer ehemaligen RSHA Mitarbeiterin - Rechtsanwaltsgehilfin – die nach dem Krieg ein Schreiben verfasst hatte und sich wundert, was aus den Erfindungen eines Deutschen, der bei ihr in Amt III in Berlin vor dem Krieg vorspricht, nach dem Krieg geworden ist. Sie macht in den 1950er Jahren Urlaub in Österreich. Trifft sie auf Landig oder einen seiner Mitarbeiter, die während des Krieges im dortigen Wiener Amt des RSHA arbeiteten? Erfuhr sie die wahren Machenschaften, in die diese, für die U.S. Verschwörer arbeitenden SD/RSHA Mitarbeiter verwickelt tatsächlich waren?

Siehe in Nazi-Deutschland auch das Wirken von Truman Smith, Military Attaché und Geheimdienstoffizier an der U.S. Botschaft zu Berlin, der vor dem Krieg in Deutschland geheimdienstliche Tätigkeiten ausübte. (siehe Buch des Autors: „Die Anfänge der Wahren Raumfahrt, Die militärische Nutzung der „UFOs")

Welche Personen aus deutschen Militärkreisen des SDs usw. wurden von Smith und seinen Leuten angeworben? Leute, die schon vor und während des Krieges im Dritten Reich, so wie die Österreicher Wilhelm Landig oder Wilhelm Höttl in der Ostmark, für einen Dritten verdeckt arbeiteten und den Verlauf des Zweiten Weltkrieges, gemeinsam mit Allan Dulles und dem OSS in der Schweiz, manipulieren sollten?

Österreichische Stay-Behinds

Die ersten Stay Behinds wurden unter Nazis und deren Verbündeten **rekrutiert**.

Nach dem Rückzug der deutschen Truppen aus den ehemals besetzten Ländern gegen Ende des Zweiten Weltkriegs blieben überall **Nazi-Schergen zurück** (wie Paul Schäfer und seine Mannen in Deutschland, die besonders geeignet schienen, auf der Colonia Dignidad ihre, aus dem CIA-Handbuch gelernten Methoden erfolgreich umzusetzen, Anm.d.A.), die sich für künftige Aufträge und Operationen in Bereitschaft hielten.

Diese Strategie war den Alliierten nicht unbekannt. Und so befanden sich in vorderster Linie ihrer Truppen Spezialkommandos, die den Auftrag hatten, diese Agenten ausfindig zu machen und anzuwerben. Vor allem **ehemalige Mitarbeiter des Sicherheitsdienstes** (SD), dem Geheimdienst der SS, wurden vom CIA-Vorläufer "Counter Intelligence Corps" (CIC, Geheimdienst des US-Heeres für militärische Abwehrfragen in den besetzten Gebieten) **angeheuert**. Sie standen danach für einen neuen Krieg bereit, der nun begann: der kalte Krieg.

..

"
… Zusätzlich engagierte sich Kowarik sen. als Mitglied der "**World Anti-Communist League**" (WACL), ein Produkt des kalten Kriegs, in deren Reihen sich westliche Geheimdienstler und sattsam bekannte Rechtsextremisten tummel(te)n.

Die europäische Abteilung (EUROWACL) wurde von einem Österreicher geleitetet: **Wilhelm Landig**, der eine ähnliche Vita wie Karl Kowarik aufweisen kann.

Landig wurde 1909 in Wien geboren und zählte zu den ersten Anhängern Hitlers in Österreich. Wegen seiner Beteiligung am gescheiterten nationalsozialistischen Putschversuch im Juli 1934 mußte er nach Deutschland fliehen, wo er dem SD und der Waffen-SS beitrat. Unmittelbar nach dem „Anschluß" kehrte Landig nach Wien zurück und werkte als **Sachbearbeiter des SD für geheime Reichssachen und als Kreishauptstellenleiter der NSDAP.**

Anmerkung:

Landig spielte als Geheimdienstmann nun folgende Legende, ob freiwillig oder aus Überzeugung (in deutsch: Landig hatte im Auftrag dunkler Mächte seine zumeist jungen Mitmenschen, Neo-Nazi Anhänger gezielt verarscht und den Nazi-Kult – bis zum heutigen Tag - hochgehalten):

…
Von Gmunden in Oberösterreich aus zog Höttl mit seinen ehemaligen Spießgesellen vom SD und anderen Nazis, wie zum Beispiel Erich Kernmayr, ein Nachrichtennetz auf, das im Falle einer sowjetischen Invasion mit anderen Guerilla-Einheiten und der Zentrale in den USA Kontakt halten sollte.

Anmerkung:

Waren unter den SD und SS-Leuten um Höttl und Landig auch diejenigen, die im Auftrag, z.B. des OSS, geheime Unterlagen und „Flugscheiben/elektrostatische Flugkörper aus Wiener-Neustadt" 1945 in eine Festungsanlage in die Antarktis verbrachten?

...

„Nach 1945 war er einer der zentralen Figuren des österreichischen Nachkriegsfaschismus. **Landig** fand 1948 zunächst Unterschlupf bei der FPÖ-Vorläufertruppe VdU, um später Geschäftsführer der "Österreichischen Sozialen Bewegung" (ÖSB) – nach 1945 eines der österreichischen Zentren der Vernetzung der europäischen Rechten – zu werden. Nebenbei verdingte sich Landig als "Hersteller und Schriftleiter" der sogenannten "Europakorrespondenz", in der ohne Unterlaß die industrielle Vernichtung von Millionen Juden und Jüdinnen geleugnet wurde. 1951 engagierte er sich mit seiner ÖSB beim sogenannten "Europakongreß", einer von ehemaligen SS-Männern."

Aus dem Artikel: „Nazi-Schergen im Sold der USA" v. Leopold Trepper-Frech, Internet

Anmerkung:

Immer wieder, auch in nicht all zu langer Zeit, tauchen neue Bücher auf, die den Holocaust verleugnen, um Menschen zu verführen, diesen absichtlich verfassten Unsinn zu glauben und sich damit ins Abseits zu stellen! Oder für die rechtsradikale Szene empfänglich zu werden. Man braucht solche Leute für Geheimdienstoperationen, schickt diesen organisierten rechten Mob in Massen auf die Straße (siehe Chemnitz im August 2018), um Unruhe unter der Bevölkerung zu schüren, einen Staat letztendlich zu destabilisieren.

Daran haben viele Mächte und Geheimdienste in Ost und West großes Interesse, nämlich einen Staat zu destabilisieren, ihn erpressbar, gefügig zu machen. Die Bevölkerung mit solchen geschürten Operationen abzulenken und sie in eine falsche (Denk-) Richtung zu steuern. Auch die eigene Regierung hat großes Interesse daran, dass es seinem Volk nicht zu gut geht, und die Leute eines Tages erkennen, wie sie von der eigenen Regierung immer wieder hinters Licht geführt werden!

(Eigentlich müsste dieser Mob die eigene Regierung, sowie die ganzen Geheimdienst-Mitarbeiter und deren Helfer und Helfershelfer aus dem Land hinwegfegen, dazu die vielen Lobbygruppen, die Vorstände und Interessenvertreter der Großkonzerne und Personen aus Geheimgesellschaften und Interessengruppen, wie „Atlantikbrücke", „Initiative Neue Märkte" usw., dazu die verschiedenen Gruppen – Journalisten, Trolle usw. - aus den diversen Medienlandschaften, die den Auftrag haben, das Volk zu verdummen und mit Desinformation und Halbwahrheiten zu versorgen, sowie alle, die sich nicht um das Wohlergehen ihrer eigenen Mitbürger, sondern um ihr eignes, finanzielles Wohl und das ihrer Auftraggeber kümmern. Stattdessen verraten diese Leute ihr eigenes Volk und haben kein Interesse daran, dass ihr Land friedlich, ruhig, stabil und lebenswert ist!)

Wilhelm Landig, als Geheimdienstmann, der Machenschaften und Geheimhaltung verinnerlicht hatte, war wohl ein Rädchen in diesen gigantischen „Psy-Ops" Spielchen!

Denn kein einziger Herrschender in der Welt hat Interesse daran, dass sein Volk schlauer, gesünder, schlagkräftiger, als er selbst ist. Deshalb wird nie Ruhe in ein Volk kommen, insbesondere nicht in das deutsche Volk, das zahlenmäßig eines der größten in Europa ist!

Landig behauptete „mit seinen Männern" (rekrutiert 1944/45 von Höttl, dem CIC und der U.S. „Stay-Behind-Gruppe"?) 1945 Flugscheiben (EM-Flugkörper aus Wiener Neustadt, Truppenübungsplatz „Böhmen"?) und U-Boote in die Antarktis verlagert zu haben (im Auftrag der „U.S.-Abtrünnigen"?).

Siehe in Teil II über Operation „High Jump" am 13. Februar 1947 in der Gegend um Neu Schwabenland den Einsatz mit solchen Flugkörpern gegen Admiral Byrd und seine Armee:

„Die Dinger tauchten aus dem Wasser wie vom Teufel verfolgt auf und flogen mit **solcher Geschwindigkeit** zwischen den Masten herum, daß durch die Windwirbel die Antennen rissen.

Einige Flugzeuge, die es geschafft hatten, von der „Casablanca" zu starten, sind wenige Augenblicke später, getroffen **von unbekannten Strahlen**, die **aus den fliegenden Untertassen kamen**, neben dem Schiff abgestürzt.

Ich befand mich zu dem Zeitpunkt auf dem Deck der „Casablanca" und begriff überhaupt nichts. **Diese Dinger flogen völlig geräuschlos** zwischen unseren Schiffen und spuckten tödliches Feuer. Plötzlich ging der Torpedoboot-Zerstörer „Maddock", der sich etwa zehn Meilen von uns entfernt befand, in Flammen auf und begann zu sinken. Trotz der Gefahr entsandten andere Schiffe Rettungsboote. Der Alptraum dauerte etwa zwanzig Minuten. **Als die fliegenden Untertassen wieder ins Wasser abtauchten**, begannen wir unsere Verluste zu zählen. Sie waren furchtbar."

Von dort aus seien, sagt Landig, die Flugscheiben (von ehemals WNF, Österreich?) in ein Versteck in den Anden gebracht worden (in ein abgelegenes Tal auf der „Hazienda Dignidad", wo auch Ronald Richter Versuche mit „Feuerball" machte?). Ein „Rest-SS" habe sich bis 1955 (Auflösung des Saldatenerholungsheims auf der „Hazienda?) in der Antarktis (Neu-Schwabenland, geheime Festung der Verschwörer) aufgehalten. Diese seien regelmäßig mit SS-Leuten aus dem lateinamerikanische Raum (Hazienda, Chile, Bariloche, Buenos Aires, Argentinien) ausgetauscht worden.

Wurden in der „Ostmak" auch Versuche mit elektrostatischen Flugkörpern gemacht, die unter Wasser operieren konnten? Versuche in einer der viele österreichischen Seen? Oder fanden solche Experimente bereits zuvor an und in der Ostsee statt?

Zudem soll Landig noch gesagt haben:

„Nach **Kriegsende** sind **2.000 junge Menschen** noch in die **Antarktis geschafft worden**, aus der BRD, also, die hat man darunter gebracht, aber die sind mittlerweile alle nach Südamerika verfrachtet worden (Hazienda Dignidad?). Das ist immer nur ein kleiner Teil ein ganz kleiner Rest da unter, der ausgetauscht wird."

Was machten 2.000 junge (männlich, weiblich?) Menschen in einer unterirdischen Festungsanlage, die ggfs. wegen dem „Bunker-Feeling" Lagerkoller, ausgetauscht oder zur Erholung auf die Hazienda bei Parral in Chile kamen?

Wurden diese Menschen als „Rückversicherung", wenn ein großer Atomkrieg ausgebrochen wäre, in befestigten Schutzanlagen versteckt und hätten einen Atomschlag auf der westlichen Hemisphäre überlebt? Oder für welche Menschenversuche (siehe bericht weiter oben), für welche Geheimausbildung hätte man junge Leute außerdem heranziehen können?

Wessen Marionette war Wilhelm Landig, der wie gesagt, mehr gewusst haben könnte, als er sagte und schrieb? Was Landig in seinen Büchern an Wahrem, aber auch an Desinformation verbreitete, wird vorerst unklar bleiben.

So ist z.B. die Aussage, dass Bormann in Russland ist, falsch! Auch angelsächsische Kreise behaupteten immer wieder gern, dass Bormann von den Russen umgedreht wurde. Bormann könnte Doppelagent und so etwas wie der „Führungsoffizier" von (der englischen Tavistock Marionette) Adolf Hitler gewesen sein. Unklar ist die „Ehefrau", seine Geliebte Eva Braun. Ob auch sie eine geheimdienstliche Rolle innehatte, oder nur das vergnügungssüchtige „Heimchen am Herd", wie die Propaganda sie gerne darstellt, war, ist unklar. Auch heute werden „Ehefrauen" gerne zur Kontrolle bei wichtigen Persönlichkeiten „eingeschleust".

Denn eine „Faustregel" betreffend der L-Presse ist folgende:

Je öfter in den Medien, im TV von bestimmten Personen, Handlungen, Kriegsverläufen, den „UFOs" berichtet wird, um so weniger kann man davon ausgehen, dass diese, immer wieder wiederholten Aussagen stimmen. „Je öfter eine Lüge wiederholt wird, umso mehr wird sie geglaubt."

Was den Geschichtsverlauf des Zweiten Weltkrieges angeht, wird zuviel gelogen, zuviel Ablenkung verbreitet.

So schreibt SS-Mann Wilhelm Landig, „Oscha" und Wachmann einer SS-Sondereinheit in seinem Buch „Wolfszeit um Thule", Volkstum-Verlag, Wien, o.D.:

„.. Es waren Waffen und Mittel, von denen die wichtigsten und maßgeblichsten einem **späteren Zugriff der Alliierten** trotz überall lauernden Verrats entzogen werden konnten und die dann **spurlos aus dem deutschen Raum verschwanden.**"

Wohin verschwanden die Waffen und finanziellen Mittel?

Nach Spanien, Nord-Afrika, Ägypten, Libyen, Argentinien, Chile sowie Nord- und Südpol?

Weitere interessante Stichpunkte aus o.g. Buch:

„… dass wir jetzt aus der **Arktis** Material und eine Stützpunktbesatzung abholen und nach einem neuen Stützpunkt in der Antarktis verbringen müssen, wo mehr Raum und Sicherheit herrscht.
…
Im Jahre **1938** war der **antarktische Stationsraum** schon weitgehend gediehen und wurde dann noch weiter ausgebaut."

Anmerkung: Wurde zeitgleich 1938 die „Hazienda Dignidad" aufgebaut, um den arktischen Stationsraum zu versorgen?

Unklar ist, ob diese Abtrünnigen, wozu neben Deutschen auch zumindest U.S. Amerikaner gehört haben könnten, ein spezielles Symbol der Wiedererkennung hatten.

So schreibt Landig:

„Die **schwarze Sonne** ist das Symbol eines **kleinen, aber einflussreichen . . . Kreises**, dessen **Verbindungen über die ganze Welt** laufen.

… Obwohl Himmler über diese Dinge einigermaßen informiert war, gehörte er diesem Kreis . . . nicht an. **Diese Gruppe** spielt bei er Verlagerung von Potential und anderen Rettungsaktionen eine große und entscheidende Rolle.“

Die „Schwarze Sonne“ wird heute als Desinformations-Symbol esoterischer Neo-Nazi Kreise in den gelenkten Medien missbraucht, um ggfs. von der einst wahren Bedeutung abzulenken.

Nicht das Hakenkreuz, sondern drei ineinander gelegte Swastika, wobei die Zahl Zwölf eine gewichtige Rolle spielt (siehe auch zwölf Sterne bei der Europaflagge, die „Majestic 12“). Die Uhr hat 12 Stunden. Um zwölf Uhr Mittags steht die Sonne am höchsten. Die Sonne, der Lebensspender der Erde. Ein Sonnenkult, eine Naturreligion, ein Kult der „Nordischen“, wo keine Götzen und Heilsbringer angebetet werden, sondern die Sonne, der zentrale Stern in unserem Sonnensystem, ohne den es kein Leben gibt!

Ein gelber Stern, der wohlmöglich in seiner Art, im optimalen Verbund der ihn umkreisenden Planeten und insbesondere dem dritten Planeten, unserer Erde, einzigartig im unendlichen Universum ist, und wo man diese exakte Konstellation der Planeten um die Sonne kaum je wieder finden wird.

Landig schreibt:

„Nur im hohen Norden läuft die Sonne einem Rad oder Wagen gleich, tatsächlich tagelang rundum den Horizont.“

Ein Hinweis bei Landig, der aber mit Vorsicht zu genießen ist.

Falls jemand dazu Hinweise besitzt, ob es eine Staffel bestimmter Flugzeuge gegeben hatte, die nicht unter dem Kommando der regulären deutschen Luftwaffe stand und somit auch andere „Hoheitszeichen“ besaßen, kann sich gerne mit dem Autor in Verbindung setzen.

Aus dem Buch „Rebellen für Thule, Wilhelm Landig, Volkstum Verlag, Wien, ohne Datum:

„Zuletzt war ein kleiner Kreis Wissender aus dem Bereich der Schutzstaffeln (SS) des Dritten Reiches, der sich wenig um die Linie und Politik der die Macht innehabenden Partei kümmerte und unter dem Schutz des Reichsführers SS der Schutzstaffeln, eine eigene Richtung verfolgte.

Dieser Kreis, dessen Angehörige fast durchwegs höhere Ränge waren und aus dem Hintergrund Fäden ziehen konnten, war es auch, der die Schwarze Sonne als Inneres Licht in das Wissen und Erkennungszeichen aufnahm.

Dieser Kreis vermochte es durchzubringen, dass die Schwarze Sonne als „Schwarze Ronde“ zusätzlichen zum Hoheitszeichen der noch knapp vor Kriegsende in Aufstellung begriffenen Schutzstaffel, SS-Luftwaffe gezeigt werden sollte. Das schnelle Kriegsende machte alle Pläne zunichte.

...
Die „Schwarze Ronde" blieb nach dem Kriegsende auch für die
Flugscheiben vorgesehen, die dem Zugriff der Alliierten entzogen
werden konnten. Die neue Kennzeichnung erfolgte nicht mehr. Die
Flugscheiben vom Antarktis-Stützpunkt flogen noch mit dem üblichen
Zeichen der Luftwaffe. Das blieb auch den späteren Verbindungsflügen
zwischen der Antarktis und zu den Ausweichplätzen der Anden . . . ."

Weiter bei Landig:

„Und wenn Hitler hätte flüchten wollen, hätte er kaum bis zur
buchstäblich letzten Sekunde gewartet. Wir wissen außerdem, dass
unsere U-Boot Flottille ursprünglich zur Aufnahme Hitlers und seines
Stabes bereitgestellt war. **Er kam nicht.**
. . . **Hitler ist tot!**...
. . . Sicherlich! - Offen bleibt höchstens die Frage, ob die vor dem
Bunker der Reichskanzlei gefundenen Leichenreste tatsächlich jene
Hitlers waren. Seine mehrfach geäußerten Befürchtungen, man könne
seinen Leichnam verunglimpfen, lässt die Möglichkeit offen, dass ein
Verwechslungsspiel versucht worden sein könnte. Doch sollte man
dieser Tatsache jetzt keine allzu große Bedeutung mehr beimessen.

Mit seinem Tod ist auch die Partei zu Ende."

Ist es nur Landigs Meinung, oder wusste er mehr?

Wenn Hitler eine Marionette der Angelsachsen war, hatte er spätestens nach Kriegsende
seinen Zweck erfüllt und wurde liquidiert. Alle anderen Sichtungen von ihm waren dann
Doppelgänger, die man zwecks Ablenkung in die Welt hinaus geschickt hatte.

...

Zu „**Operation Unthinkable**" schreibt Landig in o.g. Buch folgendes:

„Beinahe . . . hätte der Krieg noch in den letzten Tagen eine
völlige Umkehrung der Lage gebracht. Das immer zügiger werdende
Vordringen der Sowjets gen Westen und die Berichte der Greueltaten
schreckten einsichtsvolle Kreise der Westmächte in zunehmendem Maße.
Während die Gestapo im böhmischen Protektorat und dem noch
kontrollierten Polen immer schärfer durchzugreifen versuchte, nahm
die **deutsche Abwehr seit Dezember 1944 bereits Fühlung mit den
Partisanengruppen des tschechischen Widerstandes** auf und verriet
diesen sogar die geplanten Gestapo-Aktionen.

Aus der Sicht der Canarisleute sollte damit ein Nebeneinander
deutscher Kräfte und der Partisanen gegen die Bolschewiken
ermöglicht werden. Diese Partisanenverbände wurden schon seit
einiger Zeit im Auftrag der Westmächte dazu veranlasst, die **Umtriebe
der kommunistischen Infiltration zu erfassen und lahmzulegen.** Die
Tschechen hatten Nachrichten erhalten, dass über **die Schweiz** (OSS,
Allen Dulles, SD in der Schweiz?, Anm.d.A.) ein **Kontakt zwischen dem
General Patton und Generalfeldmarschall Erwin Rommel** zustande
gekommen war. Dabei hatte der amerikanische General seine
Bereitschaft gezeigt, mit Rommel gemeinsam, auch gegen den Willen

der amerikanischen Regierung in Washington, **gegen die Sowjets zu marschieren.**

In **London gab es ebenfalls Kräfte**, welche solchen Wendungen zustimmten.

Die Absicht Pattons erlitt einen kurzen Rückschlag, als Rommel im Juli 1944 aus dem Leben schied. Die Annahme, dass der Generalfeldmarschall sich auf die Seite des deutschen Widerstandskreises gegen Hitler geschlagen habe, war falsch.

Dieses Gerücht nützte aber in jeder Hinsicht den Alliierten.

Die wenig bekannt gewordene Wahrheit war, dass ein dem Staufenbergkreis zugehöriger Offizier den Generalfeldmarschall in seinem Chateau in Frankreich aufgesucht und für die Verschwörung zu gewinnen versucht hatte.

Dieses Ansinnen wurde von Rommel brüsk abgelehnt mit dem Hinweis, dass er solche Pläne während des Krieges für verwerflich halte.

Patton gab aber nach Rommels Tod nicht auf.
…
Unterdessen waren tschechische Kräfte unter General Prchala und polnische Gruppen unter General Anders für eine gemeinsame Frontwendung zusammen mit den Deutschen bereit.

Im April 1944 überschritt im Bereich der Kampfgruppe Bode ein polnischer Parlamentär die Hauptkampflinie und meldete sich beim Meldekopf „Südstern". Er wurde nach Rom gebracht und sollte im Auftrag von General Anders anfragen, ob eine vernünftige Lösung für Polen gefunden werden könne, falls Deutschland den Krieg gewinnt (im Verbund mit den „U.S. Abtrünnigen, Anm.d.A.). Im Falle einer verbindlichen Zusage würde das polnische Korps geschlossen zu den Deutschen übergehen und an der Ostfront gegen die Sowjets kämpfen.

In Berlin wurde das Angebot abgelehnt.

Daraufhin berichtete General Vietinghoff an Himmler, doch es war nichts mehr zu machen.

Tschechische Gruppen planten auch die Beseitigung von Benes, …
..
Benes hatte bereits im Jahre 1943 gegen den Willen der tschechischen Exilregierung und Englands seinen Freund Stalin besucht und mit ihm eine Nachkriegsordnung abgesprochen. Durch dieses eigenmächtige Vorgehen kam es zwischen der tschechischen Exilregierung sowie mit General Prchala zu einem Bruch.

Die Exiltschechen waren nicht nur pro-amerikanisch, sondern in ihrer überwiegenden Mehrheit auch antikommunistisch eingestellt.

Zu diesem Zeitpunkt war aber bereits der amerikanische CIC ebenfalls über den **Patton-Plan** durch Vertrauensleute in Kenntnis gesetzt worden.
…

So soll nach der Überzeugung der tschechischen Antikommunisten
Rommel nicht verunglückt, sondern liquidiert worden sein.

Patton hingegen erhielt eine Galgenfrist, da er als starker Mann
galt und zu dieser Zeit noch benötigt wurde. Warnungen aus
Washington sowie Rommels Tod machten ihn vorsichtig. Er hielt sich
zurück, ohne jedoch seine Meinung zu ändern."

Anmerkung:

General Rommels wurde am 14. Oktober 1944 von zwei Generälen aus Berlin in Herrlingen
aufgesucht. Diese beiden Herren legten Rommel angeblich belastendes Material vor und
gaben Rommel die Wahl, sich selbst zu töten oder vor dem Volksgerichtshof bei Richter
Freisler zu erscheinen.

Rommel könnte geahnt haben, dass es eine Intrige, ein konstruierte Geschichte gegen ihn
gesponnen wurde, aber er widersetzte sich nicht und fuhr mit den zwei Generälen bis zum
Ortsausgang von Herrlingen. Dort nahm Rommel die Zyankalikapsel, die die zwei
mitgebracht hatten und nahm sich gezwungenermaßen selbst das Leben.

Die Nazis nutzten den Tod von Rommel noch für sich und schlachteten in propagandistisch
aus, so wie auch zuvor schon bei Luftwaffen General Ernst Udet.

Es ist gut möglich, dass Rommel mit Patton gegen die Sowjets kämpfen wollte und es ist sehr
wahrscheinlich, dass - gemeinsame - Kräfte aus Ost und West, dies schon seit Kriegsbeginn
zu verhindern versuchten und Rommel ein weiteres Opfer dieser Machtspiele wurde.

Der polnische General Anders war bei dem Angriff auf Polen im Jahre 1939 Befehlshaber
einer Kavalleriebrigade im Ostpolen. Bei Kämpfen mit sowjetischen Einheiten wurde er
schwer verwundet und ging in russische Kriegsgefangenschaft.

Als die Sowjetunion angegriffen wurde, machte man Anders das Angebot, mit mehreren
polnischen Divisionen, die sich aus, zuvor in russische Kriegsgefangenschaft geratene und
nun rekrutierten polnischen Soldaten zusammensetzten, gegen die deutsche Wehrmacht zu
kämpfen.

Für seine polnischen Divisionen ließ Gen. Anders nach 8.500, in russische
Kriegsgefangenschaft geratene polnischen Offiziere suchen. Die Russen gaben nur
ausweichende Antworten und meinten, diese wären wohlmöglich in die Mandschurei
geflohen. In Wirklichkeit wurden die Offiziere wahrscheinlich in Katyn allesamt liquidiert.

Da es Schwierigkeiten mit der Versorgung der neu aufgestellten polnischen Verbände in der
Sowjetunion gab, wurden diese über den Iran in britische Mandatsgebiete im Nahen Osten
verlegt.

Während dieses Exodus erfuhr Anders von der Entdeckung der Massengräber im Wald von
Katyn. Er schrieb in seinen Erinnerungen: „Es war klar, dass das Verbrechen von Katyn die
Bolschewiken begangen haben."

General Anders Truppen verlegten nach Italien und kämpften für die Westalliierten, unter
großen Verlusten in der Schlacht um Monte Casino.

Nach der Erklärung von Jalta, die Anders scharf kritisierte, verlangte er den Abzug seiner Soldaten aus dem Kampfgebiet, was jedoch von den Briten abgelehnt wurde.

Der Protest Anders beim britischen Premier Churchill wegen der Jalta Entscheidung, der Annektierung Ostpolens durch die Sowjetunion, blieb ohne Erfolg. Churchill entgegnete darauf laut der Memoiren Anders: „Ihr seid selbst daran schuld! Schon lange haben wir euch Polen zugeredet, eure Grenzangelegenheiten mit Sowjetrussland zu regeln. ... Wir haben nie die Ostgrenze Polens garantiert. Wir haben heute genug Streitkräfte und brauchen eure Hilfe nicht mehr. Sie, Anders, können Ihre Divisionen für sich behalten. Wir kommen ohne sie aus."

Anmerkung:

Gut möglich, dass der polnische General Anders aus Wut deshalb bereit war, mit bestimmten deutsch/angelsächsischen Kampfverbänden unter dem Oberbefehl von U.S. General Patton gemeinsam gegen die Sowjetunion vorzugehen, alleine schon aus Rache der getöteten polnischen Offiziere von Katyn wegen!

Hier hätten Anders Truppen die russisch besetzten Gebiete von Ostdeutschland, u.a. Schlesien zurückerobern können, wo im Eulengebirge eine, für die amerikanischen Verschwörer errichtete Festungsanlage mit dem Decknamen „Riese" lag.

. . .

In dem Buch: „Götzen gegen „Thule" von Wilhelm Landig, Hans Pfeiffer Verlag GmbH, Hannover, 1971 berichtet Landig in einer fiktiven Szene von zwei Luftwaffen Piloten, die sich über eine neuartige Maschine wundern.

Es handelt sich um eine Dornier Do 635 „Zwilling", wie vom Autor dieses Buch bereits erwähnt, ein anderer Augenzeuge bei Konstanz am Bodensee kurz vor Kriegende 1945 gesehen haben will. Diese Maschine könnte auf dem Mittelstück ein „Doppelreiter" Zusatztank für eine gesteigerte Reichweite besessen haben.

In der fiktiven Geschichte von Landig im o.g. Buch erwähnt, heißt es:

„Die neue Do 635 ist übrigens auch der **Wetterstaffel** zugeteilt.
...
Er erzählte, dass er bisher in **Dänemark stationiert** war, wo sie wohl mit ihren Kisten aufstiegen, aber striktes Verbot für Luftkämpfe hatten.
...
Er (der Pilot der Do 635, Anm.d.A.) dass er zu einem **Erkundungsflug** startete und über See von zwei Spitfire-Jagdmaschinen angegriffen worden sei. Einen der beiden Angreifer hätte er abgeschossen - es sei sein erster Abschuss gewesen - den zweiten hätte er lädiert in die Flucht gejagt. Als er frohgestimmt, seinen Luftsieg durch Wackelflug (mit den Tragflächen) bei der anschließenden Landung anzeigend, ausrollte und sich bei seinem Kommandeur meldete, ließ ihn dieser vorerst eine volle Stunde im Vorraum warten, ehe er ihn empfing. Statt einer Auszeichnung und einem Lob bekam er einen Anpfiff, der sich gewaschen hatte. Der Kommandeur verstieg sich sogar, den armen Kerl mit dem Kriegsgericht zu drohen."

Eine eventuell tatsächlich realisierte „Zwillings-Dornier" hätt eine große Reichweite gehabt und hätte, z.B. von Tondern, Tönder in Dänemark aus Wettererkundungsflüge bis an die westliche und nordwestliche englische Küste fliegen können. Wenn auch diese Maschine außerdem Zusatztanks – Doppelreiter – auf der mittleren Tragfläche hatte, wären auch Wetterflüge bis hoch nach Norwegen (Station „Schatzgräber") möglich gewesen.

In Tondern lagen deutsche Ju 88 Nachjagdstaffeln mit neuester Funkmesstechnik und dort gab es auch stationäre Radaranlagen neuester Bauart. Der Platz war geheim.

Möglich also, dass man dort auch geheime, nicht in den offiziell zugänglichen RLM-Listen aufgeführte deutsche Flugzeuge, wie die Dornier Do 635 hätte antreffen können. Wenn diese Maschinen für einen weiteren Krieg vorgesehen waren, den Gen. Patton im Sommer 1945 gegen die Sowjets führen wollte, dann hätte man die Dornier aus dem regulären Flugbetrieb der Luftwaffe aus Geheimhaltungsgründen heraushalten müssen.

Dann wird klar, warum der Flugzeugführer, der die überragenden und schnellen Eigenschaften der Zwillings-Do für einen Luftkampf gegen zwei brit. Spitfire - ggfs. modere Spitfire MK XIV – ausnutzen und gewinnen konnte, später verdonnert wurde. Weil er einen unautorisierten Angriff flog und die Maschine nicht für Kampfhandlungen im Zweiten Weltkrieg bestimmt war!

Landig erwähnt die Neukonstruktion von Junkers. Junkers bekam den Entwurf der Zwilling von Dornier zur kompletten Überarbeitung und Verbesserung.

Unklar ist, ob Junkers, im Gegensatz zur offiziellen Darstellungen in der Luftfahrthistorie, eine solche neue, komplexere Maschine, die sogar Druckkabinen für drei Besatzungsmitglieder gehabt hätte, realisieren konnte.

Mit dieser Maschine sollte der so genannte „Himmelskompass" für Flüge an den Polgegenden erprobt werden, da dort ein herkömmlicher Kompass verrückt spielen würde, damit unbrauchbar wäre. „Himmelskompass" siehe Beschreibung in Teil II.

Wurde solch ein Kompass bereits bei den geheimen Flügen der „Geisterflieger" in den 1930 Jahren über Schweden entwickelt und dann realisiert?

Waren diese „Geisterflüge" in den 1930er Jahren die Vorversuche für die späteren zu erwartenden Kampfhandlungen an den Polen der Erde, wo die „Verschwörer" ihre Festungsanlagen errichteten?

Wie weit war die Planung des Dritten Weltkrieges schon vor dem Zweiten Weltkrieg gediеen und wie umfangreich war der Zweite Weltkrieg von allen Beteiligten, ob Deutsche ob Alliierten, einschließlich Russlands, manipuliert worden?

Alles wurde später, als „Operation Unthinkable" ausfiel, drastisch zensiert und bis heute aus der offiziellen, geschönten Geschichtsschreibung herausgehalten!

Zu „**Punkt 103**" in der Arktis, am Nordpol, schreibt Landig im o.g. Buch, „*Einem Roman voller Wirklichkeiten*" von 1971:

„... Wenn ihr in den nächsten Tagen hier (auf Punkt 103) auf **andere Uniformen und fremde Zivilisten** stoßen werdet, so seid nicht

überrascht! Wir haben **Fremde und Verbündete in der Welt**, die alle
einer neuen Ordnung zu dienen gewillt sind"

...

Auf eine gelegentliche Frage Reimers über die Funktionen des
Nachschubs gab Gutmann selbst eine verblüffende Antwort:

„Die **technischen Zufuhren** erfolgen aus der Heimat (dem Reich), die
Lebensmittelversorgungen größtenteils aus den USA!"

...

Es gibt in den **USA und in Kanada Kreise**, welche wohl vom
Vorhandensein des Punkt 103 wissen . . . Sogar Männer des
amerikanischen Bundesgerichtshofes sind in Kenntnis von der Existenz
unseres Stützpunkte.

...

Diese Kreise sind es, die **unsere Transportmaschinen mit Proviant,
sowie gewissen Metallen und Legierungen versorgen**, denen wir hier
bedürfen. Wir haben ja auch Werkstätten und ein Laboratorium
hier . . .

Anmerkung:

Welche gewisse Metalle und Legierungen meint Landig?

Landig, während des Krieges u.a. beim RSHA, Amt Wien tätig, eventuell auch in die
Patentanträge für elektrostatische Flugkörper nach dem Krieg verwickelt, könnte also etwas
von speziellen Metall-Legierungen für eine elektrostatische Aufladung gewusst haben. Wenn
man von „Punkt 103" in der Gegend des Nordpols Raketen in den Süden nach Amerika oder
Europas verschießen will, braucht man Fernraketen, wie eventuell ein elektrisch aufgeladenes
A-4.

Landig beschreibt auch den Flugkreisel in o.g. Buch. Aber davon hat er keine Ahnung.
Landig verwendet die Informationen, die frei zugänglich aus der damaligen Presse zur
Verfügung standen.

Also könnte er nur das gewusst haben, was bei der Hirtenberger Patronenfabrik an
Geheimentwicklungen während des Krieges durchgeführt wurden. Dazu gehörte nicht der
Flugkreisel, der weiter östlich in einem Werk von Skoda in Trentschin, nahe Preßburg stand

Landig spricht von Kanada, u.a. vom „Axel Heiberg Land" und den „Golf von Boothia" in
seiner fiktiven Geschichte, wo zwei Luftwaffenpiloten von Grönland aus mit ihrer Do 635
unterwegs Richtung Kanada sind.

Er erwähnt einen Piloten in seinem Roman, der in Oslo Flugzeuge gesehen haben will, die auf
den Tragflächen einen schwarzen Punkt trugen und Richtung Schweden geflogen sind.

Was davon ist der Phantasie von Landig entsprungen, was ist „voller Wirklichkeiten"?
Vergleiche dazu die Thesen des Autors K-P Rothkugel bezüglich „Operation
Unthinkable" und einem Krieg, der eine Neue Weltordnung erschaffen soll.

Landig schilderte folgende Szene in o.g. Buch über einen Flug mit einer Do 635 Zwilling:

Die Maschine hat zweimal zwei ausgezeichnete DB 603 A-Motoren«,
erläuterte der Major unterdessen weiter. »Achtgeben beim Landen,

meine Herren, da das Hauptfahrgestell auf zwei Radeinheiten
reduziert wurde.

Dafür wurde bei der Konstruktion das ganze Mittelstück für
Brennstoffaufnahme frei. Höchstgeschwindigkeit der Maschine ist 725
Kilometer in der Stunde. Wie Sie weiters sehen, sind die
Besatzungsräume als Druckkammern ausgebaut. Bewaffnung - keine!

Aber Sie können für alle Fälle - wenn Sie etwa notlanden müssen -,
eine M-Pi mitbekommen.
..-
Eine knappe Stunde später flogen sie wieder **Vernäs** an und landeten
glatt.

Anmerkung:

Unklar, ob je eine Zwillingsversion der Do 335 gefertigt wurde.

Es gibt einen Augenzeugen, der 1945 über Konstanz eine solche Zwillingsmaschine gesehen
haben will. Diese Maschine könnte von Dornier Friedrichshafen gekommen sein.

Die Ernst Heinkel Werke bekamen einen Auftrag, die Do 335 Z weiterzuentwickeln. Ob dies
je geschah und Prototypen gebaut wurden, ist unklar.

Wenn, dann könnte nur Dornier eine einfache, abgespeckte Doppelrumpfvariante aus
vorhandenen Maschinen der Serienproduktion genommen haben, mit dicht genieteten
Flugzeugführerständen für eine Druckkabine ausgestattet haben und ohne jegliche
Bewaffnung, die wenn, benötig, als zusätzliche Gondeln an den Tragflächen aufgehängt
wären.

Der Luftwaffenplatz Drontheim Varnes wurde während des Krieges weitläufig ausgebaut, mit
Kontrollturm und zuletzt einer Ost-West Beton-Startbahn von 1.600 m Länge und einer Nord-
Süd Startbahn von 1.200 m. Dazu viele Rollwege zu Hangars und Abstellflächen. Eine
Bahnlinie für u.a. Treibstoffwaggons führte zu einigen Hangars. Über 100 Gebäude befanden
sich auf dem bis zu 3 Quadratkilometer großen Gelände.

Ein anderer Luftwaffenplatz war Drondheim Øysand mit einer 1.800 langen Startbahn, der als
Ausweichplatz für Varnäs diente. Große Munitionsdepots wurden genutzt, um Ju 88 Bomber
aufzumunitionieren. Zehn Scheinflugzeuge (Decoys, Dummies) dienten als Ablenkung für
feindliche Bomberangriffe.

Dieser Luftwaffenplatz spielte eine größere Rolle im atlantischen „Wetterkrieg". Von
November 1944 ab war die "Wetterstaffel 3" mit Ju 188 auf Øysand stationiert. Theoretisch
könnte von hier auch eine Dornier Zwilling abgeflogen sein, um einen geheimen Stützpunkt
im hohen Norden anzufliegen.

Zudem sollte die Besatzung einer Heinkel He 111 von Albert Speer noch im Mai 1945
Drontheim anfliegen. Was die Heinkel auf welchem der zwei Flugplätze für einen Auftrag
hatte, bleibt ein Rätsel, da sie entführt und nach Spanien umgeleitet wurde. Siehe Absatz
weiter unten. Ob die Stammbesatzung der Speer Maschinen etwas liefern oder etwas oder
jemanden abholen sollte, wer weiß es?

Gemäß Gerüchten soll auch eine gewisse Atomforschung in Norwegen vorhanden gewesen sein. In den Kriegsmemoiren soll General Dwight D. Eisenhower angeblich zwei Standorte für Geheimwaffen genannt haben, Peenemünde wegen der Raketen und Drontheim wegen einer Nazi-Atomforschung.

Falls Norwegen stimmen sollte, war Nordstern ein Anlaufpunkt für Weiterflüge zu einer geheimen internationalen (Verschwörer-) Station im hohen Norden, wie Wilhelm Landig in seinem Roman andeutet und wurde diese Station u.a. aus Drontheim mit „technischen Zufuhren" versorgt?

Landig erzählt weiter in seinem Roman:

„Wir halten Nordwest, hatte Reimer erklärt und Recke angesehen. »Dann kannst du die Order öffnen!"

Als der Flugplatz hinter ihnen lag, kam Recke der Aufforderung nach. Die Order lautete:

„... Flug über den geografischen und magnetischen Nordpol, dann Anflug auf Punkt X (siehe Position It. beiliegender Kartenskizze). Vorläufiger Verbleib auf dem neuen Stützpunkt."

„Wo liegt dieser komische Punkt X?" fragte Reimer den hinter ihm sitzenden Kameraden.

„Hier in **Nordostgrönland**!" Recke schob Reimer die Kartenskizze über die Schulter nach vorne.
… Ich weiß es erst seit unserem Start, dass diese Stelle bereits auf **kanadischem Festland** liegt.
… Wir fliegen jetzt nach Kanada ein . . . Ein Zusammentreffen mit kanadischen Flugzeugen, vor allem mit solchen von gegnerischen Wetterstaffeln, ist sehr im Bereich des Möglichen.
…Geradeaus vor uns ist jetzt der nördlichste Punkt des kanadischen Festlandes. Die Boothia-Halbinsel. In einer halben Stunde haben wir den magnetischen Pol erreicht.
…
Aus dem Hintergrund kam eine erhöhte Fläche näher, auf der ein kleines **Ringgebirge** aufragte . . .
…
„Alles was Ihr hier seht und was euer Erstaunen und eure Bewunderung erregt", sprach Gutmann, „ist nach **einem sorgsam erwogenen Plane mit langen Vorarbeiten entstanden**. Dass diese Aktion und der Stützpunkt bisher gegen Verrat abgeschirmt werden konnte, beruht vor allem auf der besonders **gründlichen Auswahl und Erprobung des Personals**. Es hat Vorarbeiten und Mühen gekostet, die beispiellos sind."

„Der bisher gesehene Ausbau läßt Bestimmtheit darauf schließen, dass hier **nicht erst seit Wochen**, sondern **bereits seit geraumer Zeit an dieser Basis gearbeitet wurde**. Ich glaube aber kaum, dass die Reichsregierung schon seit längerer Zeit eine solche Bedrängnis unserer militärischen Lage vorausgesehen hat oder dies auch nur anzunehmen bereit gewesen wäre. Welche Veranlassung war gegeben, dieses Werk hier in Angriff zu nehmen?"

…

„Ihr werdet in den nächsten Tagen eure bisherigen Ansichten ändern müssen und Dinge sehen, die euch vor ein **neues Weltbild** stellen werden. Es wird euch machtpolitische Verhältnisse aufzeigen, die **keineswegs geografisch fixiert sind** und alle landläufigen Erwartungen über den Haufen werfen werden.

...

Meine Einführungen von zuvor bedeuten daher die Erklärung von **weltpolitischen Kräften**, die auf **einer höheren Ebene tätig und wirksam sind** . . .

...

Und noch etwas: Wenn Ihr in den nächsten Tagen hier auf **andere Uniformen und fremde Zivilisten** stoßen werdet, so seid nicht überrascht! Wir haben Freunde und **Verbündete in der Welt, die alle einer neuen Ordnung zu dienen gewillt sind** . . .

...

Zur Antarktis bemerkt er noch:

„Wie wir noch erfuhren, war der Stützpunktleiter in Oberst der Luftwaffe und als Diplomingenieur ein Inspizient der Geheimwaffenrüstung gewesen.

...

Und bisher haben wir uns immer begründen müssen, mit Dieselaggregaten die Dieselmotore für Stromerzeugung in Gang zu halten, um über die ersten Schwierigkeiten hinwegzukommen. Jetzt arbeiten wir an der Erstellung **thermischer Kraftwerke . . .**

Anmerkung:

Was auf „Geothermales Heizen" aufgrund von Vulkantätigkeit hinweisen könnte. War die Station „Punkt 103" eventuell auf kanadischem Gebiet eventuell auch in der Nähe eines – erloschene – Vulkans, sodass man die geologischen Gegebenheiten zur Energie- und Wärmegewinnung nutzen konnte?

Wenn die USA die Nachschubversorgung dieses arktischen Stützpunktes übernommen haben sollte, und die in - auf dem zukünftigen Schlachtfeld Deutschland – entwickelten und produzierten Waffen auch im Nordkap zum Einsatz kommen sollten, wer hatte den Stützpunkt errichtet?

Amerikanahnische und kanadische Baufirmen? Geheimniserprobe „Verschwörer-Firmen" wie der große, geheimnisvolle U.S. Baukonzern Bechtel? Finanzierten die Amerikaner auch diese Bauwerke? Holten sich die Amis das Geld aus dem – von den Nazis geplündertem – Europa wieder zurück? Siehe Rolle von Martin Bormann als Geldbeschaffer in diesem Buch.

Die geplante „Operation Unthinkable", der Dritte Weltkrieg und die Pläne zur Eroberung der Sowjetunion durch angelsächsische Truppen fiel aus, wurde gestrichen wie wir alle heute wissen.

Liefen der Betrieb und die landwirtschaftliche Produktion auf der Hazienda Dignidad dennoch weiter, weil immer noch Truppen, Bedienmannschaften, Forschergruppen ect. in der Antarktis, im Gebiet von Neuschwabenland tätig waren?

Wurde die U-Anlage noch lange nach dem ursprünglichen Zweck für bestimmte Experimente, im Zusammenspiel mit der späteren „Colonia Dignidad" genutzt? Siehe hier die Aussage von Wilhelm Landig und zweitausend junge Menschen aus Deutschland, die *„in die Antarktis geschafft,, ...aber die sind mittlerweile alle nach Südamerika verfrachtet worden"*.

Lebten diese jungen Menschen (männlich, weiblich?) auf dem Gelände bei Parral? Was hatten diese dort gemacht? Von wem wurden sie in Deutschland rekrutiert (von ex SS-Familien)? Was taten diese Menschen in der Antarktis auf einem unterirdischen Stützpunkt (Notreserve für WWIII?)?

Was passierte mit ihnen, als sie eventuell in Chile (oder auch auf geheimen Militär-/Geheimdiensteinrichtungen im benachbarten Argentinien (Bariloche, Villa Inalco) auf dem Stützpunkt waren? Lebten sie mit den anderen, festgehaltenen Personen auf der Anlage oder gibt es auf der „Hazienda" noch andere, geheime und versteckte (U-) Einrichtungen? Wurden diese junge Menschen auf der, nun vom CIA und anderen Geheimdiensten kontrollierten „Colonia Dignidad", für irgend etwas ausgebildet und dann wieder nach Deutschland oder anderswo zurückgeschickt, oder wurden diese jungen Menschen, da man sie nicht mehr benötigte, liquidiert?

Verlagerte man auf die Hazienda nach Beendigung von Operation Unthinkable Forschungseinrichtungen in ein abgelegenes Tal der Hazienda, um dort auch Flugversuche, unter Aufsicht, u.a. von Prof. Ronald Richter, durchzuführen.

Wurde also die Hazienda nach der Deaktivierung, weil die Nacherprobung bestimmter „Wunderwaffen", die für einen Dritten Weltkrieg vorgesehen waren, abgeschlossen waren, eben nicht zerstört, wie z.B. die Bunkeranlagen auf der Insel Huemul nahe Bariloche in Argentinien, wo Prof. Richter seinen Thermoreaktor entwickelte, um die Anlage weiter für bestimmte Machenschaften der Geheimdienste und des Militärs zu nutzen?

Interessanterweise stellt niemand, der bis heute, (Stand 2018) über die Colonia Dignidad berichtet, die Frage, ob Schäfer und seine Getreuen die Gebäude auf der Hazienda erst errichten, sowie das ganze Gelände erschließen mussten, oder ob alles schon vorhanden war und man einfach den bereits vorhandenen Musterbetrieb übernehmen konnte.

Die ganze Vorgeschichte der Colonia Dignidad wird in der gelenkten L-Presse absichtlich vertuscht. Denn dann müsste man sich die Frage stellen, wer vor Schäfer und seinen Nazi-Schergen bereits auf dem Gelände tätig war, dort lebte und arbeitete.

Diese ganze, vertuschte Vorgeschichte würde für die Geheimhaltung sehr unangenehm werden und zu einem Skandal nie gekannten Ausmaßes führen. Würden dann doch Querverbindungen in die Antarktis und zu gewissen Verschwörergruppen, gar zu Martin Bormann führen, die man lieber unter der Decke halten will.

So sagt die jüngste Forschung, dass Bormann in den 1950er Jahren in Argentinien verstarb und auch dort begraben wurde.

Aber seine Gebeine, die man in Argentinien ausgrub, fanden sich später bei Bauarbeiten in Westberlin wieder! Nur leider mit Erdresten aus Argentinien, die in Berlin und Europa nicht vorkommen! Wer waren die Personen, die die „Umbettung" vornahmen? Besonders intelligent können diese Leute nicht gewesen sein, sonst hätte sie Gebeine vorher gesäubert, damit man nicht mehr den ursprünglichen Ort der Bestattung feststellen konnte. Oder sie taten es mit Absicht, sodass man dies später einmal feststellen würde.

Übrigens:

Der Autor erfuhr auf einer Leserreise nach Farnborough, England im Jahre 1980 zur dortigen SBAC Air Show, von einem Mitreisenden, dass die Amerikaner angeblich über 1.000 deutsche Beuteflugzeuge auf irgend einem Flugplatz herum stehen hätten.

Damals hatte der Autor dies nicht verstanden und nur ungläubig mit dem Kopf geschüttelt.

Es gab mehrere Beuteflugzeuge, wie drei oder vier Me 262, He 162, Do 335, Junkers Nachtjäger, aber nur ausgewählte einzelne, technisch interessante und moderne Flugzeugtypen, die ihren Weg per Schiff in die USA fanden, um sie dort nachzufliegen, zu evaluieren, um deren fortschrittlichen Konstruktionsmerkmale und Flugeigenschaften zu erforschen und ggfs. für eigene U.S. amerikanische Flugzeugprojekte weiter zu verwenden.

Aber mehr als 1.000 deutsche Flugzeuge (Me 262, Ho 229, Do 335, He 274, Ju 290, FW 200)? Unmöglich! Wieso auch. Die Amerikaner hatten doch eine eigene, große und mächtige Flugzeugindustrie.

Waren diese Flugzeuge für „Operation Unthinkable", den Dritten Weltkrieg gedacht? Gab es darunter auch einige deutsche Transportmaschinen, hauptsächlich Junkers Ju 52, 252 oder 352, Heinkel He 111, Ju 290, Focke-Wulf 200 „Condor" (wurden auch als Passagiermaschine in Latein Amerika eingesetzt), mit denen man u.a. von Parral aus in die Antarktis für Transportmission hätte fliegen können?

Wurden deutsche Maschinen, wie z.B. das Anfängerschulflugzeug Focke-Wulf 44 „Stieglitz", das in Argentinien in Lizenz nachgebaut wurde (und weshalb Kurt Tank nach Cordoba ging), wurde eventuell die viermotorige „Condor", die FW 200 irgendwo in Süd Amerika in einer Kleinserie nachgebaut, um für Geheimoperationen, Versorgungsflüge, wie für Operation Unthinkable, Verwendung zu finden?

Waren solche Flugzeuge irgendwo im Amazonas auf einer geheimen Basis (Brasilien) stationiert, wo heute noch „UFOs", „Disco Voladores" im Dschungel Latein Amerikas gesichtet werden und wo die U.S. Amerikaner, sowie spezielle Nachrichtendienste, Geheimstationen unterhalten?

Oder überführte man auf dem Luftwege, via Spanien, Transportmaschinen, wie die Junker Ju 290/390 und einige viermotorige Focke-Wulf 200 „Condor" aus Deutschland nach Argentinien oder Chile, entweder vor, während oder kurz nach Kriegsende, um diese Lufttransporter für Geheimtransporte und Versorgungsflüge zu nutzen?

Kurt Tank nannte das argentinische Flugzeugprojekt eines strahlgetriebenen Passagierflugzeuges „Condor II". War Tank und die deutsche Flugzeugbauergemeinde in Cordoba, Argentinien nur in das Land gekommen, um für Peron die neuesten Flugzeuge, basierend auf deutsche Kriegsprojekte, zu entwickeln und zu bauen?

Oder sollten diese Leute auch eine gewisse Rolle in der Kriegsplanung der „Verschwörer" innerhalb von Operation Unthinkable spielen?

In Argentinien wurden sowohl die FW 44 „Stieglitz, die FW 56 „Stößer" oder die FW 58 „Weihe" bei der argentinischen Luftwaffe geflogen. Teilweise wurden sie in Lizenz gefertigt, oder aus Bremen exportiert. Zwei „Condor" wurden für die brasilianische Fluglinie „Syndicado Condor Limidad" eingesetzt.

„Die Gründung der Syndicato Condor (in Brasilien) ist vor dem Hintergrund von wirtschaftlichen Interessen der deutschen Industrie und der Reichsregierung in Südamerika zu sehen. Zur Förderung dieses Interesses wurde seitens der Lufthansa das „Transozeanprojekt" aufgelegt, das eine Luftverbindung zwischen dem Reich und Südamerika herstellen sollte:

„Das Transozeanprojekt hat drei Etappen: Deutschland -Spanien; Iberische Halbinsel - Nordhafen Brasilien; Nordhafen Brasilien - Südamerikanische Küste bis Buenos Aires. Die erste Etappe ist rein deutsch; die zweite Etappe muss in Zusammenarbeit mit Spanien und Portugal, die dritte Etappe in Zusammenarbeit mit den südamerikanischen Staaten durchgeführt werden."

Neben sechs Dornier Wal-Flugbooten wurden für die Hauptstrecken entlang der brasilianischen Küste und nach Argentinien und Chile drei Junkers G 24 und 16 Junkers Ju 52/3m auf Schwimmern verwendet.

Der innerbrasilianische Betrieb erfolgte mit den kleineren Junkersmodellen F-13, G 24,W-34 und Ju 46 (insgesamt 13 Flugzeuge).

Ab 1939 wurden auch zwei moderne Focke-Wulf Fw 200 auf den Haupt- sowie zwei Focke-Wulf Fw 58 für Nebenstrecken eingesetzt. 1943 erhielt die SAC vier Douglas DC-3 aus amerikanischen Beständen. Die übrig gebliebenen 14 Junkers-Flugzeuge wurden erst 1945/46 ausgemustert und nach Argentinien verkauft.

Die Fw 200 flogen bis 1950 im Liniendienst. Die SC hatte bis 1941 insgesamt fünf Unfälle mit Personenschaden zu beklagen (3. Dezember 1928 Do Wal P-BACA, 10. November 1930 Ju G-24 P-BAHA, 14. Oktober 1931 Do Wal P-BALA, 15. August 1938 Ju 52/3m PP-CAT, 13. Januar 1939 Ju 52/3m PP-CAY)."
-Ends-

Hätte man auch die viermotorige FW 200 in Cordoba, Argentinien in einer kleinen Serie bauen lassen können, um später damit Versorgungsflüge zu weit entfernten Zielen zu unternehmen?

Oder wurden mehr deutsche Flugzeuge, wie Ju 52, Ju 90 und Focke-Wulf „Condor" via Brasilien nach Latein Amerika per Schiff in großen Kisten überführt, um in geheimen Gegenden, wie auf der Hazienda Dignidad deponiert zu werden, um von dort dann z.B. Versorgungsflüge in die Antarktis zu unternehmen? Siehe Hinweis, dass es 1.000 – und mehr – deutsche Beuteflugzeuge auf dem amerikanischen Kontinent gegeben haben sollte!

Standen solche Kisten mit zerlegten deutschen Flugzeugen, unausgepackt, nach Kriegsende immer noch irgendwo eingelagert herum und wurden später von den Alliierten entdeckt?

Wollte Rudolf Schriever, der nach dem Krieg von Prag wieder nach Bremen kam, Anschluss an diese Gruppe in Cordoba erhalten? Er kannte den Flugkreisel und ggfs. das wahre Einsatzkonzept: ein 3m großer Objektschutzjäger, eine Drohne, ferngesteuert und unbemannt, um geheime Festungsanlagen auf deutschem Boden und ggfs. an beiden Polen der Erde, und evtl. noch an anderen Orten der Welt, vor Angriffen aus der Luft zu schützen.

Wusste Schriever, was wirklich in Argentinien vor sich ging und war dies letztendlich sein Todesurteil? Siehe Story im ersten Buch des Autors.

Hätten die „Verschwörer" aus U.S. und britischen Kreisen auch angelsächsische Maschinen, wie Douglas DC-3 oder C-54 nutzen können, so wie solche und andere Maschinen später bei der Berliner Luftbrücke Verwendung fanden, oder mussten diese Leute damit rechnen, vom eigenen Nachschub abgeschnitten, gar vom eigenen Militär bekämpft zu werden (s. Admiral Byrd), griffen deshalb in das deutsche Luftwaffen Arsenal und bedienten sich deutscher Transportmaschinen und deutschen, hoch fortschrittlichen Jagdmaschinen, bis hin zu elektrostatischen und elektromagnetischen Flugkörpern, die auch Prof. Dr. Richter in Argentinien baute und erprobte?

Welche Flugzeuge standen in den 1940er Jahren u.a. noch in Lateinamerika zur Verfügung, die für geheime Versorgungsflüge von Parral nach Neu-Schwabenland geeignet wären:

Dornier Militär-Wal

Militärversionen des Do Wal wurden von der Navy von Spanien, oder Chile (8 Exemplare) verwendet. Diese militärische Variante wurden von CMAS von 1926 bis 1943 produziert, Brasilien erhielt 8 Stück, Argentinien bekam 5 Wal von CMAS gefertigt, Kolumbien 4 und Uruguay setzte zwei Wal Flugboote ein.

Der Dornier Wal, und der „Super-Wal" eignete sich besonders gut in den Eis- und Schneeregionen der Pole. So wurde der Wal von dem Polarforscher Roald Amundsen im Jahre 1925 für einen Flug zum Nordpol eingesetzt. Auch flogen „Wale" von der, zum Schleuderschiff umgebauten „Schwabenland", 1938/39 zum Südpol, um dort, gemäß offizieller Darstellung, „topographische Erkenntnisse für den Walfang" zu erlangen.

Walfanggründe in der Antarktis

In Bremerhaven wurde im Jahre 1935 die „Erste Deutsche Walfang Gesellschaft mbh" gegründet. Mehr als fünfzig deutsche Walfänger, wie unter anderem die „Jan Wellem", lieferten in der Walfangsaison 1938-39 mehr als 500.000 Barrel an Walöl. Dieses Walöl war unter anderem für die Herstellung von Glyzerin in der Sprengstoffherstellung von Bedeutung. Um unabhängig vom Ausland zu sein, hatte der Walfang für Nazi-Deutschland eine herausragende Bedeutung.

In Deutschland hegte man die Befürchtung, dass Norwegen Ansprüche auf das „Königin-Maud Land" und die Seegebiete nahe der Antarktis erheben würde, sodass man den Norwegern schnellstmöglich zuvorkommen musste.

Deshalb lief das Katapultschiff „Schwabenland" mit Kapitän Alfred Ritscher eben in dieses Gebiet in der Antarktis aus, um die „Claims" in dem entsprechenden Gebiet „abzustecken", in dem man Hakenkreuzfähnchen aus den Do Wal Flugbooten „Boreas" und „Passat" abwarf, um das Gebiet dauerhaft für Nazi-Deutschland zu beanspruchen.

Die Landnahme des entsprechenden Areals, „Neuschwabenland" genannt, verfolgte natürlich auch militärische Ziele, denn es sollten dort Ausrüstungsgegenstände, auch und besonders für die Luftwaffe, unter extremsten Winterbedingungen getestete werden, da ja ein Angriff auf die Sowjetunion geplant war.

Ob hier bereits an eine Ausstattung von unterirdischen Festungsanlagen mit neuestem, aus deutscher Produktion stammendes Kriegsmaterial gedacht war, ist unklar.

Denn die Frage stellt sich, wann und wer baute die natürlichen, von Vulkantätigkeit blasenartig ausgehöhlten Hallen und Gänge in dem antarktischen Gebiet, nahe eine Vulkans eigentlich aus?

Wann wurde von wem weltweit nach - erloschenen - Vulkanen gesucht, die man als geheime Stützpunkte (wie später Fuerteventura) ausbauen konnte?

Siehe hier die Aussage von Narzisso Genovese, der meinte, dass Marconi und viele andere Wissenschaftler, Weltraumforschungen in einem erloschenen Vulkan in Latein Amerika betrieben und unbegrenzte, finanzielle Mittel zur Verfügung hatten.

Dies waren die Anfänge der „Wahren Raumfahrt", um die Menschheit hinaus in die Weiten des Alls zu führen.

Diese Personen, Vereinigungen, Geheimkreise, Weltraum-Enthusiasten, viele unterschiedliche Spezialisten aus diversen wissenschaftlichen Disziplinen und dergleichen mehr, könnten es gewesen sein, die u.a. auch von vulkanischen Hohlräumen in der Antarktis wussten, wie auch von vielen weiteren - geheimen - Plätzen auf der Welt auch, in denen sie verborgen wirkten.

Und bei diesen Leuten muss es gewisse Überlegungen, eben auch ein Widerstreit, gegeben haben, wer als Vertreter der Menschheit hinaus ins Universum strebt.

Eine Gruppe könnte die Möglichkeit erwogen haben, mit Gewalt, einem alles vernichtenden globalen Krieg, eine Neue Weltordnung unter einer neuen, geeinten Menschheit herbeizuführen.

Das wäre eine Begründung für die enormen Anstrengungen, die unternommen wurde, solche eine „Global Final Solution" durch einen modernen Krieg weltweit anzuzetteln. Wie der Bau von unterirdischen Festungen, wobei drei solcher U-Anlagen eben in Deutschland, auf dem europäischen Schlachtfeld des weltweit zu führenden Krieges, der im Sommer 1945 beginnen sollte, standen.

Wobei die „Europäische Variante", „Operation Unthinkable" genannt, nur ein kleiner Ausschnitt dieser globalen Kriegsanstrengungen darstellt.

War 1938/39 die geplante U-Anlage in der Antarktis schon bekannt und wurde von, z.B. chilenischen Baufirmen in Zusammenarbeit mit z.B. U.S. Baufirmen heimlich errichtet. Alles aus einem globalen finanziellen Topf bezahlt, sowie auch die schon seit Jahren laufende „Wahre Raumfahrt"?

Sollten später eben die deutschen „Wunderwaffen" dort vermehrt stationiert werden, so wie Landig dies auch von einem Stützpunkt – nahe eines Vulkans? – am Nordkap beschreibt? Der Nachschub dort wurde aus Kanada herbeigeschafft. Eventuell erholte sich eine Mannschaft ebenfalls in Kanada in einem vergleichbaren Erholungsheim für Soldaten, wie auf der „Hazienda Dignidad" in Chile.

Die ganze „Neu Schwabenland-Geschichte" unter der Beteiligung von „Nazis am Südpol" ist sicherlich erst einmal eine geschickte Ablenkungsgeschichte, um den wahren Sachverhalt um eine geheime Festung der Verschwörer" (der „Nazi-International") zu verschleiern.

Der Autor vermutet ja, dass der ganze Nationalsozialismus und das Dritte Reich eben eine Erfindung dieser Leute aus dem Hintergrund ist, um überhaupt eine kriegerische Auseinandersetzung weltweit herbeizuführen.

Ein Erfindung, die mit all ihren Nachwirkungen, ihren schlimmen Konsequenzen, ihren Verästelungen bis hinunter ins ganz Kleine, bis heute, bis „NSU", bis „Chemnitz 2018", bis zum deutschen Verfassungsschutz, der das „Spiel mit den Nazis" im Auftrag dunkler Mächte (wie CIA; NSA oder Mossad) immer wieder spielen muss, die bis zum heutigen Tag (im Jahre 2018) nachklingt.

Die meisten (ca. 99%), die dieses Spiel freiwillig, instrumentalisiert und wie auch immer mitspielen, haben keinen blassen Schimmer, um was es wirklich geht. Denn das ist die wahre, die geniale Ablenkung von dem, was wirklich auf dieser Welt gedacht wird, um was es wirklich im Hintergrund geht (natürlich ist dies hier gesagte nur die subjektive Meinung des Buchautor und kann gerne von enttäuschten Lesern als unsinnige Verschwörungstheorie abgetan werden).

Es scheint aber, das Deutschland als „51. Bundesstaat der USA" eine gewichtige Rolle in den Plänen einer neuen – gewaltsamen - Weltordnung gespielt hatte oder immer noch spielt. Dieses Land hat Potenzial (gehabt?), hatte genügend Ressourcen und wohl auch einen unzähligen, willigen Personenkreis, der bis heute diese Verschwörungen mitmacht und die ihr eigenes Volk belügen und betrügen.

Denn in Deutschland der 1930 und 1940er Jahre entstanden (in Anfängen) die Waffen und Waffensysteme für einen großen weltweiten Krieg, die teilweise bis heute aus der offiziellen Geschichtsschreibung herausgehalten werden (wie dies ja der Autor in diesem und seinen anderen Büchern versucht, nachzuweisen).

Und Deutschland war das Land unten den mehr als 190 Ländern weltweit, der den großen Kriegstreiber spielte und was Nazi-Deutschland betraf, immer noch spielt, und hinter denen sich alle anderen Ländern, die ebenfalls von weltweiten, gigantischen Verschwörungsplänen wissen, sich gerne verstecken, allen voran die USA. Die erzählen der Welt nicht nur das Lügenmärchen von außerirdischen UFOs, sondern auch von Nazis, die immer noch am Südpol hocken. Dabei könnten die USA sehr tief verstrickt sein, was z.B. die U-Anlagen nicht nur in Deutschland, sondern auch an den Polen der Erde und anderswo angeht.

Aber, wie gesagt alles nur Verschwörungstheorie.

Übrigens: Die USA, die die Querelen um antarktische Hoheitsansprüche zwischen Deutschland und Norwegen mitbekamen, gründeten 1939 das „U.S. Antarctic Service

Programm" (USAP), um eigene Expeditionen in das antarktische Gebiet zu unternehmen und ggfs. eigene Ansprüche anzumelden.

Noch heute sitzen die Amerikaner am Südpol, u.a. mit der McMurdo Station, der Amundsen-Scott South Pole Station oder der Palmer Station.

Deutschland schien also den militärischen Part der „Wahren Raumfahrt" übernommen zu haben. Und solche Kapazitäten wie Wernher von Braun oder Hermann Oberth, die viel lieber zum Mars geflogen wären, mussten militärische Raketen, Fernraketen und Waffenträger, Atomraketen für den nächsten Weltkrieg entwickelten, wofür Peenemünde an der Ostsee extra errichtet wurde.

Sozusagen als „Entschädigung" durften diese Peenemünder das alte, chemisch angetriebene Raketenprogramm (im Gegensatz zu den EM-Antrieben in der Wahren Raumfahrt) für die Weltöffentlichkeit im Grunde bis heute weiterentwickeln, sodass wir Anfang des 21.Jahrhunderts immer noch keine bemannte Marsmission haben (und wahrscheinlich auch nie bekommen werden).

Die Wahre Raumfahrt hatte chemische Großraketen wohlmöglich schon in den 1920er Jahren aufwärts zu bemannten Flügen ins Sonnensystem genutzt, bis T.T. Brown mit EM-Antrieben die Weltraumfahrt revolutionierte.

Aber davon weiß bis heute niemand etwas, da diese Raum-Raketen eben nicht militarisiert wurden, sondern in Deutschland „neu" entwickelt werden mussten, um der -alten - Menschheit den wahren technischen Entwicklungsstand in der Weltraumfahrt vorzuenthalten.

…

Mit den beiden Dornier Wal Flugbooten wurden Erkundungsflüge ins Hinterland, in dem Sektor zwischen 10 Grad West und 15 Grad Ost, östlich des Weddell Meeres gehandelt haben, dass dann „Neuschwabenland" genannt wurde.

Irgendwo dort in dem Umkreis musste sich bei einer Bergkette ein erloschener Vulkan befunden haben, dessen Gegebenheiten man sich zunutze machte. Die Frage ist, wann man wo in der Welt wusste, wo sich erloschene Vulkane befanden, deren geologisches Umfeld man für geheime U-Anlagen ausbauen konnte.

Wie man dies auch an mehreren anderen Stellen auf der Erde tat, wo sich vulkanische Aktivitäten abspielten.

Exemplarisch als ein sehr gutes Beispiel sei hier auf den U-Boot Bunker auf Fuerteventura, Spanien, verwiesen! Denn so könnte sich in ähnlicher Weise auch in der Antarktis, auf „Neu Schwabenland", der Bau und Betrieb von U-Boot Bunkern abgespielt haben:

„Voraussetzung dafür allerdings war ein **Stützpunkt**, welcher umfassende technische Vorteile bieten musste. Natürlich eignete sich nicht jeder x-beliebige Ort für den Bau eines geheimen U-Boot-Stützpunktes. Während das spanische Festland nicht in Frage kam, weil damals die Entfernung für die geplanten Vorhaben zu groß schien, schieden zudem auch die Inseln Gran Canaria und Teneriffa aus, weil diese zu stark bevölkert waren. Hierro dagegen war als zu klein eingestuft und Lanzarote kam wegen des vulkanischen Charakters ebenfalls nicht in Frage. Als optimal bot sich **Fuerteventura** an. Nur einhundert Kilometer vor der Nordafrikanischen Küste gelegen, konnte gar kein besseres Eiland gefunden werden. Auch war der Küstenstrich für ein Vorhaben dieser Art wie geschaffen.

Mit der spanischen Regierung war man sich bald einig. Große Teile Fuerteventuras wurden gekauft. Als Besitzer galt General Winter, der zugleich mit der Befestigung und dem Ausbau des Stützpunktes beauftragt wurde.

Die Aktivitäten, die alsbald entwickelt wurden, waren denn auch enorm. Aus Deutschland wurden Spezialtrupps gebracht, deren Aufgabe es war, nach Wasser zu suchen und Brunnen zu bohren. Die Wasserversorgung war bereits damals eines der größten Probleme auf dieser Kanareninsel. Diese konnten jedoch, wider erwarten eines jeden Besuchers dieser Gegend, eindrucksvoll gelöst werden. Todesfälle sind bekannt, deren Ursache das Ertrinken in Süßwasser war. Seit diesen „Unfällen" sind bestimmte Zugänge auf Initiative der spanischen Regierung, sowie von den heutigen Erben durch Verriegelung verschlossen worden. Teilweise heißt es, es wäre „privat", auf der anderen Seite bewachen scheinbare „Penner" das Refugium, jedoch ohne dass sie in die Interna Einsicht nehmen können.

Früher hieß es, die Villa (Winter) dient als **Peilpunkt**. Um die Transportmöglichkeiten zu erleichtern, wurde eigens eine Schmalspurbahn gebaut, deren Überreste heute noch zu sehen sind. Beim Bau des U-Boot Stützpunktes nützte das Baukommando die Tatsache, dass sich **an vielen Stellen durch vulkanische Tätigkeit** riesige **Luftblasen gebildet hatten.**

Diese **natürlichen Dome**, welche allerdings meist nur von See aus erreichbar waren, eigneten sich hervorragend für den Bau eines verborgenen Stützpunktes. Die Entscheidung war gefallen.

Auch wurden die zum Bau erforderlichen Aggregate, zwei leistungsstarke U-Boot Diesel tief in der Erde dort montiert und versorgten während der Bauarbeiten die notwendigen Geräte mit der dort wichtigen Energie. Bestimmte Kreise unterstützten die Bauarbeiten durch ihr umfassendes Wissen und durch massive Materiallieferungen, welche allesamt damals dokumentiert und zu gegebener Zeit öffentlich gemacht werden.

Im Süden der Insel wurde eine herrliche Villa gebaut, auf einem Geländepunkt, der eine sehr gute Übersicht ermöglichte. Vor allem mit ihrem Turm, welcher im Zentrum eine kreisrunde Öffnung nach oben aufweist. Nur Phantasten behaupten, es wäre dies lediglich ein Peilpunkt für anvisierende U-Boote gewesen. Offiziell gibt es heute keinerlei Baupläne mehr, entweder weil sie sicherheitshalber vernichtet wurden, oder weil sie sich der Brisanz wegen immer noch unter Verschluss befinden. Darüber darf man nach wie vor spekulieren. Allerdings ist gesichert, dass eine in der Nähe der Villa liegende Barranca Flussbett ausgegraben wurde. Auf diese Weise wurde es möglich, von Land aus zu einer der Luftblasen vorzustoßen, zu den U-Booten und anderen, dort sich „vor Anker" befindenden.

In der Phase der Bauarbeiten, wurde der größte Teil der Bevölkerung evakuiert. Möglicherweise ist dies mit ein Grund, weshalb niemand von einem Vorhandensein eines U-Boot Bunkers wissen will. Bekannt ist, dass die Bauarbeiten recht gut vonstatten gegangen sein müssen, denn bald darauf liefen große Frachtschiffe die Insel an.

...

Zwei große, **tonnenschwere Drehbänke** wurden nach Fuerteventura geschafft, wo sie im U-Boot Stützpunkt verschwanden. An der Stelle, wo sich die Barranca befand, wurde eine Betondecke eingezogen, und obenauf der ursprüngliche Zustand wieder hergestellt.

Zwei Zugänge zu der unterirdischen Anlage wurden errichtet, da dieser Bunker ebenfalls, wie viele andere derselben Serie, von konventionellen Wasserfahrzeugen unter Wasser angefahren werden musste.

Für U-Boote, selbst der 7-C-Klasse war es durchaus möglich, in Sehrohrtiefe eine Peilung vorzunehmen und sich dann dem Punkt in Schleichfahrt zu nähern.

Dreh- und Angelkreuz war der Stützpunkt damals für den Umschlag von Schlüsselrohstoffen, wie z.B. Wolfram, Platin und anderem Material, mit revolutionären Eigenschaften. Sogar "Milchkühe" (große Transport-U-Boote) wurden damals in diesen Gewässern, gesichtet und bestätigen die früheren Annahmen, dass hier ein zentraler und strategischer Punkt für die Unterwasserflotte geschaffen wurde.Eines aber ist mit Sicherheit klar: Jegliche autonomen Stützpunkte muss damals, wie heute- auch finanziell ... unabhängig sein. Mindestens ebenso sicher ist das Vorhandensein einer ausreichend gut bestückten Kasse. Dass es sich dabei um Gold gehandelt haben muss, steht außer Zweifel.

Gold war und ist in solchen Fällen ein Zahlungsmittel, das über alle anderen Geldmittel erhaben war. Nach ziemlich gleich lautenden Aussagen soll es sich dabei um etwa 7 Tonnen Gold gehandelt haben. Der Stützpunkt war also aktionsbereit für welche Geheimaktionen auch immer.
-Ends-

Auszüge aus : „Der U-Boot Bunker von Fuerteventura", „Nugget Magazin", 1984.

Anmerkung:

Die „Verschwörer" werden sicherlich einige solcher autonomen Stützpunkte verteilt über die ganze Welt besessen haben. Möglichst in der Nähe von inaktiven Vulkanen, die genügend, durch Blasenbildung entstandene Hohlräume, Hallen und Tunnel aufwiesen, die man ausbauen und für unterirdische Stützpunkte militärisch verwenden konnte.

So, wie der oben geschilderte Stützpunkt unterhalb der „Villa Winter" ausgebaut war und funktionierte, nach diesem Prinzip wurde auch ein U-Boot Bunker in der Antarktis ausgebaut:

„Es stellte sich heraus, dass es sich bei dem Gebiet (Neu-Schwabenland, Antarktis, Anm.d.A.) in der Nähe des Tunnels um eins der einzigartigen, trockenen Täler in der Antarktis handelte, und deshalb hatten sie den Tunnel auch so leicht finden können.

Alle 30 Mann, die auf dem Stützpunkt Maudheim stationiert waren,
erhielten den Befehl, den Tunnel zu untersuchen, und, wenn möglich,
herauszufinden, wohin genau er führte.

Sie waren **kilometerweit durch den Tunnel** gelaufen, bis sie
schließlich eine riesige, **unterirdische Höhle** erreichten, in der es
ungewöhnlich warm war; einige der Wissenschaftler glaubten, dass die
Wärme **Geothermalen Ursprungs** sei. In der riesigen Höhle hätten sich
auch Seen befunden; noch rätselhafter sei allerdings gewesen, dass
die Höhle künstlich beleuchtet war.

Sie sei so **enorm groß gewesen**, dass sie sich aufteilen mussten, und
dabei machten sie die wirklichen Entdeckungen.

Die Nazis hatten angeblich in den Höhlen einen **riesigen Stützpunkt
errichtet und sogar Hafenanlagen für U-Boote gebaut.**
...

Auch am Südpol innerhalb des Gebietes, das das deutsche Forschungsschiff
„Schwabenland" ansteuerte, muss es in grauer Vorzeit vulkanische Tätigkeiten gegeben haben,
die riesige unterirdische Blasen und Hallen hervorbrachten.

Wie in Fuerteventura fuhren wohl die U-Boote einen Unterwasserkanal hinein, um dann auf
einer Drehscheibe (ähnlich wie bei der Wartung von Lokomotiven in einem Reparaturwerk),
auf einer Drehbank um 180 Grad gedreht zu werden, das der Bug wieder Richtung Ausgang
zeigte, da die Boote nicht in den engen Wasserkanälen und Zufahrtsstrecken wenden konnten.

Die heißen Quellen des Vulkans sorgten nicht nur dafür, dass der Zugang zum geheimen U-
Boot Stützpunkt am Südpol eisfrei blieb, nein, man nutzte die Wärmeenergie auch zum
Heizen der Anlagen und für eine Dampferzeugung für Kraftwerke.

Es stellt sich die Frage, inwieweit unterirdische Anlagen in Neu Schwabenland ähnlich stark
ausgebaut wurden, wie die drei (un-) bekannten Anlagen in Deutschland und Nieder-
Österreich.

Also, neben Quartieren für Mannschaften, auch luxuriöse Bereiche für Offiziere und Gäste,
zudem mit Atommeilern für einen autonomen Betrieb über Jahre und Jahrzehnte hinweg.

Der geheime Stützpunkt Fuerteventura sollte bis in die 1950er Jahre bestehen, wie auch
„Bergkristall" in Nieder Österreich. Wohl sollten „Riese" und „S-III" mindestens genauso
lange operieren können.

Mit Sicherheit wurde am Südpol genauso Langstreckenraketen stationiert, wie in Europa.

Dasselbe Prinzip wie in der Antarktis wird man mit hoher Wahrscheinlichkeit auch in der
Arktis, um den Nordpol, am Nordkap wieder finden. Also ein, oder mehrere Vulkane, dessen
geologische Gegebenheiten zum Bau geheimer unterirdischer Anlagen genutzt wurden.

Siehe auch den „Mount Rainier" im U.S. Bundesstaat Washington an der Westküste, wo
Kenneth Arnold mehrere Flugscheiben im Jahre 1947 sichtete! Wieder ein Vulkan und
geheime Aktivitäten im Umfeld. Oder der „Tschimborasso", ein Vulkan in Ecuador, Latein
Amerika, wo geheime Bauvorhaben stattgefunden haben können.

Es gibt bestimmt noch mehr erloschene Vulkane auf der Welt, die sich als geheime Stützpunkte eignen und wo sich ggfs. ungewöhnlich Vorfälle abspielten oder immer noch abspielen.

Hier einige erwähnenswerte Auszüge aus dem bereits genannten Buch „Dark Star" von Henry Stevens, USA:

Darin werden „Ghost Ships", „Geister U-Boote", wie „U-530" und „U-465" angesprochen, beides Typ VII Boote.

Vollkommen richtig erkennt Henry Stevens, dass aus Geheimhaltungsgründen U-Boote, die militärische und hoch geheime Sondermissionen durchführen, anders registriert und behandelt wurden, als die herkömmlichen Boote, die im Kriegseinsatz standen:

„Das Geheimnis, warum U-530 für geheime Aufgaben ausgewählt wurde ist leicht zu erklären. Ein neues Boot wurde gefertigt, mit verbessertem Antrieb, zusätzlichen Batterien, Schnorchel und weiteren technischen Neuerungen.
...
Es wurde die bereits vorhandene Registrierung U-530 eines zuvor gesunkenen Bootes vergeben und von Admiral Dönitz für hoch geheime Missionen vorgesehen. Außerdem soll U-530 schnell, sehr schnell gewesen, und mehr als 30 Knoten unter Wasser gefahren sein.
...
Irgendwo in der Gegend um South Sandwich Island, traf U-530 auf U-465, ein anderes Geisterboot, das die Nummer eines Klasse VII C Bootes trug, das am 5. Mai 1943 bereits versenkt wurde. U-465 war nun ein Typ XIV Boot, „Milchkuh" genannt, umgebaut als Versorger.

Von dort reiste U-530 weiter in die Antarktis, um bestimmte, nicht näher genannte Dinge abzuliefern. Nach dem Geheimauftrag wurden alle Spuren verwischt, und ein neues „Ersatz-Logbuch" wurde eingerichtet. Das Boot fuhr nach Argentinien und ergab sich den dortigen Behörden. "

Es sollen mindesten 6 U-Boote einer „Black Fleet", einer geheimen, nicht registrierten Flotte von deutschen Unterseebooten gegeben haben, die wohl im Auftrag der SS (sowie der „Verschwörer") Geheimmissionen nach Argentinien und in die Antarktis (und wohl auch in die Arktis) durchgeführt haben. Alles Boote, mit Doppel-Identitäten, die entweder als gesunken oder von der Besatzung aufgegeben, sowie später an die Alliierten übergeben wurden, offiziell aufgelistet waren.

So gibt es einen Bericht, den die Autoren Col. Howard A. Buechner und Kapitän Wilhelm Bernhart im Jahre 1988 in ihrem Buch: *„Adolf Hitler and the Secret of the Holy Lance"*, aufgeführt haben:

„Schlussendlich gibt es mehr noch mehr Geheimnisse um U-977. Es wird berichtet, dass sich auch dieses das Boot mit einem anderen Unterseeboot traf. In diesem Falle war es ein sowjetisches Boot, das Atom-Wissenschaftler und einen hochrangigen Offizier an Bord hatte.

Im Tausch gegen deutsche Pläne neuartiger Neutronenwaffen, stimmten
die Sowjets zu, die Umsetzung des Morgenthau-Planes vor der UNO zu
blockieren. . . ."

Der U.S. Autor Henry Stevens schreibt:

„But there is yet another bit of evidence for German U-boot activity
after the war, the story of the Juliana. Buechner and Bernhart cite
a French newspaper article from "France Soir", dated September 25,
1946:

"Eineinhalb Jahre nach Ende der Kampfhandlungen in Europa, wurde ein
Walfischer aus Island von einem deutschen U-Boot gestoppt. Der
Walfänger wurde als „Juliana" identifiziert, der sich in der Nähe
der „Malvinas", Falklandinseln und der antarktischen Zone befand,
als er von einem großen deutschen U-Boot zum Anhalten gebracht
wurde."

Der Kommandant des deutschen U-Boots verlangte Nachschub vom Kapitän des Walfängers.
Er bezahlte den Proviant ordnungsgemäß mit U.S. Dollars und gab jedem der
Besatzungsmitglieder des Isländischen Schiffe noch eine Prämie von 10.000 Dollar.
Außerdem konnte der deutsche U-Boot Kapitän Hinweise geben, wo die Isländer weitere
Wale zum Jagen finden könnten.

Anmerkung

Dies zeigt, dass gewisse Stützpunkte, wie auch am Südpol immer noch, lange nach
Kriegsende 1945, aktiv waren. Sodass die beiden Großmächte USA und Sowjetunion immer
noch Angst gehabt haben könnten, das diese „Dritten" und deren Weltmachtspläne immer
noch in der einen oder anderen Art umgesetzt werden konnten.

Deshalb eben das „Joint Venture" von Amis und Russen in der SBZ, in Peenemünde im Jahre
1945/46, um schnellstmöglich Langstreckenraketen für beide Seiten, Ost wie West, bauen zu
könen, um den „Verschwörern" in den eigenen Reihen begegnen zu können.

Der „France Soir" Zeitungsartikel aus 1946 schließt mit der Meldung:

„The rumours concerning U-Beats of the German Navy in the water of
"Fireland/Feuerland" and the Antarctic Zone are now a fact (Telegram
from AFP, dated. Paris, September 25, 1946."

War zur dieser Zeit auch die Hazienda Dignidad noch aktiv und beherbergte Soldaten und
Offiziere aus dem arktischen Stützpunk in Neu Schwabenland?

Eine andere Geschichte erzählt von U-534, das am 5. Mai 1945 im Kattegatt, nord-westlich
von Helsingor tauchte. Alle U-Boote sollten ja gemäß Befehl von Admiral Dönitz sich den
Alliierten ergeben. U-534 nicht! Dieses Boot wurde von zwei anderen deutschen U-Booten
begleitet, die alle Richtung Norwegen fuhren. Ein dänisches Fischerboot sollte die fahrt der
drei deutschen Boote bemerkt haben und dies den RAF Coast Guard gemeldet haben.

Eine Liberator der 547 Squadron griff den Verband an. Aber alle drei U-Boote beschossen die
Liberator der RAF und brachten sie zum Absturz. Ein britisches Überwasserboot konnte

schlussendlich U-534 versenken. Aber die zwei anderen deutschen U-Boote entkamen. Sie sollen sich der „Black Fleet", den anderen Geister U-Booten angeschlossen haben, um den Kampf fortgesetzt haben.

Für wen kämpften diese U-Boote, was war ihr Ziel? Wer unterstütze die deutschen U-Boote, deren Mannschaften und Offiziere mit Geld und Proviant, bzw. welchen Herren dienten diese Besatzungen wirklich, ob auf Schiffen, U-Booten oder an Land, und wie lange sollte ihr Dienst andauern. Hitler war tot, das Dritte Reich war untergegangen, ein Viertes Reich wurde schon in den Anfängen zerschlagen und der finanziellen Mittel beraubt, da Bormann unter Kontrolle der Alliierten stand und die Vermögenswerte des Dritten Reiches, angelegt auf Schweizer Nummernkonten und in Auslandsbeteiligungen, die teilweise über Argentinien und anderen Lateinamerikanischen Ländern, bis zu Börsenbeteiligungen in die USA liefen, verraten hatte.

Trotzdem schienen und scheinen gewisse Kreise nicht aufgeben zu wollen.

Die Festung „Bergkristall, B-8" sollte bis 1955 in Betrieb sein, gemäß Kriegsplanung. Wollte man bis in die 1950er Jahre hinein noch von irgendeiner Stelle in der Welt aus den Dritten Weltkrieg anzetteln? Was ja vereitelt wurde, wie wir heute alle wissen.

Aber es scheint, dass es immer noch Versuche gibt, die jetzige Weltordnung zerstören zu wollen.

Der Autor Henry Stevens erwähnt noch folgendes:

Anfang der 1990er Jahre traf Mr. Stevens auf einer UFO-Veranstaltung einen Techniker eines großen Aerospace Unternehmens.

Ihm wurde erklärt, das Dr. W.O. Schumann in erster Linie für die Entdeckung der „Schumann-Frequenz", der Erdresonanzschwingungen bekannt geworden ist. Diese „ELF-Wellen" werden auch zur Kommunikation zwischen U-Booten untereinander genutzt, die weit entfernt in den Weltmeeren operieren.

Bereits die Deutschen nutzten während des Krieges einen speziellen Längstwellen Transmitter, um damit mit allen U-Booten der Kriegsmarine in Kommunikation treten zu können.

Dieses System hieß „**Goliath**" und wird in dem Buch „*Die deutschen Waffen und Geheimwaffen . . .* ", von Rudolf Lusar besprochen:

Längs-Funkwelle:

„Versuche mit verschiedenen Funkwellenbereichen haben gezeigt, dass Längstwellen um die 28.000m die Eigenschaften haben, die Meeresoberfläche zu durchdringen und bis zu etwa 12 bis 14 Tiefe, je nach Zusammensetzung des Meerwassers, zu gelangen. . . . den in dieser Wassertiefe fahrenden Unterseeboote Meldungen auf dem Funkwege zukommen zu lassen. … Der Sender dieser Längswelle „Goliath" stand bei Calbe, unweit Magdeburg (bereits 1938 fertig gestellt), er fiel in englische Hände und sein Geheimnis ging nach England. Als die Sowjets die Gegend von Calbe besetzen konnten, waren die Einrichtungen des Goliath-Senders bereits abgebaut. Hatte 2 Sender mit verschiedenen Frequenzen. "

-Ends-

Außerdem sollte dasselbe ELF-Wellen System dafür genutzt worden sein, um damit die Batterien deutscher U-Boote über ELF-Wellen wieder neu aufladen zu können, ohne dabei an die Oberfläche auftauchen zu müssen.

Die Amerikaner nützen dieses System der Fernaufladung bis heute bei ihren U-Booten, meinte der Techniker zu dem Autor Henry Stevens!

...

Ähnlich erging es der deutschen Antarktis-Expedition 1938/39 unter Leitung von Kapitän Alfred Ritscher mit dem Forschungsschiff und Flugzeugträger "Schwabenland."

Eine noch erstaunlichere Landschaft entdeckten die Deutschen auf halbem Wege zwischen dem Wohltat-Massiv und den Eisklippen der Küste. Es war **ein tief liegendes, hügeliges Gebiet mit vielen Seen, das völlig eis- und schneefrei ist**. .... Die Seen, nach einem der Flugkapitäne Schirrmacher-Seen genannt, gehören zu jenen Gegenden in der Antarktis, welche zu ihrer Erforschung an Ort und Stelle geradezu herausfordern.

Die Schirrmacher- Seenplatte ist etwa 135 qkm groß.

Das von der deutschen Expedition erforschte Gebiet Neuschwabenland der Ostantarktis liegt beiderseits des Nullmeridians zwischen 12° West und 20 Grad Ost und erstreckt sich polwärts bis 75° Süd Es ist mit 600.000 qkm Fläche etwa um ein Viertel größer als Deutschland von 1937 und wurde auf sieben Photoflügen und sieben Sonderflügen von 16.000 km Gesamtlänge kreuz und quer durchmessen. Hierbei wurden 350.000 qkm bisher nicht gesehenen Landes zusammenhängend durch mehr als 11.000 Luftbildaufnahmen mittels automatisch arbeitender Reihenmeßbildgeräte photogrammatisch erfaßt, und darüber hinaus ein Gebiet von 250.000 qkm durch Augenbeobachtung erkundet. Bei diesen Flügen wurde zum ersten Male in der Geschichte der Polarforschung der Start der Flugzeuge durch Katapultanlage vollzogen, wobei die Schwabenland an der 20 bis 30 m hohen Schelfeiskante verankert war.

In einem Abenteuerbuch, Jahrgang 1940, über Erstleistungen bei der Eroberung des Luftraumes schrieb der Autor Wulf Bley ähnlich:

„Nach sorgfältigen Vorbereitungen beginnt im Herbst 1938 auf Befehl Hermann Görings die deutsche Antarktische Expedition.

Die deutsche Lufthansa stellt ihr im Flugpostverkehr über den Südatlantik bewährtes Katapultschiff „Schwabenland" als Expeditionsschiff zur Verfügung. .... Der Geophysiker erforscht die magnetischen Verhältnisse, die für die Navigation der Schiffe und Flugzeuge wichtig sind. Meteorologen untersuchen die Lufthülle bis zu Höhen von über 28 Kilometern mit Radiosonden. ... Die Geographen werten alle Forschungsergebnisse kartographisch aus. Aber alle diese jungen Wissenschaftler, die auf dem Boden arbeiten, finden ihre entscheidende Ergänzung in den Männern, die vom Flugzeug aus in beispiellos kühnen Flügen von bis zu neun Flugstunden eine Strecke von 16.000 Kilometern zurücklegen und ein Landgebiet von

600.000 Quadratkilometern, fast so umfangreich wie Großdeutschland, erforschen. Auf diesem weiten Gebiete, das nie zuvor eines Menschen Auge sah, werden allein 350. 000 Quadratkilometer mit Reihenmeßbildkammera aufgenommen, und aus den mehr als 11.000 sich so ergebenden Einzelaufnahmen wird eine Karte hergestellt, die von beispielhafter Genauigkeit und Zuverlässigkeit ist Und das so erkundete Gebiet, zwischen 70 und 76 1/2 Grad Süd und 20 Grad Ost und 11 1/2 Grad West gelegen, wird durch Abwurf deutscher Flaggen für das Reich in Besitz genommen. "

Daten und Angaben zur Schwabenland-Expedition:

Vortrag von Kapitän Ritscher auf einer Tagung vom 18.-20. Juni 1951 in Kiel.

Die seinerzeit von der Schwabenland-Expedition unter Kapitän Ritscher benannten Gebirge, Plattformen, Berggipfel, Seen usw. wurden vielfach mit den Namen der Expeditionsteilnehmer belegt und am 5.8.1952 im Bundesanzeiger Nr. 149 veröffentlicht und vom Bundesminister des Auswärtigen bestätigt.

Die vollständige faksimile Widergabe aus dem Bundesanzeiger, sowie den kompletten Bericht des Ministerial-Direktor Helmuth Wohlthat "Die Deutsche Antarktische Expedition 1938/39", am 5. Mai 1939 in der Zeitschrift für N-S Wirtschaftspolitik: "Der Vierjahresplan" erschienen,

Edwin Mickleburgh - ein in England geborener Meteorologe, der viele Male die Antarktis erkundete und zwei Jahre dort lebte - schrieb dazu in "Abenteuer Antarktis":

"Alarmiert und erbost durch diese dreiste Invasion (gemeint ist die Schwabenland-Expedition) in dem Sektor der Antarktis, den die Norweger als den ihren betrachteten, beanspruchte König Haakon am 14. Januar 1939 in einer offiziellen Proklamation den gesamten Sektor des Kontinents zwischen 20 Grad West und 45 Grad Ost für Norwegen. Diese Forderung wurde unverzüglich durch die anderen vier Nationen, die auch Gebietsansprüche erhoben, unterstützt. Drei Tage darauf beanspruchte das Dritte Reich dasselbe Gebiet für Deutschland und nannte es Neu- Schwabenland. Ritscher unternahm seinen letzten Flug von Bord des Schiffes am 5. Februar 1939, und am 11. April des Jahres machte die Schwabenland wieder in Deutschland fest

Es bestand eine ernsthafte Befürchtung, daß die Expedition, deren Teilnehmer sich fast ausschließlich aus Soldaten der Luftwaffe und Marine rekrutierten, mehr an der Verwendung der hydrographischen und meteorologischen Untersuchungen zur späteren Errichtung von Antarktisstützpunkten für kriegerische Überfälle interessiert war, als an der geographischen Erforschung um ihrer selbst willen. Diese Befürchtung stellte sich bald als berechtigt heraus. Der Zweite Weltkrieg machte deutlich, daß Antarktika als politischer und strategischer Stützpunkt nicht länger übersehen werden konnte. Die Rivalitäten zwischen den Nationen nahmen zu, und die Forschung, die bisher die Sache von hartnäckigen und hervorragenden Persönlichkeiten mit wenig Interesse oder Geschmack am politischen Geschäft gewesen war, gelangte jetzt zunehmend unter staatliche

Kontrolle. Die führenden Männer der Machtpolitik und des bürokratischen Apparates aller Herren Länder begannen, ihre Ansprüche auf Antarktika geltend zu machen, und leiteten so die Krise ein.

Wie befürchtet, stationierten die Deutschen in entlegenen und versteckten Buchten der subantarktischen Inseln eine kleine Angriffsflotte, um die Schiffahrt im südlichen Atlantik zu stören. Eine Fregatte, die „Pinguin", schaffte es, eine ganze Walfangflotte der Norweger zu kapern, und versenkte britische Schiffe mit einer Gesamttonnage von über 136.000 Tonnen, bevor sie selbst im Jahre 1941 versenkt wurde. Aus Sorge, daß die Deutschen die großen Kohlebunker und Treibstofflager, die auf der Deception-Insel für die Walfänger errichtet worden waren, für ihre Zwecke nutzen könnten, sandten die Briten eine kleine Kampfgruppe aus, um die Anlagen zu zerstören.

David Mountfield schreibt:

"Im zweiten Weltkrieg fanden Deutsche U-Boote in den antarktischen Gewässern einen sicheren Unterschlupf; die Engländer errichteten Beobachtungsbasen auf der Deception-Insel und der Antarktischen Halbinsel, um die deutschen Bomber überwachen zu können. Das Wiederaufleben der deutschen Forschungsarbeit in der Antarktis, sowie das Interesse an antarktischen Gebieten, am Walfang, an möglicher Rohstoffgewinnung, an der Nachforschung altbekannter esoterischer Hypothesen von der "Hohlen Erde", an leichten Möglichkeiten **für einen Absprung ins All** und vieles mehr, hatte mit der Schwabenland-Expedition gerade erst seinen Anfang genommen. Mit dem Anlegen geheimer militärisch, strategischer Bunker und/ oder Festungsanlagen wurde mit größter Wahrscheinlichkeit **nach 1939** begonnen (wurde zu dieser Zeit auch die „Hazienda Dignidad" errichtet, damit Besatzungen der Festungsanlagen am Südpol sich dort erholen konnten. Die offizielle, zensierte Geschichte nennt 1960, oder Mitte 1955 als Entstehungsdatum der Anlage bei Parral, Chile. Auch kam die „Hazienda" nicht mit dem „Departemendo 50", der chilenischen Spionageabwehr in Berührung und wurde wahrscheinlich ausgespart. Auf wessen Befehl hin konnte die Hazienda Dignidad ab etwa, Anfang der 1940er Jahre ungestört operieren?, Anm.d.A.)

Nicht ohne Grund wurde schon 1940 eine britische Marine-Operation zur Suche nach geheimen deutschen Stützpunkten durchgeführt. Im November 1941 war eine australische Marine-Operation mit gleichem Auftrag angesetzt.
...

Neue U-Boot Antriebe

Abschließender Augenzeugenbericht aus den letzten Kriegsjahren, über die Antriebsweise der geheimsten U-Boot-Typen, mit Angaben, die in der allgemeinen U-Boot-Literatur wohl nicht zu finden sind. Um keine patentrechtlichen Schwierigkeiten zu bekommen, wurden einige technische Angaben verändert

Abschrift der am 22.3.1980 in Klausenleopoldsdorf stattgefundenen
Unterredung, welche z.T. auch auf Tonband aufgenommen wurde.

Anwesend: Rudolf J. Mund; Franz We ; Karl La ; Herr W übergab mir

4 Fotos:

2 Stück mit Ablichtungen eines U-Bootes
1 Stück von ihm in Uniform mit seinem Vater in Zivil
1 Stück, er im Kreise seiner Kameraden.

Herr W. berichtet nachfolgend als ehemaliger Marinesoldat:

"Ich rückte im Jahre 1943 in die Rekrutenkompanie nach Biels ein.
Später wurde ich nach Neustadt in Holstein zur ULD, d.i. die 1.
Lehrdivision, ersetzt.

Dort war bereits Korv. Kapt. Moehle unser Kommandant. Wir wurden
dort ausgebildet auf 20er Booten, das sind 2.500 Tonnen Boote.

Von dort wurden wir nach Kiel verlegt und haben dort ein Boot
übernommen, das wir überhaupt nicht gekannt haben. Das war noch im
Jahre 1943.

Von diesem Boot habe ich mittels eines Tauchretters (Dräger-
Tauchretter) Aufnahmen gemacht. Hätte man mich dabei erwischt, wäre
ich gehenkt worden. (2 Fotos vor der Krupp- Werft).

In den Kruppwerken haben wir diese Boote übernommen. Es waren 3.000
Tonnen Boote, und das sind schon ganz schöne (große) Boote gewesen,
mit 50 Mann Besatzung, 2 Turbinensätze mit je 12.000 PS.

Betrieben wurden sie mit einer **Masse welche im Sauerstoff oxidiert
wurde**. Es waren 3 welche oxidiert mit **Seewasser vermischt**,
aufbrausten wie eine Brause.

Diese **Oxidation- Seewasserverbindung** wurde unter **enormem Druck, 600
atü, in die Turbinen geblasen**. Von dort wurde das Gemisch über eine
Ableitung durch einen Filter geführt, dort geschieden und der
rückgewonnene Sauerstoff wieder ins Boot zurückgeführt.

Die verbliebene Substanz wurde durch eine Hohlwelle zur
Schiffsschraube geführt. Dadurch, daß wir den Nebel durch eine
Sogwirkung von den Schiffsschrauben weggenommen hatten, konnten wir
so schnell fahren. Die Schiffsschrauben konnten besser arbeiten,
weil sie keine Sogwirkung gehabt haben. Ja, und da haben wir **75
Seemeilen unter Wasser** gemacht. Mit dem **Sauerstoff der zurück
gewonnen wurde**, hätten wir **jahrelang unter Wasser fahren**
können, (bleiben können) Es war alles zurückzuführen auf den
Treibstoff. **Der Treibstoff war in Flaschen**, diese waren mit einem
Druckstempel versehen. Die Substanz sah so ähnlich aus wie in ihrer
Struktur. Diese wurde in Kammern zurückgeführt, welche verstellbar
waren. **Die Menge** welche eingeführt wurde, betrug höchstens einen
halben Fingerhut, welche auf die Turbinen aufgeblasen wurden.

Ich weiß nicht, ob sie das schon einmal gesehen haben. Es war eine
ganze **Wand voll Ventilen**. Je nach der Fahrgeschwindigkeit mußten wir

die Ventile verstellen. Wollte man auf AK (Alle Kraft) gehen, hat
man alles liegen lassen und unten das Saugventil aufgemacht. Dadurch
hat man das volle Wasser bekommen und den vollen Treibstoff. Das
Boot hat sich aufgestellt und weg war es.

Frage: Wie groß war der Aktionsradius?

Ja, das waren so **12-15.000 Seemeilen**, aber wenn wir mehr Flaschen an
Bord gehabt hätten Man hat ja nie gewusst, wieviel Flaschen an Bord
waren. Das hat nur der Kommandant gewußt, das war für uns geheim.
Denn **je mehr Flaschen** an Bord waren, **desto gefährlicher** wurde die
Sache. Das war kein normales Boot. Erst in der Gefangenschaft
erfuhren wir, daß das Boot explodiert wäre, wenn Wasser eingedrungen
wäre. Deshalb (in die Gefangenschaft) weil der Kapitän das Boot vor
Island, als wir auf der Fahrt nach Argentinien waren, versenkt hatte.

Das Boot hatte vor Island Maschinenschaden. Eine gebrochene Welle
mußte geschweißt werden. Dazu mußte das Boot halb auftauchen und war
dadurch manövrierunfähig.

Der Kapitän des Bootes hieß Scher..., Kapitän zur See. Die ganze
Flotte wurde geführt von Korv. Kapt. Moehle.

Wir hätten Argentinien anlaufen sollen. Wir hatten Kisten an Bord
die wir dort abgeben sollten. Wir hätten Mar del Plata anlaufen
sollen, dort hätten wir die Kisten abliefern sollen und wären dann
in die Gefangenschaf oder Internierung gegangen. Was mit dem Boot
geschehen wäre, weiß ich nicht.

Wir sind das **U 558** gefahren, 26 Tb (Typ), 1000 Bruttoregistertonnen
Wasserverdrängung, das sind 3. 000 to. 50 Mann Besatzung. Wir waren
die 5. Seehund-Kiel. U 558 unter Scher.

Sie werden sehen, **daß U 558 nirgends aufscheint**. Sie finden 522, 527
und dann 600. Nirgends U 558."
-Ends-
Aus: Haarmann, D.-H., Geheime Wunderwaffen 1, Zerrbild zwischen Täuschung und Tatsachen, 1983.

Dazu heißt es bei Rudolf Lusar, „Die deutschen Waffen und Geheimwaffen . . .", 6. Auflage,
F.J. Lehmanns Verlag, München, 1971:

„Prof. Walter, Kiel hatte bereits bei Beginn seiner Versuche im
Jahre 1933 den Plan gehabt, einen „Düsen-Rückstoß-Torpedo" zu
entwickeln, hatte aber die versuche eingestellt, um sich den
Starthilfen für Flugzeuge zugewandt. Während des Krieges wurden
jedoch die Versuche wieder aufgenommen.

In einer **Brennkammer wurden Wasserstoffsuperoxyd** (H_2O_2) und ein
Brennstoff (z.B. **Dieseltreibstoff**) unter **Beifügung von Wasser** (zur
Senkung der Temperatur), ohne Zersetzer zur **Verbrennung gebracht** und
in brauchbare Drücke verwandelt. Nach eingehenden Versuchen wurde
ein **neuer Brenstoff, Hydrazin-Hydrat-Brennstoffgemisch**, in Anwendung
gebracht, das jedoch nur wenige Wochen lagerfähig war und erst kurz
vor dem Torpedoschuß eingefüllt werden durfte.

Diese Gasgemische wurden zuerst in einer Kolbenmaschine verarbeitet
und da ihr Wirkungsgrad nicht den Erwartungen entsprach, wurde eine
Turbine ausgewählt, die bei einer Drehzahl von 30.000 U/m 500 PS
leistete, wobei bei einer Temperatur von 500 bis 550 Grad C ein
Druck von 40 atü entstand. Diese Torpedos erreichten anfangs eine
Geschwindigkeit von über **50 Seemeilen in der Stunde** und hatten eine
Reichweite von 20 km.
-Ends-

Anmerkung:

Könnte dieses System von Hellmuth Walter, ursprünglich für Torpedos vorgesehen, für
besondere „Walter-U-Boote" weiterentwickelt worden sein, wobei gleichzeitig noch eine
„Superkarvitation" zur Anwendung kam, die das Boot widerstandsarmer und schneller durch
das Wasser gleiten ließ?

Aus Wikipedia betreffen des russischen Torpedos „Schkwal":

„... Forschungsarbeiten an **Superkavitation-Torpedos** im
Forschungsinstitut NII-24 für Angewandte Hydromechanik begannen in
den 1960er Jahren, wo ein Prototyp mit der Bezeichnung „M-
5" entwickelt wurde. Dieser verfügte über ein **Raketentriebwerk**,
welches als Treibstoff **Wasserstoffperoxid** und **Kerosin** verwendete. ...
Die ersten Versuchsmuster wurden 1977 an die Sowjetische Marine
ausgeliefert. Die Serienversion wurde 1992 eingeführt.
...
Der „Schkwal" erreicht eine **Geschwindigkeit von über 370 km/h**. Er
hat eine Länge von 8,2 Meter und ein Gewicht von ca. 2700 kg. Bevor
das Hauptriebwerk zündet, wird der Schkwal durch acht ringförmig um
das Hauptriebwerk verteilte kleine **Starttriebwerke auf die zur
Erzeugung der Superkavitation** ausreichende Geschwindigkeit
beschleunigt.
**Gasausstoßöffnungen im Bugbereich unterstützen die Bildung der
Superkavitation zusätzlich**. Am hinteren Teil des Rumpfes werden nach
dem Start Kufen/Flossen ausgeklappt, die bis ins Wasser jenseits der
Kaverne reichen. Sie stabilisieren den Torpedo ähnlich einem
Leitwerk. Nach dem Start bleibt der Schkwal über einen sich
abspulenden Draht mit der Abschussstelle verbunden. ...
-Ends-

Anmerkung:

Hatten deutsche U-Boote auch am Bug eine Gas-Ausstoßöffnung, die eine „Oxidation-
Seewasserverbindung" ausbrachte, die sich als „Kaverne", als Hohlraum um den Bootsrumpf
schmiegte, damit die Wasserreibung vermindert, bzw. aufgehoben werden konnte?

Heute wird dies durch MHD-Antriebe erreicht, die das Wasser von der Boots-Hülle abweisen.

Ein anderes U-Boot, U-530 soll laut Aussage des Autors mit dem Synonym „Wilhelm
Bernhard", angeblich ein U-Boot Fahrer aus dem Krieg, sehr schnell gewesen sein. Außerdem
besaß es eine große Reichweite von mehreren 10.000 Kilometern.

So soll dieses U-Boot die Möglichkeit besessen haben, Wasserstoff mit Hilfe von Elektrolyse selbst aus Meerwasser und Sauerstoff aus der Atmosphäre selbst herzustellen, um als Treibstoff genutzt zu werden.

Hier sei auf den Erfinder und Techniker Rudolf Erren verwiesen, der schon vor dem Krieg Patente zu Wasserstoffmotoren angemeldet hatte.

Dazu heißt es auf der Web-Site: „ John Lorenzen & Rudolf Erren: Hydrogen Pioneers" By Harry Braun:

"Egineers in Germany and England first began investigating the use of hydrogen as an **automotive fuel in the early 1900s**, but one of the first and most influential engineers to modify the internal combustion **engine to run on hydrogen was Rudolf Erren**, who in the 1920s began modifying both Otto cycle and Diesel cycle engines to **operate on hydrogen fuel. Erren was a combustion engineer** who developed a fuel injection system that allowed the hydrogen to be **fed directly into the cylinder**, thereby eliminating the carburettor, which was poorly suited to inject a gaseous fuel. The <u>remaining engine components were unchanged</u>, thus the conversion cost was relatively small, and the vehicles were **able to operate on either hydrogen or other hydrocarbon fuels** while in operation with the flip of a switch from inside the vehicle. All major engines in use at the time were modified, including those manufactured **by MAN, Daimler-Benz and Beardmore.**

In World War II, the Allies **captured a German submarine** that **used hydrogen** to power both their Errenized "trackless" **diesel engines and torpedoes.**

Conventional fuels leave tracks, which are a trail of exhaust bubbles, but when only hydrogen and oxygen were combusted in the engine, the resulting water vapor condensed into the seawater, thus no bubbles were formed that would drift to the surface for a giveaway trail. During surface operation, the submarine's diesel **engines also powered an electrolyzer**, which separated water into hydrogen and oxygen. These gases were then stored under pressure until needed when the submarine was diving or running submerged. The **hydrogen-fueled submarine eliminated the need for large heavy batteries and electric motors needed** for underwater operation. The weight and space savings allowed the submarines range to be extended **by 15,000 miles** and because the hull was strengthened, the vessel was able to dive deeper and faster. . . . "

Anmerkung:

Wie viele U-Boote fuhren bereits während, oder kurz nach Kriegsende mit einem Wasserstoffantrieb, ggfs. kombiniert mit „Superkarvitation" und später mit weiteren Verbesserungen, wie ELF-Wellen Energie-Übertragung und Zusatzantriebe mit „Homopolaren Stromgeneratoren", mit „Tesla-Technik" um die ganze Welt?

Wie viele U-Boote dieser neuen Bauart mit neuen, effektiven Antrieben nutzten die Verschwörer, oder werden von diesen immer noch genutzt?

So erwähnt Michael X. Barton in einem Schreiben an einen Informanten:

„… es ist bekannt, dass die Nazis einen „Free-Energie-Motor" besitzen und einen solchen Motor im Jahre 1958 verwendeten, um ihre U-Boote, die zwischen Europa und Buenos Aires fahren, damit anzutreiben. Es wird weiterhin angenommen, dass es eine Unterwasserstation gibt, die von den Nazis betrieben wird, die irgendwo zwischen dem Atlantischen Ozean, in Richtung Deutschland und Argentinien. Eine Zwischenstation für Nazi U-Boote und Fliegende Untertassen."

Quelle: Henry Stevens „Dark Star, 2011.

Anmerkung:

Welches Körnchen Wahrheit befindet sich in dieser Aussage?

Richtig wird mit Bestimmtheit sein, dass es geheime Unterwasserstation auf der ganzen Welt gibt, die von „UFOs" angesteuert werden. Siehe hier das U.S.-Patent von Gilman Hill und dem „Boundary Layer Fluid Pumping System", das sowohl Luft als auch Wasser als Teil des Antriebes bewegen kann. Daraus abgeleitet wurde auch bei der Kult Sci-Fi-Serie „Raumpatrouille" ja die „Orion" aus einer Unterwasserstation heraus in den Weltraum gestartet.

Ob die „Nazis" noch heute solche Stationen betreiben, ist eher unwahrscheinlich.

Aber geheime, supranationale Sondereinheiten, die im Zusammenhang mit der „Wahren Raumfahrt" stehen könnten, werden all die Techniken nutzen, die auch in den Büchern des Autors beschrieben wurden. Deshalb sind ja solche Techniken, Flugzeuge, U-Boote, Weltraumschiffe ect. geheim, weil man verhindern möchte, dass der gemeine Bürger etwas von einer Weltraum fahrenden Menschheit weiß, oder gar auf die Idee kommt, daran teilnehmen zu wollen.

…

Die DNZ, München. Nr. 27/1978 berichtet in dem Artikel: „Neues aus Grönland; Untereisbauten leicht erbohrbar":

"Vier amerikanische und drei dänische Ingenieure leiten das 40-Mann-Team der „Grönland-Eis-Tief und Hochbauplanungsgesellschaft 2000", die in Godthab, der Hauptstadt Grönlands, für die Zukunft plant, wie schon die Ziffer 2000 aussagt, …. Inzwischen haben über hundert Probebohrungen und Versuchstunnelbauten im ewigen Eis auf Grönland stattgefunden. ... Dabei stellte sich heraus, daß das Ausheben riesiger Untereis-Hohlräume verhältnismäßig leicht möglich ist und sich in mittleren und größeren Eistiefen eine große statische Sicherheit ergibt. Sogenannte Baukanäle von 3 qm (Querschnitt) lassen sich bis 50 Meter Tiefe pro Tag vorantreiben. Mit Hilfe von Fertigteilverschalungen und Kunststoffelementen lassen sich schon ab 50 Meter Tiefe große „Eishallen"' für Bauzwecke verkleiden, die durch Wegetunnel und Tunnelstraßen miteinander verbunden werden können."

Demnach begannen die Amerikaner erst 40 Jahre später mit einem
Projekt, das Deutschland schon nach der Schwabenland-Expedition in
der Antarktis in Angriff genommen hat…

Einer der ersten B-17-Bomber, der von den Vereinigten Staaten nach
England überführt wurde, wurde Im Dezember 1942 In der Nähe
der auch heute noch bestehenden grönländischen Thule-Basis von
weißglühenden Fliegenden Objekten umflogen. Zu dieser Zeit
berichtete Oberstleutnant James B. Nilreck, daß Transporter-
Kampfflugzeuge der Deutschen Luftwaffe in diesem Gebiet unterwegs
waren — obwohl später bekannt wurde, daß die Deutschen zu dieser
Zeit keine Einsatztransporter besaßen.

In dem Tal waren die Fliegenden Objekte rund und strahlten das
bekannte, <u>rot-orangefarbene Glühen</u> aus. über den „<u>Nilreck-Vorfall</u>"
wurde ausgedehnt berichtet, weil einige Mannschaftsmitglieder
behaupteten, Meteore gesehen zu haben.

In der gleichen DNZ-Ausgabe wird unter dem Titel: *„Der Streit um die
sechs Tunnellöcher"*, berichtet:

„Am Nordpol spielen sich unerklärliche Dinge ab", berichtete vor
einem Jahr Wladimir Rogatschew, sowjetischer Aufklärungspilot, der
regelmäßig mit seiner vierköpfigen Besatzung das Nördliche Eismeer
und Grönland überfliegt. Er hatte <u>sechs Tunnellöcher in
unmittelbarer Nähe des Nordpols gesichtet</u> und gemeint, die
Amerikaner wollten da heimlich unterirdische Atomversuche vornehmen.

Kontakte auf diplomatischen Kanälen verliefen negativ. Also wurden
erneut Aufklärungsflüge vorgenommen und wiederum „sechs schwarze
Punkte" gesichtet. Die diesmal im Verband fliegenden drei Maschinen
gingen tiefer herunter und erkannten <u>Stolleneingänge</u>. Plötzlich
allerdings packte die Flugzeuge ein „fremder Auftrieb" und
schleuderte sie auf 15 000 Meter Höhe. Versuche, wieder auf Sinkflug
zu gehen, scheiterten an einer unbekannten Kraft, die die Maschine
immer wieder hoch drückte.

„Ich habe dafür keine Erklärung", berichtete Oberst Rogatschew. „Man
kann von einer <u>magnetischen Abstoßkraft</u> sprechen."

Der Bericht machte nun auch die Amerikaner hellhörig. Sie schickten
eine Expedition und untersuchten das Gebiet rund um den Pol. Es
wurden weder Stolleneingänge, noch „schwarze Stellen", noch
„Abstoßkräfte" registriert, Das einzige, was die Expedition vorfand,
waren pyramidenhafte Eisauftürmungen die wie Kennzeichen in dieser
Nordpolgegend standen. Leider hatte die Expedition kein schweres
Gerät, um unter den Eispyramiden nach Hohlräumen oder „Eingängen" zu
suchen.

Sie bestätigten, daß diese Eispyramiden „neue Auftürmungen
unbekannter Herkunft" sind. Seitdem wird es für nicht so unmöglich
gehalten, daß es in den Polgegenden „außerirdische Phänomene" gibt.

Daß der Begriff „Außerirdische" eine Ablenkung der Alliierten
Militärmächte darstellt, der später auch von anderen Autoren gewollt
oder aus Unwissenheit übernommen wurde, ist von uns wohl hinreichend
klargestellt worden.

Vergegenwärtigen wir uns nochmals den Bericht der Saarbrücker
Zeitung, vom 14. 9. 1957: *„Geheimnisvolle Stahlkuppel im ewigen Eis"*,
siehe HUGIN-Schrift: „Geheime Wunderwaffen", Band II, S.79. Worin
die Rede von einer etwa 1.000 Seemeilen nordöstlich der De-Long-
lnseln gesichteten Stahlkuppel ist. die sofort unter dem Eis
verschwand, als sich der amerikanische Aufklärungsflieger näherte,
wobei er gleichzeitig Ausfall sämtlicher elektronischer Bord
Instrumente hatte.
...

Mit israelischer Hilfe baut Südafrika für zwölf Millionen Mark auf
der etwa 1750 km südöstlich von Kapstadt gelegenen verlassenen
Marion-Insel (255 qkm groß) eine Start — und Landebahn. Geplant
seien Atomwaffen-Tests (drei Pressemeldungen vom 29. 12. 1986). Die
Insel liegt nahe zur Antarktis. Sollte man von hier aus Angriffe
gegen das Neuschwabenland-Gebiet geplant haben? Es wurde in diesem
Zusammenhang erneut die Vermutung ausgesprochen, Südafrika habe hier
schon einmal im Jahre 1979 eine A-Bombe zur Zündung gebracht.

Gemäß der norwegischen Zeitung „Verdens Gang" (VG) vom 15. Febr.
1988 gehört auch Norwegen diesem Bündnis zwischen Israel und
Südafrika an:

„Norwegen und Süd-Afkrika sollen im Jahr 1985 mit Israel ein
geheimes Übereinkommen getroffen haben. Dieses ermöglicht es,
Zivilisten und Militärs in die Antarktis zu senden. 1.150 Mann, 670
aus Norwegen und 260 aus Süd-Afrika. Sie halfen Israel, ein Rollfeld,
ein Kommunikationszentrum und Forschungszentrum zu bauen."

Es wird auch hier behauptet die erste Atomsprengung erfolgte im
September 1979 im norwegischen Teil der Antarktis und die nächsten
am 5. März und am 3. Dezember 1986.

Sollte es sich hierbei um Angriffsversuche gegen eine nicht näher
genannte fremde Macht gehandelt haben?

Die erste selbständige Antarktisexpedition der DDR ist am 12. 10.
1987 zur Schirrmacher-Oase in Neuschwabenland aufgebrochen. Am 20.
Okt. 1987 sollte dort die „Georg Forster" Station offiziell eröffnet
werden. [Bremer Nachrichten, 13. 10. 1987)

Zur gleichen Zeit schrieb uns ein Leser, daß ein Flugzeugträger der
UdSSR ebenfalls dorthin aufgebrochen sei. Erstaunlicherweise haben
wir weder von der DDR-Expedition noch von dem Flugzeugträger je
wieder etwas gehört. Unterdrückt werden weitere diesbezügliche
Meldungen meist nur dann, wenn Schwierigkeiten aufgetreten sind!

Am Neujahrsmorgen 1989 um sechs Uhr in den Frühnachrichten, wurde
berichtet, daß die wichtigste sowjetische Forschungsstation in der
Antarktis völlig zerstört wurde.

Ebenfalls die Start- und Landebahn für Flugzeuge. Genauere Angaben
wo sich diese Station befand und wie sie hieß, wurden nicht gemacht.
In der Presse fanden wir keinen entsprechenden Bericht dazu.
...

In dem zuvor schon mal erwähnten Artikel „Außerirdische Phänomene in Arktis und Antarktis, Nr. 149, Januar 1969 „UFOs in der chilenischen Antarktik":

„Im Internationalen Geophysischen Jahr 1956-58 begab sich eine Gruppe chilenischer Wissenschaftler auf die kleine, unwirtliche Insel Robertson, südlich des 65. Breitengrades und westlich des Meridians 60, im Weddell-Meer, um gewisse Studien zu machen. Es befanden sich unter ihnen die Spezialisten Dr. Barros und Dr. Tagle. Die einzige Verbindung, welche die kleine Gruppe mit der Außenwelt unterhielt, bestand im Funk mit einigen Stützpunkten, mittels eines batteriegespeisten Senders. Merkwürdigerweise fiel das Gerät in den ersten Januartagen aus, sodaß sie nun vollkommen von der Welt isoliert waren, bis zum 20. Januar, an dem man sie mit einem Hubschrauber von der Insel wieder abholen würde. Jedoch kümmerten sie sich nicht weiter um dieses Ereignis, sondern führten eifrig ihre Forschungen über **den vulkanischen Ursprung der Basaltfelsen**, sowie über die Gletscher — vereiste Ströme - fort.
...
-Ends-

Anmerkung:

Die DeLong Inseln sind ein Archipel im Nordpolarmeer und gehören zu den Neusibirischen Inseln, zur russischen Republik Jakutien.

...

Transportflugzeuge für die Antarktis

Also Wasserflugzeuge könnten neben Schiffen die Versorgung, oder den Abtransport von Mannschaften und Offizieren, z.B. zum Soldatenerholungsheim auf der Hazienda Dignidad vorgenommen haben. Eventuell auch die Nachfolger, die Dornier Do 18 und Do 24. Dazu Landflugzeuge mit Schwimmern oder Kufen, wie die Ju 52 und deren Nachfolger, Ju 252 oder 352, die z.B. auf dem Schiffsweg nach Chile oder Argentinien transportiert wurden, um wieder zusammengebaut, heimliche Transportaufgaben und Verbindungsflüge zu übernehmen.

Wenn man sich nicht zusätzlich noch aus dem Arsenal amerikanischer Flugzeuge bediente, die entweder bei Latein Amerikanischen Fluglinien im Einsatz standen, oder über Brasilien als „Lend Lease" Militärhilfe von den USA eingeführt wurden. Auch das amerikanische Flugboot „PBY Catalina" wäre ein Kandidat für Versorgungsflüge in die Antarktis.

Admiral Byrd

The most extensive photographic documentary is to be found in an exhaustive article in one of the **National Geographic Magazines**, replete **with maps and flight paths of the Byrd overflights**, leaving out the far more sensational revelations supposedly contained in Byrd's private diary, which was forbidden to be published by U.S. authorities - or so it is alleged. Its content was leaked by Admiral Byrd's son, who himself came to a rather bizarre and mysterious end.

Die Gefahr deutscher und spanischer Spionage- und Sabotageakte auf dem lateinamerikanischen Kontinent war mehr als real.

Den ganzen Krieg hindurch hatten die Nazis ein Spionagenetzwerk in den wichtigsten Ländern Süd Amerikas, wie Argentinien, Brasilien, Chile, Cuba, Mexiko und auch Paraguay

(Siehe Briefmarke, auf der eine der neuen, bis heute geheimen A-4 Raketen abgebildet sein könnte, die irgendjemand als Information an die Herausgeber von Briefmarken in Paraguay lanciert haben könnte. War es ein ehemaliger Peenemünder, der in Chile oder Argentinien nach dem Krieg tätig war, oder ein Auswanderer oder ex Agent aus Deutschland, der von geheimen Operationen - auch auf dem lateinamerikanischen Kontinent oder in der Antarktis - wusste, die bis heute unbekannt sind? Wollte derjenige nicht, dass diese deutsche Geheimentwicklung für immer untergeht und der wusste, dass Informationen darüber nie der allmächtigen, weltweiten Zensur entgehen würde? Sind Briefmarken für die Übermittlungen von geheimen Botschaften unverfänglicher?)

Das Hauptquartier „Operation Bolivar", wie die deutschen Spionageaktivitäten hieß, war auf in Buenos Aires, Argentinien stationiert und von dort lief auch ein geheimer, verschlüsselter Funkverkehr in die Reichshauptstadt nach Berlin. Das Netzwerk nutzte auch den transatlantischen Schiffsverkehr via spanische Handelsschiffe, um Geheimdokumente über Spanien nach Europa und Deutschland weiter zu leiten.

Auch könnte eine Versorgung und der Transfer von Geheimwaffen über spanische Schiffe oder den Norddeutschen Lloyd gelaufen sein, die Argentinien anliefen, um Geheimstützpunkte in Argentinien und Chile – Hazienda Dignidad – zu versorgen.

Falls auch nicht hier verdeckte amerikanische Hilfe ggfs. über Brasilien kam, entweder per Schiff oder Flugzeug.

Spanien war ein wichtiger Stützpunkt in Europa für Nazi-Geheimdienstoperationen. Tausende und abertausende Spione, als zivile Angestellte von Niederlassungen und Firmen aus Deutschland, Kaufleute irgendwelcher Tarnfirmen, Militär-Attaches und div. Botschaftspersonal, als normale Einwohner bestimmter Städte, wie Barcelona im Baskenland, usw., tummelten sich auf der iberische Halbinsel und gingen ihren offiziellen und geheimen Geschäften nach.

Es gab also genügend Möglichkeiten für die Alliierten und speziell für die USA, über deutsche Geheimoperationen, wie auch über die Hazienda Dignidad und ganz zu schweigen, von Neu Schwabenland Bescheid gewusst zu haben, da, wenn sie deutsch sprechen konnten, heimlich in die Netzwerke infiltriert werden konnten.

Wenn man also die deutschen Aktivitäten diesbezüglich duldete, ja wahrscheinlich sogar aktiv verdeckt unterstützte, dann war ein geplanter Dritter Weltkrieg auch in Lateinamerika ein wichtiger Teil der Kriegsvorbereitungen der diversen Verschwörer aus angelsächsischen Kreisen, die mit deutscher Hilfe ihre Ziel umsetzen wollten!

Obwohl Argentinien und Chile, die sich gegen Kriegsende an die Seite der Alliierten stellten und die deutschen Spionagetätigkeiten zu unterbinden versuchten, lief „Operation

Bolivar" und der „Abteilung VI D" der Abwehr und des SDs noch bis Kriegsende im Mai 1945 weiter.

Auch die USA, in deren „Hinterhof" sich ja die deutschen Spionage- und Sabotageunternehmen abspielten waren insbesondere über die Nazi Propaganda besorgt, da diese ihrem Land schadete.

Vor dem Ausbruch des Zweiten Weltkriegs diente die deutsche Botschaft in Guatemala City als zentraler Ausgangspunkt zum Verteilen von Propaganda-Informationen in ganz Zentral-Amerika. Man konzentriert sich bei den Informationen aus Deutschland z.B. auf das gute Ausbildungssystem - das heute noch eines der besten in der Welt ist, im Vergleich zu den USA – und die dadurch gute Qualität deutscher Güter, „Made in Germany", was ja tatsächlich stimmt und damit keine „graue" oder gar „schwarze Propaganda darstellt.

Im Krieg von 1941-41 verwies die deutsche Propaganda auf die Erfolge und Siege der deutschen Wehrmacht und die deutschen Waffen, die dies möglich machte.

Von Guatemala wurden die Informationen zentral an alle deutschen Botschaften via der Salvadoranischen Airline „TACA" verteilt.

Die TACA wurde 1931 von dem Neuseeländer Lowell Yerex in Honduras gegründet. Damals wurde Fracht im Auftrag der Regierung transportiert. Zu den ersten Maschinen der TACA gehörte eine einmotorige Stinson „Reliant". Die Abkürzung des Namens hieß „Transportes Aéreos Centroamericanos".

1939 wurde die Gesellschaft nach El Salvador verlegt und TACA weitete seine Dienste in andere zentralamerikanische Länder mit Hilfe von neu gegründeten Tochterfirmen aus.

1943 fanden Flüge nach Kolumbien und Venezuela statt.

Die Flugzeuge der TACA waren u.a. Ford AT-5 Tri-Motor, Douglas DC-3 und Lockheed 18 „Loadstar", also alle amerikanische Muster.

Interessant ist hier die DC-3, das „Gegenstück" zur deutschen Junkers Ju 52 Transportmaschine, die man auch in Latein Amerika für geheime Versorgungsflüge hätte nutzen können, wie Flüge von der Hazienda Dignidad nach Süden nach Feuerland und weiter in die Antarktis.

Stellt sich die Frage, ob bestimmte Latein Amerikanische Fluglinien, bzw. deren Label dafür verwendet wurden.

Sprich als Tarngesellschaft für geheime Transportflüge, um deutsche Soldaten von der Antarktis zur der Alpin anmutenden „Hazienda" zu fliegen, damit die Mannschaften und Offiziere sich dort erholen konnten.

Die Frage wäre also, ob es amerikanische Transportmaschinen gab, die unter ziviler Flagge einer Lateinamerikanischen Fluggesellschaft, oder gar einer erfundenen Airline (wie die CIA/"Air America"), solche geheimen Flüge während und nach dem Krieg durchführten?

Die USA konzentrierten ihre Aktivitäten in Süd-Amerika hauptsächlich auf Brasilien, wegen der geographischen Lage der nordöstlichen Ecke, die West Afrika am nächsten lag, da von dort Patrouillenflüge über den Atlantik erfolgen, u.a. auch wegen der Jagd auf deutsche U-Boote. Außerdem wurden Alliierte Verbände von Brasilien über diese „Ferry-Route" nach Nord Afrika mit Nachschub versorgt.

Außerdem hatten die Amerikaner Angst, dass Brasilien als Eingangstor für eine Invasion der Nazis von Lateinamerika genutzt würde. Dafür bekam Brasilien von allen Lateinamerikanischen Ländern die meiste „Lend-Lease" Hilfe, denn die Amerikaner begünstigen immer die Länder weltweit, von dessen sie sich die meiste Hilfe für ihre Weltherrschaft versprechen.

Außerdem erhielt Ecuador eine „Lend-Lease" Hilfe, weil die USA einen Flugplatz auf den Galapagos-Inseln benötigte.

Die „Special Police Unit", bekannt geworden als „Department 50" wurde 1941 in Chile aufgestellt. Die Einheit konnte bis zu 40 deutsche Spione verhaften und einen geplanten Angriff auf den Panama Kanal durchkreuzen.

Zwei deutsche Spionage Ringe wurden in Chile während des Krieges ausgehoben.

Wie in Spanien, so wurde auch an der langen Küste von Chile alliierte Schiffsbewegungen ausspioniert und nach Berlin gemeldet.

Das „Department 50" entdeckte Waffendepots und tausende von Dollars in Cash und ein Plan, um Bergwerke in Nord-Chile zu sprengen.

Norwegen -Geheimer Aufmarschplatz für den Dritten Weltkrieg?

Unbekannter Flugplatz in Norwegen?

Eine Zeitungsmeldung, datiert auf den 29. Juni 1945 in der "Washington Post", gab einen Bericht der 21st U.S. Army Group Headquarters wieder, in dem über eine „beängstigende Endeckung alliierter Truppen im besetzten Norwegen" berichtetet wurde:

"R.A.F. officers said today that the Germans had nearly completed preparations for bombing New York from a "colossal air field" near Oslo when the war ended.

"Forty giant bombers with a 7,000 mile range were found on this base - the largest Luftwaffe field I have ever seen," one officer said.

"They were a new **type bomber developed by Heinkel.** They now are being **dismantled for study.** German ground crews said the planes were held in **readiness for a mission to New York**".

> **Were Ready to Bomb N. Y.**
>
> Twenty-first Army Group Headquarters, June 28 (P).—RAF officers said today that the Germans had nearly completed preparations for bombing New York from a "colossal airfield" near Oslo when the war ended.
>
> "Forty giant bombers with a 7000-mile range were found on this base—the largest Luftwaffe field I have ever seen," one senior officer said.
>
> "They were a new type bomber developed by Heinkel. They now are being dismantled for study. German ground crews said the planes were held in readiness for a mission to New York."

Anmerkung:

Auch hier wieder die übliche Frage, was will uns diese ominöse Zeitungsmeldung, geschrieben von wem auch immer, höchstwahrscheinlich bereits von einem Zensor bearbeitet oder selbst ausgedacht, und dann an die willige Presse lanciert, die ungeprüft die Meldung verbreitet, sagen?

Ein „kolossales" Flugfeld nahe der norwegischen Hauptstadt, dann das allseits bekannte, bereits in anderen zensierten Berichten erwähnte (Ablenkungs-) Ziel, die riesige Weltstadt New York. Ein geeignetes und spektakuläres Ziel, eine große amerikanische Metropole die so gut wieder jeder kennt, oder zumindest schon davon gehört hat.

Wahrscheinlich handelt es sich aber um ein Flugfeld, das alles andere als „kolossal" ist, eher unauffällig und getarnt in einer einsamen, abgelegenen und streng bewachten Gegend von Süd-Norwegen.

„Big Apple", eine weitere Ablenkung, ein Angriffsziel in den USA, weit weg von dem eigentlichen Grund, warum „Operation Unthinkable" ins Leben gerufen wurde: die Sowjetunion nach Kriegsende von Stützpunkten in West-Europa durch einen weiteren Krieg niederzuringen.

Vierzig giannische Bomber, von Heinkel entwickelt, mit einer Reichweite von 7.000 Meilen. Ein wohlmöglich zutreffender Hinweis, so war die Heinkel He 177 und deren Weiterentwicklungen als Langstreckenbomber gedacht. Denn eigentlich hatte die deutsche Luftwaffe keine geeigneten, weitreichenden Bomber, schon gar nicht im ausreichenden Maße, um England oder gar den USA gefährlich werden zu können.

Das diese angeblich vorgefundenen Bomber von Spezialisten auseinander genommen und untersucht worden sein sollen, ist durchaus denkbar. Eine „Evaluation", eine gründliche Untersuchung hatte man mit vielen anderen Beuteflugzeugen aus Deutschland auch unternommen.

Es soll noch den Hinweis geben, dass die Flugzeuge dann vor der Küste Norwegens im Meer versenkt wurden, was daraufhin deuten könnte, dass das Flugfeld nahe der Küste, oder einer Klippe, Fjord, irgendwo in entlegenen, ggfs bergigen Gebieten von Norwegen gelegen haben könnte.

Es könnte durchaus ein neuer Flugplatz heimlich errichtet worden sein. Es gab rege Bautätigkeit nach der Besetzung Norwegens durch die Nazis, ob Flugplätze für die Luftschlacht um England, U-Boot Bunker, oder das Straßen- und Schienennetz, das für den Angriff auf Murmansk von Oslo nach Kirkenes ausgebaut wurde. Auch Küstenbefestigungen wurden weiter ausgebaut.

So heißt es bei „Wikipedia":

„Diese Zwangsarbeiter wurden vor allem aus <u>sowjetischen und polnischen Kriegsgefangenen rekrutiert</u>, die in **vier Lagern** konzentriert waren: Stalag 303 in Jørstadmoen bei Lillehammer, Stalag 322 in Elvenes bei Kirkenes, Stalag 330 in Sagen bei Alta … und Stalag 380 in Drevja und Opdal. Hinzu kamen mindestens **121 im ganzen Land verstreute Nebenlager.** Luftbildarchäologie hat ergeben, dass es **wesentlich mehr Nebenlager gegeben haben muss.** Diese Lager standen unter dem **Kommando der Wehrmacht.** Weitere Arbeiter wurden unter der Kontrolle der **Organisation Todt** rekrutiert. Die **Waffen-SS** unterhielt eigene Lager . . ."

Es ab also genügend Möglichkeiten irgendwo einen geheimen Flugplatz zu bauen und heimlich Flugzeuge, entweder per Luftweg oder per Bahn oder Schiff nach Norwegen zu bringen, um sie gar dort, vor Ort erst endzumontieren.

So erwähnt der amerikanische Autor Henry Stevens in seinem Buch „Dark Star" im Zusammenhang mit dem Einsatz von Staustrahlflugkörpern, die Manchester in England angegriffen haben sollen, das der Direktor des „Norwegian Industrial Workers Museum" in Vemork von einem geheimen Stützpunkt wusste, der in der Nähe des Gausta Berggipfels im Herbst 1944 errichtet wurde.

In einem Wikipedia-Eintrag dazu heißt es:

„Gaustatoppen, in der Landessprache oft auch nur „**Gausta**" genannt, ist ein Berg in der norwegischen <u>Provinz Telemark</u> südlich der Stadt Rjukan. Mit einer Höhe von 1.883 Metern über dem Meer ist er der höchste Berg der Provinz. Durch seine Kegelform ragt er aus der Landschaft heraus. Bei **guter Fernsicht** ist es **möglich ein Sechstel Norwegens zu überblicken,** was ca. 60.000 km² entspricht. Der Blick reicht im **Osten bis zur schwedischen Grenze,** im **Süden bis zum Meer.** Der Südhang des Berges ist sehr steil und unzugänglich; <u>das Wrack eines Flugzeuges liegt dort und wurde aufgrund der Lage nie geborgen.</u> ...
Aufgrund der Höhe und Lage des Berges wurde er während des Kalten Krieges als **Radar- und Funkstation** genutzt. Erst 1995 endete die militärische Nutzung. Eine 55 m hohe Antenne wurde 1970 auf dem Berg errichtet und für Radio und Mobilfunk genutzt."
-Ends-

Gemäß Legende heißt es, dass im Kalten Krieg ein Tunnelsystem im Berg installiert wurde, sogar mit einer internen Drahtseilbahn, die bis hinauf auf die Bergspitze führt. Dort steht ein Funkturm auf dem „Juwel der Telemark", dem 1.883 m hohen „Gausta". Angeblich wurde das Tunnelsystem in den späten 1950er Jahre in den Berg gesprengt, als Versorgungseinrichtung, um zu jeder Jahreszeit und Wetterbedingungen Zugang zur Abhörstation auf dem Berg zu bekommen. Die Auslegung des Tunnelsystems im Gausta lehnt sich an die Bauweise der tunnelähnlichen Wasserkanäle für die Wasserkraftwerke, die in den Bergen und Fjorden Norwegens Strom erzeugen, an.

Nicht weit entfernt der Stadt Rjukan liegt das Wasserkraftwerk Vemork, wo schweres Wasser produziert wurde.

Gut möglich das die Stadt Rjukan das Einfallstor für deutsche Geheimoperationen in dem Gebiet des Hardangervidda Plateaus war. Dieses so gut wie baumlose Plateau in 1.100-1.200

Höhe ist flach und karg und irgendwo in der Nähe des Tafelberges Gausta mag es einen gut versteckten und gut getarnten Flugplatz gegeben haben, den die SS heimlich errichten ließ. Wohlmöglich waren die Bauten und Hangars unterirdisch und eine entsprechende Rollbahn getarnt, bemalt oder mit Vegetation, Steinen usw. vor Sicht aus der Luft abgedeckt.

Denkbar, das der NATO-Stützpunkt auf dem Gausta auf militärische Einrichtungen der Deutschen aus dem Krieg aufgebaut wurde und somit bis jetzt die alten Anlagen vertuscht werden konnten.

Der Direktor des Museums meinte, dass es Gerüchte gibt, das damals diese deutsche Basis auf dem Gausta in Verbindung mit deutschen V-Waffen stand. Außerdem soll eine Radareinrichtungen auf dem Berg gestanden haben. Nur deutschen Technikern war es erlaubt, das Militärgelände zu betreten, und es wurde Tag und Nacht strengstens bewacht. Gegenüber dieser Anlage soll schwere deutsche Flak in einem angrenzenden Tal stationiert gewesen sein. Eine Eisenbahnstrecke soll sich den Berg hinauf gewunden haben und diese ganze Strecke wurde ebenfalls streng bewacht.

Könnten demnach deutsche Langsteckenbomber in Norwegen auf einem unbekannten Fluggeländе in der Nähe des „Gaustatoppen" irgendwo auf dem Hardangervidda Plateau stationiert gewesen sein, die von der SS für die nächsten Krieg gesichert und bewacht wurden?

Wenn auf einem Plateau ein Flugplatz mit einer Holzstartbahn errichtet worden sein sollte, dann macht die Aussage einen Sinn, dass die Flugzeuge über das Plateau ins Meer geschoben, in einen der angrenzenden Fjorde versenkt worden sein könnten.

Wurden die 40 Langstreckenbomber von den „Regulären" durch Spionage entdeck, um nach einer kurzen Untersuchung schnellstmöglich vernichtet zu werden? Lancierte man das der U.S. Presse im Juni 1945?

Was passierte mit dem Flugplatz auf dem Plateau? Wurde der geheime Platz nach dem Krieg dem Erdboden gleich gemacht, um Spuren, die auf einen Dritten Weltkrieg gleich nach Ende des Zweiten Weltkrieges hindeuteten, ein für alle mal zu vertuschen?

Welche deutschen Bomber kämen in Betracht, um Langstreckenmissionen tief ins Hinterland zu fliegen, um bestimmte, strategisch wichtige sowjetische Häfen, Anlagen und Einrichtungen (Murmansk, Finnland) bei einem Überraschungsangriff, einem Erstschlag auszuschalten?

Heinkel He 277

Es gab zwei Varianten der Heinkel He 177 mit vier Einzeltriebwerken, statt mit je zwei gekoppelten Motoren. Die waren die Heinkel He 177 A8, neue Bezeichnung ab 1943 als He 277 Höhenbomber.

Die He 177 A8 hat viel mit der He 177 A6 gemein und die A6 konnte aus früheren He 177 Version umgebaut werden. Dies betrifft das Heck, vier einzelne Triebwerke und ein druckbelüfteter Führerstand.

Solle Umbauten als Vier-mot Bomber sollen bessere Leistungen, als die amerikanischen B-29 „Stratofortress" aufgewiesen haben, da sie in Höhen von 15.000 m operieren konnten, die kein Kolbenmotorjäger der damaligen Zeit erreichen konnten.

Acht He 177 A6 sollen in Rechlin am Müritzsee zu neuen He 277 umgebaut worden sein, als im Jul 1944 die Produktion angehalten und die fertigen Maschinen verschrottet wurden.

Ein Rumpf wurde für den Umbau zur Junkers Ju-287 V-1 Strahlbomber zurückgehalten.

Im März 1945 sollte das Ju 287 Programm mit 100 gefertigten Strahlbombern im Monat im großen Stil anlaufen (eventuell für den nächsten großen Krieg, da die „Verschwörer" Strahlbomber wünschten?)

Die andere He 277 Variante mit vier einzelnen Motoren wurde bei Toulouse entwickelt (wo heute Airbus Industries angesiedelt ist).

Bei der Besetzung Frankreichs wurde General Patton mitgeteilt, dass die He 274 der „the real Amerika Bomber" wäre. Aber Sabotage durch die Franzosen verlangsamten die Entwicklung und bei der Invasion Frankreichs fielen zwei Prototypen i Alliierte Hände.

Diese He 177 hatte eine größere Spannweite, ein überarbeitetes Fahrwerk und das Heck der „H-Version". Von der Konstruktion war die A-4 so gebaut, dass das Flugzeug eine höhere Reichweite besaß und nach New York fliegen könnte. Diese Version wurde zur He 274 weiterentwickelt.

Angeblich soll ein Projekt in der Entwicklung gewesen sein, das den Rumpf der He 177 mit den Tragflächen des „Amerika-Bombers" Messerschmitt Me 264 kombinieren sollte.

Heinkel entwickelte Umbausätze für die He 177 A-5 Rümpfe mit neuem Heck, neuem Cockpit und neuen Tragflächen von der He 177 A-7.

So soll ein großes Lager voller He 277 Umbausätze einbaubereit in Wien Schwechat ab April 1944 existiert haben. Nach zwei Luftangriffen auf Schwechat am 23. und 26. Juni 1944 soll mysteriöserweise am 2. Juli der Umbau aufgrund von Görings Jägernotprogramm gestoppt worden sein.

Wurden die Umbausätze verschrottet oder woanders eingelagert? War diese Maßnahme tatsächlich dem Vorrang für den Bau von Jagdflugzeugen für die Reichsverteidigung geschuldet oder gar eine Ablenkungsgeschichte, um Spione davon abzubringen, weiter nach einem „Amerika-Bomber" zu suchen?

Wurden tatsächlich He 277 Fernkampfbomber umgebaut, entweder in Reich oder den besetzten Gebieten, oder gar erst vor Ort in Norwegen, auf einem extra dafür gebauten neuen und geheimen Flughafen in einem entlegenen, unbewohnten Gebiet? Eventuell unter dem Kommando der SS und von Personal des KG 200? Wenn es eine Baumaßnahme der SS unter Kammler war, dann hätten genauso Geheimhaltungsvorschriften gegolten, wie bei den geheimen Bauprojekten in Deutschland, siehe Jonastal, Eulengebirge oder „B-8 Bergkristall".

Wäre dies eine weitere Maßnahme zur Vorbereitung für den nächsten Krieg ab Juli 1945 gewesen und wird deshalb alles vertuscht, da es ja nie einen Dritten Weltkrieg nach Ende des Zweiten Weltkriegs gegeben hatte?

Warum also die Zeitungsmeldung in der „Washington Post" über die Heinkel Bomber, oder wie auch die Meldungen zum Beispiel über die Weihnachtskugeln in der „New York Times" und Reuters?

Wer lancierte diese zensierten und verklausulierten Zeitungsmeldungen, die bis heute niemand richtig verstanden hat?

Flucht aus Norwegen

Auszug eines Leserbriefes aus der Fachzeitschrift „Flugzeug" vom Februar 2001:

Die Heinkel He 111 von Albert Speer

„… Genauer gesagt handelt es sich um den Flug einer Heinkel He 111, dem persönlichen Flugzeug von Minister Albert Speer. Diese Maschine wurde im Mai 1945 in Oslo **entführt**, in der Nacht vom **7. auf den 8. Mai 1945 um 23.30 Uhr.**

Der Absturz der Heinkel He 111 ereignete sich am 8. Mai 1945 um 06.30 am Strand von San Sebastian in Spanien.

Es waren sechs Männer an Bord:

1. Der Pilot Albert **Döringel**, Unteroffizier der deutschen Luftwaffe, hat überlebt. Er war später Pilot bei der nationalen argentinischen Luftlinie.

2. Leon Degrell, Brigadeführer, Generalmajor, Volksführer, hat schwer verletzt überlebt und ist im März 1994 in Spanien gestorben.

3. Robert du Welz, Kapitän, hat leicht verletzt überlebt. Er starb 1965 in Spanien.

4. Ein weiterer Deutscher hat ebenfalls überlebt. Sein Name war Gerhard **Stridde.**

5. Ebenfalls überlebt hat Georg **Kübe**l.

6. Ein weiteres Besatzungsmitglied, Benno **Ebner**, überlebt auch.

Die He 111 führte die Kennung TQ+MU. Sie hatte ein Zeichen am Rumpfbug. Wie sah dieses Zeichen aus (vermutlich Adlerkopf)?

… Was gab es Besonderes an dem Flugzeug und warum hielt es sich zu diesem Zeitpunkt in Olso auf."

Anmerkung des Autors:

Die vier Mann Besatzungsmitglieder der Reisemaschine Heinkel He 111 von Speer waren Albert Döringel, Georg Kübel und Benno Ebner sowie Gerhard Stridde. Sie gehörten zur

Stammbesatzung der Reisemaschine von Alberst Speer und waren somit Flugzeugführer, Navigator, Funker und Bordmechaniker.

Zu Degrelle heißt es u.a. bei auf einer Webseite von „gray falcon":

„On 8 May 1945—the day victory in Europe was celebrated the wounded SS Lt. Friedrich von Argelotty-Mackensen was at last about to leave <u>Tønder airfield in Denmark (Tondern, ein ehemaliger Zeppelin-Stützpunkt im Ersten Weltkrieg, Anm.d. A.)</u>, destination Malaga.

He would report that before his plane took off he saw another recognizable figure there: **the Belgian SS Col. Leon Degrelle**, the leader of the fascist Rexist Party and, as the highly decorated commander of the Belgian Waffen-SS contingent, a much-photographed personality. **Degrelle had fled from Oslo that day later on in a Heinkel He 111H bomber stripped out for passenger transport, flown by Albert Duhinger** [who later lived in Argentina flying commercial aircraft].

Aus: Erich Kern, „*Verrat an Deutschland", Spione und Sabotage gegen das eigene Vaterland"*, Verlag K.W. Schütz KG, Pr. Oldendorf, 4. Auflage 1972, Copyright 1965:

DEGRELLE, Leon Joseph Marie Ignace.

From Gerhard Gerhard STRIDDE's Affidavit:

"The flight took off on **<u>7 May 1945</u> at 23:10 hours from the airport Fornebue/Oslo to Spain.** The order for our flight was issued by **Reich commissioner TARBOVEN (<u>Josef Terboven</u>, Reichskommissar für die von Deutschland besetzten Gebiete in Norwegen, Anm.d.a.)**, and it read:

Oslo- Drontheim.

The **pilot** was Albert DUENINGEN, the **wireless operator** Georg KUEBEL, the **navigator** Benno EBNER, the **flight mechanic** Gerhard STRIDDE and the passengers were

Leon DEGRELLE and his adjutant Robert du WELZ.

They landed <u>in Spain on 8 May 1945 at 06:20 hours</u>.

Fuel shortage compelled us to make a <u>forced emergency landing</u> on the beach of San Sebastian. DEGRELLE had 3 or 4 bone fractures on the shoulder joints.

DUENINGEN, skin abrasions and small fingered injured,
KUEBEL, EBNER and Robert, skin abrasions,
STRIDDE, broken leg and face injuries.

They were taken by the Spanish police to the military Hospital Mola at San Sebastian. They remained there until September 15, 1945 (DEGRELLE until 15 October 1946).

About 15 September 1945 the crew of four arrived at **Camp Caranza**, where they remained until 29 January 1946.

As the transport of the camp inmates was to go via France, they were advised by the Germans and Spanish authorities not to make the trip through France.

STRIDDE escaped and lived in Santander, calle Perines 13, up to his apprehension on 28 September 1946 and sent to prison in Madrid, where he remained until his return to Germany on 23 November 1946.

From Helmut R. MICHEL'S Affidavit: Robert du WELZ lived up to the middle of November 1946 in Zurbano 43,

From Wiki: After Germany's defeat, **DEGRELLE fled first to Denmark** and **eventually fled to Norway**, where he **commandeered a Heinkel He 111 aircraft, allegedly provided by Albert Speer**. He was severely wounded in a crash-landing on a **beach in San Sebastian in Northern Spain**.

The government of FRANCO in Spain initially refused to hand him over to the Allies (or extradite him to Belgium) by citing his health condition. After further international pressures, Francisco FRANCO permitted his escape from hospital, while handing over a look-alike; in the meanwhile, Jose Finat y Escriva de Romam helped Degrelle obtain **false papers**. In 1954, in order to ensure his stay, Spain granted him Spanish citizenship under the name Jose Leon Ramirez Reina, and the Falange assigned him the leadership of a construction firm that benefitted from state contracts. Belgium convicted him of treason in absentia and condemned him to death by firing squad.

While in Spain, during the time of FRANCO, Degrelle maintained a high standard of living and would frequently appear in public and in private meetings in a white uniform featuring his German decorations, while expressing his pride over his close contacts and "thinking bond" with Adolf Hitler. He continued to live undisturbed when Spain became democratic after the death of FRANCO. Degrelle continued publishing and polemicizing, voicing his support for far right solutions. He became active in the Neo-Nazi Circulo Espanol de Amigos de Europa (CEDADE), and ran its printing press in Barcelona - where he published a large portion of his own writings, including an Open Letter to Pope John Paul II on the topic of the Auschwitz concentration camp, the extermination purpose of which Degrelle called "one big fraud, Holy Father." His repeated negationl statements on the topic of Nazi genocide brought Degrelle to trial with Violeta Friedmann, a Romanian-born Venezuelan survivor of the camps; although the lower courts were initially favourable to Degrelle, the Supreme Court of Spain decided that he had brought offence to the memory of the victims, both Jews and non-Jews, and it sentenced him to pay a substantial fine. It was also decided that he should pay a fine for his Open Letter to Pope John Paul II as well.

Asked if he had any regrets about the war, his reply was: "Only that we lost!" In 1994, Degrelle died of cardiac arrest in a hospital in Malaga in Southern Spain."

WELZ, Robert du. SS-Hauptsturmführer Adjutant to DEGRELLE .

From Helmut R. MICHEL'S Affidavit, December 18, 1946:

Robert du WELZ lived up to the middle of November 1946 in Zurbano 43.

Leon Joseph Marie Ignace Degrelle was born in Bouillon, Belgium on June 15, 1906. In his early adulthood he was a poet, politician and soldier.

On March 29, 1932 Degrelle married Marie-Paule Lemay with whom he had four daughters and a son. In the late 30s he was said to befriend the famous cartoonist George Remi, known as Herge, the creator of Tin Tin. Degrelle believed Tin Tin had been inspired by him, although Remi denied this. During this time Degrelle allied himself first with Mussolini, then with Hitler.

He fought **for the Axis forces during World War II in a foreign wing of the Waffen SS called the Legion Wallonie**, formed exclusively by Belgian volunteers.

In the dawn of World War II Degrelle **was promoted to General by Himmler on May 2 1945.** However this promotion cannot be considered official as Himmler had been stripped of all SS and Party posts by Fuhrer order on April 28, 1945.

Hitler reportedly once said that if he had had a son he would have liked him to be like Degrelle.

After Germany's defeat, Degrelle fled to Denmark and eventually Norway, where he commandeered an aircraft, allegedly provided by Albert Speer . . .

Anmerkung:

Hier folgende Spekulation des Autors:

Interessant ist, das Reichsführer SS Heinrich Himmler am 2. Mai 1945 den Waffen-SS Mann Leon Degrelle der Sturmbrigade „Legion Wallonie", eine SS-Einheit bestehend aus Freiwilligen aus Belgien, die an der Ostfront kämpften, vom Rang eines SS-Standartenführer zum Brigadeführer, also im Range eines Generals befördert hatte.

Himmler hatte aber im Mai 1945 schon gar keine Befugnis mehr, Soldaten aus der SS zu befördern, weil Hitler ihn am 28. April 1945 aller seiner Posten in der SS und im Reich wegen Verrats enthoben hatte.

Warum wurde Degrelle in den letzten Tagen des Zweiten Weltkrieges zum General befördert? Warum „floh" er nach Norwegen, bzw. nach Oslo?

Angeblich wollte sich Leon Degrelle und einige seiner SS-Kameraden vor der Festnahme durch die Russen, die Degrelle als Kriegsverbrecher suchten und anklagen wollten, nach Lübeck an die Ostsee absetzten, um sich den Engländern zu ergeben.

Bekam General Degrelle von Himmler einen Sonderauftrag, um in Norwegen Verhandlungen mit bestimmten Teilen der Alliierten zu führen?

Sollte er dies „auf Augenhöhe" durchführen können und wurde Degrelle deshalb in einen hochrangigen Offiziersrang in aller letzter Sekunde befördert?

Wer war Robert du Welz? Ein Belgier und Mitstreiter von Degrelle für eine pro Nazi-Regierung in Belgien?

Sollten diese beiden Männer im Auftrag von Heinrich Himmler einen Sonderauftrag in Oslo ausführen? Scheiterte diese Mission?

Wollte Himmler mit den Alliierten einen Separatfrieden aushandeln, oder für sich ein Überleben nach dem Krieg sichern?

Wollte Himmler seine Haut retten?

Wusste Himmler gar etwas über „Operation Unthinkable"?

Wusste Himmler von einem weiteren, einem Dritten Weltkrieg, der sich gleich an das Ende des Zweiten Weltkrieges anschließen sollte (wie auch Göbbels, der auch in Kummersdorf anwesen gewesen sein soll, und der in seinem Tagebuch einen weiteren Krieg erwähnte) und wollte er sich mit Personen aus diesem angelsächsischen Verschwörerkreis, mit Kriegsplanern des Dritten Weltkrieges eventuell in Norwegen treffen? Schickte Himmler vorab zwei vertrauenswürdige Männer nach Oslo, um die Situation auszuloten?

War Norwegen, das noch eine gute, von den Nazis ausgebaute Kriegs-Infrastruktur besaß, und in dem Land noch an die 300.000 frische, wenn auch teilweise wenig kampferprobte, deutsche Verbände und Truppen lagerten, ein Aufmarschplatz für den Dritten Weltkrieg gegen die Sowjetunion? Siehe auch die 40 Langstreckenbomber auf einem geheimen Flugfeld, die sicherlich russische Ziele im Norden, wie Murmansk, Hafenanlagen und dergleichen bombardierten hätten sollen.

So wird über Leon Degrelle ausgesagt, dass Hitler meinte, würde er einen Sohn haben, so sollte er wie Degrelle sein.

Degrelle war ein „Hundertprozentiger", ein überzeugter Nazi und genoss möglicherweise bei Himmler sein vollstes Vertrauen.

Die Mission nach Norwegen und Oslo war wohl aus irgendwelchen Gründen gescheitert und es kam zu keinen, wie auch immer gearteten Verhandlungen mit irgendeiner alliierten Stellen oder einer Verschwörerseite.

Degrelle, und mit Sicherheit auch du Welz, wussten, dass sie nach dem Krieg von den Alliierten als Kriegsverbrecher zum Tode verurteilt würden. Also mussten beide in ein sicheres Land, das keine Nazis auslieferte, schnellstmöglich flüchten. Es bot sich das Franco Regime in Spanien an.

Ob es purer Zufall war, dass Degrelle und du Welz Kenntnis von einer bereitstehenden und voll aufgetankten Heinkel He 111 mit kompletter Besatzung auf einem Flugplatz in oder um Oslo wussten, ist unklar. Die beiden Belgier kaperten die He 111 und zwangen die Besatzung Kurs auf Spanien zu nehmen.

Sicherlich wird man von Seiten der Stammbesatzung der Heinkel protestiert haben, auch weil man wusste, dass die Reichweite bis zu einem spanischen Flugplatz nicht ausreichen würde.

Vielleicht verlief der Flug runter nach Spanien ggfs. über Mitteldeutschland, weiter über Prag (eventuelles Auftanken, falls noch deutsches Personal im Protektorat auf einem Flugplatz vorhanden war), München, Schweiz südwestlich nach Spanien, oder man wählte eine Flugroute über Frankreich, die Atlantikküste entlang, über die ehemalige Vichy Region ins spanische Baskenland hinüber, immer entlang der Küste, um dann am Strand von San Sebastian notzuwassern.

Wahrscheinlich wird man nie erfahren, was Degrelle und sein Begleiter in Norwegen wollten. Und man wird nie erfahren, was die „Speer-Maschine" in Oslo wollte. Ob die Besatzung im Auftrage von Speer und Dönitz, die in Flensburg saßen, irgendetwas, eine Nachricht, Dokumente ect. irgendwelchen Leuten, ob Engländer, die am nächsten Tag Norwegen besetzten, oder Personen aus der Verschwörergruppe, wie SS-Leute, Amerikaner, die von den Aufmarschplänen für den nächsten Krieg in Norwegen wussten, treffen wollte, um ihnen etwas von Speer oder Dönitz zukommen zu lassen, alles wird bis auf weiteres unklar bleiben.

Und dies alles wird vertuscht. Wahrscheinlich noch eine sehr lange Zeit.

Liquidierten die „regulären" Truppen der Engländer, die keinen weiteren Krieg duldeten, Heinrich Himmler, in dem er mit einer Zyankalikapsel vergiftet wurde und dies als Selbstmord offiziell dargestellt wurde?

Wohl aus Unkenntnis über die Reichweite und Flugmöglichkeiten der Heinkel unterschätzte Degrelle die Flugdauer und aufgrund Spritmangels musste der Pilot an einem seichten Strandabschnitt in der Nähe von San Sebastian notwassern.

-Ende-

Ghost Rockets over Sweden

Abb.:

Elektrostatischer Flugkörper mit Staustrahlrohr auf Holzrumpf.

Die Tragflächen dienen auch dazu, den erratischen Flug des elektrostatisch aufgeladenen Flugkörpers zu stabilisieren.

Abschuss von Schleuder an der Küste der Ostsee in Richtung Schweden, 1946.

Wurden solche elektrostatische Flugkörper auch mit Mistel-Junkers Ju 88 gegen Manchester, UK an Weihnachten 1944 verschossen?

Anhang I

The Great Manipulator

Kann man einen ganzen Staat kapern und für dunkle Mächte einspannen?

Wie man einen ganzen Staat manipulieren kann (und somit auch einen ganzen Planeten), zeigt folgender Wikipedia-Eintrag sehr schön:

Edward Louis Bernays

(* 22. November 1891 in **Wien**; †, 9. März 1995 in New York) gilt neben Ivy Lee und anderen als „Vater der Public Relation", und bedeutender **Spin-Doctor**.

Er selbst prägte für seinen Beruf die (euphimistische, verharmlosende, Anm.d.A.) Bezeichnung PR-Berater (Public Relations Counselor).

Bernays war ein Neffe von **Sigmund Freud** und ein Urenkel des Hamburger Rabbiners Issak Bernays. Edwards Mutter war Freuds Schwester Anna, sein Vater war Ely Bernays, der Bruder von Freuds Ehefrau Martha.

1892 wanderten die Eltern Bernays mit ihrem einjährigen Sohn Edward in die USA aus.
…

Theoretische Grundlagen

Bernays war Pionier in der Anwendung von Forschungsergebnissen der noch jungen Psychologie und Sozialwissenschaften in der angewandten Öffentlichkeitsarbeit.

Seine Erfolge in der Öffentlichkeitsarbeit halfen, die Psychoanalyse Freuds in den Vereinigten Staaten von Amerika zu popularisieren.

Das Freudsche Menschenbild ist grundlegend für Bernays Wirken und Argumentation: Der Mensch ist ein irrationales, von unbewussten Triebimpulsen motiviertes Wesen, das notwendig kultureller Bändigung und Steuerung bedarf. Dies gilt insbesondere für die **Psychologie der Masse**. Auf dieser Grundlage entwickelte er **Kampagnen zur Meinungsbeeinflussung** auf Basis damals aktueller Erkenntnisse der Massenpsychologie. Bernays argumentierte:

„Wenn wir den Mechanismus und die Motive des Gruppendenkens verstehen, wird es möglich sein, **die Massen, ohne deren Wissen, nach unserem Willen zu kontrollieren und zu steuern.**"

Er bezeichnete diese auf Wissenschaft basierende Technik der Meinungsformung als **Engineering of Consent**

Bernays wohl bekanntestes Buch „**Propaganda**" beginnt mit dem Kapitel "**Organising Chaos**" und den Worten:

„Die **bewusste und intelligente Manipulation** der organisierten Gewohnheiten und Meinungen **der Massen** ist ein **wichtiges Element** in der **demokratischen Gesellschaft**.

Wer die ungesehenen Gesellschaftsmechanismen manipuliert, bildet eine **unsichtbare Regierung**, welche die **wahre Herrschermacht** unseres Landes ist.

Wir werden regiert, unser Verstand geformt, unsere Geschmäcker gebildet, unsere Ideen größtenteils von Männern suggeriert, von denen wir nie gehört haben.

Dies ist ein logisches Ergebnis der Art wie unsere demokratische Gesellschaft organisiert ist. Große Menschenzahlen müssen auf diese Weise kooperieren, wenn sie in einer ausgeglichen funktionierenden Gesellschaft zusammenleben sollen. In beinahe jeder Handlung unseres Lebens, ob in der Sphäre der Politik oder bei Geschäften, in unserem sozialen Verhalten und unserem ethischen Denken werden wir durch eine relativ geringe Zahl an Personen dominieren, welche die mentalen Prozesse und Verhaltensmuster der Massen verstehen.

Sie sind es, die die Fäden ziehen, welche das öffentliche Denken kontrollieren."

Aufbau einer PR-Kampagne

Bernays entwickelte einen Acht-Punkte-Plan zur Durchführung einer PR-Kampagne, der auch heute noch häufig als Grundlage vieler PR-Kampagnen weltweit Verwendung findet und ebenso als Basis für die Arbeit gemeinnütziger Organisation dienen kann:

Define your objectives – Definiere Deine Ziele

Conduct research – Führe Forschungen durch

Modify your objectives based on that research –Verändere Deine Ziele auf Basis dieser Forschungen

Set a strategy - Lege eine Strategie fest

Establish themes, symbols, and appeals – Erstelle Themengebiete, Symbole und Anreize

Create an organization to execute your strategy – Rufe eine Organisation ins Leben, um deine Strategie auszuführen

Decide on timing and tactics – Entscheide über den Zeitplan und die Taktiken

Carry out your plans –Führe deine Pläne aus

Eine seiner bevorzugten Techniken zur Manipulation der öffentlichen Meinung war die indirekte Nutzung prominenter Dritter:

„Wenn man die Führer beeinflussen kann, entweder mit oder ohne deren bewusste Zusammenarbeit, beeinflusst man automatisch deren Gruppe".

Praktisches Wirken

Bernays unterstützte die amerikanische Regierung unter Wilson im Ersten Weltkrieg im „Committee on Public Information" bei ihrem Bemühen, Zustimmung der Öffentlichkeit <u>für einen Kriegseintritt der USA zu erzielen</u>.

Seine Kampagne im Kriegsjahr 1917 stellte er unter den Slogan: „Make the world safe for democracy."

In den Nachkriegsjahren versuchte er, die Wirksamkeit von Propaganda als **Steuerungsmittel des Kaufverhaltens** und **politischer Meinungsbildung einer Massendemokratie auch in Friedenszeiten nutzbar zu machen.**

Um den belasteten Begriff „Propaganda" zu vermeiden, nannte er sein Vorgehen „Public Relations"

Bernays arbeitete für verschiedenste <u>Wirtschaftsunternehmen</u>, aber auch für karitative Vereinigungen. Klienten waren u.a. der US-Präsident Calvin Coolidge,Prcter and Gamble, CBS, British America Tobacco, United Fruit, General Electric und Dodge Motors. Ab den 1920ern wirkte er einige Jahre für die amerikanische Tabakindustrie, auch für die American Tobacco Company (ATC).

Das grundlegende Problem der Industrie in den Nachkriegsjahren bestand in der **Stagnation der Nachfrage. Man kaufte nur, was man brauchte**: Waren, die mit rationalen Kriterien wie Nützlichkeit und Qualität beworben wurden.

War der Markt gesättigt, stagnierte das Geschäft. Man musste also **die Leute dazu bringen, Dinge zu kaufen, die sie nicht in dieser Weise brauchten.**

Bernays Strategie zielte auf einen Mentalitätswandel der potentiellen Käufer, die die Ware ihres symbolischen Charakters wegen erwerben sollten; der Konsument Bernays' kauft Dinge zur Selbstdarstellung und zum Selbstausdruck: „Express yourself" sollte zur maßgeblichen Maxime der Kaufentscheidung werden, die Werbung an das irrationale Begehren der Kunden appellieren.
Als die American Tobacco Company ihn bat, den Umsatz ihrer Lucky Strike Zigaretten zu steigern, befragte Bernays Abraham Brill, den führenden Schüler seines Onkels in New York nach dem symbolischen Mehrwert der Zigarette für das weibliche Unbewusste. Der bestätigte ihm den phallischen Symbolcharakter der Zigarette als Zeichen männlicher Macht und verwies auf den <u>freudschen</u> Penisneidals unbewusste Motivation von Frauen im Umgang mit Zigaretten hin.

Tatsächlich galt vor allem öffentliches Rauchen für Frauen zu dieser Zeit als Tabu.

Bernays versuchte das Rauchen auch für Frauen akzeptabel und attraktiv zu machen. Er beeinflusste dazu unter anderem die Modeindustrie den typischen Grünton der Lucky Strike Packungen zur Farbe der Saison zu machen. Er beauftragte öffentlichkeitswirksam eine Gruppe von Frauen und bat sie, für die Osterparade 1929 sich als Suffragetten zu verkleiden. Die Frauen marschierten durch New Yorks Fifth Avenue und als Zeitungsreporter sie fotografierten, zündeten sie Zigaretten an und proklamierten diese als „torches of freedom" (Fackel der Freiheit). Die Werbestrategie zielte darauf ab, Zigaretten als Symbol weiblicher Emanzipation zu etablieren und den Widerstand der Frauen gegen das Rauchen zu brechen. Einige Jahrzehnte später (in den 1960ern) arbeitete er für die Anti-Rauch-Kampagne.

In den 1930ern arbeitete Bernays für einige große Verlagshäuser. Neben seiner Taktik, angesehene Personen der Öffentlichkeit zur Befürwortung der Wichtigkeit von Büchern für die Zivilisation zu bewegen, hatte er die Idee, Möbelhersteller zum verstärkten Einbau von Bücherregalen in die Stubenmöbel zu veranlassen. Seine einfache Theorie lautete: „Wo es Bücherregale gibt, wird es auch Bücher geben." Ähnlich verfuhr Bernays, als er ab 1949 für Mack Trucks bzw. die amerikanische Truck-Industrie arbeitete. Um sich gegen die Eisenbahngesellschaften durchsetzen zu können, hatte Bernays einen indirekten und weitsichtigen Plan ausgeklügelt, von dem er zunächst seinen Auftraggeber überzeugen musste. Bernays gewann letztlich nicht nur die Zustimmung von Mack Trucks, sondern brachte in den 1950er Jahren auch den US-Kongress dazu, <u>Milliarden von US-Dollar in den Ausbau des Highway-Systems zu investieren.</u>"

Anmerkung:

Siehe auch hier, im „51. Bundesstaat der USA", in Deutschland, den radikalen Ausbau des Straßennetzes zum Nachteil der Eisenbahn.

Schon Mitarbeiter des Ministeriums Speer planten im Krieg neue Verkehrswege für die Nachkriegszeit. So heißt es, dass in ganz Deutschland nach dem Krieg mehr Häuser, mehr wertvolle und historische Bausubstanz durch den Bau von Schnellstraßen und Autobahen, die auch ganze Städte durchschnitten, zerstört wurde, als durch Bombenabwürfe im Krieg.
...

„Bernays behauptete in seiner Autobiographie, Joseph Göbbels habe sein Buch „Crystallizing Public Opinion" benutzt, um die antijüdische Propaganda im nationalsozialistischen Deutschland aufzubauen. Bernays, selbst Jude, habe davon durch Karl von Wiegand, Reporter der amerikanischen Hearst-Zeitung in Deutschland, erfahren. Dieser habe Göbbels besucht und mit ihm einen Rundgang durch dessen Bibliothek unternommen. Bernays kommentierte das in seiner 1965 erschienenen Autobiographie wie folgt:

"I knew that any human activity can be used for social purposes or misused for antisocial ones. **Obviously the attack on the Jews of Germany was no emotional outburst of the Nazis, but a deliberate, planned campaign.**"
-Ends-

Anmerkung

Edward Bernays wird nicht der einzige Spezialist zur Beeinflussung der Massen gewesen sein und die Art und Weise, wie man dies durchführt, wird es auch schon vor Bernays und seinen Manipulationen gegeben haben.

Siehe hier Alistair Crowley und sein „Magik".

Die Frage ist, ob man nach dem Ersten Weltkrieg in der Lage war, das deutsche Volk dahingehend zu manipulieren, dass 1933 die Nazis die Macht ergreifen konnten.

Die Frage ist, ob Adolf Hitler eine Marionette derjenigen gewesen sein könnten, die eine kriegslüsterne Nazi-Partei kreierten und die darauf hinwirkten, dass das deutsche Volk mit den Ideen und Zielen ihres „Führers" konform gingen – „Engineering Consent"

In einer Diktatur wird per Befehl bestimmt, was Sache ist.

In einer Demokratie benötigt es die Massenbeeinflussung, der Propaganda um den Willen eines Volkes dahingehend zu formen, dass die Mächtigen davon profitieren.

Dies geschieht in Deutschland jeden Tag, jeder Stunde, jede Minute.

Von unzähligen Helfern und Helfershelfern, die willig sich der Propaganda hingeben und dafür bezahlt werden.

Die „dumme Masse", **ohne deren Wissen, wir diese nach unserem Willen kontrollieren und steuern.** "

Kenneth Galbraith, der in einer Kurstadt in Hessen die Schnellberichte von Albert Speer auswertete, die Speer Pattons Armee samt einer IBM – „Dehomag" – „Deutsche Hollerithmaschinen AG" - Lochkarten Maschinenpark (Maschinelles Berichtswesen) mitgab, damit sie unauffällig im vorgeschobenen Hauptquartier der U.S. Armee, dass im April 1945 in Bad Nauheim lag, ausgewertet werden konnten, dieser Mr. Galbraith, hatte auch ein Buch, „Anatomie der Macht" verfasst, das über die Massenbeeinflussung eines Volkes, von „Konsumenten", usw. berichtet.

Hier zeigt sich sehr schön, wie die Großmacht USA, die „Herren der Welt" agieren. Überall haben sie Spezialisten sitzen, die nichts weiter zu tun haben, die Massen für dumm zu verkaufen!

Sie zu belügen und zu betrügen, ihnen etwas vorzugaukeln, die Geschichte, die Wissenschaft, die Medien, die Wirtschaft und alle anderen Bereiche des täglichen Lebens mit „Propaganda" im Sinne der U.S. Herrschaftsansprüche, gekoppelt mit Profit, dem „Geld machen" zuzuschütten, damit niemand mehr weiß, um was es in unserer Welt wirklich geht.

Außer dem einzigen wirklichen „Gott", den es in dieser Welt gibt, um Macht und Geld!

So könnte die Annahme des Autors, dass Deutschland von diesen dunklen Mächten vor langer Zeit gekapert und in einen Zweiten Weltkrieg gestürzt wurde, um dieses Land als Ausgangspunkt für einen Dritten Weltkrieg zu besetzen und sich gleichzeitig von willigen deutschen Kräften aus Politik und Industrie die nötigen „Wunderwaffen" entwickeln und bauen zu lassen, die man gleich vor Ort einsammeln und damit den nächsten Krieg gewinnen konnte.

Und trotzdem wurde der Krieg doch noch abgesagt. Nach all diesen vielen Mühen und Manipulationen.

Gibt es doch noch ein paar Leute, die Skrupel haben?

Das Maschinelle Berichtswesen

Die „DEHOMAG"

Auszug aus dem Roman „Tatort Wetterau" von Klaus-Peter Rothkugel über das „MB", das „Maschinelle Berichtswesen", dass in Nazi-Deutschland vor und während des Krieges teilweise eingeführt wurde, zu Gunsten derjenigen, die daran verdienten (IBM, USA) und derjenigen, die mitgelesen hatten (US Geheimdienste, das U.S. Militär):

„Dann drehte er sich um und schaute auf den großen Schreibtisch vor dem Fenster, wo allerlei Papiere kunterbunt darauf verstreut herumlagen.

Er ging näher heran, um zu sehen, was auf den Dokumenten denn so alles vermerkt war.

„Sie können ruhig darin lesen, wenn Sie möchten . . . !", meinte plötzlich Hilde, als sie sah, wie Dalton am Schreibtisch auf die dort verteilten Papiere und Dokumente starrte. Madam hatte sich extra langsam und unauffällig wieder ins Wohnzimmer geschlichen.

Auf einem Papier stand groß:

STATISTICS :
INTERROGATION OF DR. ROLF WAGENFÜHR
STATISTICAL SECTION OF THE
PLANUNGSAMT, SPEER ARMAMENTS
MINISTRY

Reported by
MR. JOHN SELWYN

Target No. 28/5.01/1

INTERROGATION OF DR. ROLF WAGENFÜHR BY

MR. JOHN SELWYN AT BAD NAUHEIM

AUGUST 4TH AND 5TH 1945

„Ich hab nur zufällig den Ort Bad Nauheim auf einem der Berichte gelesen . . . !", wollte Dalton erläutern, der etwas verlegen drein schaute.

„Ja, das sind alte „British Intelligence Objectiv Sub-Committee", BIOS-Reports aus der Zeit, kurz nach Ende des Zweiten Weltkrieges in Europa. Mein Mann, Michael informiert sich gerade über die Punch-Carts, wie sie damals bereits im größeren Stil in Nazi-Deutschland und im Rest von Europa von uns zum Einsatz kamen", meinte Hilde und trat näher an Dalton heran.

„Aber diese Berichte, die kurz nach Ende des Krieges erstellt wurden, sind teilweise ganz schön unvollständig, sprich zensiert. Man sollte diese und auch andere Ausarbeitungen wegen der Geheimhaltung . . . , und teilweise, weil der Krieg ja noch nicht vollständig zu Ende war, mit Vorsicht genießen."

„Ja, da werden Sie wohl richtig liegen. Übrigens . . . , merkwürdig, denn ich hatte mal in diesem Bad Nauheim eine solche Lochkarte in der Hand . . . !", erinnerte sich Dalton, alias Tobias Röller. „Da war ich noch ermittelnder Kommissar und wollte einen Mordfall lösen."

„Wo Sie beinahe selbst zu einem Mordopfer geworden wären . . . !", lachte Miss Grübler etwas zu laut und stupste Dalton in die Seite.

„Wieso soll man jemanden wegen ein paar Lochkarten gleich umbringen?", fragte Dalton und versuchte, Hilde auf Distanz zu halten.

„„Spionage . . . Wirtschaftspionage und „Intelligence Gathering". Die Amis, die haben doch den ganzen Krieg hindurch mit Hilfe der vielseitig eingesetzten Hollerithmaschinen, sprich durch die U.S. Firma IBM, bei euch in Nazi Germany mitgelesen!"

Miss Grübler, verheiratete Miller, nahm eines der Papiere in die Hand und erklärte:

„Bereits 1944 hatte man in der U.S. Regierung gefordert, dass IBM alle Orte auflistet, wo ihre Lochkartenmaschinen standen, die über die DEHOMAG geleast waren. Damit man nach dem Krieg gleich die deutsche Organisation der Hollerithmaschinen übernehmen kann. Um die deutsche Wirtschaft zu kontrollieren . . . , und eben auszuspionieren!"

„Hollerith . . . , wer oder was ist das eigentlich?", wollte Dalton wissen.

„So hieß der Erfinder der Maschinen. Hermann Hollerith, ein Amerikaner . . . , dem seine Eltern sind aus Deutschland in die USA ausgewandert. Hermann Hollerith hatte Ende des 19. Jahrhunderts eine Lochkartenmaschine erfunden, mit der man Volkszählungen durchführen konnte . . . !

So eine Maschine wurde eingesetzt, um für die U.S.-amerikanische Zensusbehörde die Volkszählung von 1890 durchzuführen. Das ging maschinell viel schneller und genauer."

„Und wie kommt diese Technik dann nach Deutschland?", wunderte sich Dalton.

„Hollerith hatte seine Firma irgendwann um 1910 oder 1911 verkauft . . . Die Firma, die diese Maschinen vertrieb, die wurde dann zu der „International Business Machine" Corporation (IBM), die viele Tochterunternehmen weltweit hatte . . ."

„Wozu dann wohl auch die „Deutsche Hollerithmaschinen AG", die DEHOMAG gehörte, ergänzte Dalton.

„Na, Sie wissen ja bereits alles . . . !", lachte Hilde Sam Dalton freundlich an. „Die DEHOMAG war eines der profitabelsten Töchter von IBM. Immerhin war Deutschland ja auch das bevölkerungsreichste Land in Europa, mit den meisten Ressourcen und Möglichkeiten, solche Maschinen überall einsetzen zu können", fuhr Hilde fort. „Im Jahre 1922 hatte Thomas J. Watson, Chef der IBM die DEHOMAG komplett übernommen, die zuvor die Lochkartentechnologie unter Lizenz nutzte."

„Unter den Nazi, da ging es dann wohl erst richtig los, mit IBM und den Hollerithmaschinen . . . ?", vermutete Dalton.

„Ja, was man aus den Berichten entnehmen kann, die alliierte Stellen kurz nach Ende von VE-Day in Deutschland erstellten.

Mit Hilfe der Lochkartenmaschinen konnten die Nazis eine weitestgehende Kontrolle, Überwachung und Regelung nie gekannten Ausmaßes in Deutschland vornehmen. Aufgrund der Ausdehnung des Nazi-Reiches auf ganz Europa, lieferte IBM nun auch Maschinen in die besetzten Gebiete, damit die deutschen Besatzer auch dort die totale Kontrolle innehatten. Somit kontrollierte IBM - und die USA, sprich U.S. Geheimdienste usw. - über 90 Prozent des Weltmarktes für Lochkarten und Sortiermaschinen . . . !", freute sich Hilde.

„Das heißt, die Amis konnten weltweit mitlesen, sprich spionieren, was in diesen Ländern so alles vor sich ging . . . !", lachte Dalton. „Schön blöd . . . !"

Er sah genauer auf die Dokumente auf dem Schreibtisch von Miller und meinte dann:

„Hoffentlich haben die Amerikaner in den nächsten Jahrzehnten, bis zum Jahre 2000 und darüber hinaus, nicht auch wieder das absolute Monopol mit Computeranlagen und so . . . Dann wären die USA ja das mächtigste Land der Welt und hätten die Kontrolle über alle nur erdenklichen Informationen weltweit!", gab Dalton zu bedenken.

Hilde musste laut auflachen. „Das ist doch genau deren Ziel . . . , auch wenn dies in dem „demokratischsten Land der Welt" niemand richtig zugeben will. Man wird alles tun, dass Leute gefördert werden, die bahnbrechende Erfindungen in der Computertechnologie machen, die dann von den Geheimdiensten der USA für ihre Zwecke missbraucht werden. Vordergründig die freie Welt mit ihrer Marktwirtschaft und hinter herum . . ."

„Hinten herum werden die Großkonzerne und andere innovative Firmen dazu genutzt, die Weltherrschaft, die Hegemonie der USA global auszubauen und zu festigen . . . !", hatte Sam Dalton nun einen Geistesblitz. „Das ist wirklich absolut genial!"

„Nicht wahr, Sam! Ich und mein Mann . . . , wir sind ganz vorne mit dabei!", jubelte Hilde.

Hilde Grübler-Miller winkte Sam Dalton näher zu sich heran und fasste ihn bei der Hand:

„Tobias, . . . , eh, Sam, . . . der Trick der amerikanischen Weltherrschaft ist doch . . .", und die ex Schweizer Bankkauffrau schaute sich kurz um und flüsterte Dalton ins Ohr:

„Der Trick ist doch, dass die amerikanischen Großkonzerne, die weltweit agieren . . . , die sind doch ein Teil der U.S. Kriegs- und Eroberungsstrategie. Die handeln zwar als privatwirtschaftliche Betriebe, verfolgen aber doch das gemeinsame, große amerikanische Ziel, die gesamte Welt zu beherrschen. Also ist auch IBM ein Teil der amerikanischen Kriegsführung gewesen. Somit hat die Firma eben die Datenverarbeitung in Nazi Deutschland organisiert und kontrolliert und gleichzeitig noch viel Geld verdient. So, wie es sich im Kapitalismus gehört. Macht ausüben und Geld scheffeln."

„Die haben mitgelesen, was die deutsche Industrie so machte, produzierte und verkaufte . . . , beziehungsweise im Krieg für die Rüstung herstellte?", fragte Dalton ungläubig.

„Ja, natürlich. Den Kriegsgegner genau kennen, damit man richtig reagieren und eine entsprechende Kriegstrategie entwickeln kann . . . !", meinte Hilde. Dann flüsterte sie:

„Und . . . , und auch den Holocaust! Das Auffinden, das Aufspüren und Deportieren von Juden in ganz Europa . . . , das wurde doch auch mit Hilfe von Lochkarten, dem „MB", dem „Maschinellen Berichtswesen" organisiert. Bevölkerungsstatistik und so . . . , Sie verstehen?", und Hilde zwinkerte mit einem Auge.

„Der Genozid an den Juden wurde auch mit Hilfe der Lochkarten durchgeführt . . . ? Das ist ja unglaublich. . . . , ja geradezu perfide!", empörte sich Sam.

„Ja, so wie ihr Deutschen nun mal seid, so gründlich, so effizient. Ohne die Hollerithmaschinen und der Firma IBM wäre es gar nicht möglich gewesen, auch und gerade in den von den Nazis besetzten Ländern, innerhalb der Bevölkerung die jüdischen Mitbürger systematisch herauszufischen!", erklärte Frau Grübler-Miller.

„Wissen Sie . . . ", begann sie wieder zu erklären . . . „Bereits 1933 hatten die Nazis eine Volkszählung durchgeführt. Bei der Erfassung wurde auch gezielt nach Juden gefragt und später alles mit Lochkarten der DEHOMAG ausgewertet.

Alsbald . . . , da wurde die IBM Lochkartentechnologie bei der Eisenbahn eingesetzt. Jetzt konnten auch unzählige Opfer der Nazis in die KLs abtransportiert werden.

So gut wie jedes dieser Konzentrationslager hatte eine eigene Hollerithmaschinen-Abteilung. So konnte man schnell und effektiv die neu aufgekommenen Gefangenen registrieren, sie zur Sklavenarbeit einteilen . . . , und die Maschinen dienten für die Buchführung der verstorbenen KZ-Insassen. Fragen Sie sich mal, ob je ein Operateur der Lochkartenmaschinen in den KZs, als Kriegsverbrecher vor einem deutschen oder internationalen Gericht verurteilt wurde?"

„Dann hätte das Hitler-Regime ohne diese Lochkartenmaschinen gar nicht so effektiv die schreckliche Ausrottung der Juden vornehmen können?", fragte sich Dalton.

„Natürlich nicht . . . Die amerikanische IBM-Technologie ermöglichte erst eine gründliche Auswertung der erhobenen Daten . . . !", meinte Hilde. „Die Nazis, die haben doch alleine in Deutschland über 2.000 solcher Maschinen-Sets gehabt und noch hunderte mehr im besetzten

Ausland. IBM entwickelte sogar für die Deutschen besondere, extra für den jeweiligen Einsatzzweck zugeschnittene Lochkarten, damit alles noch besser bearbeitet werden konnte! Und die Volkszählung im Jahre 1937 war dann das endgültige „Aus" für die Juden, die nun durch die Lochkartenauswertung eindeutig identifiziert werden konnten. IBM lieferte für die Volkszählung entsprechende Ausrüstung im Wert von über 3,5 Millionen Reichsmark.

Eine Tochtergesellschaft von IBM in Österreich unter der Aufsicht von Adolf Eichmann erhob umfassende demographische Daten über das Alpenland . . . Und so wussten die Nazis genau, wer in Österreich, der „Ostmark" alles ein Jude war! Ja, sogar auf der „Wannsee-Konferenz" 1942, wo die „Endlösung der Judenfrage" besprochen wurde . . . , da waren zwei Experten der DEHOMAG anwesend!

Das mit der Erhebung demographischer Daten . . . , das wiederholte sich dann in allen Ländern, in denen die Nazis einfielen, und wo IBM-Tochterunternehmen ansässig waren . . .

Und überall, wo die Wehrmacht oder die Marine Stützpunkte hatte, wurde auch mit IBM-Lochkartentechnologie gearbeitet. Zur Verteilung von Nachschub oder Militärpersonal . . .

Das „Maschinelle Berichtswesen", eine moderne Datenverarbeitung . . . , auf einen Blick sehen was los ist in good Old Germany", feixte Hilde Grübler.

„Die Wehrmacht . . . " fuhr sie fort, „Die Verwaltung in den KLs, in Firmen und im Rüstungsministerium, überall dort arbeitete man schon vor dem Krieg mit Hollerithmaschinen . . . , oder wollte das „Maschinelle Berichtswesen" großflächig und landesweit einführen. Es wurden Massen an Daten erhoben und auf Lochkarten gestanzt.

Es gab mal drei Bewerber, die Ausrüstung für solches Maschinelle Berichtswesen angeboten hatten:

- Die DEHOMAG, Deutsche Hollerith Maschinen AG, Berlin, eine Tochter von IBM
- Bull Computer
- Powers Accounting Machine Company

Die DEHOMAG bekam den Zuschlag.

Die „International Business Machines Corp.", NYC, kurz IBM, hatte in New York extra Mitarbeiter, Spezialisten aus Deutschland ausgebildet, die den nötigen Maschinenpark bedienen konnten und die wussten, wie die Daten verarbeitet werden sollten. Die waren so wichtig, dass diese Leute sogar „UK" gestellt wurden, später im Krieg. Sie waren „unabkömmlich", weil sie als einzige richtig Bescheid wussten.

Denn ihr habt doch noch mit ollen Dateikarten gearbeitet und mit fünf Durchschlägen pro Schreiben!", lachte Hilde vergnügt und erzählte weiter:

„Meldungen über die Mitarbeiterzahl in den einzelnen Firmen, über Rohstofflieferungen, über Krankmeldungen, ob zivil in den Firmen, oder beim Militär, Daten über Produktfertigungen für die Rüstung oder für die Konsumenten und, und, und . . . , alles hatte man bereits auf Lochkarten übertragen!"

Sam Dalton war baff erstaunt. Er konnte sich gar nicht vorstellen, dass maschinell schon soviel getan worden sein sollte, vor und während des Krieges in Deutschland. Er dachte immer, die USA alleine wären der Welt um mindestens 20 Jahre im Voraus.

„Das witzige ist doch, dass auch die Alliierten Interesse daran hatten, das die Hollerithmaschinen weiter funktionstüchtig blieben . . . , für nach dem Krieg!"

„Wieso?"

„Na, die alliierten Mächte verwendeten die DEHOMAG Maschinen, um wirtschaftliche Erhebungen durchzuführen, Industrie-Statistiken zu sammeln und Volkszählungen vorzunehmen . . . !", erklärte Hilde.

„Also auch in Bad Nauheim, wo ich ja bis vor kurzem noch den Tod von Ansgar Maier untersuchte, der fünf Lochkarten dabei hatte. Da haben die Amis in Bad Nauheim also auch irgendetwas ausgewertet . . . ?"

„Ja! In Amerika wusste man doch schon lange, dass die Hollerith-Technik, das „Maschinelle Berichtswesen", die Logistik der Wehrmacht kontrollierte. Man brauchte also nur mitlesen . . . !"

„Auch schon während des Krieges?", fragte Dalton.

„Der OSS unter Allen Dulles saß doch in Bern, wo sich auch die IBM-Filiale, die „Clearingstelle" zwischen den lokalen Organisationen in Europa mit der Zentrale in New York befand. Da wird der Allen Dulles den Krieg in Europa gelenkt haben . . . !", scherzte Hilde und lachte vergnügt. „Wer weiß, welche Lochkarten als Kopie den Weg in die neutrale Schweiz fanden . . . !", grinste Frau Grübler.

„Der Gedanke ist doch total verrückt . . . Die Amis hätten den gesamten Zweiten Weltkrieg manipuliert und in ihrem Sinne gesteuert . . . !"

Frau Grübler lachte nur und meinte:

„Nach dem Krieg bekam IBM alle Lochkartenmaschinen wieder zurück, denn sie waren ja nur geleast. Die U.S. Army kümmerte sich darum. Nicht nur die Maschinen, auch die Gewinne aus den Geschäften mit den Nazis. Sie verstehen . . . , der Kapitalismus, Gewinne machen und Macht ausüben . . . !"

Sam Dalton nickte und lächelte gequält. Jetzt war auch er ein kleines Rädchen der globalen amerikanischen Machtpolitik, wenn auch nur im Zusammenhang mit manipulierten Börsengeschäften, die er im Auftrage von Miller vorzunehmen hatte.

„Ich dachte bis jetzt immer, alles wurde nur mit Hilfe von normalen Karteikarten erfasst und dann ausgewertet und später bearbeitet!", meinte Sam Dalton tief beeindruckt über das, was Hilde über die Lochkarten wusste.

„Ja! Für die Öffentlichkeit ist das auch so gewollt . . . , dieser Eindruck. Schauen Sie, Sam . . . , da hatte die SS für ihr Ahnenforschungsamt eine komplette Karteikartensammlung für halb Europa angelegt . . . , und später, kurz vor Kriegsende, die gesamte Kartei auf den

Brocken im Harz ausgelagert. Die Amis, die waren zuerst da und hatten dort in der Gegend alles untersucht. Die Karteikarten hatten die U.S. Armee links liegen lassen . . . !"

„Warum das denn? Das wäre doch eine interessante Kriegsbeute gewesen . . . Das alles auszuwerten und so . . . !", fragte Dalton.

„Warum wohl nicht? Haben Sie doch jetzt gelernt . . . !"

„Weil die Amerikaner irgendwo einen Satz Lochkarten gefunden hatten, wo das auch alles draufstand. Und da die Amis ja die IBM Lochkartentechnik haben, war diese Lochkartendatei auch viel einfacher und gründlicher auszuwerten . . . Deshalb konnte man die guten alten Karteikarten und die manuelle Arbeit getrost den Russen überlassen . . . ! Ja . . . , jetzt verstehe ich! Dann, . . . dann ist ja der Eindruck gewollt, dass der Normalbürger denkt, dass es gewisse Technologie noch gar nicht gegeben hatte. Das ist ja genial, diese Vertuschung!"

Sam Dalton sah ein Dokument auf dem Schreibtisch und hob es auf:

Hilde kam wieder näher an Dalton heran und grinste ihn durch ihre runde Nickelbrille frech an.

„Die Amis haben die Wirtschaft in Deutschland doch schon lange vor den Krieg einfach gekauft und ihnen versprochen, dass sie viel, viel Geld verdienen können, wenn sich die Wirtschaftsbosse auf die Seite von Amerika . . . , auf die Seite der Gewinner, auf die Seite der „Herren der Welt", schlagen würden."

SYMPOSIUM OF INTERROGATIONS and REPORTS on GERMAN METHODS of STATISTICAL REPORTING

Part 1

1. Interrogation of Albert Speer.

2. Interrogation of Dr. Rolf Wagenführ.

3. Second Report on Hollerith Record Machines in Germany.

At the same time the Lochkartenabteilung (punched-card department) of the Heereswaffenamt (OKH), which had existed since 1938, was made into a separate department and transferred to Speer as the nucleus of MB. Since then its form has not altered substantially, there being a Head Office (Zentrallamt) in Berlin, and a district office (Bezirksstelle) in each Rüstungsinspektion area.

Bickert A member of the Reichsgruppe Industrie.

Dalton nickte und meinte: „Durch den Krieg mit Rüstungsgeschäften und nach dem Krieg durch den Wiederaufbau . . . Und als Dank hören die Amerikaner alles ab und reden in die deutsche Politik mit rein, ob offen oder verdeckt . . .“

Hilde lachte wieder und rief: „Ihr seid der 51 Bundesstaat der Vereinigten Staaten von Amerika . . . Vasallen und Tributpflichtige . . . Und das für alle Zeit! Es gibt nur ein Land, dass die Welt beherrscht: Die USA, und sonst niemand . . . !“

„Die Vereinigten Staaten von Amerika, . . . die Herren der Welt!“, grinste Sam Dalton und musste selbst zugeben. „Das gefährlichste Land der Welt!“ Dies murmelte er aber nur leise vor sich hin, sodass es Frau Grübler nicht richtig hören konnte.

Die kam noch näher an Dalton heran und flüsterte ihm ins Ohr:

„Irgendwann wird die Technik mit den Computern viel besser sein als heute . . . , dann wird es noch leichter, alles abzuhören und mitzulesen! Überall auf der Welt. Ist das nicht toll . . . !“

Sie haute Dalton wieder auf die Schulter und lachte.

„Wissen Sie, was noch verrückter, noch viel, viel verrückter und perverser ist . . . ?“, frohlockte Hilde Grübler.

„Nein, keine Ahnung!“

„Es ist nur eine Verschwörungstheorie: Das „Dritte Reich“, der Herr Hitler, der ganze Nazi Scheiß . . . , alles von den Angelsachsen ausgedacht, installiert, gefördert durch Propaganda, Geld, Warenlieferungen und so weiter. Das Nazi-Reich . . . , ein Konstrukt der USA . . . wäre das nicht irre?“, und sie umarmte Dalton und küsste ihn auf die Wange.

Der musste sich erst umständlich aus ihrer Umarmung entwirren und meinte dann erstaunt:

„Das Dritte Reich . . . , ein Konstrukt der USA? Unmöglich . . . , das ist doch wirklich verrückt! Da geht wohl die Phantasie komplett mit Ihnen durch, Frau Grübler. Das ist doch absoluter Schwachsinn! Wirklich nur Verschwörung . . . Frau Grübler, dass ist doch bestimmt wieder nur ein Scherz von Ihnen?“

„Denken sie das Unmögliche, dann kommen Sie der Wahrheit am nächsten!“, flüsterte sie, denn sie sah, wie gerade ihr Mann ins Zimmer kam.

„Na, Hilde! Verrätst du mal wieder Geheimnisse, die eigentlich niemand je erfahren sollte?“, lachte Mike Miller, der schon eine geraume Weile im Nebenzimmer alles mitbekommen hatte

„Hilde, du musst aufpassen, dass ich dich nicht selbst noch in den Knast werfen muss, wegen Hochverrat!“ grinste Mike und Hilde grinste frech zurück.

„Wetten, das nicht?“

„Hier haben sich zwei gefunden und gegenseitig in der Hand . . .“, dachte Sam belustigt und wandte sich Miller zu, um ihn über dieses Maschinelle Berichtswesen noch die ein, oder andere Frage zu stellen.

Denn dieses merkwürdige Geheimdienst Ehepaar könnte etwas von Dingen wissen, über die er als Kommissar in Bad Nauheim wegen dem Ansgar Maier Fall gestolpert war.

Mike Miller, der ex Banker aus Berlin bereitete gerade zwei Whiskygläser vor und schenkte einen edlen Tropfen schottischen Whiskys ein.

„Wollen wir uns nicht duzen, Sam? Jetzt, wo wir doch eine so enge Bande der Zusammenarbeit eingehen, und du ja schon einige Geheimnisse dieser Welt von meiner Frau erfahren hast?"

„Ja, natürlich Mike! Jetzt, wo du doch schon so viel von mir aus einer Akte weißt . . . !", und Sam Dalton prostete Mike spöttisch lächelnd zu

„Ja, es gibt eine schöne Geheimakte über dich. Amerikanischen Dienststellen hatten deine Aktivitäten in Bad Nauheim mitbekommen und sich über dich heimlich erkundigt. Selbstverständlich wurde dann, wie immer bei so einem Fall, eine Akte angelegt, in der ich mal kurz Einsicht gewährt bekommen habe . . . !"

„Welch eine Ehre! Bin ich denn so wichtig?"

„Nein! Aber die U.S. Geheimdienste, die wollen alles wissen, über alles und jeden. Vielleicht wird deine Akte ja mal in Zukunft für irgendjemand von Interesse sein."

„Dann weißt du vielleicht auch, wer Frau Sternberg ist, die auf mich angesetzt war?"

„Ich habe in der Akte nur gelesen, dass ein Killerkommando dich terminieren sollte. Wer das genau war, stand nicht darin . . ."

„Für wen soll denn meine Akte von Wichtigkeit sein?", meinte Sam.

„Na, für mich!", musste Mike daraufhin laut auflachen. „Damit du schön spurst, wenn du für mich arbeiten wirst . . . !"

„Na, vielen Dank auch! Was wird denn noch mit den Angaben über bestimmte Personen gemacht?", fragte Sam weiter, der hoffte, dass Mike jetzt so richtig in einem Redeschwall kommen würde, sodass er weitere Informationen aus ihm herauskitzeln könnte.

„Nun, vieles an Wissen über andere wird im „Voraus" gesammelt und archiviert, damit man eines Tages darauf zurückgreifen kann. Ich glaube, wenn die Rechenmaschinen, die Computer eines Tages noch besser und effektiver sein werden, dann läuft die Datensammlung elektronisch und bestimmt auch automatisiert . . . Ich hatte da schon Einblicke, was im Hintergrund so alles in der Pipeline ist!", gab Mike Miller angeberisch zu.

„Was kommt denn da auf die - ausspionierte - Menschheit so alles zu . . . ?", fragte Dalton ganz naiv.

„Well! Überwachung und Kontrolle ohne Ende. Damit verbunden die Lenkung und Steuerung ganzer Gesellschaften . . . !", meinte Mike und nahm einen großen Schluck des edlen Gesöffs aus Schottland.

Dann fuhr er fort, als er sah, wie Dalton ihn interessiert anschaute:

„Well . . . , durch die Transistoren und die Verkleinerung der Elektronik . . . , und in Deutschland, da wurden solche „Duo-Dioden", sprich Transistoren ja bereits für autonom fliegende Fluggeräte entwickelt . . . , ganz zu schweigen von den Rechnern, ob von Zuse oder später Siemens, da können wir schon jetzt erste Erfolge mit einer neuen Computertechnologie feiern.

Simulationsprogramme zum Beispiel, die sind sehr interessant . . . Sie simulieren bestimmte, gestellte Aufgaben am Rechner. Später will man eine ganze Stadt oder ein bestimmtes Gebiet, wo viele Menschen leben, nachstellen, am Rechner . . ."

„Da gibt es dann erfundene Menschen, die mit einem Computer berechnet werden . . . ?", fragte Sam erstaunt.

„Ja! Und die sollen dann ganz genauso agieren, wie echte Menschen. Auch deshalb sammeln wir ja allerlei Daten von Leuten, wie unter anderem das Kaufverhalten, wie weit sich der Durchschnittsmensch von zuhause weg bewegt und so weiter . . . ! Aber das ist alles Zukunftsmusik und noch streng geheim. Mehr kann ich dir auch nicht verraten."

„Diese Lochkarten . . . Die waren dann auch ein Teil des Ausspionierens . . . , wie in Nazi-Deutschland, wo man, unter anderem die Volks- oder die Kriegswirtschaft des Feindes mal nebenbei so locker auswerten konnte."

„Ja, das haben bestimmte Spezialteams auch in Bad Nauheim kurz nach Kriegsende gemacht, wo du drei Tage, übers Wochenende am Ermitteln warst!", wusste Mike.

„Was so geheim war, dass noch mehr als zehn Jahre später jemand deshalb liquidiert wurde?", frage Sam ärgerlich.

Mike lachte und meinte: „Bei manche Dingen nimmt die Paranoia der Amis einfach überhand!"

"Wieso hatten die Amerikaner eigentlich Bad Nauheim als Standort für diese Lochkarten und der Hollerithmaschinen bestimmt?", wollte Sam Dalton noch wissen.

Mike Miller suchte einige Papiere und Berichte auf seinem großen Schreibtisch zusammen und begann kurz zu erläutern:

„Als die amerikanische Armee in den letzten Tagen des Zweiten Weltkrieges auf dem Vormarsch war, benutzen sie immer mobile, oder vorgeschobene Hauptquartiere. Der Standort Bad Nauheim gehörte auch dazu.

Auf Anraten deutscher Offiziere der Wirtschaftsabteilung in Berlin, sollte die Abteilung für Maschinelles Berichtswesen der Reichsgruppe Industrie, die sich Anfang 1945 in Gera, wo sich eine Zweigstelle der RGI, Weimar befand . . . , die sollten sich in eben das vorgeschobene Headquarters der U.S. Army nach Bad Nauheim begeben.

Die 3. U.S. Army unter dem Befehl von George Patton erreichten Gera Mitte April 1945. Ich muss jetzt ein bisschen spekulieren . . . !"

„Warum . . . ?", wurde Dalton hellhörig.

„Well, . . . Patton, der ja Kriegsvorbereitungen für einen Krieg gegen Russland unternahm, . . . der könnte von der RGI gewusst haben. Zumindest, dass diese Leute aus Berlin den Hollerith-Maschinenpark dabei hatten. Die von IBM geleasten Lochkartenmaschinen sollten ja von der U.S. Armee sichergestellt werden, um diese an IBM zurückzugeben. Ob Patton musste, das Speer eventuell geheimes Material dieser RGI Gruppe mitgegeben hatte, das auch wichtige Geheiminformationen für eine Angriff auf Russland enthielt, ist mir nicht ganz klar . . . !"

Zumindest ging alles in das HQ nach Bad Nauheim. Dort nannte man übrigens die deutsche RGI-Abteilung dann „Statistical Office", die in die „Industry Branch" eingegliedert wurde.

Die U.S. Army Air Force wollte wissen, wie die strategische Bombardierungen Deutschlands sich insgesamt auf die deutsche Kriegswirtschaft ausgewirkt hatte, um daraus Rückschlüsse für den Kriegsverlauf, des immer noch andauernden Krieges im Fernen Osten . . . , wie die Bombardierung von Japan, zu ziehen. Natürlich wollte die USAAF auch wissen, welchen entscheidenden Beitrag die U.S. Luftwaffe zum Sieg gegen Hitler Deutschland beigetragen hatte.

Unter anderem versammelte der Wirtschaftsberater von Präsident Roosevelt, John Kenneth Galbraith in Bad Nauheim einige junge, gut ausgebildete und hochkarätige Wirtschaftswissenschaftler, ob vom King´s College, England, oder vom CalTech, Kalifornien, USA, die zusammen mit Rolf Wagenführ vom Ministerium Speer die mitgebrachten Daten der Reichsgruppe Industrie auswerteten. Aufgrund der deutschen Statistiken über die Rüstungsproduktion konnte man erkennen, wie sich der Bombenkrieg tatsächlich auf die deutsche Kriegsproduktion ausgewirkt hatte, und wie die deutsche Industrie für die Rüstung mobilisiert und vorbereitet wurde."

„Wer ist denn dieser Galbraith?", wollte Sam wissen.

„John K. Galbraith war ein Mitglied des „U.S. Strategic Bombing Command", sowie dem USSBS der USAAF im „War Cabinet" unter Roosevelt und leitete das Department, zuständig für wirtschaftliche Berechnung der Bombenschäden in Nazi-Deutschland."

Mike Miller kam näher an Dalton heran und erzählte leise:

„Der Mann, dieser Galbraith, der hat auch einige gute Ideen, wie ein Staat seine Macht am besten sichert."

„Macht und Einfluss . . . , sind die Vereinigten Staaten nicht besonders bekannt dafür . . . ?", lächelte Dalton

Miller musste Grinsen und fuhr fort:

„Es gibt, nach der Darstellung von Galbraith, drei Arten der Machtausübung: die repressive, die kompensatorische und die konditionierte Macht."

„Ich könnte mir vorstellen . . . , meinte Dalton nach kurzem Überlegen, „ . . . Dass das letztere von größtem Interesse für die USA ist . . . !"

Miller lachte.

„Ja du bist gut, richtig gut! Was Galbraith mit „konditionierte Macht" meint, ist eine unauffällige Konditionierung . . . , meisten auf psychologische Art . . . , von Leuten, die auf bestimmte Wege manipuliert, eben unterworfen werden sollen, um somit Macht über sie ausüben zu können . . . !"

„Den Pöbel voll und ganz im Griff haben . . . , immer und zu jeder Zeit", lächelte Sam Dalton.

„So ist es! Aber die Kunst, das wahre Geheimnis ist, dass die Konditionierten, die Manipulierten, die Beherrschten überhaupt nicht realisieren, dass sie manipuliert und konditioniert werden. Ganz im Gegenteil! Die Leute sollen glauben, dass ihre Meinung, ihre Haltung zu gewissen Dingen und ihre Aktionen alle selbst bestimmt sind . . . Alle Aktivitäten von ihnen alleine kommen und sie niemand beeinflusst", erklärte Miller. „Das Fernsehen, und vielleicht später noch andere elektronische Medien, sind geradezu prädestiniert dafür, Manipulationen zu verbreiten. Übrigens hieß das in Nazi-Deutschland „Marionetten-Programmierung" und wurde unter anderem von Mengele in den KLs an Lagerinsassen erprobt."

„Wahnsinn! Also, verstehe ich richtig: Der Pöbel glaubt, eine freie und eigene Meinung zu haben . . . , die Leute sollen somit meinen, sie würden alles selber bestimmen, was sie tagtäglich denken und tun und niemand würde ihnen hinein reden, was sie zu tun und zu lassen haben . . . !", sagte Dalton, dem auf einmal die Dimension der Manipulation, der Machtausübung klar zu werden schien. „Der irrige Glaube, der Bürger in einer Demokratie würde selbst bestimmt leben und handeln können. Eine gewollte Illusion! Er wird genauso gelenkt, wie in einer Diktatur, nur eben mit anderen, „freiheitlichen" Mitteln!"

„Das ist die große Kunst und die wirkliche „Demokratie", so wie sie in den westlichen Ländern praktiziert wird! Die Leute so zu lenken, dass diese gar nicht erst auf die Idee kommen, dass alles, was sie tun, fühlen oder denken, von außen, extern bestimmt, manipuliert und gesteuert wird! Da gibt es Kybernetiker, die arbeiten bereits daran und wollen dies in künstlichen Welten anwenden, um dann später daraus Simulationen zu machen . . . , mit künstlichen Menschen."

Anmerkung des Autors: So stellte George Orwell in seinem Roman „1984" bereits fest, dass eine Regierung in der Zukunft die Wahrheit so manipulieren könnte, dass die Menschen dies gar nicht merken würden.

„Damit man die daraus gewonnenen Erkenntnisse in der Wirklichkeit, in der Realität anwenden kann! Das ist ja phantastisch und zugleich erschreckend!", begeisterte sich Dalton und wurde dann aber wieder ernst. „Und dieser Galbraith, der war in Bad Nauheim, wo auch ich noch vor nicht all zu langer Zeit ermittelte?"

„Ja, in dem vorgeschobenen Hauptquartier der U.S. Armee in Europa . . . Aber da war nicht nur Galbraith mit der „Overall Economic Effects Division" des „United States Strategic Bombing Survey" mit den Wirtschaftswissenschaftlern in Bad Nauheim . . . , die dort auch das „Wirtschaftswunder" von Nachkriegs-Deutschland geplant hatten . . . Eine erste größere Abschlusskonferenz dieser Gruppe wurde bereits am 3. Juli 1945 in Bad Nauheim abgehalten. Da waren auch deutsche Statistik-Spezialisten mit ihren Unterlagen zur deutschen Rüstungsproduktion in Bad Nauheim. Die hatten wohl auch Geheimakten von Speer mit dabei . . ."

„Dann frage ich mal ganz naiv: War das alles, was man in diesem Kurort, in Bad Nauheim machte, oder gab es da noch mehr, was die Liquidation eines armen, alten Rentners, der dort recherchierte, rechtfertigte?", wollte Dalton wissen.

„Es war in der Tat nicht alles! Denn im Sommer 1945, da planten die Engländer, zusammen mit bestimmten Personen aus der Rechten Szene der USA, die Russen anzugreifen . . ."

„Ein Dritter Weltkrieg mit unabsehbaren Folgen . . . ? War da nicht dieser General Patton mit darin verwickelt . . . ? Der war doch auch in Bad Nauheim", fragte Dalton.

„Patton hatte deutsche Soldaten rekrutiert. Zum Beispiel eine SS-Panzerdivision in den Kreuther Bergen . . . , unten in der Nähe des Tegernsees in Bayern. Der Patton, der ließ sich sogar mit einem deutschen Hubschrauber, einem zweisitzigen Flettner Fl-282 „Kolibri" und mit einem deutschen Leutnant mit Namen Hans Fuisting am Steuer, einem deutschen Hubschrauberpiloten und Testflieger von Flettner, zu dieser SS-Einheit fliegen. Die deutsche Soldaten standen in einem großen Karree und der „Kolibri" mit General Patton auf dem Rücksitz landete in der Mitte der aufgereihten SS-Soldaten . . ."

„Woher weißt du denn das alles?"

„Alles, was Patton für „Operation Unthinkable" unternommen hatte, für den Dritten Weltkrieg gegen Russland, all das ist als „Geheim" eingestuft und darf nie an die Öffentlichkeit geraten."

„Also auch die Lochkarten, bestimmte . . . , na, wie heißen die . . . , hab ich vorhin in einem Dokument gelesen . . . „Statistische Schnellberichte" und der Plan eines Atommeilers im Eulengebirge . . . !", erkannte Dalton. „Hatte deshalb Patton einen „Unfall" in Mannheim?"

„So kann man das auch nennen!", lachte Miller. „Also sei vorsichtig . . . Man kann dich liquidieren und es sieht wie ein Unfall aus. Keiner kommt je auf die Idee, dass es ganz anders gewesen sein könnte."

„Dann wäre Bad Nauheim und das dortige U.S. Army HQ also auch ein Hauptquartier für Patton und den Dritten Weltkrieg geworden, wäre es je zu einem weiteren Krieg gekommen . . . ?", fragte Dalton.

„Gemäß Planung sollte der Angriff auf Russland und die Russen im besetzten Deutschland ja im Juli 1945 erfolgen. Da war das HQ in Frankfurt am Main noch nicht so weit. Aber es kam ja alles ganz anders und jetzt sind wir im Kalten Krieg . . . !", meinte Mike Miller.

„Also hatte man bis Juli 1945 noch dafür gesorgt, dass alles, was bei einem Dritten Weltkrieg den Russen genützt hätte, also Personen, Spezialsten mit Geheimwissen und so, Akten, Geheimdokumente und -listen, Technologie und vieles mehr . . . , eben das dies alles nicht den Sowjets in die Hände fällt . . . !", glaubte Dalton zu wissen. „Und Bad Nauheim hätte als funktionstüchtiges Hauptquartier der U.S. Army eine entscheidende Rolle in „Operation Unthinkable" gespielt?"

„Wohlmöglich. Nach Juli 1945 machte man im HQ in Bad Nauheim nur noch die Routine und einige „harmlosere" Arbeiten. Eben eine „Alibi-Veranstaltung", die man auch getrost in die Geschichtsbücher übernehmen konnte. Und nach Juli 1945, als der geplante Dritte Weltkrieg abgeblasen wurde, dann war eine strikte Geheimhaltung gegenüber den Russen eh egal. Ganz im Gegenteil, man schanzte den Russen militärische Vorteile geradezu zu. Wie die amerikanische Atombombe, den Uranmeiler im Eulengebirge . . . , deutsche Flugzeugspezialisten, die für die Amerikaner auf einmal nicht mehr von Interesse waren, die gingen in die SBZ und arbeiteten für die Russen . . ."

„Flugzeuge, Raketen, Atombomben . . . , alles für den – inszenierten? – Kalten Krieg?", fragte Dalton.

„Ja! Damit man den nun vor uns liegenden Konflikt mit dem Ostblock jahrelang, gar jahrzehntelang aufrechterhalten kann. Die Russen müssen doch irgendwie militärisch und technologisch halbwegs ebenbürtig sein, damit die USA ihre Hochrüstung überhaupt gegenüber dem Rest der Welt rechtfertigen können!", lachte Miller.

„Die Hochrüstung ist also die Rechtfertigung, warum die USA sich mit Militärbasen in der ganzen Welt ausdehnen kann, um somit ihre Macht und den Einfluss auf allen Gebieten, insbesondere auch auf die Wirtschaft, für immer zu festigen . . . Wie lange wird denn der Kalte Krieg dauern?", wollte Dalton wissen.

„Keine Ahnung. Ich weiß nur, dass hinter den Kulissen die großen Industriemächte ein gigantisches Geheimunternehmen seit vielen Jahrzehnten durchführen . . . , und darin sind auch die Russen verwickelt."

„Was für ein Geheimunternehmen . . . ?", fragte Dalton ganz aufgeregt.

„Top Secret . . . ! Hat was mit Raumfahrt zu tun . . . Mehr weiß ich auch nicht!"

Sam Dalton war tief beeindruckt von dem Wissen, das CIA-Mann Miller über die Vorgänge in Deutschland kurz nach Ende des Krieges besaß.

Verlegen hielt er sich an seinem Whiskyglas fest und nahm ein weiteres Schlückchen.

„Miller hatte es geschafft . . .", dachte Sam: „Von einem kleinen Bankangestellten in Berlin, der durch Zufall kurzzeitig in die Goldgeschäfte der Nazis mit der Schweiz verwickelt war, wurde Michael Müller nun zum Geheimdienstspezialisten für besondere Aufgaben."

Sam Dalton hatte jetzt eine gewisse Vorstellung, was kurz nach Kriegsende in Bad Nauheim vor sich gegangen sein könnte. Er hatte ja dort in dem hessischen Kurort noch bis vor kurzem selbst ermittelt. Als Nachwirkung geheimer Aktivitäten musste ein Rentner aus Berlin eines gewaltsamen Todes sterben, weil er selbst etwas über seine geheime Tätigkeit während des Krieges bei Siemens, ausgerechnet in Bad Nauheim erfahren wollte.

…

-Ends-

319

Weiter zu Anhang II

Anhang II

Nur weiter lesen, wenn hart gesottener Verschwörungstheoretiker:

Abschlussbetrachtung

Es gab oder gibt immer noch, entweder Reste von großen Festungsanlagen, wie in Deutschland, oder eventuell noch aktive, wenn jetzt auch unter anderer Kontrolle stehende geheime Anlagen, die für einen global geführten, atomaren Dritten Weltkrieg gedacht waren.

Unklar ist, wer sich diesen alles vernichteten Krieg ausgedacht hatte, und warum er nicht 1945 stattfand.

Die Vermutung des Autors ist, dass die Leute, die diesen Dritten Weltkrieg wollten und viel Zeit, Aufwand und Mühe aufgebracht hatten, ihn in der gewünschten Form umzusetzen, aus den Reihen derer kommen, die im Hintergrund seit vielen Jahrzehnten eine „Wahre Raumfahrt" durchführen und das Universum besiedeln.

Es schien und scheint Differenzen zu geben, welche Menschheit, welcher Typ Mensch sich in den Weiten des Alls ausbreiten soll.

Um hier der „Verschwörung" noch einmal gerecht zu werden, spekuliert der Autor folgendermaßen:

Seit den 1940er Jahren war man in der Lage, Raumschiffe zu bauen, die entweder nahe der Lichtgeschwindigkeit durchs All fliegen konnten, siehe hier z.B. das Space Ship von Warnett Kennedy, das 1946 in London-Kensington bei der „BCMI" in der Abteilung „Future Developments" ausgestellt wurde, aber bis heute von der Bildfläche verschwunden ist.

Oder andere Raumschiffe konnten in den Über-Lichtschnellen Bereich vordringen – siehe „Hemmstrahlen", Tachionen. Außerdem ergeben sich bei elektromagnetischen Antrieben gewisse relativistische Zeitdehnungseffekte, die Personen, die mit „UFOs" in der einen oder anderen Art in Berührung kamen, bereits angenehm oder unangenehm zu spüren bekamen. Entweder wurden sie krank, starben oder sie wurden geheilt, bekamen wieder ihre Zähne oder Brüche ect. verheilten.

Bei Heilungseffekten, siehe Beispiel von Thomas Bearden und sein „Scalar Healing Blankett", das die Heilung durch Zurücklaufen der Zeit bis zu dem Zeitpunkt, wo man noch gesund war, herbeiführt. In abgeschwächter Weise kann man dies auch mit handelsüblichen Dauermagneten, die man z.B. um das Hand- oder Fußgelenk bindet, erreichen. Auch hier läuft die Zeit rückwärts, und man bekommt wieder Farbe in vormals graue Haare oder wird jünger.

Dieser Effekt der rückwärts laufenden Zeit schien man in der ein oder anderen Weise erkannt zu haben und nutzte und nutzt(?) dieses Phänomen.

Siehe hier die vielen Aussagen, Berichte, Indizien über „Ancient Astronauts" in der Vergangenheit dieser akausalen Welt. Weltberühmt mit seinen Thesen über ungewöhnliche Ereignisse in der Vergangenheit wurde der Schweizer Autor Erich von Däniken Ende der 1960er Jahre mit seinen diversen Publikationen.

Es sind aber keine Außerirdischen, die im Altertum entweder Krieg geführt hatten, oder andere Manipulationen vornahmen, sondern es sind Raumfahrer aus der Originalwelt, aus der „Wahren Raumfahrt".

Demzufolge ist dies hier, wo sich der Leser gerade befindet, bereits eine zweite, eben akausale Welt, die der Originalwelt um, schwer zu sagen, 50 100 oder mehr Jahren hinterher hinkt.

Somit wird klar, wer die „Dritten" mit ihrer Hochtechnologie, früher „Wunderwaffen", sind, die einen Dritten Weltkrieg anzetteln wollten.

Es sind die Raumfahrer/Zeitreisenden aus der ersten Welt. Diese erste Welt ist so, wie sie z.B. Wilhelm Landig beschreibt, wenn er von der „Mitternachtssonne", dem „Mitternachtsberg" usw. spricht. Die erste Welt unterscheidet sich von der unseren wohl hauptsächlich dadurch, dass es eine geeinte Menschheit mit einer Regierung und mit einer Weltreligion auf Basis einer Naturreligion/Sonnenkult gibt.

Ob unsere Welt gegenüber dem Original deshalb abgewichen ist, weil akausale Ereignisse, dazu Mind-Control-Experimente und vieles mehr, die Welt ab Christi Geburt verändert hatte, oder ob es ein Naturgesetz ist, dass sich zwei Welten nicht parallel gleich entwickelt, ist unklar.

Es schien oder scheint aber immer noch Bestrebungen zu geben, eben durch einen großen Nuklearkrieg diese zwei Welten anzugleichen, sodass wir hier ebensolche Verhältnisse haben, wie auf der Originalerde.

Andererseits scheint es eine Gegenbewegung zu geben, die ein Angleichen an das Original verhindern möchte und bis jetzt auch diesbezüglich erfolgreich war.

Unsere Welt läuft anders, chaotischer und auch technisch langsamer, bzw. bestimmte Entwicklungen, die es in dieser und der ersten Welt gab und gibt, sind hier ausgeblendet.

Deshalb haben wir hier z.B. die „UFOs", Raumschiffe aus der ersten Welt, die man auch hier konstruieren und bauen kann, siehe diverse Patente. Aber in unserer „abgespeckten" Welt spielen solche Techniken, solche Raumfahrzeuge keine Rolle. Wir haben dagegen eine „Raketen-Raumfahrt", die uns nicht befähigt ins All hinaus zu fliegen.

Dies ist der Originalwelt vorbehalten, die ja bereits eine Besiedelung vornimmt.

Also kurz gesagt: Alles was in den Büchern des Autors an geheim gehaltener Technik, ob für eine groß angelegte Raumfahrt, oder für einen großen Atomkrieg, besprochen wurde, ist Technologie der ersten Welt, die hier auf der zweiten Welt akausal ist und deshalb keinen Bestand hat.

Es sei denn, die „Verschwörer" von der Originalerde, die sich Helfer und Helfershelfer aus unserer Welt bedienen, schaffen es, unsere Welt an ihre anzugleichen. Dann ist alles, was bis jetzt an Super-Technologie geheim gehalten wurde und wird, allgemeingut.

Es kommt nun darauf an, wer sich durchsetzen wird. Wenn sich nicht schon diejenigen durchgesetzt haben, die befürworten, dass unsere Welt so bleibt, wie sie ist und nicht auf den Standard der ersten Welt gehoben wird.

Aber, wie gesagt.

Alles nur purer Unsinn und Verschwörung!

Zeitdehnung und Zeitverzerrung

Auszug aus dem U.S.-Patent: „Flight Vehicle and System" US Patent # 7182295 B2:

"When a **relativistic particle** travels through the field gradient between the capacitive plates **a space-time warping effect** may occur in the space-time fabric. The greater the 'effective' mass or energy input, **the greater the space-time warping effect**. Thus, in an embodiment, the electric-energy lifting panel **may produce its own a gravity field** and thereby cause an **anti-gravity effect**.

These particles with relativistic speeds undergo when a **relativistic time dilation**, that is when viewed from an external inertia reference frame, the **particles seem to be going slower, and so energy from outside this frame seems to be going in for a longer time**. Even if **the effect might be very small**, the speed of electrons in electric-energy lifting panel **undergo time dilation**, which **indicates the occurrence of space-time warping**. …
-Ends-

Seit wann sind in der Anwendung bestimmter EM-Praktiken sind solche Effekte bekannt und wie wurden diese für Zeitmaschinen und/oder in der Raumfahrt genutzt?

Over and Out